Mathematik für Ingenieure und Naturwissenschaftler

Andreas Fischer, Winfried Schirotzek, Klaus Vetters

Lineare Algebra

Mathematik für Ingenieure und Naturwissenschaftler

Herausgegeben von

Prof. Dr. Otfried Beyer
Prof. Dr. Horst Erfurth
Prof. Dr. Christian Großmann
Prof. Dr. Horst Kadner
Prof. Dr. Karl Manteuffel
Prof. Dr. Manfred Schneider
Prof. Dr. Günter Zeidler

Andreas Fischer, Winfried Schirotzek,
Klaus Vetters

Lineare Algebra

Eine Einführung für Ingenieure und Naturwissenschaftler

B. G. Teubner Stuttgart · Leipzig · Wiesbaden

Bibliografische Information der Deutschen Bibliothek
Die Deutsche Bibliothek verzeichnet diese Publikation in der Deutschen Nationalbibliographie; detaillierte bibliografische Daten sind im Internet über <http://dnb.ddb.de> abrufbar.

Prof. Dr. Andreas Fischer, Prof. Dr. Winfried Schirotzek, Dr. Klaus Vetters, Technische Universität Dresden

1. Auflage November 2003

Der B. G. Teubner Verlag ist ein Unternehmen von Springer Science+Business Media.
www.teubner.de

Umschlaggestaltung: Ulrike Weigel, www.CorporateDesignGroup.de

Gedruckt auf säurefreiem und chlorfrei gebleichtem Papier.

ISBN-13:978-3-519-00370-0 e-ISBN-13:978-3-322-80038-1
DOI: 10.1007/978-3-322-80038-1

Vorwort

Mit dem vorliegenden Buch wenden wir uns besonders an Studierende der Ingenieur–, Natur– und Wirtschaftswissenschaften an Universitäten und Fachhochschulen. In die Darstellung sind unsere Erfahrungen in der Ausbildung an der Technischen Universität Dresden sowie den Universitäten Dortmund und Hamburg eingeflossen.

Viele in Wissenschaft und Praxis auftretende Modelle sind ohne Hilfsmittel aus der linearen Algebra weder zu formulieren noch erfolgreich zu bearbeiten. Es wurde deshalb großer Wert auf Verständnis und Anwendbarkeit der behandelten Begriffe und Sachverhalte gelegt. So werden auch zahlreiche Beispiele vorgeführt und Beweise manchmal nur skizziert oder auf wichtige Spezialfälle beschränkt.

Auf Grund der Größe und Komplexität praktischer Probleme ist die Lösung von Aufgaben der linearen Algebra im Allgemeinen nur unter Verwendung geeigneter Software und Rechentechnik möglich. Das Buch möchte deshalb auch den Leser zum Einstieg in die Nutzung solcher Software ermuntern. Dazu werden einfache Beispiele für die Anwendung der Programmpakete MAPLE und MATLAB gegeben.

Für die Anregung zum Buch und die vertrauensvolle Zusammenarbeit und Unterstützung möchten wir unserem Lektor Herrn Weiß vom B. G. Teubner Verlag sehr herzlich danken.

Dresden, im September 2003 A. Fischer W. Schirotzek K. Vetters

Mit dem vorliegenden [illegible] Grundlagen der [illegible]
Planung und Systemwissenschaften an Universitäten und Fachhochschulen. In die
Darstellung sind unsere Erfahrungen in der Ausbildung an der Technischen Universität
Dresden sowie den Universitäten Duisburg und Hamburg eingeflossen.

[illegible]

Auf Grund der Größe und Komplexität praktischer Probleme ist die Lösung von Aufgaben der linearen Algebra im Allgemeinen nur unter Verwendung geeigneter Software und des Rechners möglich. Das Buch möchte deshalb auch den Leser zum Einstieg in die Nutzung solcher Software ermuntern. Dazu werden einfache Beispiele für die Anwendung der Programmpakete MAPLE und MATLAB gegeben.

Für die Anregungen [illegible] danken.

Dresden, im September 2002 [illegible] A. Fischer, W. Schirotzek, K. Vetters

Inhaltsverzeichnis

1 Motivation

Die **Lineare Algebra** ist eine grundlegende Disziplin der Mathematik. Sie stellt Hilfsmittel für die Beschreibung und Untersuchung von **linearen Zusammenhängen** bereit. Solche Zusammenhänge treten in vielen Gebieten und Anwendungen auf. Die Linearität eines Zusammenhangs erweist sich oft als sehr vorteilhaft, wenn es darum geht, Modelle zu analysieren oder ein Problem zu lösen. Außerdem können Probleme mit nichtlinearen Beziehungen oft nur dadurch erfolgreich behandelt werden, dass man diese durch lineare approximiert.

Zur Beschreibung von Zusammenhängen werden meistens Abbildungen verwendet. Deshalb gehen wir zunächst kurz auf den Begriff der Abbildung ein. Seien X und Y zwei beliebige nichtleere Mengen. Eine Vorschrift F, die jedem $\mathbf{x} \in X$ *genau ein* $\mathbf{y} \in Y$ zuordnet, heißt **Abbildung** oder **Funktion**. Um diese Zuordnung auszudrücken, schreibt man

$$F : \mathbf{x} \mapsto \mathbf{y}, \quad \mathbf{x} \in X \qquad \text{oder} \qquad \mathbf{y} = F(\mathbf{x}), \quad \mathbf{x} \in X$$

bzw.

$$F : X \to Y$$

und sagt, F ist eine Abbildung von X nach Y. Hierbei heißt die Menge X **Definitionsbereich** oder **Urbildraum** und die Menge Y **Wertebereich** oder **Bildraum** der Abbildung F. Mit

$$\mathrm{Abb}(X, Y)$$

bezeichnen wir die Menge *aller* Abbildungen von X nach Y. Insbesondere ist $\mathrm{Abb}(\mathbb{R}, \mathbb{R})$ die Menge aller Abbildungen $F : \mathbb{R} \to \mathbb{R}$; hierbei bezeichnet $\mathbb{R}$ die Menge der reellen Zahlen.

In diesem Kapitel geben wir sehr unterschiedliche Beispiele von Abbildungen an. Spätestens mit Abschnitt 1.5 wird sich herausstellen, dass sie bestimmte gemeinsame Eigenschaften aufweisen. Diese Eigenschaften dienen in Abschnitt 4.1 dazu, den Begriff der **linearen Abbildung** allgemein einzuführen. Anhand der Beispiele erkennt man auch, dass Definitions– und Wertebereich linearer Abbildungen eine bestimmte Struktur aufweisen. Sie sind in natürlicher Weise **Vektorräume**, die in Kapitel 3 eingeführt und behandelt werden.

1.1 Proportionalität

Legt man an einen gegebenen elektrischen Widerstand R (in Ohm) eine Spannung U (in Volt) an, so fließt durch den Widerstand ein Strom der Stärke

$$I(U) := \frac{1}{R} \cdot U \quad \text{(in Ampere).}$$

Allgemeiner können wir eine Funktion $l : \mathbb{R} \to \mathbb{R}$ betrachten mit

$$l(x) := \text{const} \cdot x, \qquad x \in \mathbb{R}.$$

Ein derartiger Zusammenhang zwischen x und $l(x)$ heißt **Proportionalität** mit dem *Proportionalitätsfaktor* const. Für solche Funktionen gilt

$$l(\lambda x) = \text{const} \cdot (\lambda x) = \lambda l(x) \tag{1.1}$$

und

$$l(x_1 + x_2) = \text{const} \cdot (x_1 + x_2) = l(x_1) + l(x_2) \tag{1.2}$$

für beliebige $\lambda \in \mathbb{R}$ und beliebige $x, x_1, x_2 \in \mathbb{R}$.

1.2 Die Ableitung

Es sei X die Menge aller differenzierbaren Funktionen $f : \mathbb{R} \to \mathbb{R}$. Die Ableitung einer Funktion $f \in X$ wird mit f' bezeichnet. Es ist $f' \in \text{Abb}(\mathbb{R}, \mathbb{R}) =: Y$. Durch

$$D(f) := f', \quad f \in X,$$

ist eine Abbildung $D : X \to Y$ definiert, die *Differentiationsabbildung* heißt. Seien nun f, g zwei Funktionen aus X und λ eine reelle Zahl. Dann sind durch

$$(f+g)(t) := f(t) + g(t) \quad \text{und} \quad (\lambda f)(t) := \lambda f(t), \qquad t \in \mathbb{R},$$

die Summe $f + g$ und das λ–fache λf von f (mit der Zahl λ) definiert. Sowohl $f + g$ als auch λf sind wieder differenzierbar, d.h. $f + g \in X$ und $\lambda f \in X$. Aus der Analysis wissen wir zudem, dass

$$D(\lambda f) = (\lambda f)' = \lambda f' = \lambda D(f) \tag{1.3}$$

und

$$D(f+g) = (f+g)' = f' + g' = D(f) + D(g) \tag{1.4}$$

gilt.

Zur Beschreibung von Wachstums– oder Zerfallsprozessen (etwa des radioaktiven Zerfalls) werden meist Differentialgleichungen eingesetzt, u.a. kann man das folgende einfache Modell benutzen:

$$f'(t) - \gamma f(t) = s(t), \qquad t \in \mathbb{R}_+. \tag{1.5}$$

Hier bezeichnet t die Zeit und $f(t)$ die (gesuchte) Menge des zum Zeitpunkt t vorhandenen Stoffes (etwa des zur Zeit t noch radioaktiven Materials). Die Konstante γ bestimmt die Geschwindigkeit des Wachstums ($\gamma > 0$) oder Zerfalls ($\gamma < 0$). Durch $s(t)$ lassen sich äußere Einflüsse auf den Wachstums– oder Zerfallsprozess beschreiben. Um die Differentialgleichung (1.5) zu lösen, sucht man also nach Funktionen $f : \mathbb{R}_+ \to \mathbb{R}$, die (1.5) genügen. Wir bezeichnen jetzt die Menge der differenzierbaren Funktionen $f : \mathbb{R}_+ \to \mathbb{R}$ mit X und setzen $Y := \text{Abb}(\mathbb{R}_+, \mathbb{R})$. Durch

$$F(f) := f' - \gamma f = D(f) - \gamma f$$

für alle $f \in X$ ist eine Abbildung $F : X \to Y$ definiert. Eine Funktion $f \in X$ ist genau dann Lösung der Differentialgleichung (1.5), wenn $F(f) = s$ gilt.
Wegen (1.3) und (1.4) rechnet man leicht nach, dass für beliebige $\lambda \in \mathbb{R}$ und beliebige $f, g \in X$ die folgenden Gleichungen gelten:

$$F(\lambda f) = (\lambda f)' - \gamma(\lambda f) = \lambda f' - \lambda\gamma f = \lambda F(f) \tag{1.6}$$

und

$$F(f + g) = (f + g)' - \gamma(f + g) = f' + g' - \gamma f - \gamma g = F(f) + F(g). \tag{1.7}$$

Die Eigenschaften (1.6) und (1.7) der Abbildung $F : X \to Y$ beeinflussen nun wesentlich die Struktur der Lösungsmenge der Differentialgleichung (1.5). Hat man etwa eine (spezielle) Lösung f_s von (1.5) und eine Lösung f_h der sogenannten homogenen Differentialgleichung

$$F(f)(t) = 0, \qquad t \in \mathbb{R}_+,$$

gefunden, so ist $f_s + f_h$ stets wieder Lösung der Differentialgleichung (1.5), denn wegen (1.7) folgt

$$F(f_s + f_h)(t) = F(f_s)(t) + F(f_h)(t) = s(t) + 0 = s(t), \qquad t \in \mathbb{R}_+.$$

Allgemein kann man jede Lösung von (1.5) als Summe von f_s und einer geeigneten Lösung der homogenen Differentialgleichung darstellen. Einzelheiten findet man in der Literatur zu gewöhnlichen Differentialgleichungen, siehe z.B. [1]. Außerdem weisen wir auf Analogien zu Eigenschaften von durch Matrizen vermittelten Abbildungen und die Lösung von linearen Gleichungssystemen hin (siehe Abschnitte 4.3, 4.6).

1.3 Linearisierung

Bei der Modellierung technischer, ökonomischer oder naturwissenschaftlicher Zusammenhänge treten oft komplizierte Abhängigkeiten auf. Soll beispielsweise die Nullstelle x^* einer Funktion $f : \mathbb{R} \to \mathbb{R}$ ermittelt werden (vgl. Bild 1.1), so kann man f näherungsweise durch eine Funktion $\tilde{f} : \mathbb{R} \to \mathbb{R}$ ersetzen mit

$$\tilde{f}(x) := ax + b$$

für beliebige $x \in \mathbb{R}$. Es bietet sich an, die Funktion $\tilde{f}$ so zu wählen, dass ihr Graph gleich der Tangente an den Graphen von f im Punkt $(x_0, f(x_0))$ ist, vgl. Bild 1.1.

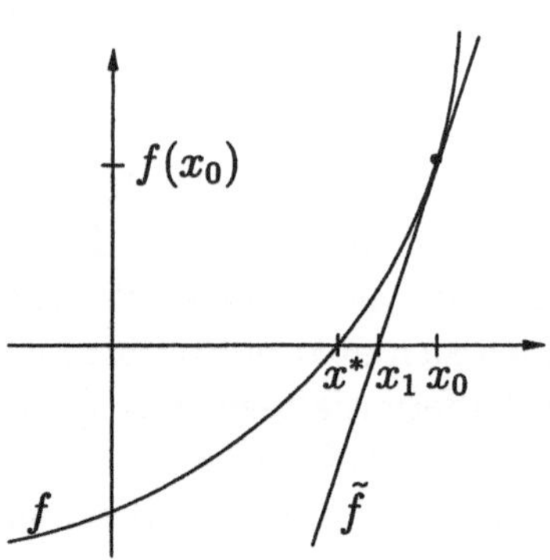

Bild 1.1: Newton–Verfahren

Dabei ist x_0 eine erste Näherung für die gesuchte Nullstelle x^*. Entsprechende Differenzierbarkeitseigenschaften der Funktion f vorausgesetzt, erhält man dann für die reellen Parameter a, b

$$a = f'(x_0), \qquad b = f(x_0) - f'(x_0)x_0.$$

Die Nullstelle x_1 von $\tilde{f}$ kann nun als neue Näherung für die gesuchte Nullstelle x^* von f verwendet werden. Wiederholt man dieses Vorgehen, indem die neu erhaltene Näherung durch die vorherige ersetzt wird, ergibt sich das *Newton–Verfahren* zur Lösung nichtlinearer Gleichungen.

Das Vorgehen, f durch $\tilde{f}$ zu ersetzen, wird als **Linearisierung** bezeichnet. Dabei ist jedoch zu beachten, dass $\tilde{f}$ keine lineare Funktion im eigentlichen Sinne ist. Für $b \neq 0$ gilt nämlich

$$\tilde{f}(\lambda x) = \lambda ax + b \neq \lambda(ax + b) = \lambda \tilde{f}(x)$$

für beliebige $\lambda \in \mathbb{R}$ mit $\lambda \neq 1$ und beliebige $x \in \mathbb{R}$, also ist insbesondere (1.1) für $l := \tilde{f}$ verletzt. Betrachtet man andererseits die Abbildung $l : \mathbb{R} \to \mathbb{R}$ mit

$$l(x) := \tilde{f}(x) - b \tag{1.8}$$

für alle $x \in \mathbb{R}$, dann sind (1.1) und (1.2) stets erfüllt.

Das Prinzip der Linearisierung ist in viele Richtungen verallgemeinert worden. Insbesondere stellt es ein zentrales Hilfsmittel zur Lösung von nichtlinearen Gleichungssystemen dar, vgl. z.B. [3, 9].

1.4 Produktionsmodelle

Aus verschiedenen Ausgangsstoffen werden in industriellen Prozessen mehrere Endprodukte hergestellt. Die Abhängigkeit der hergestellten Mengen $P_1, \ldots, P_k$ der Endprodukte von den verwendeten Mengen $p_1, \ldots, p_n$ der Ausgangsstoffe kann (zumindest in einfacheren Fällen) durch

$$\begin{aligned} P_1(p) &= a_{11}p_1 + a_{12}p_2 + \cdots + a_{1n}p_n \\ &\vdots \\ P_k(p) &= a_{k1}p_1 + a_{k2}p_2 + \cdots + a_{kn}p_n \end{aligned}$$

beschrieben werden. Hier steht p für das n–tupel $(p_1, \ldots, p_n)$ reeller Zahlen. Damit ist P_i eine Funktion, die einem beliebigen reellen n–tupel p die reelle Zahl $P_i(p)$ zuordnet. Für die Funktionen P_i $(i = 1, \ldots, k)$ gelten, wie man leicht selbst nachprüft, die Eigenschaften

$$P_i(p+q) = P_i(p) + P_i(q) \tag{1.9}$$

und

$$P_i(\lambda p) = \lambda P_i(p) \tag{1.10}$$

für beliebige reelle n–tupel p, q und beliebige Zahlen $\lambda \in \mathbb{R}$. Dabei ist

$$p + q := (p_1 + q_1, \ldots, p_n + q_n) \quad \text{und} \quad \lambda p := (\lambda p_1, \ldots, \lambda p_n).$$

Will man bestimmte Mengen $\hat{P}_1, \ldots, \hat{P}_n$ von Endprodukten herstellen, so müssen die dafür aufzuwendenden Mengen $p = (p_1, \ldots, p_n)$ von Ausgangsstoffen die Forderungen

$$\begin{aligned} P_1(p) &= \hat{P}_1 \\ &\vdots \\ P_k(p) &= \hat{P}_k \end{aligned}$$

erfüllen. Die Lösbarkeit dieses Systems von Gleichungen hängt von den gegebenen Größen a_{ij} und $\hat{P}_i$ ab. Häufig treten noch weitere Forderungen hinzu, z.B. $p_i \geq 0$. Auch unter Einbeziehung solcher natürlicher Bedingungen wird es oft mehr als eine (sogar unendlich viele) Lösung geben. Das bedeutet, dass es viele Varianten der Durchführung des Produktionsprozesses mit dem gleichen Resultat an Endprodukten gibt. An dieser Stelle setzen nun Methoden der *Optimierung* und speziell der *linearen Optimierung* an, um unter allen Varianten zur Durchführung des Produktionsprozesses etwa die kostengünstigste zu ermitteln, vgl. zum Beispiel [4].

1.5 Zusammenfassung

In den vorausgehenden Abschnitten finden sich unterschiedliche Abbildungen F (auch mit l oder D oder P_i bezeichnet), für die jeweils die Eigenschaften der *Homogenität*

$$F(\lambda \mathbf{x}) = \lambda F(\mathbf{x})$$

und der *Additivität*

$$F(\mathbf{x}_1 + \mathbf{x}_2) = F(\mathbf{x}_1) + F(\mathbf{x}_2)$$

für beliebige λ und beliebige $\mathbf{x}, \mathbf{x}_1, \mathbf{x}_2$ erfüllt sind, vgl. (1.1) und (1.2), (1.3) und (1.4), (1.6) und (1.7), (1.9) und (1.10) sowie die entsprechenden Eigenschaften von l in (1.8). In Abschnitt 4.1 werden wir solche Abbildungen formal als **lineare Abbildungen** einführen.

Sowohl im Definitionsbereich als auch im Wertebereich jeder dieser Abbildungen gibt es eine Verknüpfung (*Summe*) zwischen zwei beliebigen Elementen. Außerdem lässt sich jedes Element des Definitions- bzw. Wertebereiches mit einer reellen oder komplexen Zahl λ zum λ*-fachen* des Elementes verknüpfen. Das ist nicht selbstverständlich und erfordert eine geeignete Struktur des Definitions- und Wertebereiches. Diese wird in Abschnitt 3.1 mit dem Begriff des **Vektorraumes** eingeführt.

2 Vektoren, Matrizen und lineare Gleichungssysteme

2.1 Vektor und Matrix

Die Anwendungen der Mathematik im Bereich von Wirtschaft, Naturwissenschaften und Technik betreffen oft — die Beispiele von Kapitel 1 haben es bereits gezeigt — die Analyse des Zusammenhangs von variablen Größen.

Beispiel 2.1.1. An einem einarmigen Hebel von 8 m Länge hängt in 2 m Abstand vom Drehpunkt eine Last von 100 kp. Welche Kraft muss am Ende des Hebels aufgebracht werden, um die Last im Gleichgewicht zu halten?

Lösung: Die vorkommenden Größen erhalten zunächst Bezeichnungen: $a \ldots$ Hebellänge, $d \ldots$ Lastabstand, $y \ldots$ Last und $x \ldots$ gesuchte Kraft. Nach dem Hebelgesetz gilt dann

$$ax = dy \tag{2.1}$$

Die Auflösung nach x, also

$$x = \frac{d}{a} y,$$

liefert die gesuchte Last. Für $a = 8$ m, $d = 2$ m erhält man $x = \frac{1}{4} y = 25$ kp. Offenbar besteht eine Proportionalität zwischen y und x, vgl. Abschnitt 1.1. ◁

Wenn mehr als eine Unbekannte beteiligt ist, werden i. Allg. auch mehrere Gleichungen vorliegen, die diese Unbekannten erfüllen sollen.

Beispiel 2.1.2. An einem zweiarmigen Hebel befinden sich am kurzen Schenkel in 2 m und 3 m Abstand vom Drehpunkt Lasthaken, am langen Schenkel einer bei 10 m. Wie soll am kurzen Schenkel eine vorgegebene Last y_1 (z.B. Mehl) auf zwei Säcke verteilt werden, damit sie durch ein Gewicht y_2, am langen Schenkel angebracht, im Gleichgewicht gehalten wird? *Lösung*: $x_1 \ldots$ Last bei 3 m, $x_2 \ldots$ Last bei 2 m,

$$\begin{array}{rcrcl} x_1 & + & x_2 & = & y_1 \\ 3x_1 & + & 2x_2 & = & 10y_2 \end{array}$$

Es seien die Werte $y_1 = 120$ kp, $y_2 = 25$ kp gegeben. Subtrahiert man das Doppelte der ersten Gleichung von der zweiten (auf die Berechtigung dieser Rechnung wird später eingegangen), ergibt sich $x_1 = 10$ kp und damit weiter aus der ersten Gleichung $x_2 = 110$ kp. ◁

Wenn im allgemeinen Fall m Gleichungen für n Unbekannte (Variable) vorliegen, wird man zunächst die Bezeichnung der Unbekannten und ihrer Koeffizienten in den Gleichungen geeignet wählen, so dass die Übersicht gewahrt bleibt. Es hat sich bewährt, die Variablen mit $x_1, x_2, \ldots, x_n$, den Koeffizienten von x_k in der i–ten Gleichung mit a_{ik} und die Zahl auf der „rechten Seite" der i–ten Gleichung mit b_i zu bezeichnen. Das System aus m Gleichungen lautet dann

$$\begin{array}{rcl} a_{11}x_1 + a_{12}x_2 + \cdots + a_{1n}x_n & = & b_1 \\ a_{21}x_1 + a_{22}x_2 + \cdots + a_{2n}x_n & = & b_2 \\ \vdots & & \vdots \\ a_{m1}x_1 + a_{m2}x_2 + \cdots + a_{mn}x_n & = & b_m \end{array} \tag{2.2}$$

und wird mit Blick auf die Abschnitte 2.4 und 4.6 als *lineares Gleichungssystem* bezeichnet.

Die i–te Gleichung dieses Gleichungssystems kann unter Verwendung des Summenzeichens auch als

$$\sum_{k=1}^{n} a_{ik}x_k = b_i$$

geschrieben werden. Weil bei dieser Schreibweise noch nicht erkennbar ist, wie viele Gleichungen es gibt, d.h. welche Werte der Index i annehmen kann, wird

$$\sum_{k=1}^{n} a_{ik}x_k = b_i\,, \qquad i = 1, \ldots, m \tag{2.3}$$

die analoge Schreibweise des Systems (2.2).

Wiederum nur als Schreibweise, die allerdings von Abschnitt zu Abschnitt mit mehr Sinn versehen werden wird, führt man besondere Symbole für die unterschiedlichen Zahlengruppen des Gleichungssystems (2.2) ein. Die Menge der Koeffizienten — das sind die Faktoren der x_i — wiederum nach Zeilen und Spalten geordnet wie in (2.2), wird *Koeffizientenmatrix* **A** oder kurz **Matrix A** genannt,

$$\mathbf{A} = \begin{pmatrix} a_{11} & a_{12} & \ldots & a_{1n} \\ a_{21} & a_{22} & \ldots & a_{2n} \\ \vdots & \vdots & & \vdots \\ a_{m1} & a_{m2} & \ldots & a_{mn} \end{pmatrix}. \tag{2.4}$$

Man sagt, diese Matrix ist vom *Typ* (m, n) oder ist eine (m, n)–Matrix, wenn man kurz ausdrücken will, dass sie m *Zeilen* und n *Spalten* hat. Die Zahlen a_{ik} heißen *Elemente* der Matrix **A**. Aus Platzgründen wird oft statt (2.4) die kürzere Schreibweise

$$\mathbf{A} = (a_{ik}) \qquad \text{oder} \qquad (\mathbf{A})_{ik} = a_{ik} \qquad (i = 1, \ldots, m; \quad k = 1, \ldots, n)$$

gewählt, wenn beschrieben werden soll, welche Elemente die Matrix $\mathbf{A}$ hat.

Die Bezeichnung (2.4) kann man auch für die Koeffizienten b_i der „rechten Seite" von (2.2) verwenden. Sie bilden eine einspaltige Matrix

$$\mathbf{b} = \begin{pmatrix} b_1 \\ b_2 \\ \vdots \\ b_m \end{pmatrix}. \tag{2.5}$$

Die einspaltigen Matrizen werden **Vektoren** genannt, ihre Elemente b_i (auch mit $(\mathbf{b})_i$ bezeichnet) heißen *Koordinaten* des Vektors, und m ist seine *Dimension*. Mit Einführung der Operation *Transponieren* einer Matrix, nämlich Vertauschung von Zeilen und Spalten, gekennzeichnet durch hochgestelltes Symbol $\top$, erhält man unter anderem die Möglichkeit, auch einzeilige Matrizen besonders zu bezeichnen:

$$\mathbf{a} = \begin{pmatrix} a_1 \\ \vdots \\ a_m \end{pmatrix} \ldots \text{Vektor} \quad \Longleftrightarrow \quad \mathbf{a}^\top = (a_1, \ \ldots \ , a_m) \ \ldots \text{Zeilenvektor.}$$

Vergleicht man das Gleichungssystem (2.2) mit (2.4), so stellt man fest, dass die linke Seite der i–ten Gleichung von (2.2) entsteht, wenn man die Elemente der i–ten Zeile der Matrix $\mathbf{A}$ nacheinander mit x_1, x_2 usw. multipliziert und diese Produkte addiert:

$$a_{i1}x_1 + a_{i2}x_2 + \cdots + a_{in}x_n.$$

Dieses Ergebnis lässt sich als Produktbildung des Zeilenvektors

$$\mathbf{a}_i^\top = (a_{i1}, a_{i2}, \ldots, a_{in})$$

mit dem Vektor

$$\mathbf{x} = \begin{pmatrix} x_1 \\ \vdots \\ x_n \end{pmatrix}$$

auffassen:

$$\mathbf{a}_i^\top \mathbf{x} = a_{i1}x_1 + a_{i2}x_2 + \cdots + a_{in}x_n.$$

Diese Operation stellt offensichtlich eine lineare Funktion des Vektors $\mathbf{x}$ dar. Um ihr eine abkürzende Schreibweise geben zu können, führt man den Begriff des Skalarprodukts zweier Vektoren ein:

Definition. Die aus den zwei n–dimensionalen Vektoren

$$\mathbf{a} = \begin{pmatrix} a_1 \\ \vdots \\ a_n \end{pmatrix}, \qquad \mathbf{b} = \begin{pmatrix} b_1 \\ \vdots \\ b_n \end{pmatrix}$$

gebildete Zahl $a_1b_1 + a_2b_2 + \cdots + a_nb_n$ heißt **Skalarprodukt** der Vektoren **a** und **b** und wird durch

$$\mathbf{a}^\top\mathbf{b} := a_1b_1 + a_2b_2 + \cdots + a_nb_n$$

bezeichnet. Manchmal verwendet man auch die Bezeichnung

$$\mathbf{a}\cdot\mathbf{b} := a_1b_1 + a_2b_2 + \cdots + a_nb_n.$$

Bei $\mathbf{a}^\top\mathbf{b}$ spricht man auch von „Zeilenvektor mal Spaltenvektor", oder kurz von „Zeile mal Spalte". Die Zeilen des Gleichungssystems (2.2) sind damit die Skalarprodukte der Zeilenvektoren der Matrix **A** mit dem Vektor **x**. Diese Eigenschaft gibt Anlass zur Definition des Produktes „Matrix mal Vektor".

Definition. Das Produkt **Ax** ist ein Vektor, dessen i–te Komponente das Skalarprodukt des i–ten Zeilenvektors von **A** mit dem Vektor **x** ist:

$$\mathbf{A}\mathbf{x} := \begin{pmatrix} a_{11}x_1 + a_{12}x_2 + \cdots + a_{1n}x_n \\ a_{21}x_1 + a_{22}x_2 + \cdots + a_{2n}x_n \\ \vdots \qquad\qquad\qquad \vdots \\ a_{m1}x_1 + a_{m2}x_2 + \cdots + a_{mn}x_n \end{pmatrix}. \tag{2.6}$$

Das Produkt **Ax** einer Matrix **A** mit einem Vektor **x** wurde als Operation mit den *Zeilen* von **A** eingeführt. Das Produkt **Ax** kann aber auch als Operation mit den *Spalten* von **A** beschrieben werden. Dazu werden zunächst weitere Rechenregeln für Vektoren gebraucht.

Multiplikation eines Vektors mit einer Zahl

Das *λ–fache* des Vektors $\mathbf{a} = (a_i)$ ist definiert durch $\lambda\mathbf{a} := (\lambda a_i)$ oder ausführlich durch

$$\mathbf{a} = \begin{pmatrix} a_1 \\ \vdots \\ a_n \end{pmatrix} \quad\Longrightarrow\quad \lambda\mathbf{a} := \begin{pmatrix} \lambda a_1 \\ \vdots \\ \lambda a_n \end{pmatrix}. \tag{2.7}$$

Addition zweier Vektoren

Die Summe $\mathbf{a} + \mathbf{b}$ zweier Vektoren $\mathbf{a} = (a_i)$ und $\mathbf{b} = (b_i)$ ist definiert durch $\mathbf{a} + \mathbf{b} := (a_i + b_i)$ oder ausführlich durch

$$\mathbf{a} = \begin{pmatrix} a_1 \\ \vdots \\ a_n \end{pmatrix}, \quad \mathbf{b} = \begin{pmatrix} b_1 \\ \vdots \\ b_n \end{pmatrix} \quad\Longrightarrow\quad \mathbf{a} + \mathbf{b} := \begin{pmatrix} a_1 + b_1 \\ \vdots \\ a_n + b_n \end{pmatrix}. \tag{2.8}$$

Beispiele 2.1.3.

$$\mathbf{p} = \begin{pmatrix} 4 \\ -1 \\ 7 \end{pmatrix} \implies 3\mathbf{p} = \begin{pmatrix} 12 \\ -3 \\ 21 \end{pmatrix}, \quad -\mathbf{p} = \begin{pmatrix} -4 \\ 1 \\ -7 \end{pmatrix}$$

$$\mathbf{q} = \begin{pmatrix} 2 \\ 0 \\ -2 \end{pmatrix} \implies \mathbf{p}+\mathbf{q} = \begin{pmatrix} 6 \\ -1 \\ 5 \end{pmatrix}, \quad 2\mathbf{p} - 4\mathbf{q} = \begin{pmatrix} 0 \\ -2 \\ 22 \end{pmatrix} \qquad \triangleleft$$

Mit Hilfe dieser beiden Rechenregeln für Vektoren kann man die Produktbildung $\mathbf{Ax}$ aus (2.6) wie folgt beschreiben. Man fasst die Matrix $\mathbf{A}$ als Aneinanderreihung ihrer n Spaltenvektoren

$$\mathbf{a}_1 = \begin{pmatrix} a_{11} \\ a_{21} \\ \vdots \\ a_{m1} \end{pmatrix}, \quad \mathbf{a}_2 = \begin{pmatrix} a_{12} \\ a_{22} \\ \vdots \\ a_{m2} \end{pmatrix}, \quad \dots, \quad \mathbf{a}_n = \begin{pmatrix} a_{1n} \\ a_{2n} \\ \vdots \\ a_{mn} \end{pmatrix}$$

auf, also

$$\mathbf{A} = \begin{pmatrix} a_{11} & a_{12} & \dots & a_{1n} \\ a_{21} & a_{22} & \dots & a_{2n} \\ \vdots & \vdots & & \vdots \\ a_{m1} & a_{m2} & \dots & a_{mn} \end{pmatrix} = \left(\mathbf{a}_1 \mid \mathbf{a}_2 \mid \cdots \mid \mathbf{a}_n \right).$$

Es gilt dann

$$\begin{aligned} x_1\mathbf{a}_1 + x_2\mathbf{a}_2 + \cdots + x_n\mathbf{a}_n &= \begin{pmatrix} x_1a_{11} \\ x_1a_{21} \\ \vdots \\ x_1a_{m1} \end{pmatrix} + \begin{pmatrix} x_2a_{12} \\ x_2a_{22} \\ \vdots \\ x_2a_{m2} \end{pmatrix} + \cdots + \begin{pmatrix} x_na_{1n} \\ x_na_{2n} \\ \vdots \\ x_na_{mn} \end{pmatrix} \\ &= \begin{pmatrix} a_{11}x_1 + a_{12}x_2 + \cdots + a_{1n}x_n \\ a_{21}x_1 + a_{22}x_2 + \cdots + a_{2n}x_n \\ \vdots \qquad\qquad\qquad \vdots \\ a_{m1}x_1 + a_{m2}x_2 + \cdots + a_{mn}x_n \end{pmatrix} = \mathbf{Ax} \end{aligned} \tag{2.9}$$

oder mit Verwendung des Summenzeichens

$$\mathbf{Ax} = \sum_{i=1}^{n} x_i\mathbf{a}_i \,. \tag{2.10}$$

Beispiel 2.1.4.

$$\mathbf{T} = \begin{pmatrix} 2 & 0 & 1 \\ 1 & -1 & 4 \\ -3 & 2 & 0 \end{pmatrix}, \qquad \mathbf{r} = \begin{pmatrix} 3 \\ 2 \\ 1 \end{pmatrix}$$

$$\mathbf{Tr} = 3 \cdot \begin{pmatrix} 2 \\ 1 \\ -3 \end{pmatrix} + 2 \cdot \begin{pmatrix} 0 \\ -1 \\ 2 \end{pmatrix} + 1 \cdot \begin{pmatrix} 1 \\ 4 \\ 0 \end{pmatrix} = \begin{pmatrix} 7 \\ 5 \\ -5 \end{pmatrix}$$

◁

Den in (2.9) links bzw. in (2.10) rechts stehenden Ausdruck bezeichnet man als **Linearkombination** der Vektoren $\mathbf{a}_1, \ldots, \mathbf{a}_n$, die Faktoren x_i vor diesen Vektoren als *Koeffizienten* der Linearkombination. Mit dieser Bezeichnung kann die Aufgabenstellung, das lineare Gleichungssystem $\mathbf{Ax} = \mathbf{b}$ zu lösen, mit neuen Worten geschildert werden (*spaltenorientierte* Lesart eines linearen Gleichungssystems): Gesucht ist eine Linearkombination der Spaltenvektoren der Matrix $\mathbf{A}$, die den Vektor $\mathbf{b}$ ergibt. Die Koeffizienten x_i einer solchen Linearkombination bilden einen Lösungsvektor $\mathbf{x}$ des Gleichungssystems (2.2).

Rechnen mit Vektoren mit Hilfe von Standard–Software

In diesem Abschnitt benutzen wir die Programmpakete MAPLE und MATLAB. Beschreibungen dieser Pakete findet man z. B. in [6] bzw. [12].

Um in MAPLE die besonderen Routinen der linearen Algebra nutzen zu können, ist zuerst durch den Befehl

```
> with(LinearAlgebra):
```

das Paket *LinearAlgebra* aufzurufen. Die Eingabe von Vektoren (aus Beispiel 2.1.3) erfolgt in MAPLE entweder durch

```
> p:=Vector(3,[4,-1,7]):
```

wobei der erste Parameter die Dimension des Vektors angibt, oder durch die Kurzform

```
> q:=Vector([2,0,-2]):
```

Man beachte: Der Abschluss einer Anweisung mit *Doppelpunkt* unterdrückt die Ausgabe des Ergebnisses. Um das Ergebnis ausgeben zu lassen, ist der Abschluss mit *Semikolon* erforderlich. Die Rechnungen aus Beispiel 2.1.3 werden durch die folgenden MAPLE-Anweisungen ausgeführt (um Platz zu sparen, werden durch die Anweisung *Transpose* Zeilenvektoren erzeugt) :

```
> Transpose(ScalarMultiply(p,3)); Transpose(ScalarMultiply(p,-1));
```

$$[12, -3, 21]$$
$$[-4, 1, -7]$$

```
> VectorAdd(p,q);
```

$$\begin{bmatrix} 6 \\ -1 \\ 5 \end{bmatrix}$$

```
> VectorAdd(ScalarMultiply(p,2),ScalarMultiply(q,-4));
```

$$\begin{bmatrix} 0 \\ -2 \\ 22 \end{bmatrix}$$

Es stehen für diese Anweisungen auch die Kurzformen > `3*p;` > `-p;` > `p+q;` > `2*p-4*q;` zur Verfügung.

Die eben in MAPLE ausgeführten Rechnungen werden anschließend in MATLAB realisiert. Dabei ist zu beachten, dass innerhalb eines Vektors (und später einer Matrix) in MATLAB die Zeilen durch *Semikolon* getrennt sind. Falls nach einer Anweisung ein Semikolon gesetzt wird, erfolgt keine Ausgabe des Ergebnisses.

```
>> p=[4;-1;7]
p =
     4
    -1
     7
>> q=[2;0;-2];
>> 3*p
ans =
    12
    -3
    21
```

```
>> p+q
ans =
     6
    -1
     5
>> 2*p-4*q
ans =
     0
    -2
    22
```

2.2 Rechenregeln für Matrizen und Vektoren

Im vorangehenden Abschnitt wurden bereits die für die verschiedenen Lesarten (zeilen– und spaltenorientiert) eines linearen Gleichungssystems erforderlichen Rechenoperationen

Zahl mal Vektor (2.7)
Vektor plus Vektor (2.8)
Matrix mal Vektor (2.6) und (2.9)
Skalarprodukt zweier Vektoren (Definition)

eingeführt. Da Vektoren als einspaltige Matrizen aufgefasst werden können, ist zu erwarten, dass sich verallgemeinernd gewisse dieser Rechenoperationen auch zwischen Matrizen einführen lassen. Dabei ist noch zu beachten, dass alle beteiligten Zahlen — als Koeffizienten oder als Elemente der Vektoren und Matrizen — reell oder komplex sein können. Hier und im Folgenden bezeichnet i die *imaginäre Einheit*, d.h., es ist $\mathrm{i}^2 = -1$. Ferner sei daran erinnert, dass die *konjugiert komplexe* Zahl einer komplexen Zahl $z = a + ib$ die komplexe Zahl $\overline{z} = a - ib$ ist.

Multiplikation Zahl mal Matrix

Das Produkt einer Zahl λ mit einer Matrix $\mathbf{A} = (a_{ik})$ ist die Matrix $\mathbf{B} = (b_{ik})$ gleichen Typs wie $\mathbf{A}$ mit den Elementen $b_{ik} := \lambda a_{ik}$ oder ausführlich geschrieben

$$\mathbf{A} = \begin{pmatrix} a_{11} & a_{12} & \dots & a_{1n} \\ a_{21} & a_{22} & \dots & a_{2n} \\ \vdots & \vdots & & \vdots \\ a_{m1} & a_{m2} & \dots & a_{mn} \end{pmatrix} \quad \Longrightarrow \quad \lambda\mathbf{A} := \begin{pmatrix} \lambda a_{11} & \lambda a_{12} & \dots & \lambda a_{1n} \\ \lambda a_{21} & \lambda a_{22} & \dots & \lambda a_{2n} \\ \vdots & \vdots & & \vdots \\ \lambda a_{m1} & \lambda a_{m2} & \dots & \lambda a_{mn} \end{pmatrix}.$$

In gleicher Weise wird das Produkt $\mathbf{A}\lambda$ definiert, nämlich durch $\mathbf{A}\lambda := \lambda\mathbf{A}$. Für eine einspaltige Matrix ist diese Definition identisch mit der durch (2.7) definierten Multiplikation einer Zahl mit einem Vektor.

Beispiele 2.2.1.

$$3 \cdot \begin{pmatrix} 1 & 0 \\ 2 & -1 \end{pmatrix} = \begin{pmatrix} 3 & 0 \\ 6 & -3 \end{pmatrix}, \qquad (1+\mathrm{i}) \cdot \begin{pmatrix} \mathrm{i} & 0 \\ 2 & -1 \end{pmatrix} = \begin{pmatrix} -1+\mathrm{i} & 0 \\ 2+2\mathrm{i} & -1-\mathrm{i} \end{pmatrix}$$ ◁

Addition Matrix plus Matrix

Um zwei Matrizen addieren zu können, müssen sie vom gleichen Typ sein, d.h. sie müssen die gleiche Anzahl von Zeilen und die gleiche Anzahl von Spalten haben. Die Summe zweier solcher Matrizen $\mathbf{A} = (a_{ik})$ und $\mathbf{B} = (b_{ik})$ ist die Matrix $\mathbf{C} = (c_{ik})$ mit den Elementen $c_{ik} := a_{ik} + b_{ik}$ oder ausführlich geschrieben:

$$\mathbf{A} = \begin{pmatrix} a_{11} & a_{12} & \dots & a_{1n} \\ a_{21} & a_{22} & \dots & a_{2n} \\ \vdots & \vdots & & \vdots \\ a_{m1} & a_{m2} & \dots & a_{mn} \end{pmatrix}, \quad \mathbf{B} = \begin{pmatrix} b_{11} & b_{12} & \dots & b_{1n} \\ b_{21} & b_{22} & \dots & b_{2n} \\ \vdots & \vdots & & \vdots \\ b_{m1} & b_{m2} & \dots & b_{mn} \end{pmatrix}$$

$$\Longrightarrow \quad \mathbf{A}+\mathbf{B} := \begin{pmatrix} a_{11}+b_{11} & a_{12}+b_{12} & \dots & a_{1n}+b_{1n} \\ a_{21}+b_{21} & a_{22}+b_{22} & \dots & a_{2n}+b_{2n} \\ \vdots & \vdots & & \vdots \\ a_{m1}+b_{m1} & a_{m2}+b_{m2} & \dots & a_{mn}+b_{mn} \end{pmatrix}.$$

Für einspaltige Matrizen ist diese Definition identisch mit der durch (2.8) definierten Addition zweier Vektoren.

Transponieren und Konjugieren einer Matrix

Zu einer Matrix $\mathbf{A} = (a_{ik})$ wird die **transponierte** Matrix $\mathbf{A}^\top$ gebildet, indem die Zeilen von $\mathbf{A}$ als Spalten von $\mathbf{A}^\top$ genommen werden. Mit anderen Worten, $\mathbf{A}^\top$ ist die

Matrix $\mathbf{B} = (b_{ik})$ mit den Elementen $b_{ik} := a_{ki}$ oder ausführlich geschrieben

$$\mathbf{A} = \begin{pmatrix} a_{11} & a_{12} & \dots & a_{1n} \\ a_{21} & a_{22} & \dots & a_{2n} \\ \vdots & \vdots & & \vdots \\ a_{m1} & a_{m2} & \dots & a_{mn} \end{pmatrix} \implies \mathbf{A}^\top := \begin{pmatrix} a_{11} & a_{21} & \dots & a_{m1} \\ a_{12} & a_{22} & \dots & a_{m2} \\ \vdots & \vdots & & \vdots \\ a_{1n} & a_{2n} & \dots & a_{mn} \end{pmatrix}.$$

Beispiele 2.2.2.

$$\begin{pmatrix} 1 & 2 & -1 \\ 0 & 0 & 3 \end{pmatrix}^\top = \begin{pmatrix} 1 & 0 \\ 2 & 0 \\ -1 & 3 \end{pmatrix}, \qquad \begin{pmatrix} 1 & 2+\mathrm{i} \\ 2 & 0 \\ -1 & 3 \end{pmatrix}^\top = \begin{pmatrix} 1 & 2 & -1 \\ 2+\mathrm{i} & 0 & 3 \end{pmatrix}$$

◁

Zu einer Matrix $\mathbf{A} = (a_{ik})$ wird die **konjugierte** Matrix $\bar{\mathbf{A}}$ gebildet, indem jedes Element der Matrix durch die zugehörige konjugiert komplexe Zahl ersetzt wird. Mit anderen Worten, $\bar{\mathbf{A}}$ ist die Matrix $\mathbf{B} = (b_{ik})$ mit den Elementen $b_{ik} := \overline{a_{ik}}$ oder ausführlich geschrieben

$$\mathbf{A} = \begin{pmatrix} a_{11} & a_{12} & \dots & a_{1n} \\ a_{21} & a_{22} & \dots & a_{2n} \\ \vdots & \vdots & & \vdots \\ a_{m1} & a_{m2} & \dots & a_{mn} \end{pmatrix} \implies \bar{\mathbf{A}} := \begin{pmatrix} \overline{a_{11}} & \overline{a_{12}} & \dots & \overline{a_{1n}} \\ \overline{a_{21}} & \overline{a_{22}} & \dots & \overline{a_{2n}} \\ \vdots & \vdots & & \vdots \\ \overline{a_{m1}} & \overline{a_{m2}} & \dots & \overline{a_{mn}} \end{pmatrix}.$$

Für eine Matrix $\mathbf{A}$, deren sämtliche Elemente reell sind, gilt $\bar{\mathbf{A}} = \mathbf{A}$.

Beispiel 2.2.3.

$$\overline{\begin{pmatrix} 1+\mathrm{i} & 2 \\ 3-7\mathrm{i} & \mathrm{i} \end{pmatrix}} = \begin{pmatrix} 1-\mathrm{i} & 2 \\ 3+7\mathrm{i} & -\mathrm{i} \end{pmatrix}$$

◁

Multiplikation Matrix mal Matrix

Das Produkt zweier Matrizen $\mathbf{A} = (a_{ik})$ und $\mathbf{B} = (b_{ik})$ wird natürlich so erklärt, dass als Spezialfall das bereits durch (2.6) definierte Produkt einer Matrix mit einem Vektor entsteht. Man muss dazu fordern, dass die Anzahl der Spalten der Matrix $\mathbf{A}$ (erster Faktor) gleich der Anzahl der Zeilen der Matrix $\mathbf{B}$ (zweiter Faktor) ist:

$$\mathbf{A} \text{ vom Typ } (m,n); \qquad \mathbf{B} \text{ vom Typ } (n,p).$$

Unter dieser Voraussetzung definiert man:

Definition. Das Produkt $\mathbf{AB}$ ist die Matrix $\mathbf{C}$, deren k–te Spalte $\mathbf{c}_k$ das Produkt von $\mathbf{A}$ mit dem k–ten Spaltenvektor $\mathbf{b}_k$ der Matrix $\mathbf{B}$ ist.

Das i–te Element von $\mathbf{c}_k$, also das Element c_{ik} der Matrix $\mathbf{C}$ ist folglich das Skalarprodukt der i–ten Zeile von $\mathbf{A}$ mit der k–ten Spalte von $\mathbf{B}$:

$$\mathbf{AB} = \mathbf{C} \quad \text{mit} \quad c_{ik} = \sum_{j=1}^{n} a_{ij} b_{jk} \quad \text{für} \quad i = 1, \ldots, m; \; k = 1, \ldots, p. \tag{2.11}$$

Die Berechnung der $m \cdot p$ Elemente der Produktmatrix $\mathbf{AB}$ erfolgt in übersichtlicher Weise in dem sogenannten **Falk–Schema**, in welchem man $\mathbf{A}$ und $\mathbf{B}$ so versetzt anordnet, dass im Kreuzungspunkt der nach rechts verlängerten i–ten Zeile von $\mathbf{A}$ und der nach unten verlängerten k–ten Spalte von $\mathbf{B}$ deren Skalarprodukt als Element c_{ik} von $\mathbf{C}$ eingetragen werden kann.

Beispiel 2.2.4. (zum Falk–Schema)

$$\begin{array}{cc|rrrl}
 & & 3 & 0 & 3 & \\
 & & 1 & 1 & -1 & \Big\} \; \mathbf{B} \\
 & & -2 & -1 & 1 & \\
\hline
\mathbf{A} & \begin{array}{rrr} 1 & 4 & 7 \\ -1 & 0 & 2 \end{array} & \begin{array}{r} -7 \\ -7 \end{array} & \begin{array}{r} -3 \\ -2 \end{array} & \begin{array}{r} \mathbf{6} \\ -1 \end{array} & \begin{array}{l} \longleftarrow 1 \cdot 3 + 4 \cdot (-1) + 7 \cdot 1 = \mathbf{6} \\ \end{array} \\
 & & \multicolumn{3}{c}{\mathbf{C} = \mathbf{AB}} &
\end{array}$$

◁

Als Besonderheit des Matrizenprodukts ist zu vermerken, dass dieses Produkt i. Allg. nicht kommutativ ist, dass also in der Regel $\mathbf{AB} \neq \mathbf{BA}$ gilt.

Beispiel 2.2.5.

$$\begin{pmatrix} 0 & 1 \\ 1 & 0 \end{pmatrix} \cdot \begin{pmatrix} 0 & 1 \\ 0 & 0 \end{pmatrix} = \begin{pmatrix} 0 & 0 \\ 0 & 1 \end{pmatrix} \qquad \text{aber} \qquad \begin{pmatrix} 0 & 1 \\ 0 & 0 \end{pmatrix} \cdot \begin{pmatrix} 0 & 1 \\ 1 & 0 \end{pmatrix} = \begin{pmatrix} 1 & 0 \\ 0 & 0 \end{pmatrix}$$

◁

Aus den Festlegungen der Rechenoperationen ergeben sich weitere Rechenregeln als Folgerungen. Für jede dieser abgeleiteten Regeln ist ein Beweis erforderlich, der aber in den meisten Fällen so offensichtlich ist, dass wir ihn nicht ausführen. Von denen, die etwas schwerer zu führen sind, wird einer ausgewählt, und zwar der zum Transponieren eines Matrizenprodukts.

Im Folgenden werden wir i. Allg. mit griechischen Buchstaben **Zahlen** (reell oder komplex, auch *Skalare* genannt), mit kleinen fetten lateinischen Buchstaben **Vektoren** und mit großen fetten Buchstaben **Matrizen** bezeichnen. Es wird stets vorausgesetzt, dass die Dimension der Vektoren bzw. der Typ der Matrizen so zueinander passen, dass die vorkommenden Rechenoperationen auch ausgeführt werden können.

Operationen mit Skalaren

$\lambda(\mu\mathbf{a}) = (\lambda\mu)\mathbf{a}$	$\lambda(\mu\mathbf{A}) = (\lambda\mu)\mathbf{A}$	Assoziativgesetz
$(\lambda+\mu)\mathbf{a} = \lambda\mathbf{a} + \mu\mathbf{a}$	$(\lambda+\mu)\mathbf{A} = \lambda\mathbf{A} + \mu\mathbf{A}$	Distributivgesetz
$\lambda\mathbf{a} = \mathbf{a}\lambda$	$\lambda\mathbf{A} = \mathbf{A}\lambda$	Kommutativgesetz
$(\lambda\mathbf{a})^\top = \lambda\mathbf{a}^\top$	$(\lambda\mathbf{A})^\top = \lambda\mathbf{A}^\top$	
$\overline{(\lambda\mathbf{a})} = \bar{\lambda}\bar{\mathbf{a}}$	$\overline{(\lambda\mathbf{A})} = \bar{\lambda}\bar{\mathbf{A}}$	
$(\lambda\mathbf{a})^\top\mathbf{b} = \mathbf{a}^\top(\lambda\mathbf{b}) = \lambda(\mathbf{a}^\top\mathbf{b})$	$(\lambda\mathbf{A})\mathbf{B} = \mathbf{A}(\lambda\mathbf{B}) = \lambda(\mathbf{A}\mathbf{B})$	

Operationen mit Vektoren

$(\mathbf{a}+\mathbf{b})+\mathbf{c} = \mathbf{a}+(\mathbf{b}+\mathbf{c})$	Assoziativgesetz
$\lambda(\mathbf{a}+\mathbf{b}) = \lambda\mathbf{a}+\lambda\mathbf{b}$	Distributivgesetz
$\mathbf{a}+\mathbf{b} = \mathbf{b}+\mathbf{a}$	Kommutativgesetz Addition
$(\mathbf{a}+\mathbf{b})^\top\mathbf{c} = \mathbf{a}^\top\mathbf{c}+\mathbf{b}^\top\mathbf{c}$	Distributivgesetz Skalarprodukt
$\mathbf{a}^\top\mathbf{b} = \mathbf{b}^\top\mathbf{a}$	Kommutativgesetz Skalarprodukt

Operationen mit Matrizen

$(\mathbf{A}+\mathbf{B})+\mathbf{C} = \mathbf{A}+(\mathbf{B}+\mathbf{C})$	Assoziativgesetz Addition
$\mathbf{A}+\mathbf{B} = \mathbf{B}+\mathbf{A}$	Kommutativgesetz Addition
$(\mathbf{A}\mathbf{B})\mathbf{C} = \mathbf{A}(\mathbf{B}\mathbf{C})$	Assoziativgesetz Multiplikation
$(\mathbf{A}+\mathbf{B})\mathbf{C} = \mathbf{A}\mathbf{C}+\mathbf{B}\mathbf{C}$	Distributivgesetz

$$(\mathbf{A}+\mathbf{B})^\top = \mathbf{A}^\top+\mathbf{B}^\top$$
$$(\mathbf{A}^\top)^\top = \mathbf{A}$$
$$(\mathbf{A}\mathbf{B})^\top = \mathbf{B}^\top\mathbf{A}^\top$$

Beweis von $(\mathbf{A}\mathbf{B})^\top = \mathbf{B}^\top\mathbf{A}^\top$: Die Elemente von $\mathbf{A}^\top$ und $\mathbf{B}^\top$ werden durch hochgestelltes t bezeichnet:

$$\mathbf{A}^\top = (a_{ij}^t) \quad \text{mit} \quad a_{ij}^t = a_{ji} \quad \text{usw.}$$

Das Element der i–ten Zeile und k–ten Spalte der Matrix $(\mathbf{A}\mathbf{B})^\top$ ist das Element in der k–ten Zeile und i–ten Spalte der Matrix $\mathbf{C} = \mathbf{A}\mathbf{B}$. Für dieses gilt (vgl. (2.11))

$$c_{ki} = \sum_j a_{kj}b_{ji} = \sum_j b_{ji}a_{kj} = \sum_j b_{ij}^t a_{jk}^t.$$

Das ist aber das Element in der i–ten Zeile und k–ten Spalte der Matrix $\mathbf{B}^\top \mathbf{A}^\top$. □

Rechnung mit Matrizen mit Hilfe von Standard–Software

Um eine Matrix einzugeben, steht in MAPLE die Anweisung *Matrix* zur Verfügung. Dabei sind die ersten beiden Parameter die Anzahl der Zeilen und Spalten. Als dritter Parameter werden die Zeilenvektoren [...] der Matrix, eingeschlossen in [...] angegeben, z.B.

```
> Matrix(2,4,[[3,5,-1,0],[2,7,9,4]]);
```

$$\begin{bmatrix} 3 & 5 & -1 & 0 \\ 2 & 7 & 9 & 4 \end{bmatrix}$$

Die Angabe der Zeilen- und Spaltenzahl kann entfallen. Die Anweisung

```
> Matrix([[3,5,-1,0],[2,7,9,4]]):
```

hat also das gleiche Ergebnis wie die vorige.
Die Multiplikationen Zahl mal Matrix aus den Beispielen 2.2.1 erfolgen in MAPLE durch die Anweisungen

```
> ScalarMultiply(Matrix([[1,0],[2,-1]]),3);
```

$$\begin{bmatrix} 3 & 0 \\ 6 & -3 \end{bmatrix}$$

```
> ScalarMultiply(Matrix([[Complex(0,1),0],[2,-1]]), Complex(1,1));
```

$$\begin{bmatrix} -1+I & 0 \\ 2+2I & -1-I \end{bmatrix}$$

Für die Eingabe von komplexen Zahlen gibt es in MAPLE auch die Kurzform mit Verwendung des Symbols I für die imaginäre Einheit. Im obigen Beispiel liefert also die Anweisung in Kurzform

```
> (1+I)*Matrix([[I,0],[2,-1]]):
```

das gleiche Ergebnis.

Die Addition von Matrizen erfolgt ähnlich wie die Addition von Vektoren:

Beispiel 2.2.6. Die Addition der beiden Matrizen

$$\mathbf{A} = \begin{pmatrix} 4 & 7 \\ -1 & 2 \end{pmatrix}, \qquad \mathbf{B} = \begin{pmatrix} -1 & 1 \\ 1 & 3 \end{pmatrix}$$

und die Speicherung des Ergebnisses als Matrix $\mathbf{C}$ erfolgt in MAPLE durch

```
> A:=Matrix(2,2,[[4,7],[-1,2]]): B:=Matrix(2,2,[[-1,1],[1,3]]):
> C:=MatrixAdd(A,B);
```

$$C := \begin{bmatrix} 3 & 8 \\ 0 & 5 \end{bmatrix}$$ ◁

Die Kurzform dieser Anweisung ist > `C:=A+B;` Das Transponieren von Matrizen führt MAPLE wie für Vektoren mit der Anweisung *Transpose* durch, für das erste der Beispiele 2.2.2 also

```
> Transpose(Matrix([[1,2,-1],[0,0,3]]));
```

$$\begin{bmatrix} 1 & 0 \\ 2 & 0 \\ -1 & 3 \end{bmatrix}$$

Die Multiplikation von Matrizen führt MAPLE mit der Anweisung *MatrixMatrixMultiply* durch. Die Multiplikation $\mathbf{C} = \mathbf{AB}$ aus Beispiel 2.2.4 erfolgt durch die Anweisungen

```
> A:=Matrix(2,3,[[1,4,7],[-1,0,2]]):
> B:=Matrix(3,3,[[3,0,3],[1,1,-1],[-2,-1,1]]):
> C:=MatrixMatrixMultiply(A,B);
```

$$C := \begin{bmatrix} -7 & -3 & 6 \\ -7 & -2 & -1 \end{bmatrix}$$

Die oben für die Beispiele 2.2.6, 2.2.2 und 2.2.4 mit MAPLE ausgeführten Rechenschritte erhalten in MATLAB die folgende Form:

```
>> A=[4,7;-1,2]
A =
    4  7
   -1  2
>> B=[-1,1;1,3];
>> C=A+B
C =
   3  8
   0  5
>> [1,2,-1;0,0,3]'
ans =
    1  0
    2  0
   -1  3
>> A=[1,4,7;-1,0,2];
>> B=[3,0,3;1,1,-1;-2,-1,1];
>> C=A*B
   -7  -3   6
   -7  -2  -1
```

2.3 Besondere Typen von Vektoren und Matrizen

Nullvektor und Nullmatrix

Ein Vektor, dessen sämtliche Koordinaten null sind, heißt *Nullvektor* und erhält das Symbol $\mathbf{o}$, entsprechend ist die *Nullmatrix* $\mathbf{0}$ eine Matrix, deren sämtliche Elemente null sind. Die Dimension von $\mathbf{o}$ bzw. der Typ von $\mathbf{0}$ ist dem entsprechenden Kontext zu entnehmen.

Einheitsvektor

Der Vektor $\mathbf{e}_i$ mit den Koordinaten $(\mathbf{e}_i)_i = 1$ und $(\mathbf{e}_i)_j = 0$ für $i \neq j$ heißt *i–ter Einheitsvektor*. Unter den n–dimensionalen Vektoren gibt es also die n Einheitsvektoren

$$\mathbf{e}_1 = \begin{pmatrix} 1 \\ 0 \\ \vdots \\ 0 \end{pmatrix}, \quad \mathbf{e}_2 = \begin{pmatrix} 0 \\ 1 \\ \vdots \\ 0 \end{pmatrix}, \quad \ldots \quad , \quad \mathbf{e}_n = \begin{pmatrix} 0 \\ 0 \\ \vdots \\ 1 \end{pmatrix}.$$

Durch einfaches Nachrechnen erkennt man unmittelbar, dass jeder n–dimensionale Vektor als Linearkombination der n Einheitsvektoren der Dimension n dargestellt werden kann, wenn man die Koordinaten des Vektors als Koeffizienten der Linearkombination benutzt. Diese Darstellung ist sogar eindeutig, es gilt

$$\mathbf{a} = (a_i) \qquad \Longleftrightarrow \qquad \mathbf{a} = a_1\mathbf{e}_1 + a_2\mathbf{e}_2 + \cdots + a_n\mathbf{e}_n \, .$$

Ferner lassen sich die Koordinaten eines Vektors als seine Skalarprodukte mit den entsprechenden Einheitsvektoren darstellen:

$$\mathbf{a} = (a_i) \qquad \Longleftrightarrow \qquad a_i = \mathbf{a}^\top \mathbf{e}_i \, .$$

Auch für die Darstellung der Spaltenvektoren einer Matrix können in entsprechender Weise die Produkte der Matrix mit den Einheitsvektoren benutzt werden (Beweis durch einfaches Ausrechnen):

$$\mathbf{A} = \left(\mathbf{a}_1 \mid \mathbf{a}_2 \mid \cdots \mid \mathbf{a}_n \right) \qquad \Longleftrightarrow \qquad \mathbf{a}_i = \mathbf{A}\mathbf{e}_i \, .$$

Quadratische Matrix

Eine Matrix mit gleicher Anzahl von Zeilen und Spalten wird *quadratisch* genannt. Eine quadratische Matrix $\mathbf{A} = (a_{ik})$ vom Typ (n, n) heißt *n–reihige Matrix*. Ihre Diagonale aus den Elementen $a_{11}, a_{22}, \ldots, a_{nn}$ wird *Hauptdiagonale* genannt, die andere Diagonale (der Elemente $a_{1n}, a_{2,n-1}, \ldots, a_{n1}$) *Nebendiagonale*.

Symmetrische Matrix

Eine quadratische Matrix $\mathbf{A} = (a_{ik})$ mit der Eigenschaft $a_{ik} = a_{ki}$ heißt *symmetrisch*. Für symmetrische Matrizen gilt

$$\mathbf{A}^\top = \mathbf{A} \, .$$

Diagonalmatrix
Eine quadratische Matrix $\mathbf{D}$ mit $d_{ik} = 0$ für $i \neq k$ heißt *Diagonalmatrix.* Weil i. Allg. nur ihre wesentlichen Elemente — die Elemente der Hauptdiagonale — bezeichnet zu werden brauchen, schreibt man

$$\mathbf{D} = \text{diag}(d_i) \qquad \text{mit} \quad d_i = d_{ii}.$$

Für jede Diagonalmatrix gilt $\mathbf{D}^\top = \mathbf{D}$.

Einheitsmatrix
Eine Diagonalmatrix mit $d_i = 1$ für alle i heißt *Einheitsmatrix* und wird mit $\mathbf{E}$ bezeichnet, im englischen Sprachraum mit $\mathbf{I}$ (Identity). Beispiele sind

$$\mathbf{E} = \begin{pmatrix} 1 & 0 \\ 0 & 1 \end{pmatrix}, \qquad \mathbf{E} = \begin{pmatrix} 1 & 0 & 0 \\ 0 & 1 & 0 \\ 0 & 0 & 1 \end{pmatrix} \qquad \text{usw.}$$

Die Einheitsmatrix ist „neutral" bezüglich der Matrixmultiplikation: Wenn $\mathbf{A}$ eine Matrix vom Typ (m, n) ist, so gilt

$$\mathbf{EA} = \mathbf{A} \qquad \text{und} \qquad \mathbf{AE} = \mathbf{A},$$

wobei zuerst $\mathbf{E}$ eine Einheitsmatrix vom Typ (m, m) und zuletzt vom Typ (n, n) ist.

Dreiecksmatrix
Eine quadratische Matrix, die unterhalb der Hauptdiagonalen nur Nullen als Elemente hat, heißt *obere Dreiecksmatrix.* Entsprechend wird eine Matrix, deren sämtliche Elemente oberhalb der Hauptdiagonalen null sind, *untere Dreiecksmatrix* genannt. Zur Bezeichnung dieser Matrizen werden gern die Buchstaben $\mathbf{U}$ (engl. **u**pper) bzw. $\mathbf{L}$ (engl. **l**ower) genommen.

Inverse Matrix
Wegen ihrer Bedeutung für die Beschreibung bijektiver linearer Abbildungen wird die inverse Matrix im Abschnitt 4.5 ausführlich behandelt. Des Überblicks halber werden bereits hier einige ihrer Eigenschaften und Rechenregeln genannt.

Sind $\mathbf{A}$ und $\mathbf{B}$ zwei quadratische Matrizen und gilt $\mathbf{AB} = \mathbf{E}$, so gilt auch $\mathbf{BA} = \mathbf{E}$, und es gibt dann keine weitere quadratische Matrix $\mathbf{C} \neq \mathbf{B}$, für die $\mathbf{AC} = \mathbf{E}$ gilt.

Die Matrix $\mathbf{B}$ hat bei der Umstellung von Gleichungen mit Matrizen ähnliche Bedeutung wie die reziproke Zahl $1/a$ (falls $a \neq 0$) bei Gleichungen mit Zahlen, wie folgende Beispiele zeigen:

$$\begin{array}{llll} ax = y \;\rightarrow & \frac{1}{a}(ax) = \frac{1}{a}y \;\rightarrow & (\frac{1}{a}a)x = \frac{1}{a}y \;\rightarrow & x = \frac{1}{a}y = a^{-1}y \\ \mathbf{AX} = \mathbf{Y} \rightarrow & \mathbf{B}(\mathbf{AX}) = \mathbf{BY} \rightarrow & (\mathbf{BA})\mathbf{X} = \mathbf{BY} \rightarrow & \mathbf{X} = \mathbf{BY} \\ \mathbf{XA} = \mathbf{Y} \rightarrow & (\mathbf{XA})\mathbf{B} = \mathbf{YB} \rightarrow & \mathbf{X}(\mathbf{AB}) = \mathbf{YB} \rightarrow & \mathbf{X} = \mathbf{YB} \end{array}$$

Auf Grund dieser Eigenschaft wird die Matrix **B** die zu **A** *inverse Matrix* genannt und mit $\mathbf{A}^{-1}$ bezeichnet. Die Matrix **A** selbst wird in diesem Fall *invertierbar* genannt. Quadratische Matrizen, zu denen es keine inverse Matrix gibt, heißen *singulär*.

Für inverse Matrizen gelten die folgenden Rechenregeln (die vorkommenden Matrizen **A**, **B** und **D** werden als invertierbar vorausgesetzt, $\mathbf{D} = \text{diag}(d_i)$ ist eine Diagonalmatrix, **E** eine Einheitsmatrix, λ eine Zahl, die nicht null ist):

$$\mathbf{A}^{-1}\mathbf{A} = \mathbf{E} \qquad \mathbf{A}\mathbf{A}^{-1} = \mathbf{E} \qquad \mathbf{E}^{-1} = \mathbf{E}$$

$$(\mathbf{A}^{-1})^\top = (\mathbf{A}^\top)^{-1} \qquad (\mathbf{AB})^{-1} = \mathbf{B}^{-1}\mathbf{A}^{-1} \qquad \mathbf{D}^{-1} = \text{diag}(\frac{1}{d_i})$$

$$(\lambda\mathbf{A})^{-1} = \frac{1}{\lambda}\mathbf{A}^{-1}$$

Die Beweise zu diesen Rechenregeln befinden sich in Abschnitt 4.5.

2.4 Lösung linearer Gleichungssysteme

Dieser Abschnitt setzt sich zum Ziel, ein lineares Gleichungssystem der Form

$$\begin{array}{llll} a_{11}x_1 & + a_{12}x_2 & + \cdots + a_{1n}x_n & = & b_1 \\ a_{21}x_1 & + a_{22}x_2 & + \cdots + a_{2n}x_n & = & b_2 \\ \vdots & & & & \vdots \\ a_{m1}x_1 & + a_{m2}x_2 & + \cdots + a_{mn}x_n & = & b_m \end{array} \tag{2.12}$$

zu lösen. Im Abschnitt 2.2 wurde gezeigt, wie mit der gemäß (2.4) gebildeten Koeffizientenmatrix **A** dieses Systems und mit Gebrauch der Multiplikation Matrix mal Vektor (2.6) das Gleichungssystem (2.12) die Kurzform

$$\mathbf{Ax} = \mathbf{b} \tag{2.13}$$

erhält. Zur Beschreibung der zur Lösung erforderlichen Rechenoperationen mit den Gleichungen dieses Systems ist es vorteilhaft, wenn Matrix **A** und rechte Seite **b** zu einer Matrix, der sogenannten *erweiterten Koeffizientenmatrix*

$$(\mathbf{A}|\mathbf{b})$$

zusammengefasst werden.

Direkte und iterative Verfahren

Die Lösungsmethoden für lineare Gleichungssysteme lassen sich hinsichtlich ihres prinzipiellen Vorgehens in zwei Kategorien einteilen. Erstens gibt es Verfahren, die zu expliziten Formeln für die Unbekannten führen. Rechnet man nach einem solchen Verfahren ohne Rundung der Zwischenergebnisse, wird man nach einer endlichen Zahl von Rechenoperationen die exakte Lösung erhalten (vorausgesetzt, es gibt eine Lösung). Diese Verfahren sind als *direkte Verfahren* bekannt.

Beispiel 2.4.1.

$$\begin{aligned} 9x_1 &+ 2x_2 &= 20 \\ x_1 &+ 18x_2 &= 20 \end{aligned}$$

Aus der zweiten Gleichung erhält man $x_1 = 20 - 18x_2$, setzt das in die erste Gleichung ein,

$$9(20 - 18x_2) + 2x_2 = 20,$$

löst diese Gleichung nach x_2 auf und erhält $x_2 = 1$. Dieses Ergebnis wird in die oben für x_1 erhaltene Gleichung eingesetzt und liefert schließlich $x_1 = 2$. ◁

Ein vollkommen anders geartetes Verfahren entsteht, wenn man von Schätzwerten für die Unbekannten ausgeht und dann die einzelnen Gleichungen in systematischer Reihenfolge dazu benutzt, nacheinander verbesserte Werte für die Unbekannten zu berechnen. Gibt es so viele Gleichungen wie Unbekannte, hat man nach einem Durchlauf aller Gleichungen jede Unbekannte einmal verbessert. Diese neuen Werte fasst man nun wieder als Schätzwerte auf und beginnt von neuem. Dieses Vorgehen ist ein Beispiel für ein *iteratives Verfahren*.

Beispiel 2.4.2. (Beispiel 2.4.1, jetzt iteratives Vorgehen)
Schätzung $x_1^{(0)} = 5$, $x_2^{(0)} = 5$ (mit Absicht eine sehr vage Schätzung)
Die erste Gleichung wird zur Verbesserung von x_1 benutzt: Wir setzen $x_2^{(0)} = 5$ in die erste Gleichung ein und erhalten bei Rundung auf drei Kommastellen

$$x_1^{(1)} = (20 - 2 \cdot 5)/9 = 1.111\ .$$

Die zweite Gleichung wird analog zur Verbesserung von x_2 benutzt:

$$x_2^{(1)} = (20 - 5)/18 = 0.833.$$

Die Fortsetzung des Verfahrens, zunächst von $x_1^{(1)}$, $x_2^{(1)}$, dann von $x_1^{(2)}$, $x_2^{(2)}$ ausgehend, liefert

$$\begin{aligned} x_1^{(2)} &= 2.037 \qquad & x_1^{(3)} &= 1.989 \qquad & \ldots \\ x_2^{(2)} &= 1.049 \qquad & x_2^{(3)} &= 0.998 \qquad & \ldots \end{aligned}$$

◁

Man erhält i. Allg. eine unendliche Folge, deren Berechnung man natürlich abbrechen wird, wenn sich die Zahlen im Bereich der Kommastellen, die von Interesse sind, nicht mehr ändern. Ob dieser Fall überhaupt eintreten wird, gehört zu den theoretisch zu klärenden Fragen. Mehr über die iterativen Verfahren findet man in Büchern über Numerische Mathematik oder über Numerische Lineare Algebra, siehe z.B. [11].

Äquivalente Umformungen linearer Gleichungssysteme

Um bei einem direkten Verfahren explizite Formeln für einzelne Unbekannte zu erhalten, formt man das Gleichungssystem durch geeignete Operationen um. Erlaubt sind dabei natürlich nur solche Umformungen des Systems, die an der Lösungsmenge nichts ändern; diese nennt man **äquivalente Umformungen**. Die gebräuchlichsten dieser Umformungen sind

1. Vertauschung zweier Gleichungen. In der erweiterten Koeffizientenmatrix $(\mathbf{A}|\mathbf{b})$ des Gleichungssystems sind die entsprechenden zwei Zeilen zu vertauschen. Diese Maßnahme heißt *elementare Zeilenumformumg vom Typ (1)*.

2. Multiplikation einer Gleichung mit einer Konstanten $\lambda \neq 0$. In der erweiterten Koeffizientenmatrix $(\mathbf{A}|\mathbf{b})$ sind alle Elemente der entsprechenden Zeile mit λ zu multiplizieren. Diese Maßnahme heißt *elementare Zeilenumformung vom Typ (2)*.

3. Addition des λ–fachen einer Gleichung zu einer anderen. In der erweiterten Koeffizientenmatrix $(\mathbf{A}|\mathbf{b})$ ist die entsprechende Addition des λ–fachen einer Zeile zu einer anderen auszuführen. Diese Maßnahme wird *elementare Zeilenumformung vom Typ (3)* genannt.

4. Vertauschung der Reihenfolge der Variablen in den Gleichungen, führt zur entsprechenden Spaltenvertauschung von $\mathbf{A}$

5. Einführung des λ–fachen einer Unbekannten als neue Variable, führt zur Division der entsprechenden Spalte von $\mathbf{A}$ durch λ

6. Einführung von $x_i - \lambda x_k$ als neue Variable x'_i, führt zur Addition des λ-fachen der i–ten Spalte von $\mathbf{A}$ zur k–ten Spalte

7. Einsetzen einer bereits bekannt gewordenen Unbekannten x_i in alle Gleichungen, führt zur Subtraktion des x_i–fachen der i–ten Spalte von der rechten Seite und Streichung der i–ten Spalte von $\mathbf{A}$

Einige dieser Umformungen sind so einfach, dass sich ein Nachweis der Äquivalenz dieser Umformungen erübrigt (bei Nr. 1,2,4,5,7). Für die anderen muss bewiesen werden, dass sie tatsächlich äquivalent sind, dass also die Menge aller Lösungen des ursprünglichen Systems $\mathbf{Ax} = \mathbf{b}$ gleich der Menge aller Lösungen des neuen Systems $\mathbf{A'x'} = \mathbf{b'}$ ist. Für eine dieser Umformungen wird hier der Beweis erbracht.

Äquivalenzbeweis für die elementare Zeilenumformung vom Typ (3). Es reicht offenbar aus, den Beweis nur für den Fall zu führen, dass das λ–fache der ersten Zeile zur zweiten addiert wird. Wir zeigen zuerst, dass ein Vektor $\mathbf{x}$, der das ursprüngliche System $\mathbf{Ax} = \mathbf{b}$ löst, auch das neue System $\mathbf{A'x} = \mathbf{b'}$ löst. Da nur die zweite Zeile geändert wurde, müssen wir nur diese prüfen. Sie lautet im neuen System

$$a'_{21}x_1 + \cdots + a'_{2n}x_n = b'_2 \,, \tag{2.14}$$

wobei die neuen Koeffizienten aus den ursprünglichen durch

$$a'_{2k} = a_{2k} + \lambda a_{1k} \quad (k = 1, \ldots, n) \quad \text{und} \quad b'_2 = b_2 + \lambda b_1$$

gebildet wurden. Durch Einsetzen von a'_{2k} in die linke Seite von (2.14) erhält man nach Ausmultiplizieren und anschließendem Umordnen

$$\begin{aligned} a'_{21}x_1 + \cdots + a'_{2n}x_n &= \underbrace{a_{21}x_1 + \cdots + a_{2n}x_n}_{=b_2} + \lambda\underbrace{(a_{11}x_1 + \cdots + a_{1n}x_n)}_{=\lambda b_1} \\ &= b_2 + \lambda b_1 = b'_2. \end{aligned}$$

(Der Wert der geklammerten Summen ergibt sich daraus, dass der Vektor $\mathbf{x}$ das ursprüngliche System löst.) Also ist (2.14) erfüllt, $\mathbf{x}$ löst also auch das neue System. Nun ist noch die Umkehrung zu zeigen, nämlich dass ein Vektor, der Lösung des neuen Systems ist, auch das ursprüngliche System löst. Dieser Teil kann aber wegen der Analogie zum ersten Beweisteil dem Leser selbst überlassen werden. □

Gaußscher Algorithmus

Die Idee dieses Lösungsverfahrens für lineare Gleichungssysteme ist sehr einfach. Schritt für Schritt wird die Aufgabe auf das Lösen eines kleineren Gleichungssystems (genannt Restsystem) reduziert, das jeweils eine Unbekannte und mindestens eine Gleichung weniger enthält. Diese sogenannten Eliminationsschritte enden, wenn das Restsystem entweder gelöst werden kann oder seine Unlösbarkeit festgestellt wurde. Die zwei Etappen dieses Verfahrens sind erstens die Eliminationsschritte und zweitens die Rückrechnung.

Eliminationsschritte. Man wählt eine Unbekannte aus und eine Gleichung, die diese Unbekannte enthält. Dann addiert man geeignete Vielfache dieser ausgewählten Gleichung zu den anderen Gleichungen, so dass die ausgewählte Unbekannte aus diesen verschwindet. Das so entstandene reduzierte Gleichungssystem enthält die ausgewählte Unbekannte nur noch in einer einzigen — der ausgewählten — Gleichung. Diese Gleichung „merkt“ man sich für später; man wird sie erst dann wieder brauchen, wenn die Werte aller anderen Unbekannten des reduzierten Systems berechnet wurden und nun die ausgewählte Unbekannte aus dieser Gleichung auch noch berechnet wird (Rückrechnung).

Die Gleichungen des reduzierten Systems — ohne die „gemerkte“ — enthalten nun nur noch die restlichen Unbekannten, stellen also ein lineares Gleichungssystem dar, das eine Unbekannte weniger, aber auch eine Gleichung weniger enthält.

Beispiel 2.4.3.

$$\begin{array}{rcrcrcrcr} -2x_1 & + & 4x_2 & - & 5x_3 & + & 7x_4 & = & -11 \\ 9x_1 & - & 8x_2 & + & 3x_3 & - & 4x_4 & = & 15 \\ 4x_1 & - & 2x_2 & + & 2x_3 & - & 3x_4 & = & 6 \end{array}$$

Wir wählen x_2 und die dritte Gleichung aus (übersichtlicher wäre, x_1 und die erste Gleichung zu wählen, aber dann wäre Bruchrechnung erforderlich). Es muss nun das Doppelte der dritten Gleichung zur ersten und danach das (-4)–fache der dritten Gleichung zur zweiten addiert werden, damit x_2 aus der ersten und zweiten Gleichung verschwindet. Das ergibt

$$\begin{array}{rcrcrcrcr} 6x_1 & & & - & x_3 & + & x_4 & = & 1 \\ -7x_1 & & & - & 5x_3 & + & 8x_4 & = & -9 \\ 4x_1 & - & 2x_2 & + & 2x_3 & - & 3x_4 & = & 6 \end{array} .$$

Das reduzierte Gleichungssystem ist

$$\begin{array}{rcrcrcr} 6x_1 & - & x_3 & + & x_4 & = & 1 \\ -7x_1 & - & 5x_3 & + & 8x_4 & = & -9 \end{array}$$

und die Gleichung

$$4x_1 - 2x_2 + 2x_3 - 3x_4 = 6$$

wird „gemerkt“, d.h. zur späteren Verwendung zurückgestellt. ◁

Durch diese Rechnung ist die ausgewählte Unbekannte — im Beispiel die Unbekannte x_2 — aus dem Gleichungssystem durch elementare Zeilenumformungen vom Typ (3) entfernt oder „eliminiert“ worden. Man bezeichnet diesen Rechenschritt deshalb auch als Eliminationsschritt und das gesamte hier dargestellte Lösungsverfahren als *Eliminationsverfahren.* Die ausgewählte und „gemerkte“ Gleichung wird *Pivotgleichung* oder *Pivotzeile*, der Koeffizient der ausgewählten Unbekannten dieser Zeile *Pivotelement* und das neue Gleichungssystem *Restsystem* genannt.
In der Folge hat man zunächst nur nach der Lösung des Restsystems zu suchen. Sollte es gelöst werden können, setzt man seine Lösung in die Pivotgleichung dieses Eliminationsschrittes ein und löst sie dann nach der ausgewählten Variablen auf. Es ist noch zu bemerken, dass durch einen solchen Eliminationsschritt nichts an der Lösungsmenge des Gleichungssystems verändert wird, denn es wird eine der zuvor besprochenen äquivalenten Umformungen (Nr. 3) verwendet.
Es kann vorkommen, dass im Restsystem außer der ausgewählten und den bereits in den vorausgegangenen Eliminationsschritten eliminierten Unbekannten eine oder mehrere weitere Unbekannte nicht mehr vorkommen. Diese müssen dann formal weiter mitgeführt werden, sie treten in der weiteren Rechnung zunächst stets mit dem Koeffizienten Null in allen Gleichungen auf. Bei der Rückrechnung (s.u.) werden sie zu freien Parametern.

Sonderfall. Eine Besonderheit ist das Verschwinden *aller* Unbekannten aus einer oder mehreren Gleichungen des Restsystems. Eine solche Gleichung ist dann offenbar auf die Gestalt

$$0 = \beta$$

reduziert. Wenn β auch null ist, ist eine solche Gleichung ohne Bedeutung und wird gestrichen. Für $\beta \neq 0$ ist ein Widerspruch erkennbar, das Gleichungssystem ist nicht lösbar, das Verfahren kann beendet werden.

Beispiel 2.4.4.

$$\begin{array}{rcrcrcr} x_1 & - & 2x_2 & + & 7x_3 & = & 4 \\ 2x_1 & - & 4x_2 & + & 14x_3 & = & 10 \\ -x_1 & + & x_2 & + & x_3 & = & 1 \end{array}$$

Wir wählen x_1 als zu eliminierende Unbekannte und die erste Zeile als Pivotzeile. Es ist das (–2)–fache der ersten zur zweiten Zeile und anschließend die erste zur dritten Zeile zu addieren. Das entstehende Restsystem ist

$$\begin{array}{rcrcl} 0 \cdot x_2 & + & 0 \cdot x_3 & = & 2 \\ -x_2 & + & 8x_3 & = & 5\,. \end{array}$$

Der Sonderfall ist eingetreten: Die erste Zeile des Restsystems und damit das gesamte Gleichungssystem sind unlösbar. ◁

Die Eliminationsschritte enden, wenn das Restsystem — nach Behandlung von Besonderheiten (s.o.) — nur noch aus einer einzigen Gleichung besteht. Es beginnt dann Teil 2 des Verfahrens, die

Rückrechnung. Aus der einzigen Gleichung des letzten Restsystems wird eine Unbekannte ausgewählt, deren Koeffizient nicht null ist, und die Gleichung nach dieser Unbekannten aufgelöst. Enthält diese Gleichung mehr als eine Unbekannte (einschließlich der Unbekannten, die noch nicht eliminiert wurden, aber mit Koeffizient Null auftreten), so können diese Unbekannten in der Lösung beliebige Werte annehmen, sie werden zu *frei wählbaren Parametern*, die in der Lösungsdarstellung verbleiben. Die Lösungsdarstellung der ausgewählten Unbekannten wird nun in die Pivotgleichung (die „gemerkte" Gleichung) des letzten Eliminationsschrittes eingesetzt und diese Gleichung nach der ausgewählten Variablen dieses Eliminationsschrittes aufgelöst. Analog in umgekehrter Reihenfolge der vorher durchlaufenen Eliminationsschritte fortfahrend, erhält man aus den Pivotgleichungen die Lösungsdarstellung aller restlichen Unbekannten.
Der Übersichtlichkeit halber wird man sich zu Beginn der Rückrechnung die Pivotgleichungen aller Eliminationsschritte einschließlich der Gleichung des letzten Restsystems zusammengefasst niederschreiben. Man erhält dabei ein sogenanntes *gestaffeltes Gleichungssystem.*

Beispiel 2.4.5.

$$\begin{array}{rcrcrcrcr} -x_1 & + & 4x_2 & + & x_3 & + & 7x_4 & = & -1 \\ 3x_1 & - & 5x_2 & - & 2x_3 & + & x_4 & = & 0 \\ -5x_1 & + & 7x_2 & + & 3x_3 & - & 9x_4 & = & 2 \end{array}$$

Im ersten Eliminationsschritt wählen wir die erste Gleichung als Pivotgleichung und x_1 als zu eliminierende Unbekannte. Das Restsystem ist dann

$$\begin{array}{rcrcrcr} 7x_2 & + & x_3 & + & 22x_4 & = & -3 \\ -13x_2 & - & 2x_3 & - & 44x_4 & = & 7\,. \end{array}$$

Im zweiten Eliminationsschritt wird die erste Gleichung des Restsystems als Pivotgleichung und x_3 als zu eliminierende Unbekannte gewählt. Es ergibt sich als Restsystem

$$x_2 + 0 \cdot x_4 = 1\,.$$

Die Eliminationsschritte sind damit beendet. Die Pivotgleichungen einschließlich des letzten Restsystems ergeben das gestaffelte Gleichungssystem

$$\begin{array}{rcrcrcrcr} -x_1 & + & 4x_2 & + & x_3 & + & 7x_4 & = & -1 \\ & & 7x_2 & + & x_3 & + & 22x_4 & = & -3 \\ & & x_2 & + & & & 0 \cdot x_4 & = & 1\,. \end{array}$$

Die Staffelung dieses Systems wird noch deutlicher erkennbar, wenn man die Unbekannten entsprechend der Reihenfolge ihrer Elimination anordnet:

$$\begin{array}{rcrcrcrcr} -x_1 & + & x_3 & + & 4x_2 & + & 7x_4 & = & -1 \\ & & x_3 & + & 7x_2 & + & 22x_4 & = & -3 \\ & & & & x_2 & + & 0 \cdot x_4 & = & 1\,. \end{array}$$

In der letzten Gleichung ist nur die Unbekannte x_2 zur Auflösung geeignet, die Unbekannte x_4 wird freier Parameter s. Insgesamt ergibt die Rückrechnung

$$\begin{array}{lcrcrcrcrcl} x_4 & & & & & & & & & = & s \\ x_2 & = & 1 & - & 0 \cdot x_4 & & & & & = & 1 \\ x_3 & = & -3 & - & 22x_4 & - & 7x_2 & & & = & -10 - 22s \\ x_1 & = & 1 & + & 7x_4 & + & 4x_2 & + & x_3 & = & -5 - 15s\,. \end{array}$$

Die vektorielle Darstellung dieser Lösung ist

$$\mathbf{x} = \begin{pmatrix} -23 \\ 7 \\ -52 \\ 0 \end{pmatrix} + s \cdot \begin{pmatrix} -15 \\ 0 \\ -22 \\ 1 \end{pmatrix}.$$

◁

Durch Verwendung der Matrixschreibweise erhält man eine übersichtlichere Darstellung der Eliminationsschritte. Man notiert dazu nur noch die Systemmatrizen der im Eliminationsverfahren nacheinander erhaltenen Gleichungssysteme, also die Matrixfolge

$$\mathbf{A}_0, \mathbf{A}_1, \mathbf{A}_2, \ldots$$

mit $\mathbf{A}_0 := \mathbf{A}$ und die Vektorfolge

$$\mathbf{b}_0, \mathbf{b}_1, \mathbf{b}_2, \ldots$$

mit $\mathbf{b}_0 := \mathbf{b}$ der „rechten Seiten“ dieser Gleichungssysteme. Da bei den verwendeten Zeilenumformungen alle Operationen gleichermaßen auf die „linke“ und die „rechte“ Seite der Gleichungen anzuwenden sind, vereinfacht sich die Beschreibung, wenn man die Vektoren $\mathbf{b}_i$ zu den Matrizen $\mathbf{A}_i$ als letzte Spalte hinzufügt. Diese erweiterten Koeffizientenmatrizen werden mit $(\mathbf{A}|\mathbf{b})_0$ (für das Originalsystem), $(\mathbf{A}|\mathbf{b})_1, (\mathbf{A}|\mathbf{b})_2, \ldots$ bezeichnet (der Index gibt die Zahl der bereits eliminierten Unbekannten an). Es gilt also

$$(\mathbf{A}|\mathbf{b})_i = (\mathbf{A}_i|\mathbf{b}_i) \qquad i = 0, 1, \ldots .$$

Damit jede dieser Matrizen die gesamte Information über die zu lösende Aufgabe enthält, werden auch die „gemerkten“ Gleichungen mit in diese Matrixnotation aufgenommen. Im obigen Beispiel werden auf diese Weise die Originalaufgabe und die Eliminationsschritte durch die Matrizen

$$(\mathbf{A}|\mathbf{b})_0 = \left(\begin{array}{rrrr|r} -1 & 4 & 1 & 7 & -1 \\ 3 & -5 & -2 & 1 & 0 \\ -5 & 7 & 3 & -9 & 2 \end{array}\right) \quad 3 \quad -5$$

$$(\mathbf{A}|\mathbf{b})_1 = \left(\begin{array}{rrrr|r} -1 & 4 & 1 & 7 & -1 \\ 0 & 7 & 1 & 22 & -3 \\ 0 & -13 & -2 & -44 & 7 \end{array}\right) \quad 2$$

$$(\mathbf{A}|\mathbf{b})_2 = \left(\begin{array}{rrrr|r} -1 & 4 & 1 & 7 & -1 \\ 0 & 7 & 1 & 22 & -3 \\ 0 & 1 & 0 & 0 & 7 \end{array}\right)$$

wiedergegeben. Die hinter den Pivotzeilen notierten Zahlen sind die Faktoren, mit denen die Pivotzeilen multipliziert wurden: das 3–fache der ersten Zeile von $(\mathbf{A}|\mathbf{b})_0$ plus die zweite Zeile von $(\mathbf{A}|\mathbf{b})_0$ ergibt die zweite Zeile von $(\mathbf{A}|\mathbf{b})_1$, das (–5)–fache der ersten Zeile von $(\mathbf{A}|\mathbf{b})_0$ plus die dritte Zeile von $\mathbf{A}_0$ ergibt die dritte Zeile von $(\mathbf{A}|\mathbf{b})_1$, das 2–fache der zweiten Zeile von $(\mathbf{A}|\mathbf{b})_1$ plus die dritte Zeile von $(\mathbf{A}|\mathbf{b})_1$ ergibt die dritte Zeile von $(\mathbf{A}|\mathbf{b})_2$.

Beschreibung des Gaußschen Algorithmus durch Elementarmatrizen

Wie man aus der erweiterten Systemmatrix $(\mathbf{A}|\mathbf{b})_i$ der i–ten Eliminationsstufe die erweiterte Systemmatrix $(\mathbf{A}|\mathbf{b})_{i+1}$ der $(i+1)$–ten Eliminationsstufe erhält, kann unter Verwendung der Matrizenmultiplikation sehr effektiv dargestellt werden. Um die Beschreibung nicht komplizieren zu müssen, setzen wir diesmal voraus, dass die Unbekannten x_i des Gleichungssystems in der natürlichen Reihenfolge $x_1, x_2, \ldots$ eliminiert werden und dass die Behandlung des Sonderfalls (beim Auftreten von Nullzeilen, s.o.) erst am Ende des gesamten Eliminationsverfahrens erfolgt. Dabei sind prinzipiell die beiden Operationen *Zeilenvertauschung* und *Variablenelimination* zu unterscheiden. Zur Bezeichnung: Der Index der Matrix wird an ihren Elementen durch geklammerte Hochstellung angegeben, die Plätze mit bereits erzeugten Nullen bleiben leer, also

$$(\mathbf{A}|\mathbf{b})_i = (a_{jk}^{(i)}|b_j^{(i)}) = \left(\begin{array}{cccccc|c} a_{11}^{(i)} & \cdots & a_{1i}^{(i)} & a_{1,i+1}^{(i)} & \cdots & a_{1n}^{(i)} & b_1^{(i)} \\ & \ddots & \vdots & \vdots & & \vdots & \vdots \\ & & a_{ii}^{(i)} & a_{i,i+1}^{(i)} & \cdots & a_{in}^{(i)} & b_i^{(i)} \\ & & & a_{i+1,i+1}^{(i)} & \cdots & a_{i+1,n}^{(i)} & b_{i+1}^{(i)} \\ & & & \vdots & & \vdots & \vdots \\ & & & a_{m,i+1}^{(i)} & \cdots & a_{mn}^{(i)} & b_m^{(i)} \end{array}\right)$$

Bemerkung. Da die Pivotzeilen nicht mehr verändert werden, sind die Diagonalelemente $a_{11}^{(i)}, \ldots, a_{ii}^{(i)}$ (die Pivotelemente der durchlaufenen Eliminationsschritte) von Null verschieden. Tritt der Fall ein, dass außer der zu eliminierenden Unbekannten eine oder mehrere weitere Unbekannte nicht mehr im Restsystem vorkommen, muss man die entsprechenden Spalten an das Ende der Matrix tauschen, um diese Eigenschaft der Systemmatrizen der Eliminationsstufen zu erhalten.

Zeilenvertauschung. Wenn die erweiterte Systemmatrix $(\mathbf{A}|\mathbf{b})_i$ der i–ten Eliminationsstufe an der Position $(i+1, i+1)$ eine Null enthält, kann das Element $a_{i+1,i+1}^{(i)}$ nicht Pivotelement werden. Es muss dann eine der nach der Zeile $i+1$ folgenden Zeilen, die in der $(i+1)$–ten Spalte keine Null enthält, mit der $(i+1)$–ten Zeile vertauscht werden. Diese Vertauschung der $(i+1)$–ten Zeile mit der p–ten Zeile — eine elementare Zeilenumformung vom Typ (1) — kann als Multiplikation der Matrix $(\mathbf{A}|\mathbf{b})_i$ von links mit einer sogenannten *Permutationsmatrix* $\mathbf{P}$ dargestellt werden. Die Matrix $\mathbf{P}$ ist dabei wie folgt zu bilden: Man vertausche in der (m, m)–Einheitsmatrix $\mathbf{E}$ die $(i+1)$–te

Zeile mit der p–ten Zeile:

$$\mathbf{P} = \begin{pmatrix} 1 & & & & & & & \\ & \ddots & & & & & & \\ & & 1 & & & & & \\ & & & 0 & & 1 & & \\ & & & & \ddots & & & \\ & & & 1 & & 0 & & \\ & & & & & & 1 & \\ & & & & & & & \ddots & \\ & & & & & & & & 1 \end{pmatrix} \begin{matrix} \\ \\ \\ \leftarrow i+1 \\ \\ \leftarrow p \\ \\ \\ \\ \end{matrix} \qquad \textit{Permutationsmatrix}$$

$$\begin{matrix} \uparrow & \uparrow \\ i+1 & p \end{matrix}$$

Das Resultat der Zeilenvertauschung ist dann die Matrix

$$(\mathbf{A}|\mathbf{b})_i' = \mathbf{P}(\mathbf{A}|\mathbf{b})_i.$$

Permutationsmatrizen gehören zur Klasse der **Elementarmatrizen**. Sie führen elementare Zeilenumformungen vom Typ (1) aus und erhalten deshalb in dieser Klasse die Bezeichnung $\tilde{\mathbf{E}}_1$ (*Elementarmatrix vom Typ (1)*).

Variablenelimination. Wir können nun voraussetzen, dass die Matrix $(\mathbf{A}|\mathbf{b})_i'$ in der Position $(i+1, i+1)$ keine Null enthält. Wir vereinbaren ferner, bei der jetzt folgenden Beschreibung die Matrix $(\mathbf{A}|\mathbf{b})_i'$ zunächst wieder mit $(\mathbf{A}|\mathbf{b})_i$ zu bezeichnen. Die Grundoperation für die Elimination der Variablen ist eine elementare Zeilenumformung vom Typ (3): Erzeuge in der j–ten Zeile, $j = i+2, \ldots, m$ und $(i+1)$–ten Spalte eine Null durch Addition des α_j–fachen der $(i+1)$–ten Zeile zur j–ten Zeile, mit

$$\alpha_j = -\frac{a_{j,i+1}^{(i+1)}}{a_{i+1,i+1}^{(i+1)}}, \qquad j = i+2, \ldots, m.$$

Diese Operation kann wieder als Multiplikation der Matrix $(\mathbf{A}|\mathbf{b})_i$ von links mit einer einfachen Matrix $\mathbf{G}$ beschrieben werden: $\mathbf{G}$ geht aus der (m,m)–Einheitsmatrix hervor, indem man die Nullen der $(i+1)$–ten Spalte unterhalb der Hauptdiagonale durch die Zahlen α_j ersetzt. Die Elimination der Variablen x_{i+1} erfolgt also durch

Linksmultiplikation mit der Matrix

$$\mathbf{G}_{i+1} = \begin{pmatrix} 1 & & & & & \\ & \ddots & & & & \\ & & 1 & & & \\ & & \alpha_{i+2} & 1 & & \\ & & \vdots & & \ddots & \\ & & \alpha_m & & & 1 \end{pmatrix} \begin{matrix} \\ \\ \leftarrow i+1 \\ \\ \\ \\ \end{matrix} \qquad \textit{Gaußsche Eliminationsmatrix}$$

$$\uparrow$$
$$i+1$$

Die Multiplikation der Matrix $(\mathbf{A}|\mathbf{b})'_i$ von links mit $\mathbf{G}_{i+1}$ ist eine elementare Zeilenumformung vom Typ (3). Die Matrix $\mathbf{G}_{i+1}$ gehört ebenfalls zur Klasse der Elementarmatrizen und erhält die Bezeichnung $\tilde{\mathbf{E}}_3$ (*Elementarmatrix vom Typ (3)*). Das Resultat der $(i+1)$–ten Elimination der Unbekannten des linearen Gleichungssystems (2.13) ist die erweiterte Systemmatrix $(\mathbf{A}|\mathbf{b})_{i+1}$:

$$(\mathbf{A}|\mathbf{b})_{i+1} = \mathbf{G}(\mathbf{A}|\mathbf{b})'_i = \mathbf{G}_{i+1}\mathbf{P}(\mathbf{A}|\mathbf{b})_i.$$

Die gesamte Eliminationsphase kann damit durch die Folge der Produktbildungen

$$(\mathbf{A}|\mathbf{b})_0 = (\mathbf{A}|\mathbf{b}), \quad (\mathbf{A}|\mathbf{b})_1 = \mathbf{G}_1\mathbf{P}_1(\mathbf{A}|\mathbf{b})_0, \quad \ldots, \quad (\mathbf{A}|\mathbf{b})_q = \mathbf{G}_q\mathbf{P}_q(\mathbf{A}|\mathbf{b})_{q-1} \quad (2.15)$$

beschrieben werden. Da sich die Permutationsmatrizen $\mathbf{P}$ im Allgemeinen unterscheiden, müssen auch sie indiziert werden. Bricht das Verfahren nicht vorzeitig ab (der „Sonderfall" (s.o.) tritt nicht ein), so gilt $q = m-1$, ansonsten $q < m-1$.
Im Fall $q = m-1$ endet die Eliminationsphase des Gaußschen Eliminationsverfahrens mit der erweiterten Systemmatrix

$$(\mathbf{A}|\mathbf{b})_{m-1} = (\mathbf{A}_{m-1}|\mathbf{b}_{m-1}) = \left(\begin{array}{cccccc|c} a_{11}^{(m-1)} & \cdots & a_{1m}^{(m-1)} & a_{1,m+1}^{(m-1)} & \cdots & a_{1n}^{(m-1)} & b_1^{(m-1)} \\ & \ddots & \vdots & \vdots & & \vdots & \vdots \\ & & a_{mm}^{(m-1)} & a_{m,m+1}^{(m-1)} & \cdots & a_{mn}^{(m-1)} & b_m^{(m-1)} \end{array}\right).$$

Die Form dieser Matrix heißt *Stufenform*, denn jede Zeile beginnt mit mehr Nullen als die vorhergehende.
Im Fall $q < m-1$ hat die letzte erweiterte Systemmatrix der Eliminationsphase die Form

$$(\mathbf{A}|\mathbf{b})_q = (\mathbf{A}_q|\mathbf{b}_q) = \left(\begin{array}{cccccc|c} a_{11}^{(q)} & \cdots & a_{1,q+1}^{(q)} & a_{1,q+2}^{(q)} & \cdots & a_{1n}^{(q)} & b_1^{(q)} \\ & \ddots & \vdots & \vdots & & \vdots & \vdots \\ & & a_{q+1,q+1}^{(q)} & a_{q+1,q+2}^{(q)} & \cdots & a_{q+1,n}^{(q)} & b_{q+1}^{(q)} \\ & & & & & & b_{q+2}^{(q)} \\ & & & & & \vdots & \vdots \\ & & & & & & b_m^{(q)} \end{array}\right).$$

Die Systemmatrix $\mathbf{A}_q$ hat im ersten Zeilenblock (1. bis q–te Zeile) Stufenform und besteht danach nur noch aus Nullen. Ihre Diagonalelemente $a_{11}^{(q)}, \ldots, a_{q+1,q+1}^{(q)}$ sind von Null verschieden.
Will man auch die Rückrechnung durch Multiplikation mit Matrizen beschreiben — was wir hier aber nicht tun werden — , benötigt man die *Elementarmatrizen vom Typ (2)*

$$\tilde{\mathbf{E}}_2 = \begin{pmatrix} 1 & & & & & \\ & \ddots & & & & \\ & & 1 & & & \\ & & & \lambda & & \\ & & & & 1 & & \\ & & & & & \ddots & \\ & & & & & & 1 \end{pmatrix} \leftarrow i$$

$$\uparrow$$
$$i$$

Durch sie wird die Multiplikation der i–ten Zeile einer Matrix $\mathbf{A}$ mit einem Faktor λ beschrieben:

$$\mathbf{A}' = \tilde{\mathbf{E}}_2\mathbf{A} \; .$$

Beispiel 2.4.6. Das bereits für Beispiel 2.4.5 dargestellte Eliminationsverfahren kann mit Hilfe der Elementarmatrizen vom Typ (3) durch die Matrizenprodukte

$$(\mathbf{A}|\mathbf{b})_1 = \tilde{\mathbf{E}}_3^{(1)}(\mathbf{A}|\mathbf{b})_0 \qquad \text{mit} \quad \tilde{\mathbf{E}}_3^{(1)} = \begin{pmatrix} 1 & 0 & 0 \\ 3 & 1 & 0 \\ -5 & 0 & 1 \end{pmatrix}$$

$$(\mathbf{A}|\mathbf{b})_2 = \tilde{\mathbf{E}}_3^{(2)}(\mathbf{A}|\mathbf{b})_1 \qquad \text{mit} \quad \tilde{\mathbf{E}}_3^{(2)} = \begin{pmatrix} 1 & 0 & 0 \\ 0 & 1 & 0 \\ 0 & 2 & 1 \end{pmatrix}$$

beschrieben werden. Insgesamt ergibt sich

$$(\mathbf{A}|\mathbf{b})_2 = \tilde{\mathbf{E}}_3^{(2)}\tilde{\mathbf{E}}_3^{(1)}(\mathbf{A}|\mathbf{b})_0,$$

das gesamte Gaußsche Eliminationsverfahren kann also als Kette von Matrixmultiplikationen dargestellt werden. ◁

Lösung linearer Gleichungssysteme durch Standard–Software

Lineare Gleichungssysteme lassen sich mit bekannten mathematischen Softwarepaketen in zufrieden stellender Weise bearbeiten, sofern nicht die Größe des Systems oder numerische Instabilität besondere Maßnahmen — insbesondere den Einsatz von speziellen Methoden der Numerischen Mathematik — erfordern.

Die Lösung des linearen Gleichungssystems $\mathbf{Ax} = \mathbf{b}$ aus Beispiel 2.4.5 mit MAPLE kann nach Eingabe der Systemmatrix $\mathbf{A}$ durch

```
>A:=Matrix(3,4,[[-1,4,1,7],[3,-5,-2,1],[-5,7,3,-9]]):
```

und des Vektors $\mathbf{b}$ der rechten Seite durch

```
> b:=Vector(3,[-1,0,2]):
```

mit der Anweisung

```
> LinearSolve(A,b);
```

$$\begin{bmatrix} \_tO_1 \\ 1 \\ \frac{22}{15}\_tO_1 - \frac{8}{3} \\ -\frac{1}{15}\_tO_1 - \frac{1}{3} \end{bmatrix}$$

erfolgen. Wenn wir $\_tO_1$ zu t_1 verkürzen, bedeutet dieses Ergebnis

$$x_1 = t_1, \quad x_2 = 1, \quad x_3 = \frac{22}{15}t_1 - \frac{8}{3}, \quad x_4 = -\frac{1}{15}t_1 - \frac{1}{3}.$$

Man bestätigt leicht die Übereinstimmung mit unserem Ergebnis aus Beispiel 2.4.5, wenn als Parameter

$$s = -\frac{1}{15}t_1 - \frac{1}{3}$$

gesetzt wird. Es ergibt sich dann $t_1 = -15s - 5$ und damit durch Einsetzen in die von MAPLE gelieferte Lösung

$$x_1 = -5 - 15s, \quad x_2 = 1, \quad x_3 = -10 - 22s, \quad x_4 = s.$$

Dies zeigt übrigens, dass äußerlich unterschiedlich aussehende Lösungsdarstellungen dieselbe Lösungsmenge beschreiben können.

Beispiel 2.4.7. Der Lösungsversuch für das lineare Gleichungssystem

$$\begin{array}{rcrcrcl} x_1 & + & 2x_2 & - & 4x_3 & = & 1 \\ 3x_1 & - & x_2 & & & = & 3 \\ 4x_1 & + & x_2 & - & 4x_3 & = & 2 \end{array}$$

mit MAPLE lautet (wieder eine Kurzform)

```
> A:=Matrix([[1,2,-4],[3,-1,0],[4,1,-4]]): b:=Vector([1,3,2]):
> LinearSolve(A,b);
Error, (in LinearSolve) inconsistent system
```

Die Unlösbarkeit dieses Gleichungssystems teilt uns MAPLE durch eine Fehlermeldung mit. ◁

Beispiel 2.4.8. Während bei den bisherigen Beispielen die Rechnung auch „per Hand" keine Mühe bereitete, befreit uns bei der Lösung des linearen Gleichungssystems

$$\begin{array}{rcrcrcr} 1.27x_1 & - & 4.28x_2 & + & 0.56x_3 & = & 8.76 \\ 3.08x_1 & + & 0.69x_2 & + & 4.35x_3 & = & 6.15 \\ -8.52x_1 & + & 1.92x_2 & - & 2.18x_3 & = & -5.13 \end{array}$$

der Computer von der Handhabung lästiger Rechnungen mit Kommazahlen:

```
> A:=Matrix([[1.27,-4.28,.56],[3.08,.69,4.35],[-8.52,1.92,-2.18]]):
> b:=Vector([8.76,6.15,-5.13]):
> x:=LinearSolve(A,b);
```

$$x := \begin{bmatrix} -.319560461734515024 \\ -1.88778566471199482 \\ 1.93949846668490997 7 \end{bmatrix}$$

Beachte: Das Auftreten von Kommazahlen in der Aufgabenstellung veranlasst MAPLE, auch die interne Rechnung und die Angabe des Ergebnisses in Kommazahlen vorzunehmen.

In MATLAB erhält man die Lösung des obigen linearen Gleichungssystems mit dem Gaußschen Algorithmus durch die Anweisung A\b etwa wie folgt:

```
>> A=[1.27,-4.28,.56;3.08,.69,4.35;-8.52,1.92,-2.18];
>> b=[8.76,6.15,-5.13]';
>> format long
>> x=A\b
x =
   -0.31956046173451
   -1.88778566471199
    1.93949846684910
```

Dabei wurde mit der Anweisung *format long* die Ausgabe einer erhöhten Stellenzahl erreicht. ◁

Die Unbekannten dieses Gleichungssystems [illegible] MAPLE durch [illegible],

[illegible]

[illegible]

der Computer von der Durchführung [illegible] Rechnungen mit Kommazahlen.

```
> A:=Matrix([[1.27,-4.78,.567],[3.98,.69,4.58],[-8.62,92,-2.18]]);
> b:=Vector([0.76,8.15,-8.25]);
```

[illegible]

Bemerkt: Das Auftreten von Dezimalzahlen in der Aufgabenstellung veranlasst MAPLE, auch die interne Rechnung und die Ausgabe des Ergebnisses in Kommazahlen durchzuführen.

In MATLAB erhält man die Lösung des obigen linearen Gleichungssystems mit dem Gaußschen Algorithmus durch die Anweisung A\b etwa wie folgt:

```
>> A=[1.27 -4.78 .567;3.98 .69 4.58;-8.62 92 -2.18];
>> b=[0.76,8.15,-8.25]';
>> format long
>> x=A\b
x =
   -0.21964[illegible]
   -1.25726[illegible]
    1.35948[illegible]
```

Dabei wurde mit der Anweisung *format long* die Ausgabe einer erhöhten Stellenzahl erreicht.

3 Vektorräume und affine Räume

3.1 Der Begriff des Vektorraumes

Das Rechnen mit Spalten– bzw. Zeilenvektoren und allgemeiner mit Matrizen gleichen Typs hat folgende Gemeinsamkeiten: Es ist eine Addition der jeweiligen Objekte sowie eine Multiplikation der Objekte mit reellen oder komplexen Zahlen definiert, und diese Operationen genügen gewissen Rechenregeln. Solche Strukturen sollen nun allgemein eingeführt und untersucht werden.

Im Folgenden bezeichne $\mathbb{K}$ die Menge $\mathbb{R}$ der reellen Zahlen oder die Menge $\mathbb{C}$ der komplexen Zahlen.

Definition. Gegeben sei eine nichtleere Menge V. Für beliebige $\mathbf{a}, \mathbf{b} \in V$ sei die Summe $\mathbf{a} + \mathbf{b} \in V$ und für beliebige $\mathbf{a} \in V, \lambda \in \mathbb{K}$ das λ–fache $\lambda\mathbf{a} \in V$ definiert, so dass die folgenden Rechenregeln gelten:

(V1) $\mathbf{a} + \mathbf{b} = \mathbf{b} + \mathbf{a}$ für alle $\mathbf{a}, \mathbf{b} \in V$.
(V2) $(\mathbf{a} + \mathbf{b}) + \mathbf{c} = \mathbf{a} + (\mathbf{b} + \mathbf{c})$ für alle $\mathbf{a}, \mathbf{b}, \mathbf{c} \in V$.
(V3) Es gibt ein Element $\mathbf{o} \in V$, so dass $\mathbf{a} + \mathbf{o} = \mathbf{a}$ für alle $\mathbf{a} \in V$.
(V4) Zu jedem $\mathbf{a} \in V$ gibt es genau ein $\mathbf{a}' \in V$, so dass $\mathbf{a} + \mathbf{a}' = \mathbf{o}$.
(V5) $1\mathbf{a} = \mathbf{a}$ für alle $\mathbf{a} \in V$.
(V6) $(\lambda\mu)\mathbf{a} = \lambda(\mu\mathbf{a})$ für alle $\lambda, \mu \in \mathbb{K}$ und alle $\mathbf{a} \in V$.
(V7) $\lambda(\mathbf{a} + \mathbf{b}) = \lambda\mathbf{a} + \lambda\mathbf{b}$ für alle $\lambda \in \mathbb{K}$ und alle $\mathbf{a}, \mathbf{b} \in V$.
(V8) $(\lambda + \mu)\mathbf{a} = \lambda\mathbf{a} + \mu\mathbf{a}$ für alle $\lambda, \mu \in \mathbb{K}$ und alle $\mathbf{a} \in V$.

Dann heißt V **Vektorraum über** $\mathbb{K}$ oder kurz $\mathbb{K}$–**Vektorraum**. Die Elemente von V nennt man **Vektoren**, speziell heißt $\mathbf{o}$ (siehe (V3)) **Nullelement** oder **Nullvektor**. Statt $\mathbf{a}'$ (siehe (V4)) schreibt man $-\mathbf{a}$, für $\mathbf{b} + (-\mathbf{a})$ kurz $\mathbf{b} - \mathbf{a}$. Die Elemente von $\mathbb{K}$ nennt man in diesem Zusammenhang auch **Skalare**.

Die Regeln (V1) bis (V8) sind Grundregeln, sogenannte *Axiome*. Unten werden wir zeigen, wie daraus weitere Regeln abgeleitet werden können. Wir verwenden folgende Bezeichnungen:

$$\begin{aligned} \mathbb{K}^{m\times n} &:= \text{Menge aller } (m,n)\text{–Matrizen mit Elementen aus } \mathbb{K}, \\ \mathbb{K}^{n} &:= \mathbb{K}^{n\times 1}, \\ \mathbb{K}_{n} &:= \mathbb{K}^{1\times n}. \end{aligned}$$

Es ist $\mathbb{K}^n$ die Menge der Spaltenvektoren $(a_1, \ldots, a_n)^\top$ und $\mathbb{K}_n$ die Menge der Zeilenvektoren $(a_1, \ldots, a_n)$, wobei $a_i \in \mathbb{K}$ für $i = 1, \ldots, n$.

Beispiel 3.1.1. Die Menge $\mathbb{K}^n$ aller Spaltenvektoren $\mathbf{a} = (a_1, \ldots, a_n)^\top$ ist ein $\mathbb{K}$–Vektorraum, wenn die Operationen folgendermaßen erklärt werden:

$$\begin{pmatrix} a_1 \\ \vdots \\ a_n \end{pmatrix} + \begin{pmatrix} b_1 \\ \vdots \\ b_n \end{pmatrix} := \begin{pmatrix} a_1 + b_1 \\ \vdots \\ a_n + b_n \end{pmatrix}, \quad \lambda \begin{pmatrix} a_1 \\ \vdots \\ a_n \end{pmatrix} := \begin{pmatrix} \lambda a_1 \\ \vdots \\ \lambda a_n \end{pmatrix}.$$

Zum Beweis dieser Behauptung ist die Gültigkeit der Regeln (V1) bis (V8) zu zeigen. Diese folgen unmittelbar aus den entsprechenden Regeln für reelle bzw. komplexe Zahlen; zum Beispiel erhält man (V1) wie folgt:

$$\begin{pmatrix} a_1 \\ \vdots \\ a_n \end{pmatrix} + \begin{pmatrix} b_1 \\ \vdots \\ b_n \end{pmatrix} = \begin{pmatrix} a_1 + b_1 \\ \vdots \\ a_n + b_n \end{pmatrix} = \begin{pmatrix} b_1 + a_1 \\ \vdots \\ b_n + a_n \end{pmatrix} = \begin{pmatrix} b_1 \\ \vdots \\ b_n \end{pmatrix} + \begin{pmatrix} a_1 \\ \vdots \\ a_n \end{pmatrix}.$$

Hierbei folgt das zweite Gleichheitszeichen aus dem für Zahlen gültigen Kommutativgesetz ($a_1 + b_1 = b_1 + a_1$ usw.). Das Nullelement von $\mathbb{K}^n$ ist $\mathbf{o} = (0, \ldots, 0)^\top$. Analog kann man mit $\mathbb{K}_n$ verfahren.
Allgemeiner ist die Menge $\mathbb{K}^{m \times n}$ ein $\mathbb{K}$–Vektorraum, wenn die Operationen $\mathbf{A} + \mathbf{B}$ und $\lambda \mathbf{A}$ elementweise definiert werden (siehe Abschnitt 2.2) . Dies zeigt man wie für $\mathbb{K}^n$. Das Nullelement ist hier die (m, n)–Nullmatrix $\mathbf{0}$. ◁

Die Bezeichnungen „Vektorraum" und „Vektoren" sind dem Beispiel 3.1.1 entlehnt. Das folgende Beispiel zeigt, dass die Elemente eines Vektorraumes auch Funktionen sein können.

Beispiel 3.1.2. Es sei X eine beliebige nichtleere Menge und V ein $\mathbb{K}$–Vektorraum (z. B. $V = \mathbb{K}$). Wir betrachten die Menge $\mathrm{Abb}(X, V)$ aller Abbildungen von X nach V. Für $\mathbf{f}, \mathbf{g} \in \mathrm{Abb}(X, V)$ und $\lambda \in \mathbb{K}$ sei

$$(\mathbf{f} + \mathbf{g})(x) := \mathbf{f}(x) + \mathbf{g}(x), \quad (\lambda \mathbf{f})(x) := \lambda \mathbf{f}(x) \quad \text{für alle } x \in X.$$

Dann sind auch $\mathbf{f} + \mathbf{g} \in \mathrm{Abb}(X, V)$ und $\lambda \mathbf{f} \in \mathrm{Abb}(X, V)$. Aus der Gültigkeit der Axiome (V1) bis (V8) in V ergibt sich deren Gültigkeit in $\mathrm{Abb}(X, V)$. Also ist $\mathrm{Abb}(X, V)$ ein $\mathbb{K}$–Vektorraum. Das Nullelement von $\mathrm{Abb}(X, V)$ ist die durch $\mathbf{f}_0(x) := \mathbf{o}$ für alle $x \in X$ definierte Funktion $\mathbf{f}_0$; hierbei bezeichnet $\mathbf{o}$ das Nullelement von V. ◁

Aus den Axiomen (V1) bis (V8) kann man zahlreiche weitere Rechenregeln ableiten, u. a. die folgenden:

$$0\mathbf{a} = \mathbf{o}, \tag{3.1}$$

$$\lambda \mathbf{o} = \mathbf{o}, \tag{3.2}$$

$$(-\lambda)\mathbf{a} = -\lambda \mathbf{a}. \tag{3.3}$$

Hierbei sind $\lambda \in \mathbb{K}$ und $\mathbf{a} \in V$ beliebige Elemente. Wir beweisen nur die Regel (3.1): Für jedes $\mathbf{a} \in V$ gilt

$$0\mathbf{a} \underset{(V3)}{=} 0\mathbf{a} + \mathbf{o} \underset{(V4)}{=} 0\mathbf{a} + \big(0\mathbf{a} + (-0\mathbf{a})\big) \underset{(V2)}{=} \big((0\mathbf{a} + 0\mathbf{a})\big) + (-0\mathbf{a})$$
$$\underset{(V8)}{=} (0+0)\mathbf{a} + (-0\mathbf{a}) = 0\mathbf{a} + (-0\mathbf{a}) \underset{(V4)}{=} \mathbf{o}.$$

3.2 Untervektorraum, Summe, Quotientenraum

Aus einem Vektorraum können auf verschiedene Weise weitere Vektorräume gewonnen werden. Im Folgenden sei V ein $\mathbb{K}$–Vektorraum.

Untervektorraum

Definition. Eine nichtleere Teilmenge U von V heißt **Untervektorraum** von V, wenn Folgendes gilt:
(U1) Aus $\mathbf{a}, \mathbf{b} \in U$ folgt $\mathbf{a} + \mathbf{b} \in U$.
(U2) Aus $\lambda \in \mathbb{K}$ und $\mathbf{a} \in U$ folgt $\lambda\mathbf{a} \in U$.

Satz 3.2.1. *Ist U ein Untervektorraum von V, so ist U bezüglich der Operationen von V selbst ein $\mathbb{K}$–Vektorraum.*

Beweis. Es ist zu zeigen, dass U die Regeln (V1) bis (V8) erfüllt. Das ist außer für (V3) und (V4) klar, da die übrigen Regeln ja für alle Elemente von V und somit von U gelten.
Zu (V3) und (V4) ist zu zeigen, dass die Elemente $\mathbf{o}$ und $\mathbf{a}'$ zu U gehören. Nach (3.1) ist $\mathbf{o} = 0\mathbf{a}$, und nach (U2) gilt $0\mathbf{a} \in U$. Also ist $\mathbf{o} \in U$. Analog verifiziert man (V4). □

Beispiel 3.2.2. Gegeben seien eine Matrix $\mathbf{A} \in \mathbb{K}^{m \times n}$ und ein Vektor $\mathbf{b} \in \mathbb{K}^m$. Wir betrachten die Menge

$$M := \{\mathbf{x} \in \mathbb{K}^n \mid \mathbf{Ax} = \mathbf{b}\},$$

also die *Lösungsmenge* des linearen Gleichungssystems $\mathbf{Ax} = \mathbf{b}$. Genau dann ist M ein Untervektorraum von $\mathbb{K}^n$, wenn $\mathbf{b} = \mathbf{o}$ ist. Ist nämlich $\mathbf{b} = \mathbf{o}$, so ist $\mathbf{o} \in M$, also M nicht leer. Sind nun $\mathbf{x}_1, \mathbf{x}_2 \in M$, so gilt

$$\mathbf{A}(\mathbf{x}_1 + \mathbf{x}_2) = \mathbf{Ax}_1 + \mathbf{Ax}_2 = \mathbf{o} + \mathbf{o} = \mathbf{o},$$

also $\mathbf{x}_1 + \mathbf{x}_2 \in M$. Analog erhält man $\lambda\mathbf{x} \in M$ für alle $\lambda \in \mathbb{K}$, $\mathbf{x} \in M$. Somit ist M ein Untervektorraum von $\mathbb{K}^n$. Ist andererseits $\mathbf{b} \neq \mathbf{o}$, so kann M die leere Menge sein und ist dann kein Vektorraum. Ist aber M nicht leer und $\mathbf{x} \in M$, so gilt z. B. $\mathbf{A}(2\mathbf{x}) = 2(\mathbf{Ax}) = 2\mathbf{b} \neq \mathbf{b}$ und daher $2\mathbf{x} \notin M$. Also ist M kein Untervektorraum von $\mathbb{K}^n$. ◁

Lineare Hülle

Definition. Sei M eine nichtleere Teilmenge von V. Der Durchschnitt aller die Menge M enthaltenden Untervektorräume von V heißt **lineare Hülle** von M und wird mit $\text{lin}(M)$ bezeichnet.

Definitionsgemäß ist $\text{lin}(M)$ der bezüglich der Mengeninklusion kleinste Untervektorraum von V, der die Menge M enthält. Zur Darstellung von $\text{lin}(M)$ führen wir einen weiteren Begriff ein. Gegeben seien Elemente $\mathbf{v_1}, \ldots, \mathbf{v_r} \in V$. Jede Summe der Form

$$\lambda_1 \mathbf{v}_1 + \cdots + \lambda_r \mathbf{v}_r, \quad \text{wobei } \lambda_1, \ldots, \lambda_r \in \mathbb{K},$$

heißt **Linearkombination** der Elemente $\mathbf{v}_1, \ldots, \mathbf{v}_r$.

Satz 3.2.3. *Ist M eine nichtleere Teilmenge von V, so ist* $\text{lin}(M)$ *ein Untervektorraum von V und es gilt*

$$\text{lin}(M) = \Big\{ \sum_{i=1}^{r} \lambda_i \mathbf{v}_i \,\Big|\, r \in \mathbb{N},\ \lambda_1, \ldots, \lambda_r \in \mathbb{K},\ \mathbf{v}_1, \ldots, \mathbf{v}_r \in M \Big\}, \tag{3.4}$$

d. h., $\text{lin}(M)$ *besteht aus allen Linearkombinationen von Elementen von M.*

Beweis. (I) Wir zeigen, dass $\text{lin}(M)$ ein Untervektorraum von V ist. Gegeben seien Elemente $\mathbf{a}, \mathbf{b} \in \text{lin}(M)$. Für jeden M enthaltenden Untervektorraum U von V gilt dann $\mathbf{a} + \mathbf{b} \in U$ und somit $\mathbf{a} + \mathbf{b} \in \text{lin}(M)$. Also gilt (U1) für $\text{lin}(M)$. Analog zeigt man, dass (U2) für $\text{lin}(M)$ erfüllt ist.
(II) Wir verifizieren die Darstellung (3.4). Es bezeichne H die in (3.4) rechts stehende Menge. Es ist unmittelbar klar, dass H ein M enthaltender Untervektorraum von V ist. Daher gilt $\text{lin}(M) \subseteq H$. Umgekehrt ist jedes Element von H in jedem M enthaltenden Untervektorraum von V enthalten. Also gilt auch $H \subseteq \text{lin}(M)$. Somit ist $\text{lin}(M) = H$. □

Statt $\text{lin}(\{\mathbf{v}_1, \ldots, \mathbf{v}_r\})$ schreiben wir einfach $\text{lin}\{\mathbf{v}_1, \ldots, \mathbf{v}_r\}$. Es gilt

$$\text{lin}\{\mathbf{v}_1, \ldots, \mathbf{v}_r\} = \Big\{ \sum_{i=1}^{r} \lambda_i \mathbf{v}_i \,\Big|\, \lambda_1, \ldots, \lambda_r \in \mathbb{K} \Big\}.$$

Beispiel 3.2.4. Mit den Vektoren $\mathbf{e_1} = (1,0,0)^\mathsf{T} \in \mathbb{R}^3$ und $\mathbf{e_2} = (0,1,0)^\mathsf{T} \in \mathbb{R}^3$ gilt

$$\text{lin}\{\mathbf{e}_1, \mathbf{e}_2\} = \{\lambda_1 \mathbf{e}_1 + \lambda_2 \mathbf{e}_2 \,|\, \lambda_1, \lambda_2 \in \mathbb{R}\} = \{(\lambda_1, \lambda_2, 0)^\mathsf{T} \,|\, \lambda_1, \lambda_2 \in \mathbb{R}\},$$

und dies ist ein Untervektorraum von $\mathbb{R}^3$. Dagegen ist

$$M = \{(\lambda_1, \lambda_2, 1)^\mathsf{T} \,|\, \lambda_1, \lambda_2 \in \mathbb{R}\}$$

zwar eine Teilmenge, aber kein Untervektorraum von $\mathbb{R}^3$, denn z. B. gilt $(0,0,1)^\mathsf{T} \in M$, aber $2(0,0,1)^\mathsf{T} = (0,0,2)^\mathsf{T} \notin M$, so dass (U2) verletzt ist (vgl. Beispiel 3.2.2). ◁

Leicht bestätigt man die folgende Aussage.

Satz 3.2.5. *Sind $U_1, \ldots, U_n$ Untervektorräume von V, so ist auch $\bigcap_{i=1}^n U_i$ ein Untervektorraum von V.*

Summe und direkte Summe

Wir kommen zu einer weiteren Konstruktion von Untervektorräumen. Im Unterschied zum Durchschnitt ist die Vereinigung von Untervektorräumen im Allgemeinen kein Untervektorraum. Es sei z. B.

$$V = \mathbb{R}^2,\ U_1 = \mathbb{R} \times \{0\},\ U_2 = \{0\} \times \mathbb{R}.$$

Dann ist $(1,0)^\mathsf{T} \in U_1 \cup U_2$ und $(0,1)^\mathsf{T} \in U_1 \cup U_2$, aber

$$(1,0)^\mathsf{T} + (0,1)^\mathsf{T} = (1,1)^\mathsf{T} \notin U_1 \cup U_2.$$

Um wieder einen Untervektorraum zu erhalten, bilden wir von der Vereinigung die lineare Hülle.

Satz und Definition 3.2.6. *Sind $U_1, \ldots, U_n$ Untervektorräume von V, so heißt*

$$\sum_{i=1}^n U_i := \operatorname{lin}\Big(\bigcup_{i=1}^n U_i\Big)$$

Summe *von $U_1, \ldots, U_n$. Dies ist ein Untervektorraum von V, und es gilt*

$$\sum_{i=1}^n U_i = \left\{\sum_{i=1}^n \mathbf{a}_i \,\middle|\, \mathbf{a}_i \in U_i \quad \textit{für } i = 1, \ldots, n\right\}. \tag{3.5}$$

Beweis. Wir beschränken uns auf den Fall $n = 2$; der allgemeine Fall ergibt sich daraus durch vollständige Induktion.
Nach Konstruktion ist $U_1 + U_2$ ein Untervektorraum von V. Wir verifizieren die Darstellung (3.5). Nach Satz 3.2.3 hat jedes Element $\mathbf{a}$ von $U_1 + U_2$ die Form

$$\mathbf{a} = \sum_{j=1}^r \lambda_j \mathbf{v}_j + \sum_{k=1}^s \mu_k \mathbf{w}_k \quad \text{mit } \lambda_j, \mu_k \in \mathbb{K},\ \mathbf{v}_j \in U_1,\ \mathbf{w}_k \in U_2.$$

Da U_1 und U_2 Untervektorräume sind, ist

$$\mathbf{a}_1 := \sum_{j=1}^r \lambda_j \mathbf{v}_j \in U_1, \quad \mathbf{a}_2 := \sum_{k=1}^s \lambda_k \mathbf{w}_k \in U_2,$$

und es gilt $\mathbf{a} = \mathbf{a}_1 + \mathbf{a}_2$. Folglich ist

$$U_1 + U_2 = \{\mathbf{a}_1 + \mathbf{a}_2 \mid \mathbf{a}_1 \in U_1,\ \mathbf{a}_2 \in U_2\},$$

und dies ist (3.5) im Falle $n = 2$. □

Die Darstellung der Elemente der Summe $\sum_{i=1}^n U_i$ in der Form (3.5) ist im Allgemeinen nicht eindeutig.

Beispiel 3.2.7. Im Vektorraum $\mathbb{R}^3$ betrachten wir die Untervektorräume

$$U_1 = \{(\lambda_1, \lambda_2, 0)^\mathsf{T} \mid \lambda_1, \lambda_2 \in \mathbb{R}\}, \quad U_2 = \{(\mu_1, 0, \mu_3)^\mathsf{T} \mid \mu_1, \mu_3 \in \mathbb{R}\},$$
$$U_1' = \{(0, \lambda_2, 0)^\mathsf{T} \mid \lambda_2 \in \mathbb{R}\}.$$

Es gilt $U_1 + U_2 = U_1' + U_2 = \mathbb{R}^3$. Die Darstellung der Elemente von $U_1 + U_2$ in der Form (3.5) (mit $n = 2$) ist nicht eindeutig, z. B. gilt

$$(1,0,1)^\mathsf{T} = (1,0,0)^\mathsf{T} + (0,0,1)^\mathsf{T} = (-2,0,0)^\mathsf{T} + (3,0,1)^\mathsf{T}.$$

Dagegen hat man für jedes $(\alpha_1, \alpha_2, \alpha_3)^\mathsf{T} \in \mathbb{R}^3$ in $U_1' + U_2$ die eindeutige Darstellung

$$(\alpha_1, \alpha_2, \alpha_3)^\mathsf{T} = (0, \alpha_2, 0)^\mathsf{T} + (\alpha_1, 0, \alpha_3)^\mathsf{T}.$$

Man beachte: Es gilt $U_1 \cap U_2 = \{(\lambda_1, 0, 0)^\mathsf{T} \mid \lambda_1 \in \mathbb{R}\}$, aber $U_1' \cap U_2 = \{\mathbf{o}\}$. ◁

Wir präzisieren und verallgemeinern die Feststellungen aus dem Beispiel.

Satz 3.2.8. *Es seien $U_1, \dots, U_n$ Untervektorräume von V und es gelte*

$$\big(U_1 + \dots + U_{i-1} + U_{i+1} + \dots + U_n\big) \cap U_i = \{\mathbf{o}\} \quad \textit{für } i = 1, \dots, n. \tag{3.6}$$

Dann folgt aus

$$\sum_{i=1}^n \mathbf{a}_i = \sum_{i=1}^n \mathbf{b}_i \quad \textit{mit } \mathbf{a}_i, \mathbf{b}_i \in U_i \textit{ für } i = 1, \dots, n \tag{3.7}$$

stets $\mathbf{a}_i = \mathbf{b}_i$ für $i = 1, \dots, n$.

Beweis. Wir beschränken uns wieder auf den Fall $n = 2$. Dann reduziert sich (3.6) auf $U_1 \cap U_2 = \{\mathbf{o}\}$, und aus (3.7) folgt $\mathbf{a}_1 - \mathbf{b}_1 = \mathbf{b}_2 - \mathbf{a}_2 \in U_1 \cap U_2 = \{\mathbf{o}\}$, also $\mathbf{a}_1 = \mathbf{b}_1$ und $\mathbf{a}_2 = \mathbf{b}_2$. □

Satz und Definition 3.2.9. *Es seien $U_1, \dots, U_n$ Untervektorräume von V. Ist die Darstellung jedes Elements $\mathbf{a} \in \sum_{i=1}^n U_i$ in der Form $\mathbf{a} = \sum_{i=1}^n \mathbf{a}_i$ mit $\mathbf{a}_i \in U_i$ eindeutig, so heißt $\sum_{i=1}^n U_i$* **direkte Summe** *von $U_1, \dots, U_n$ und wird mit $\bigoplus_{i=1}^n U_i$ bezeichnet. Nach Satz 3.2.8 ist $\sum_{i=1}^n U_i$ eine direkte Summe, wenn die Bedingung* (3.6) *erfüllt ist.*

Quotientenraum

Es sei U ein Untervektorraum von V. Wir setzen

$$\mathbf{v} + U := \{\mathbf{v} + \mathbf{u} \mid \mathbf{u} \in U\}, \quad \text{wobei } \mathbf{v} \in V,$$
$$V/U := \{\mathbf{v} + U \mid \mathbf{v} \in V\}.$$

Es ist $\mathbf{v}+U$ die aus dem Untervektorraum U „durch Verschieben längs $\mathbf{v}$" entstehende Menge. (Diese ist nur für $\mathbf{v}=\mathbf{o}$ selbst ein Untervektorraum.) Aus den Mengen $\mathbf{v}+U$, wobei $\mathbf{v}$ ganz V durchläuft, bilden wir die Menge V/U. Man beachte, dass die Elemente der Menge V/U *Mengen* (nämlich Teilmengen von V) sind. Auf V/U erklären wir eine Addition und eine Multiplikation mit Skalaren:

$$\begin{aligned} (\mathbf{v}+U)+(\mathbf{w}+U) &:= (\mathbf{v}+\mathbf{w})+U \quad \text{für alle } \mathbf{v},\mathbf{w}\in V, \\ \lambda(\mathbf{v}+U) &:= \lambda\mathbf{v}+U \quad \text{für alle } \lambda\in\mathbb{K},\ \mathbf{v}\in V. \end{aligned} \tag{3.8}$$

Satz und Definition 3.2.10. *Es sei U ein Untervektorraum von V.*
(a) *Die Mengen $\mathbf{v}+U$, $\mathbf{v}\in V$, bilden eine* Klasseneinteilung *von V, d. h.,*
– es gilt $\bigcup_{\mathbf{v}\in V}(\mathbf{v}+U)=V$ und
– je zwei Mengen $\mathbf{v}+U$ und $\mathbf{v}'+U$ (wobei $\mathbf{v},\mathbf{v}'\in V$) sind entweder gleich oder disjunkt.
(b) *Bezüglich der Operationen* (3.8) *ist V/U ein $\mathbb{K}$-Vektorraum.*
Man nennt V/U **Quotientenraum** *von V nach U.*

Beweis. (a) (I) Es gilt $\bigcup_{\mathbf{v}\in V}(\mathbf{v}+U)=V$, denn für jedes $\mathbf{v}\in V$ ist einerseits $\mathbf{v}+U\subseteq V$ und andererseits $\mathbf{v}=\mathbf{v}+\mathbf{o}\in\mathbf{v}+U$.
(II) Wir zeigen: Enthält $(\mathbf{v}+U)\cap(\mathbf{v}'+U)$ ein Element $\mathbf{w}$, so gilt $\mathbf{v}+U=\mathbf{v}'+U$. Nach Annahme gibt es $\mathbf{u},\mathbf{u}'\in U$ mit $\mathbf{v}+\mathbf{u}=\mathbf{w}=\mathbf{v}'+\mathbf{u}'$. Ist nun $\tilde{\mathbf{w}}\in\mathbf{v}+U$, also $\tilde{\mathbf{w}}=\mathbf{v}+\tilde{\mathbf{u}}$ mit einem $\tilde{\mathbf{u}}\in U$, so folgt $\tilde{\mathbf{w}}=\mathbf{v}'+(\mathbf{u}'-\mathbf{u}+\tilde{\mathbf{u}})\in\mathbf{v}'+U$. Also gilt $\mathbf{v}+U\subseteq\mathbf{v}'+U$. Schließt man analog mit $\mathbf{v}$ und $\mathbf{v}'$ vertauscht, so folgt $\mathbf{v}+U=\mathbf{v}'+U$.
(b) Dies ergibt sich unmittelbar aus den Vektorraum–Eigenschaften von V. □

Beispiel 3.2.11. Es sei $V=\mathbb{R}^2$ und $U=\operatorname{lin}\{(1,1)^{\mathsf{T}}\}$. Dann gilt zum Beispiel

$$-\mathbf{e}_1+U=\left\{\begin{pmatrix}-1\\0\end{pmatrix}+\lambda\begin{pmatrix}1\\1\end{pmatrix}\,\middle|\,\lambda\in\mathbb{R}\right\}=\left\{\begin{pmatrix}0\\1\end{pmatrix}+\mu\begin{pmatrix}1\\1\end{pmatrix}\,\middle|\,\mu\in\mathbb{R}\right\}=\mathbf{e}_2+U;$$

hierbei ist $\mu=\lambda-1$. Die Darstellung der Elemente des Quotientenraumes V/U in der Form $\mathbf{v}+U$ ist also nicht eindeutig. ◁

3.3 Lineare Unabhängigkeit, Basis, Dimension

Im Folgenden bezeichne V wieder einen $\mathbb{K}$–Vektorraum. Wir kommen zu einem grundlegenden Begriff.

Definition. Die Vektoren $\mathbf{v}_1,\dots,\mathbf{v}_r\in V$ heißen **linear unabhängig**, wenn für beliebige $\lambda_1,\dots,\lambda_n\in\mathbb{K}$ gilt:

$$\lambda_1\mathbf{v}_1+\dots+\lambda_r\mathbf{v}_r=\mathbf{o}\quad\Longrightarrow\quad\lambda_1=\dots=\lambda_r=0.$$

Andernfalls heißen $\mathbf{v}_1,\dots,\mathbf{v}_r$ **linear abhängig**.

Bemerkung. Diese Begriffe kann man auch in folgender Weise charakterisieren:
(a) Die Vektoren $\mathbf{v}_1, \ldots, \mathbf{v}_r \in V$ sind genau dann linear unabhängig, wenn sich *keiner von ihnen* als Linearkombination der übrigen darstellen lässt.
(b) Die Vektoren $\mathbf{v}_1, \ldots, \mathbf{v}_r \in V$ sind genau dann linear abhängig, wenn sich *mindestens einer von ihnen* als Linearkombination der übrigen darstellen lässt.

Beweis. Wir verifizieren die Aussage (b); die Aussage (a) folgt unmittelbar aus (b). Nach Definition sind die Vektoren $\mathbf{v}_1, \ldots, \mathbf{v}_r \in V$ genau dann linear abhängig, wenn es eine Darstellung der Form

$$\lambda_1 \mathbf{v}_1 + \cdots + \lambda_{i-1}\mathbf{v}_{i-1} + \lambda_i \mathbf{v}_i + \lambda_{i+1}\mathbf{v}_{i+1} + \cdots + \lambda_r \mathbf{v}_r = \mathbf{o}$$

gibt, wobei mindestens einer der Skalare $\lambda_1, \ldots, \lambda_r$ von Null verschieden ist; dies sei λ_i. Dann können wir die voranstehende Gleichung nach $\mathbf{v}_i$ auflösen:

$$\mathbf{v}_i = -\frac{\lambda_1}{\lambda_i}\mathbf{v}_1 - \cdots - \frac{\lambda_{i-1}}{\lambda_i}\mathbf{v}_{i-1} - \frac{\lambda_{i+1}}{\lambda_i}\mathbf{v}_{i+1} - \cdots - \frac{\lambda_r}{\lambda_i}\mathbf{v}_r.$$

Also ist $\mathbf{v}_i$ eine Linearkombination der übrigen $\mathbf{v}_k$. □

Ist einer der Vektoren $\mathbf{v}_1, \ldots, \mathbf{v}_r$ der Nullvektor, so sind diese Vektoren linear abhängig. Ist nämlich z. B. $\mathbf{v}_1 = \mathbf{o}$, so gilt $1 \cdot \mathbf{o} + 0 \cdot \mathbf{v}_2 + \ldots + 0 \cdot \mathbf{v}_r = \mathbf{o}$ mit $\lambda_1 = 1 \neq 0$.

Beispiel 3.3.1. Die Vektoren $\mathbf{e}_1 = (1,0,0)^\mathsf{T}, \mathbf{e}_2 = (0,1,0)^\mathsf{T}, \mathbf{a} = (a_1, a_2, a_3)^\mathsf{T}$ sind im Vektorraum $\mathbb{R}^3$ auf lineare Unabhängigkeit zu untersuchen. Es gilt

$$\lambda_1 \mathbf{e}_1 + \lambda_2 \mathbf{e}_2 + \lambda_3 \mathbf{a} = \mathbf{o} \quad \Longleftrightarrow \quad \left\{ \begin{array}{ccccc} \lambda_1 & & +\lambda_3 a_1 & = & 0 \\ & \lambda_2 & +\lambda_3 a_2 & = & 0 \\ & & \lambda_3 a_3 & = & 0 \end{array} \right\}. \tag{3.9}$$

Ist $a_3 \neq 0$, dann hat das rechts stehende lineare Gleichungssystem nur die Lösung $\lambda_1 = \lambda_2 = \lambda_3 = 0$. Also sind $\mathbf{e}_1, \mathbf{e}_2, \mathbf{a}$ linear unabhängig. Ist dagegen $a_3 = 0$, so kann man z. B. $\lambda_3 = 1 \neq 0$ wählen; in diesem Falle sind $\mathbf{e}_1, \mathbf{e}_2, \mathbf{a}$ also linear abhängig. Wir betrachten dieses Beispiel noch im Lichte der auf die Definition folgenden Bemerkung. Es gilt

$$\mathrm{lin}\{\mathbf{e}_1, \mathbf{e}_2\} = \{\lambda_1 \mathbf{e}_1 + \lambda_2 \mathbf{e}_2 \mid \lambda_1, \lambda_2 \in \mathbb{R}\} = \{(\lambda_1, \lambda_2, 0)^\mathsf{T} \mid \lambda_1, \lambda_2 \in \mathbb{R}\}.$$

Also ist $\mathbf{a} \in \mathrm{lin}\{\mathbf{e}_1, \mathbf{e}_2\}$ genau dann, wenn $a_3 = 0$. ◁

Das Vorgehen in dem Beispiel lässt sich auf $\mathbb{K}^n$ verallgemeinern:

Untersuchung auf lineare Unabhängigkeit in $\mathbb{K}^n$

Die Vektoren $\mathbf{v}_1, \ldots, \mathbf{v}_r \in \mathbb{K}^n$ sind auf lineare Unabhängigkeit zu untersuchen. Dazu löst man das homogene lineare Gleichungssystem

$$\lambda_1 \mathbf{v}_1 + \cdots + \lambda_r \mathbf{v}_r = \mathbf{o}, \tag{3.10}$$

das aus n Gleichungen für die Unbekannten $\lambda_1, \dots, \lambda_r$ besteht. Die Vektoren $\mathbf{v}_1, \dots, \mathbf{v}_r$ sind genau dann linear unabhängig, wenn (3.10) nur die Lösung $\lambda_1 = \cdots = \lambda_r = 0$ hat.

Für die nächste Definition stellen wir die folgenden Bedingungen bereit:
(B1) $\mathbf{v}_1, \dots, \mathbf{v}_n$ sind linear unabhängig.
(B2) $\operatorname{lin}\{\mathbf{v}_1, \dots, \mathbf{v}_n\} = V$.

Definition. Ein n–tupel $(\mathbf{v}_1, \dots, \mathbf{v}_n)$ von Vektoren in V heißt
— **Erzeugendensystem** von V, wenn (B2) gilt,
— **Basis** von V, wenn (B1) und (B2) gelten.

Satz 3.3.2. *Für ein gegebenes System $\mathcal{B} := (\mathbf{v}_1, \dots, \mathbf{v}_n)$ von Elementen $\mathbf{v}_i$ von V sind die folgenden Aussagen äquivalent:*
(a) *$\mathcal{B}$ ist eine Basis von V.*
(b) *Zu jedem Vektor $\mathbf{v} \in V$ gibt es* genau ein *n–tupel $(\lambda_1, \dots, \lambda_n)^\top \in \mathbb{K}^n$, so dass*

$$\mathbf{v} = \lambda_1 \mathbf{v}_1 + \cdots + \lambda_n \mathbf{v}_n. \tag{3.11}$$

Beweis. (a) $\Longrightarrow$ (b): Es sei $\mathbf{v} \in V$. Nach (B2) gibt es ein n–tupel $(\lambda_1, \dots, \lambda_n)^\top \in \mathbb{K}^n$, so dass (3.11) gilt. Angenommen, es gilt auch $\mathbf{v} = \lambda_1' \mathbf{v}_1 + \cdots + \lambda_n' \mathbf{v}_n$. Dann folgt

$$(\lambda_1 - \lambda_1')\mathbf{v}_1 + \cdots + (\lambda_n - \lambda_n')\mathbf{v}_n = \mathbf{v} - \mathbf{v} = \mathbf{o},$$

nach (B1) also $\lambda_1 - \lambda_1' = 0, \dots, \lambda_n - \lambda_n' = 0$. Folglich ist die Darstellung (3.11) von $\mathbf{v}$ eindeutig.
(b) $\Longrightarrow$ (a): Aus (b) folgt sofort (B2). Wir verifizieren (B1). Es gelte $\alpha_1 \mathbf{v}_1 + \cdots + \alpha_n \mathbf{v}_n = \mathbf{o}$ mit Skalaren α_i. Da auch $0\mathbf{v}_1 + \cdots + 0\mathbf{v}_n = \mathbf{o}$ gilt, folgt aus der Eindeutigkeit der Darstellung des Vektors $\mathbf{v} := \mathbf{o}$ schließlich $\alpha_1 = \cdots = \alpha_n = 0$. □

Definition. Es sei $\mathcal{B} = (\mathbf{v}_1, \dots, \mathbf{v}_n)$ eine Basis von V. Das jedem Vektor $\mathbf{v} \in V$ gemäß (3.11) eindeutig zugeordnete n–tupel $(\lambda_1, \dots, \lambda_n)^\top \in \mathbb{K}^n$ heißt **Koordinatenvektor** von $\mathbf{v}$ bezüglich der Basis $\mathcal{B}$ und wird mit $(\mathbf{v})_{\mathcal{B}}$ bezeichnet. Es gilt also

$$(\mathbf{v})_{\mathcal{B}} = (\lambda_1, \dots, \lambda_n)^\top \quad \Longleftrightarrow \quad \mathbf{v} = \lambda_1 \mathbf{v}_1 + \cdots + \lambda_n \mathbf{v}_n.$$

Die Zahl λ_i heißt **Koordinate** und der Vektor $\lambda_i \mathbf{v}_i$ heißt **Komponente** von $\mathbf{v}$ bezüglich des Basisvektors $\mathbf{v}_i$ $(i = 1, \dots, n)$.

Satz 3.3.2 zeigt die Bedeutung einer Basis des Vektorraumes V: Mittels der Basisvektoren kann man jeden Vektor $\mathbf{v} \in V$ *in eindeutiger Weise* als Linearkombination schreiben. Ist $\mathcal{B}$ nur ein Erzeugendensystem von V, so gilt eine Darstellung der Form (3.11) ebenfalls für jedes $\mathbf{v} \in V$, jedoch sind die λ_i nicht eindeutig bestimmt.

Beispiel 3.3.3. (a) Im $\mathbb{K}$–Vektorraum $\mathbb{K}^n$ betrachten wir die Vektoren

$$\mathbf{e}_1 := \begin{pmatrix} 1 \\ 0 \\ \vdots \\ 0 \end{pmatrix}, \mathbf{e}_2 := \begin{pmatrix} 0 \\ 1 \\ \vdots \\ 0 \end{pmatrix}, \ldots, \mathbf{e}_n := \begin{pmatrix} 0 \\ 0 \\ \vdots \\ 1 \end{pmatrix}.$$

Wir zeigen, dass $(\mathbf{e}_1, \ldots, \mathbf{e}_n)$ eine Basis von $\mathbb{K}^n$ ist.
Zu (B1): Mit Zahlen $\lambda_1, \ldots, \lambda_n \in \mathbb{K}$ gilt

$$\lambda_1\mathbf{e}_1 + \cdots + \lambda_n\mathbf{e}_n = \mathbf{o} \iff \begin{pmatrix} \lambda_1 \\ \vdots \\ \lambda_n \end{pmatrix} = \begin{pmatrix} 0 \\ \vdots \\ 0 \end{pmatrix} \iff \lambda_1 = 0, \ldots, \lambda_n = 0.$$

Also sind die Vektoren $\mathbf{e}_1, \ldots, \mathbf{e}_n$ linear unabhängig.
Zu (B2): Ist $\mathbf{v} \in \mathbb{K}^n$ gegeben, so gilt $\mathbf{v} = (\lambda_1, \ldots, \lambda_n)^\top$ mit gewissen Zahlen $\lambda_i \in \mathbb{K}$. Daraus folgt

$$\mathbf{v} = \lambda_1\mathbf{e}_1 + \cdots + \lambda_n\mathbf{e}_n \in \operatorname{lin}\{\mathbf{e}_1, \ldots, \mathbf{e}_n\}.$$

Somit ist auch (B2) erfüllt. Man nennt $(\mathbf{e}_1, \ldots, \mathbf{e}_n)$ die **Standardbasis** oder die **kanonische Basis** von $\mathbb{K}^n$.
(b) Mit $\mathbf{a} := (1, \ldots, 1)^\top \in \mathbb{K}^n$ ist $(\mathbf{e}_1, \ldots, \mathbf{e}_n, \mathbf{a})$ ein Erzeugendensystem, aber keine Basis von $\mathbb{K}^n$, denn wegen $\mathbf{a} = \mathbf{e}_1 + \cdots + \mathbf{e}_n$ sind die Elemente dieses Systems linear abhängig. Ist $\mathbf{v} = (\lambda_1, \ldots, \lambda_n)^\top \in \mathbb{K}^n$ gegeben, so gilt

$$\mathbf{v} = (\lambda_1 - \alpha)\mathbf{e}_1 + \cdots + (\lambda_n - \alpha)\mathbf{e}_n + \alpha\mathbf{a}.$$

Hierbei ist α eine *beliebige* reelle Zahl. Der Vektor $\mathbf{v}$ hat also unendlich viele verschiedene Darstellungen bezüglich des Systems $(\mathbf{e}_1, \ldots, \mathbf{e}_n, \mathbf{a})$.
(c) Das unter (a) Gesagte gilt insbesondere für den $\mathbb{C}$–Vektorraum $\mathbb{C}^n$. Fasst man $\mathbb{C}^n$ aber als $\mathbb{R}$–Vektorraum auf, so wird eine Basis gebildet von den $2n$ Elementen

$$\mathbf{e}_1,\ \mathbf{e}_2,\ \ldots,\ \mathbf{e}_n,\ \mathbf{d}_1 := (\mathrm{i}, 0 \ldots, 0)^\top,\ \mathbf{d}_2 := (0, \mathrm{i}, \ldots, 0)^\top,\ \ldots, \mathbf{d}_n := (0, 0, \ldots, \mathrm{i})^\top.$$

Zum Beispiel hat das Element $\mathbf{a} = (-1 + 2\mathrm{i}, -3\mathrm{i}) \in \mathbb{C}^2$ die Koordinatendarstellung

$$\mathbf{a} = (-1 + 2\mathrm{i})\mathbf{e}_1 - 3\mathrm{i}\mathbf{e}_2 \quad \text{bzw.} \quad \mathbf{a} = -\mathbf{e}_1 + 2\mathbf{d}_1 - 3\mathbf{d}_2,$$

je nachdem, ob man $\mathbb{C}^2$ als Vektorraum über $\mathbb{C}$ oder über $\mathbb{R}$ interpretiert. $\lhd$

Vereinbarung. Wenn nichts Anderes gesagt ist, werden wir $\mathbb{C}^n$ stets als $\mathbb{C}$–Vektorraum auffassen.

Wir kommen zur Erzeugung von Basen. Zuerst betrachten wir die Erzeugung einer Basis aus einer anderen.

Satz 3.3.4 (Austauschsatz). *Es sei* $(\mathbf{w}_1, \ldots, \mathbf{w}_n)$ *eine Basis von* V *und* $(\mathbf{v}_1, \ldots, \mathbf{v}_r)$ *ein System linear unabhängiger Elemente von* V. *Dann ist* $r \leq n$, *und zu jedem* $\mathbf{v}_k$ $(k = 1, \ldots, r)$ *gibt es ein „Austauschelement"* $\mathbf{w}_{i_k}$, *so dass* $(\mathbf{v}_1, \ldots, \mathbf{v}_r, \mathbf{w}'_1, \ldots, \mathbf{w}'_{n-r})$ *auch eine Basis von* V *ist. Hierbei sind* $\mathbf{w}'_1, \ldots, \mathbf{w}'_{n-r}$ *die von den „Austauschelementen"* $\mathbf{w}_{i_1}, \ldots, \mathbf{w}_{i_r}$ *verschiedenen Elemente aus der Basis* $(\mathbf{w}_1, \ldots, \mathbf{w}_n)$.

Zum Beweis. Wir beschränken uns auf den Beweis im Falle $r = 1$; der allgemeine Fall lässt sich mit vollständiger Induktion darauf zurückführen. Es sei also ein $\mathbf{v}_1 \in V$ gegeben, das linear unabhängig, also von $\mathbf{o}$ verschieden ist. Da $(\mathbf{w}_1, \ldots, \mathbf{w}_n)$ eine Basis von V ist, gibt es Skalare $\lambda_1, \ldots, \lambda_n$ mit

$$\mathbf{v}_1 = \lambda_1\mathbf{w}_1 + \lambda_2\mathbf{w}_2 + \cdots + \lambda_n\mathbf{w}_n. \tag{3.12}$$

Wegen $\mathbf{v}_1 \neq \mathbf{o}$ gibt es ein $k \in \{1, \ldots, n\}$, so dass $\lambda_k \neq 0$. Wir dürfen annehmen, dass $k = 1$, also $\lambda_1 \neq 0$ ist; durch Umnummerieren lässt sich dies stets erreichen. Wir zeigen nun, dass $(\mathbf{v}_1, \mathbf{w}_2, \ldots, \mathbf{w}_n)$ eine Basis von V ist. (Wir verwenden also $\mathbf{w}_{i_1} := \mathbf{w}_1$ als „Austauschelement" für $\mathbf{v}_1$.)
Zu (B1): Es gelte

$$\mu_1\mathbf{v}_1 + \mu_2\mathbf{w}_2 + \cdots + \mu_n\mathbf{w}_n = \mathbf{0}.$$

Mit (3.12) erhält man

$$\mu_1\lambda_1\mathbf{w}_1 + (\mu_1\lambda_2 + \mu_2)\mathbf{w}_2 + \cdots + (\mu_1\lambda_n + \mu_n)\mathbf{w}_n = \mathbf{0}.$$

Da $\mathbf{w}_1, \ldots, \mathbf{w}_n$ linear unabhängig sind, folgt

$$\mu_1\lambda_1 = 0,\ \mu_1\lambda_2 + \mu_2 = 0, \ldots, \mu_1\lambda_n + \mu_n = 0$$

und daraus wegen $\lambda_1 \neq 0$ schließlich $\mu_1 = \mu_2 = \cdots = \mu_n = 0$.
Zu (B2): Sei $\mathbf{v} \in V$ gegeben. Mit geeigneten Skalaren $\alpha_1, \ldots \alpha_n$ gilt dann

$$\mathbf{v} = \alpha_1\mathbf{w}_1 + \alpha_2\mathbf{w}_2 + \cdots + \alpha_n\mathbf{w}_n.$$

Aus (3.12) folgt

$$\mathbf{w}_1 = \frac{1}{\lambda_1}\mathbf{v}_1 - \frac{\lambda_2}{\lambda_1}\mathbf{w}_2 - \cdots - \frac{\lambda_n}{\lambda_1}\mathbf{w}_n$$

und hiermit

$$\mathbf{v} = \frac{\alpha_1}{\lambda_1}\mathbf{v}_1 + \left(\alpha_2 - \frac{\alpha_1\lambda_2}{\lambda_1}\right)\mathbf{w}_2 + \cdots + \left(\alpha_n - \frac{\alpha_1\lambda_n}{\lambda_1}\right)\mathbf{w}_n.$$

Also ist $\mathbf{v} \in \operatorname{lin}(\mathbf{v}_1, \mathbf{w}_2, \ldots, \mathbf{w}_n)$. □

Beispiel 3.3.5. Im Vektorraum $\mathbb{R}^3$ ist $(\mathbf{e}_1, \mathbf{e}_2, \mathbf{e}_3)$ eine Basis sowie $(\mathbf{v}_1, \mathbf{v}_2)$ mit

$$\mathbf{v}_1 := (2, 0, -1)^\top, \quad \mathbf{v}_2 := (0, -3, 0)^\top$$

ein System linear unabhängiger Elemente. Es ist

$$\mathbf{v}_1 = 2\mathbf{e}_1 - \mathbf{e}_3, \quad \mathbf{e}_3 = 2\mathbf{e}_1 - \mathbf{v}_1. \tag{3.13}$$

Daher gilt

$$\operatorname{lin}(\mathbf{e}_1, \mathbf{e}_2, \mathbf{v}_1) = \operatorname{lin}(\mathbf{e}_1, \mathbf{e}_2, \mathbf{e}_3) = \mathbb{R}^3.$$

Weiter gilt

$$\mathbf{v}_2 = -3\mathbf{e}_2, \quad \mathbf{e}_2 = -\frac{1}{3}\mathbf{v}_2 \tag{3.14}$$

und somit

$$\operatorname{lin}(\mathbf{e}_1, \mathbf{v}_2, \mathbf{v}_1) = \operatorname{lin}(\mathbf{e}_1, \mathbf{e}_2, \mathbf{v}_1) = \mathbb{R}^3.$$

Außerdem ist natürlich $\operatorname{lin}(\mathbf{e}_1, \mathbf{v}_2, \mathbf{v}_1) = \operatorname{lin}(\mathbf{v}_1, \mathbf{v}_2, \mathbf{e}_1)$. Mit (3.13) und (3.14) ergibt sich unmittelbar, dass die Vektoren $\mathbf{v}_1, \mathbf{v}_2, \mathbf{e}_1$ linear unabhängig sind. Also ist

$$(\mathbf{v}_1, \mathbf{v}_2, \mathbf{e}_1)$$

eine Basis von $\mathbb{R}^3$. In den Bezeichnungen von Satz 3.3.4 ist $\mathbf{w}_i := \mathbf{e}_i$ für $i = 1, 2, 3$. Es wurde $\mathbf{v}_1$ gegen $\mathbf{w}_{i_1} := \mathbf{e}_3$ und $\mathbf{v}_2$ gegen $\mathbf{w}_{i_2} := \mathbf{e}_2$ getauscht. Das für den Austausch nicht verwendete Element $\mathbf{w}'_1 := \mathbf{e}_1$ ist auch in der neuen Basis vorhanden. $\triangleleft$

Basen lassen sich bereits aus Erzeugendensystemen gewinnen:

Satz 3.3.6. *Jedes Erzeugendensystem* $(\mathbf{v}_1, \ldots, \mathbf{v}_n)$ *von* V *enthält eine Basis von* V *als Teilsystem.*

Zum Beweis. Es darf angenommen werden, dass $\mathbf{v}_1 \neq \mathbf{o}$ ist; andernfalls entfernen wir $\mathbf{v}_1$ aus dem System, wodurch sich die lineare Hülle nicht ändert. Sind $\mathbf{v}_1, \mathbf{v}_2$ linear abhängig, so gilt $\mathbf{v}_2 = \lambda \mathbf{v}_1$ und daher

$$\operatorname{lin}(\mathbf{v}_1, \mathbf{v}_3, \ldots, \mathbf{v}_n) = \operatorname{lin}(\mathbf{v}_1, \mathbf{v}_2, \mathbf{v}_3, \ldots, \mathbf{v}_n) = V.$$

Also kann $\mathbf{v}_2$ ohne Änderung der linearen Hülle aus dem System entfernt werden. So fortfahrend, erhalten wir ein Teilsystem aus linear unabhängigen Vektoren, dessen lineare Hülle ebenfalls V ist. Dies ist eine Basis von V. $\square$

Satz 3.3.7 (Basisergänzungssatz). *Es sei* $(\mathbf{w}_1, \ldots, \mathbf{w}_n)$ *ein Erzeugendensystem von* V *und* $(\mathbf{v}_1, \ldots, \mathbf{v}_r)$ *ein System linear unabhängiger Elemente von* V. *Dann ist das System* $(\mathbf{v}_1, \ldots, \mathbf{v}_r)$ *eine Basis von* V *oder kann durch Hinzunahme gewisser Elemente* $\mathbf{w}_i$ *zu einer Basis ergänzt werden.*

Zum Beweis. Nach Satz 3.3.6 dürfen wir annehmen, dass $(\mathbf{w}_1, \ldots, \mathbf{w}_n)$ eine Basis von V ist. Nach Satz 3.3.4 ist $r \leq n$, und das System $(\mathbf{v}_1, \ldots, \mathbf{v}_r)$ kann, sofern es nicht bereits eine Basis ist, durch Hinzunahme gewisser Elemente $\mathbf{w}_i$ zu einer Basis von V ergänzt werden. □

Bemerkung. Nach Satz 3.3.6 besitzt jeder Vektorraum mit einem Erzeugendensystem eine Basis. Gemäß unserer Definition sind Erzeugendensysteme und Basen eines Vektorraumes *endliche* Systeme von Vektoren mit gewissen Eigenschaften. Man kann beide Begriffe auch für beliebige Systeme von Vektoren definieren und mit verfeinerten mathematischen Hilfsmitteln (Zornsches Lemma) zeigen, dass jeder Vektorraum eine Basis in diesem allgemeineren Sinne besitzt (siehe [16]).

Aus Satz 3.3.4 können wir eine wichtige Schlussfolgerung ziehen.

Satz und Definition 3.3.8. *Sind* $(\mathbf{v}_1, \ldots, \mathbf{v}_r)$ *und* $(\mathbf{w}_1, \ldots, \mathbf{w}_n)$ *Basen von* V, *so gilt* $r = n$. *Diese (allen Basen von* V *gemeinsame) Zahl* n *heißt* **Dimension** *des Vektorraumes* V *und wird mit* $\dim V$ *bezeichnet.*

Beweis. Nach dem Austauschsatz ist einerseits $r \leq n$. Da aber auch $(\mathbf{v}_1, \ldots, \mathbf{v}_r)$ eine Basis von V ist, gilt andererseits $n \leq r$. Somit ist $r = n$. □

Folgerung 3.3.9. *Sind* $\mathbf{v}_1, \ldots, \mathbf{v}_r \in V$ *und gilt* $r > \dim V$, *so sind* $\mathbf{v}_1, \ldots, \mathbf{v}_r$ *linear abhängig.*

Beweis. Es sei $\dim V = n$ und $(\mathbf{w}_1, \ldots, \mathbf{w}_n)$ eine Basis von V. Wären die Vektoren $\mathbf{v}_1, \ldots, \mathbf{v}_r$ linear unabhängig, so wäre $r \leq n$ nach Satz 3.3.4. □

Beispiel 3.3.10. Nach Beispiel 3.3.3(a) ist $(\mathbf{e}_1, \ldots, \mathbf{e}_n)$ eine Basis des $\mathbb{K}$–Vektorraumes $\mathbb{K}^n$. Daher gilt $\dim \mathbb{K}^n = n$. Somit sind r Vektoren von $\mathbb{K}^n$ linear abhängig, sobald $r > n$ ist. Man beachte aber: Fasst man $\mathbb{C}^n$ nicht als $\mathbb{C}$–Vektorraum sondern als $\mathbb{R}$–Vektorraum auf, so hat dieser Raum nach Beispiel 3.3.3(b) die Dimension $2n$. ◁

Der Vektorraum $V = \{\mathbf{o}\}$ hat keine Basis, denn er enthält keine linear unabhängigen Elemente. Man setzt $\dim\{\mathbf{o}\} := 0$. Besitzt ein Vektorraum $V \neq \{\mathbf{o}\}$ für keine natürliche Zahl $n \geq 1$ eine Basis aus n Elementen, so heißt er **unendlichdimensional**, andernfalls **endlichdimensional**. Nach Folgerung 3.3.9 ist *in einem endlichdimensionalen Vektorraum* $\dim V$ *die maximale Anzahl linear unabhängiger Elemente.*

Satz 3.3.11. *Sei* V *ein endlichdimensionaler Vektorraum. Ist* U *ein Untervektorraum von* V *mit* $\dim U = \dim V$, *so gilt* $U = V$.

Beweis. Sei $(\mathbf{v}_1, \ldots, \mathbf{v}_r)$ eine Basis von U. Wäre diese noch keine Basis von V, so könnte sie nach Satz 3.3.7 zu einer Basis $(\mathbf{v}_1, \ldots, \mathbf{v}_r, \mathbf{v}_{r+1}, \ldots, \mathbf{v}_n)$ von V ergänzt werden. Dann wäre $\dim U = r < n = \dim V$ im Widerspruch zur Voraussetzung. Also ist $(\mathbf{v}_1, \ldots, \mathbf{v}_r)$ auch Basis von V und somit gilt $U = V$. □

Beispiel 3.3.12. Wir wollen zeigen, dass der $\mathbb{R}$–Vektorraum $\mathrm{Abb}([0,1],\mathbb{R})$ (s. Beispiel 3.1.2) unendlichdimensional ist. Für $k = 1, 2, \ldots$ sei $x_k := \frac{1}{2}(\frac{1}{k}+\frac{1}{k+1})$, und die Funktion $\mathbf{f}_k \in \mathrm{Abb}([0,1],\mathbb{R})$ sei definiert durch (vgl. Bild 3.1)

$$\mathbf{f}_k(x) = \begin{cases} 0 & \text{für } 0 \le x \le \frac{1}{k+1}, \\ 2k(k+1)x - 2k & \text{für } \frac{1}{k+1} < x \le x_k, \\ -2k(k+1)x + 2(k+1) & \text{für } x_k < x \le \frac{1}{k}, \\ 0 & \text{für } \frac{1}{k} < x \le 1. \end{cases}$$

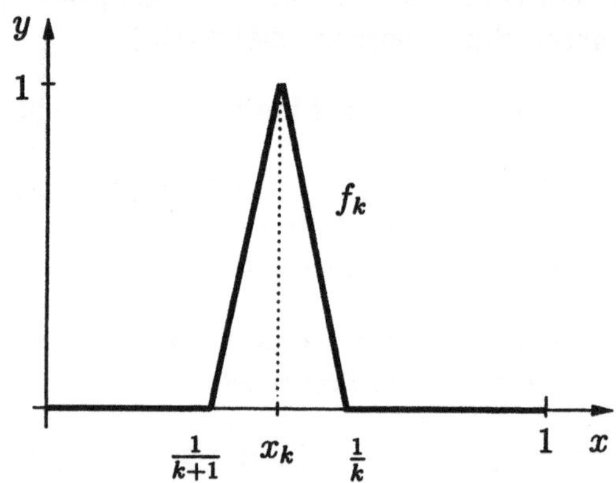

Bild 3.1: Ein unendlichdimensionaler Vektorraum

Es ist $\mathbf{f}_j(x_k) = 1$ für $j = k$ und $\mathbf{f}_j(x_k) = 0$ für $j \ne k$. Nun seien $r \in \mathbb{N}$ und $\lambda_1, \ldots, \lambda_r \in \mathbb{R}$. Gilt $\lambda_1\mathbf{f}_1 + \cdots + \lambda_r\mathbf{f}_r = \mathbf{o}$, also insbesondere

$$\lambda_1\mathbf{f}_1(x_k) + \cdots + \lambda_r\mathbf{f}_r(x_k) = 0 \quad \text{für } k = 1, 2, \ldots, r,$$

so folgt $\lambda_1 = \cdots = \lambda_r = 0$. Somit sind $\mathbf{f}_1, \ldots, \mathbf{f}_r$ linear unabhängig. Dies gilt für *jede* natürliche Zahl r. Hätte $\mathrm{Abb}([0,1],\mathbb{R})$ eine Basis aus n Elementen für irgendein $n \in \mathbb{N}$, dann müßte aber $r \le n$ sein, da n die maximale Anzahl linear unabhängiger Elemente wäre. $\lhd$

Das Beispiel zeigt, dass es unendlichdimensionale Vektorräume gibt. Diese spielen in der Mathematik sogar eine außerordentlich wichtige Rolle. In diesem Buch werden wir jedoch in erster Linie endlichdimensionale Vektorräume betrachten.

3.4 Affine Räume

Wir beginnen mit einer anschaulich–geometrischen Betrachtung. Gegeben seien eine Ebene $\mathcal{E}$ und ein zu $\mathcal{E}$ paralleler Pfeil $\mathbf{v}$. Jedem Punkt $p \in \mathcal{E}$ ist dann derjenige Punkt $p' \in \mathcal{E}$ zugeordnet, zu dem der Pfeil $\mathbf{v}$ weist, wenn er in p „angeheftet“ wird (siehe

Bild 3.2). Der Pfeil $\mathbf{v}$ definiert also eine *Translation* (Verschiebung) in der Ebene $\mathcal{E}$. Um die Abhängigkeit von $\mathbf{v}$ zum Ausdruck zu bringen, schreiben wir $p \oplus \mathbf{v}$ statt p'. Nun präzisieren wir dies, wobei wir statt einer Ebene $\mathcal{E}$ im anschaulich–geometrischen Sinne nun eine beliebige nichtleere Menge $\mathcal{A}$ betrachten.

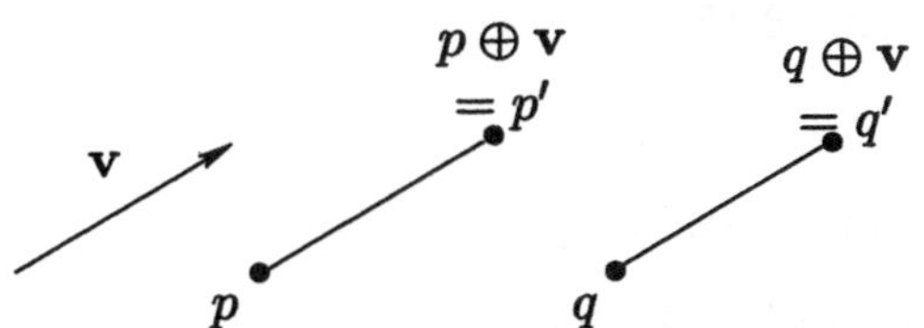

Bild 3.2: Translation längs $\mathbf{v}$

Definition. Gegeben seien eine nichtleere Menge $\mathcal{A}$, ein $\mathbb{K}$–Vektorraum V und eine Abbildung, die jedem Paar $(p, \mathbf{v}) \in \mathcal{A} \times V$ ein Element $p \oplus \mathbf{v} \in \mathcal{A}$ zuordnet, so dass die folgenden Rechenregeln gelten:

(A1) $p \oplus (\mathbf{v} + \mathbf{w}) = (p \oplus \mathbf{v}) \oplus \mathbf{w}$ für alle $p \in \mathcal{A}$ und alle $\mathbf{v}, \mathbf{w} \in V$.
(A2) Für $p \in \mathcal{A}$ und $\mathbf{v} \in V$ gilt $p \oplus \mathbf{v} = p$ genau dann, wenn $\mathbf{v} = \mathbf{o}$.
(A3) Zu $p, p' \in \mathcal{A}$ existiert genau ein $\mathbf{v} \in V$, so dass $p \oplus \mathbf{v} = p'$.

Dann heißt $\mathcal{A}$ **affiner Raum** bezüglich V. Die Elemente von $\mathcal{A}$ heißen **Punkte**.

Während das Symbol + die Addition von Elementen *desselben* Raumes (nämlich des Vektorraumes V) bezeichnet, verwenden wir das Symbol $\oplus$ für eine Operation zwischen Elementen *unterschiedlicher* Räume (nämlich des affinen Raumes $\mathcal{A}$ und des Vektorraumes V). Zu der ebenfalls mit dem Symbol $\oplus$ bezeichneten direkten Summe von Untervektorräumen besteht keine Beziehung. Die einleitende Bemerkung motiviert die folgende Bezeichnung (vgl. Bild 3.2): Für einen gegebenen Vektor $\mathbf{v} \in V$ heißt die Abbildung

$$\mathcal{A} \to \mathcal{A}, \quad p \mapsto p \oplus \mathbf{v} \quad \textbf{Translation längs } \mathbf{v}.$$

Der nach (A3) jedem Paar von Punkten $p, p' \in \mathcal{A}$ eindeutig zugeordnete Vektor $\mathbf{v}$ wird mit $\overrightarrow{pp'}$ bezeichnet. Es gilt also

$$\boxed{\mathbf{v} = \overrightarrow{pp'} \quad \Longleftrightarrow \quad p \oplus \mathbf{v} = p'.} \tag{3.15}$$

Hiermit führen (A1) und (A2) zu den folgenden Rechenregeln:

$$\boxed{\begin{aligned} \overrightarrow{pq} + \overrightarrow{qr} &= \overrightarrow{pr}, \\ \overrightarrow{qp} &= -\overrightarrow{pq}. \end{aligned}} \tag{3.16}$$

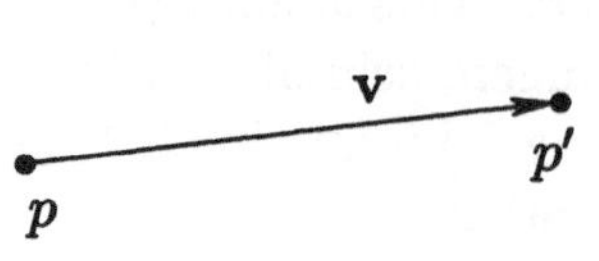

Bild 3.3: Zu (3.15)

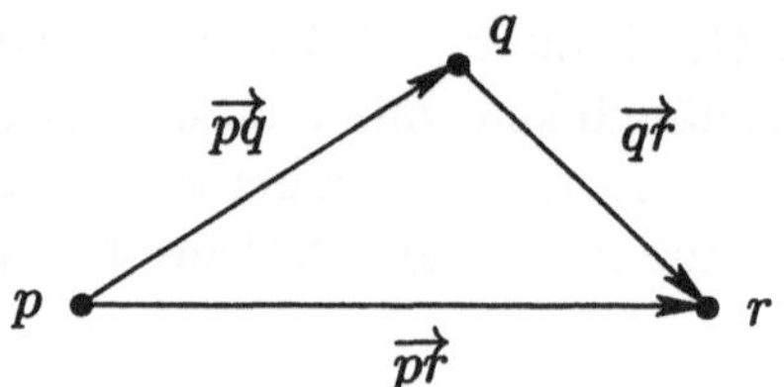

Bild 3.4: Zu (3.16)

Zur oberen Rechenregel in (3.16): Es gilt

$$p \oplus (\overrightarrow{pq} + \overrightarrow{qr}) \underset{(A1)}{=} (p \oplus \overrightarrow{pq}) \oplus \overrightarrow{qr} \underset{(3.15)}{=} q \oplus \overrightarrow{qr} \underset{(3.15)}{=} r,$$

woraus wiederum nach (3.15) (mit $\mathbf{v} = \overrightarrow{pq} + \overrightarrow{qr}$ und $p' = r$) die Rechenregel folgt. Der Beweis zeigt, dass die Vektoraddition gemäß (3.16) gerade aus dem Axiom (A1) folgt. Analog zeigt man die untere Formel in (3.16) mittels (A2).

Wir geben eine Standarddarstellung affiner Räume an.

Satz 3.4.1. *Gegeben sei ein $\mathbb{K}$-Vektorraum V.*
(a) *Es sei*

$$\mathcal{A}_V := V \quad \textit{und} \quad p \oplus \mathbf{v} := p + \mathbf{v} \quad \textit{für alle } p \in \mathcal{A}_V,\ \mathbf{v} \in V.$$

Dann ist $\mathcal{A}_V$ ein affiner Raum bezüglich V, und es gilt $\overrightarrow{pp'} = p' - p$ für alle $p, p' \in \mathcal{A}_V$.
(b) *Ist $\mathcal{A}$ irgendein affiner Raum bezüglich V, so gibt es eine bijektive Abbildung $\Phi : \mathcal{A}_V \to \mathcal{A}$ mit*

$$\Phi(p + \mathbf{v}) = \Phi(p) \oplus \mathbf{v} \quad \textit{für alle } p \in \mathcal{A}_V,\ \mathbf{v} \in V. \tag{3.17}$$

Zum Beweis. (a) Aus (V1) bis (V4) folgen sofort (A1) bis (A3). Weiter erhält man

$$\underbrace{p}_{\in \mathcal{A}_V} \oplus \underbrace{(p' - p)}_{\in V} = p + (p' - p) = \underbrace{p'}_{\in \mathcal{A}_V}.$$

Gemäß (3.15) gilt daher $\overrightarrow{pp'} = p' - p$.
(b) Sei $q_0 \in \mathcal{A}$ fest gewählt. Wir definieren Φ durch

$$\Phi(\mathbf{v}) := q_0 \oplus \mathbf{v} \quad \text{für alle } \mathbf{v} \in V = \mathcal{A}_V. \tag{3.18}$$

Wir übergehen den Nachweis, dass Φ die behaupteten Eigenschaften hat. □

Im Falle $\mathcal{A}_V = V$ sind die Punkte von $\mathcal{A}_V$ genau die Vektoren von V. Daher identifiziert man häufig den affinen Raum $\mathcal{A}_V$ mit dem Vektorraum V. Bei geometrischen Betrachtungen ist die Unterscheidung beider Räume jedoch erforderlich. Gemäß (3.17) entspricht dem „Anheften" des Vektors $\mathbf{v}$ an den Punkt p in $\mathcal{A}_V$ das „Anheften" von $\mathbf{v}$ an den Punkt $\Phi(p)$ in $\mathcal{A}$. Außerdem ist Φ bijektiv. In diesem Sinne gehört zu jedem Vektorraum V im wesentlichen *ein* affiner Raum, nämlich der in Satz 3.4.1(a) beschriebene Raum $\mathcal{A}_V$.

Beispiel 3.4.2 (Standardbeispiel). Es sei $V := \mathbb{K}^n$ der $\mathbb{K}$–Vektorraum der Spaltenvektoren $\mathbf{v} = (v_1, \ldots, v_n)^\top$. Indem wir $\mathcal{A}_{\mathbb{K}^n}$ mit $\mathbb{K}^n$ identifizieren, können wir $\mathbb{K}^n$ als affinen Raum auffassen. Um bei geometrischen Untersuchungen zwischen Punkten und Vektoren unterscheiden zu können, wählen wir $\mathcal{A} := \mathbb{K}_n$ mit den Elementen $p = (p_1, \ldots, p_n)$ und definieren die Operation $\oplus$ gemäß

$$p \oplus \mathbf{v} := (p_1 + v_1, \ldots, p_n + v_n) \tag{3.19}$$

oder ausführlich geschrieben:

$$(p_1, \ldots, p_n) \quad \oplus \quad \begin{pmatrix} v_1 \\ \vdots \\ v_n \end{pmatrix} \quad := \quad (p_1 + v_1, \ldots, p_n + v_n).$$

Dann ist $\mathbb{K}_n$ ein affiner Raum bezüglich $\mathbb{K}^n$. In diesem Zusammenhang interpretieren wir also Zeilenvektoren als Punkte und Spaltenvektoren als Vektoren. Ist neben p auch $q = (q_1, \ldots, q_n) \in \mathbb{K}_n$, so folgt mit (3.19) und (3.15) die Darstellung

$$\overrightarrow{pq} = (q_1 - p_1, \ldots, q_n - p_n)^\top. \tag{3.20}$$

Die Abbildung $\Phi : \mathcal{A}_{\mathbb{K}^n} \to \mathbb{K}_n$ gemäß (3.18) mit $q_0 := (0, \ldots, 0) \in \mathbb{K}_n$ bedeutet

$$\Phi(\mathbf{v}) = (0, \ldots, 0) \oplus (v_1, \ldots, v_n)^\top \underset{(3.19)}{=} (v_1, \ldots, v_n) = \mathbf{v}^\top,$$

d. h., Φ ist in diesem Falle einfach die Transposition: Jeder Spaltenvektor $\mathbf{v}$ wird in den entsprechenden Zeilenvektor $\mathbf{v}^\top$ überführt. ◁

Satz und Definition 3.4.3. *Sei $\mathcal{A}$ ein affiner Raum bezüglich des $\mathbb{K}$–Vektorraumes V. Ist U ein Untervektorraum von V und $p \in \mathcal{A}$, so heißt*

$$p \oplus U := \{p \oplus \mathbf{v} \mid \mathbf{v} \in U\}$$

affiner Unterraum *von $\mathcal{A}$. Dies ist ein affiner Raum bezüglich U, und es gilt*

$$p \oplus U = p' \oplus U \quad \text{mit einem beliebigen } p' \in p \oplus U. \tag{3.21}$$

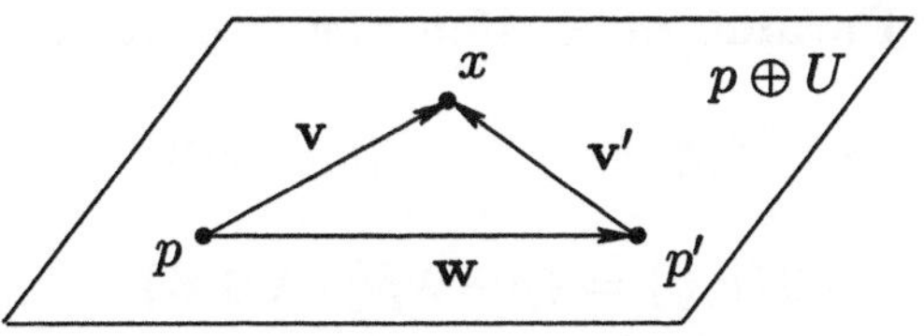

Bild 3.5: Affiner Unterraum

Der affine Unterraum $p \oplus U$ entsteht durch Translation des Punktes p längs aller Vektoren des Untervektorraumes U. Nach (3.21) erhält man denselben affinen Unterraum, wenn man p durch irgendeinen anderen Punkt p' von $p \oplus U$ ersetzt.

Beweis von (3.21). Es sei $p' \in p \oplus U$ gegeben, also $p' = p \oplus \mathbf{w}$ mit einem $\mathbf{w} \in U$ (Bild 3.5). Zu zeigen ist, dass jedes $x = p \oplus \mathbf{v} \in p \oplus U$ auch in der Form $p' \oplus \mathbf{v}'$ mit einem $\mathbf{v}' \in U$ darstellbar ist. Dazu setze man $\mathbf{v}' := \mathbf{v} - \mathbf{w}$. Dann ist $\mathbf{v}' \in U$, und es gilt

$$x = p \oplus \mathbf{v} = p \oplus (\mathbf{w} + \mathbf{v}') \underset{(A1)}{=} (p \oplus \mathbf{w}) \oplus \mathbf{v}' = p' \oplus \mathbf{v}'. \qquad \square$$

Definition. Ist $\mathcal{A}$ ein affiner Raum bezüglich des Vektorraumes V, so heißt $\dim \mathcal{A} := \dim V$ **Dimension** von $\mathcal{A}$. Eindimensionale affine Räume heißen **Geraden**, zweidimensionale affine Räume **Ebenen**. Ist $\mathcal{A}$ ein n–dimensionaler affiner Raum, so heißen die $(n-1)$–dimensionalen affinen Unterräume **Hyperebenen**.

Beispiel 3.4.4. Die Hyperebenen von $\mathbb{K}_n$ sind für $n = 3$ Ebenen, für $n = 2$ Geraden und für $n = 1$ einpunktige Mengen. $\lhd$

Satz und Definition 3.4.5. *Sei M eine nichtleere Teilmenge des affinen Raumes $\mathcal{A}$. Der Durchschnitt aller die Menge M enthaltenden affinen Unterräume von $\mathcal{A}$ heißt* **affine Hülle** *von M und wird mit* $\operatorname{aff}(M)$ *bezeichnet. Dies ist selbst ein affiner Unterraum von $\mathcal{A}$ und somit der (bezüglich der Inklusion $\subseteq$) kleinste affine Unterraum, der M enthält.*

Wir kommen zur Beschreibung von Geraden und Ebenen. Statt $\operatorname{aff}(\{p, q\})$ schreiben wir kurz $\operatorname{aff}\{p, q\}$; das ist also die affine Hülle der aus den zwei Punkten p und q bestehenden Menge. Eine analoge Schreibweise verwenden wir bei drei Punkten.

Satz und Definition 3.4.6. *Sei $\mathcal{A}$ ein affiner Raum bezüglich des $\mathbb{K}$–Vektorraumes V.*
(a) *Sei $\mathcal{G}$ eine Gerade in $\mathcal{A}$. Dann gibt es einen von $\mathbf{o}$ verschiedenen Vektor $\mathbf{v} \in V$, so dass mit einem beliebigen $p \in \mathcal{G}$ gilt*

$$\mathcal{G} = p \oplus \operatorname{lin}\{\mathbf{v}\} = \{p \oplus \lambda \mathbf{v} \mid \lambda \in \mathbb{K}\}. \tag{3.22}$$

Die rechte Seite von (3.22) *heißt* **Parameterdarstellung** *oder* **Parametrisierung** *der Geraden $\mathcal{G}$ mit dem* **Parameter** λ. *Man sagt, die Gerade $\mathcal{G}$ hat den* Aufpunkt p *und die* Richtung $\mathbf{v}$.
(b) *Gegeben seien Punkte $p, q \in \mathcal{A}$ mit $p \neq q$. Dann gilt*

$$\operatorname{aff}\{p, q\} = \{p \oplus \lambda \overrightarrow{pq} \mid \lambda \in \mathbb{K}\}, \tag{3.23}$$

d. h., die affine Hülle von $\{p, q\}$ ist eine Gerade $\mathcal{G}$, die die Punkte p und q enthält.

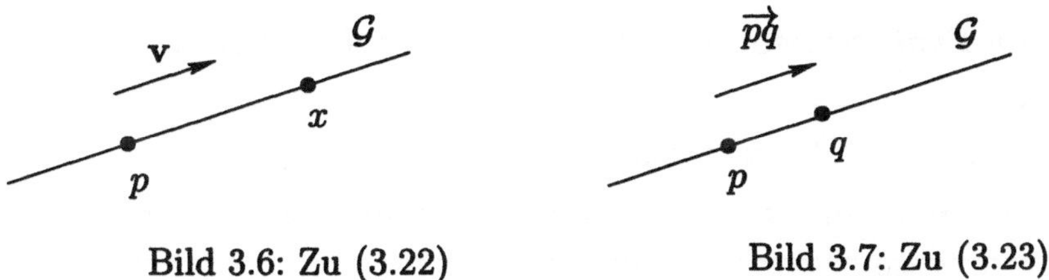

Bild 3.6: Zu (3.22)

Bild 3.7: Zu (3.23)

Beweis. (a) Nach Definition einer Geraden gibt es einen Punkt $p \in \mathcal{G}$ und einen von $\mathbf{o}$ verschiedenen Vektor $\mathbf{v} \in V$, so dass

$$\mathcal{G} = p \oplus \operatorname{lin}\{\mathbf{v}\} = p \oplus \{\lambda\mathbf{v} \mid \lambda \in \mathbb{K}\} = \{p \oplus \lambda\mathbf{v} \mid \lambda \in \mathbb{K}\}.$$

Nach (3.21) kann p hierin durch einen beliebigen Punkt $p' \in \mathcal{G}$ ersetzt werden.
(b) Nach (a) ist klar, dass die Menge $\mathcal{G}_0 := \{p \oplus \lambda\,\overrightarrow{pq} \mid \lambda \in \mathbb{K}\}$ eine Gerade ist, und für $\lambda = 0$ erhält man $p \in \mathcal{G}_0$. Zu zeigen ist die Gleichung (3.23). Nach (3.15) gilt $p \oplus \overrightarrow{pq} = q$ und daher $q \in \mathcal{G}_0$. Da auch $p \in \mathcal{G}_0$ gilt und $\mathcal{G}_0$ ein affiner Unterraum von $\mathcal{A}$ ist, folgt $\operatorname{aff}\{p,q\} \subseteq \mathcal{G}_0$. Die gleiche Inklusion gilt auch für die zugehörigen Untervektorräume; diese haben aber beide die Dimension eins und stimmen somit überein (Satz 3.3.11). Also ist $\operatorname{aff}\{p,q\} = \mathcal{G}_0$. □

Mit analogem Beweis erhält man die folgende Aussage.

Satz und Definition 3.4.7. *Sei $\mathcal{A}$ ein affiner Raum bezüglich des $\mathbb{K}$–Vektorraumes V.*
(a) *Sei $\mathcal{E}$ eine Ebene in $\mathcal{A}$. Dann gibt es linear unabhängige Vektoren $\mathbf{v}, \mathbf{w} \in V$, so dass mit einem beliebigen $p \in \mathcal{E}$ gilt*

$$\mathcal{E} = \{p \oplus (\lambda\,\mathbf{v} + \mu\,\mathbf{w}) \mid \lambda, \mu \in \mathbb{K}\}. \tag{3.24}$$

Die rechte Seite von (3.24) *heißt* **Parameterdarstellung** *oder* **Parametrisierung** *der Ebene $\mathcal{E}$ mit den* **Parametern** *λ und μ. Man sagt, die Ebene $\mathcal{E}$ hat den* Aufpunkt *p und wird von den Vektoren $\mathbf{v}$ und $\mathbf{w}$* aufgespannt.
(b) *Gegeben seien Punkte $p, q, r \in \mathcal{A}$, so dass die Vektoren $\overrightarrow{pq}$ und $\overrightarrow{pr}$ linear unabhängig sind. Dann gilt*

$$\operatorname{aff}\{p,q,r\} = \{p \oplus (\lambda\,\overrightarrow{pq} + \mu\,\overrightarrow{pr}) \mid \lambda, \mu \in \mathbb{K}\}, \tag{3.25}$$

d. h., die affine Hülle von $\{p,q,r\}$ ist eine Ebene, die die Punkte p, q, r enthält.

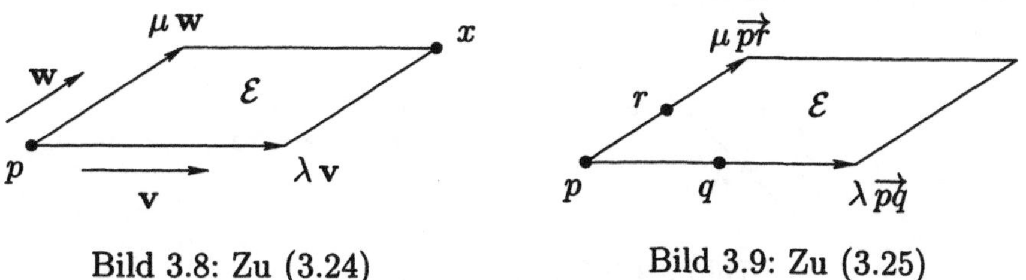

Bild 3.8: Zu (3.24)

Bild 3.9: Zu (3.25)

Mit x als *variablem Punkt* schreibt man statt (3.22) bzw. (3.24) auch

$$\boxed{\begin{aligned} &x = p \oplus \lambda\,\mathbf{v}, \quad \lambda \in \mathbb{K} \quad \text{(Parameterdarstellung der Geraden } \mathcal{G}),\\ &x = p \oplus (\lambda\,\mathbf{v} + \mu\,\mathbf{w}), \quad \lambda, \mu \in \mathbb{K} \quad \text{(Parameterdarstellung der Ebene } \mathcal{E}). \end{aligned}} \tag{3.26}$$

Beispiel 3.4.8. Wir betrachten den Punktraum $\mathbb{R}_n$.
(a) Gesucht ist eine Parameterdarstellung derjenigen Geraden $\mathcal{G}$, die die Punkte $p = (p_1, \ldots, p_n)$ und $q = (q_1, \ldots, q_n)$ enthält.
Nach (3.20) gilt $\overrightarrow{pq} = (q_1 - p_1, \ldots, q_n - p_n)^{\mathsf{T}}$. Die Gerade $\mathcal{G}$ besteht also aus allen Punkten $x \in \mathbb{R}_n$ mit der Darstellung

$$x \underset{(3.23)}{=} p \oplus \lambda\,\overrightarrow{pq} \underset{(3.19)}{=} (p_1, \ldots, p_n) + \lambda\,(q_1 - p_1, \ldots, q_n - p_n), \quad \lambda \in \mathbb{R}, \tag{3.27}$$

d. h., es ist

$$\mathcal{G} = \{(p_1, \ldots, p_n) + \lambda\,(q_1 - p_1, \ldots, q_n - p_n) \mid \lambda \in \mathbb{R}\}. \tag{3.28}$$

Wir behandeln noch ein Zahlenbeispiel. Gesucht ist eine Parameterdarstellung der Geraden $\mathcal{G}$ in $\mathbb{R}_3$ durch die Punkte $p = (3, 0, -1)$ und $q = (1, 5, 2)$. Nach (3.27) hat $\mathcal{G}$ die Parameterdarstellung

$$x = (3, 0, -1) + \lambda\,(-2, 5, 3), \quad \lambda \in \mathbb{R}.$$

(b) Gegeben seien in $\mathbb{R}_3$ die Punkte

$$p = (-1, 2, 5), \; q = (3, 2, 1), \; r = (-1, 6, 2).$$

Die Vektoren $\overrightarrow{pq} = (4, 0, -4)^{\mathsf{T}}$ und $\overrightarrow{pr} = (0, 4, -3)^{\mathsf{T}}$ sind linear unabhängig: Gilt nämlich $\lambda_1\,\overrightarrow{pq} + \lambda_2\,\overrightarrow{pr} = (0, 0, 0)^{\mathsf{T}}$, so folgt $4\lambda_1 = 0$ und $4\lambda_2 = 0$, also $\lambda_1 = \lambda_2 = 0$. Gesucht sei nun die Ebene $\mathcal{E}$ durch die Punkte p, q, r. Nach (3.25) besteht $\mathcal{E}$ aus allen Punkten $x \in \mathbb{R}_3$ mit der Parameterdarstellung

$$x = (-1, 2, 5) + \lambda(4, 0, -4) + \mu(0, 4, -3), \quad \lambda, \mu \in \mathbb{R}. \qquad \triangleleft$$

Definition. Zwei affine Unterräume $p_1 \oplus U_1$ und $p_2 \oplus U_2$ des affinen Raumes $\mathcal{A}$ heißen **parallel**, wenn $U_1 \subseteq U_2$ oder $U_2 \subseteq U_1$ gilt.

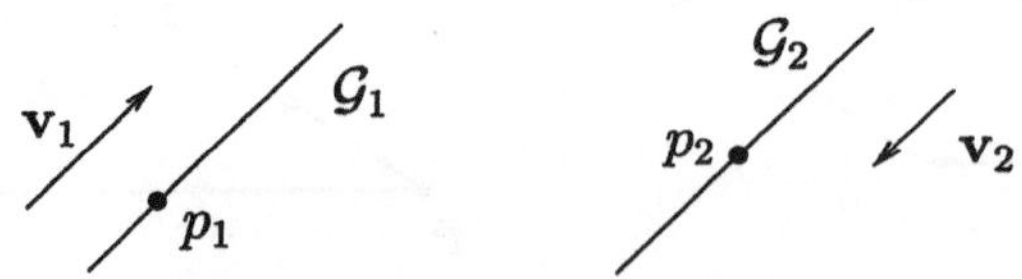

Bild 3.10: Parallele Geraden

Beispiel 3.4.9. In $\mathbb{K}_n$ sind zwei Geraden mit den Parameterdarstellungen

$$\mathcal{G}_1 : x = p_1 \oplus \lambda \mathbf{v}_1 \quad \text{und} \quad \mathcal{G}_2 : x = p_2 \oplus \lambda \mathbf{v}_2$$

genau dann parallel, wenn die Vektoren $\mathbf{v}_1$ und $\mathbf{v}_2$ linear abhängig sind, denn genau dann erzeugen sie denselben (eindimensionalen) Untervektorraum von $\mathbb{K}^n$. ◁

Satz 3.4.10. *Sind $\mathcal{B}_i = p_i \oplus U_i$ $(i = 1, \ldots, m)$ affine Unterräume von $\mathcal{A}$, so ist der Durchschnitt $\bigcap_{i=1}^m \mathcal{B}_i$ leer oder ein affiner Unterraum von $\mathcal{A}$. Im zweiten Falle gilt*

$$\bigcap_{i=1}^{m} \mathcal{B}_i = p \oplus \bigcap_{i=1}^{m} U_i, \quad \textit{wobei } p \in \bigcap_{i=1}^{m} \mathcal{B}_i.$$

Beweis. Ist $p \in \bigcap_{i=1}^m \mathcal{B}_i$, so gilt $\mathcal{B}_i = p \oplus U_i$ für $i = 1, \ldots, m$ (siehe (3.21)). Die Behauptung folgt nun aus Satz 3.2.5. □

Beispiel 3.4.11. Im affinen Raum $\mathcal{A}$ betrachten wir eine Gerade $\mathcal{G}$ mit der Parameterdarstellung

$$x = p \oplus (\alpha \mathbf{u}), \quad \alpha \in \mathbb{K},$$

sowie eine Ebene $\mathcal{E}$ mit der Parameterdarstellung

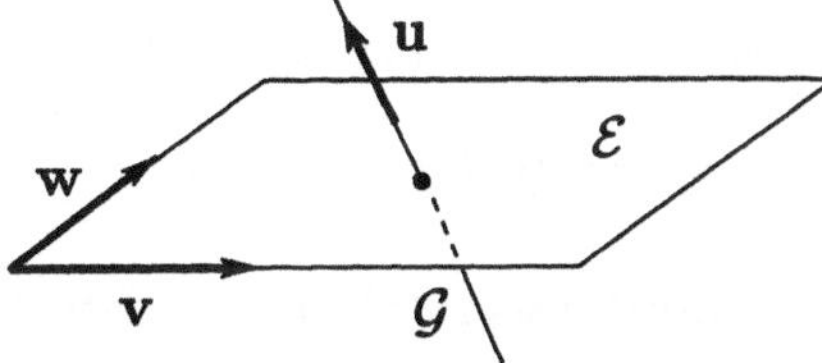

Bild 3.11: Gerade und Ebene

$$x = q \oplus (\lambda \mathbf{v} + \mu \mathbf{w}), \quad \lambda, \mu \in \mathbb{K}.$$

$\mathcal{G}$ ist genau dann parallel zu $\mathcal{E}$, wenn $\operatorname{lin}\{\mathbf{u}\} \subseteq \operatorname{lin}\{\mathbf{v}, \mathbf{w}\}$, also wenn die Vektoren $\mathbf{u}, \mathbf{v}, \mathbf{w}$ linear abhängig sind. Ist dies der Fall, so ist der Durchschnitt $\mathcal{G} \cap \mathcal{E}$ entweder leer (die Gerade ist parallel zur Ebene, aber nicht in ihr enthalten) oder es ist $\mathcal{G} \cap \mathcal{E} = \mathcal{G}$. Sind die Vektoren $\mathbf{u}, \mathbf{v}, \mathbf{w}$ linear unabhängig, dann schneiden $\mathcal{G}$ und $\mathcal{E}$ sich in genau einem Punkt (s. Bild 3.11); dies wird sich später im Zusammenhang mit linearen Gleichungssystemen ergeben. ◁

Koordinatensystem

Wie die Vektoren eines Vektorraumes kann man auch die Punkte eines affinen Raumes mittels Koordinaten darstellen.

Satz und Definition 3.4.12. *Sei $\mathcal{A}$ ein affiner Raum bezüglich des Vektorraumes V und gelte* $\dim \mathcal{A} (= \dim V) = n$. *Ein $(n+1)$-tupel $(p_0, p_1, \ldots, p_n)$ von Punkten $p_i \in \mathcal{A}$ heißt* **Koordinatensystem** *mit dem* **Anfangspunkt** *(oder* **Ursprung***) p_0, wenn die n Vektoren $\overrightarrow{p_0p_1}, \ldots, \overrightarrow{p_0p_n}$ in V linear unabhängig sind, also eine Basis von V bilden. Zu jedem Punkt $p \in \mathcal{A}$ gibt es dann genau einen Vektor $\mathbf{x} = (x_1, \ldots, x_n)^\mathsf{T} \in \mathbb{K}^n$, so dass gilt (vgl. Satz 3.3.2)*

$$\overrightarrow{p_0p} = x_1 \overrightarrow{p_0p_1} + \cdots + x_n \overrightarrow{p_0p_n}. \tag{3.29}$$

Man nennt $\mathbf{x}$ *den* **Koordinatenvektor** *des Punktes* p *bezüglich des Koordinatensystems* $(p_0, \dots, p_n)$. *Die Zahl* x_i *heißt* i*-te* **Koordinate** *des Punktes* p, *die Gerade* $\operatorname{aff}\{p_0, p_i\}$ *heißt* i*-te* **Koordinatenachse** $(i = 1, \dots, n)$.

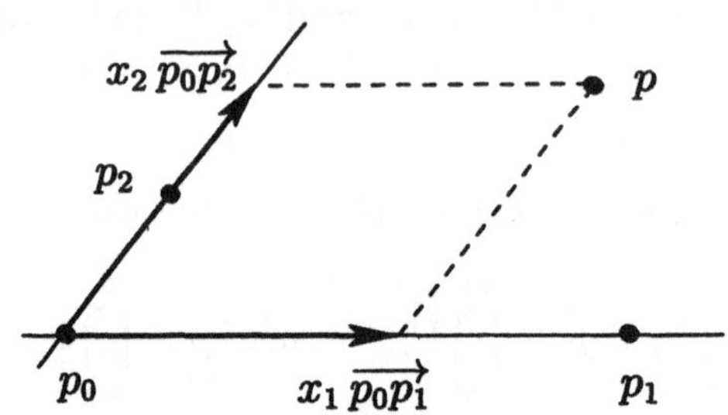

Bild 3.12: Koordinatensystem

Beispiel 3.4.13 (Standardbeispiel). Im affinen Raum Raum $\mathbb{K}_n$ ist das $(n+1)$–tupel aus den Punkten

$$p_0 := o := (0, 0, \dots, 0),\ p_1 := (1, 0, \dots, 0),\ p_2 := (0, 1, \dots, 0), \dots,\ p_n := (0, 0, \dots, 1) \tag{3.30}$$

ein Koordinatensystem mit dem Ursprung p_0, denn die Vektoren

$$\overrightarrow{p_0p_1} = \mathbf{e}_1,\ \overrightarrow{p_0p_2} = \mathbf{e}_2, \dots,\ \overrightarrow{p_0p_n} = \mathbf{e}_n$$

bilden eine Basis in dem zugehörigen Vektorraum $\mathbb{K}^n$ (Beispiel 3.3.3).

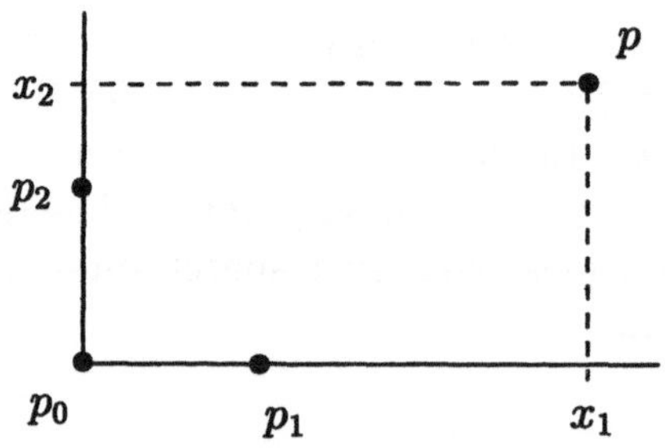

Bild 3.13: Das Standardkoordinatensystem von $\mathbb{R}_2$

Man nennt $(p_0, p_1, \dots, p_n)$ das **Standardkoordinatensystem** oder das **kanonische Koordinatensystem** von $\mathbb{K}_n$. Nach (3.20) hat man für $p \in \mathbb{K}_n$:

$$p = (x_1, \dots, x_n) \iff \overrightarrow{p_0p} = (x_1, \dots, x_n)^\top.$$

Bezüglich des Standardkoordinatensystems (3.30) gilt also für jeden Punkt $p \in \mathbb{K}_n$:

$$p = (x_1, \dots, x_n) \iff (x_1, \dots, x_n)^\top \text{ ist Koordinatenvektor von } p. \tag{3.31}$$

◁

Beispiel 3.4.14. Gegeben seien in $\mathbb{R}_2$ die Punkte $q_0 = (0,1)$, $q_1 = (2,1)$, $q_2 = (1,2)$. Die Vektoren $\overrightarrow{q_0q_1} = (2,0)^\top$ und $\overrightarrow{q_0q_2} = (1,1)^\top$ sind linear unabhängig (Beweis!). Daher ist (q_0, q_1, q_2) ein Koordinatensystem in $\mathbb{R}_2$ mit dem Ursprung q_0. Gesucht ist der Koordinatenvektor $\mathbf{x} = (x_1, x_2)^\top \in \mathbb{R}^2$ des Punktes $p = (3,0)$ bezüglich dieses Koordinatensystems. Gemäß (3.29) gilt $\overrightarrow{q_0p} = x_1\,\overrightarrow{q_0q_1} + x_2\,\overrightarrow{q_0q_2}$, also

$$\begin{pmatrix} 3 \\ -1 \end{pmatrix} = x_1 \begin{pmatrix} 2 \\ 0 \end{pmatrix} + x_2 \begin{pmatrix} 1 \\ 1 \end{pmatrix}.$$

Hieraus erhält man die Koordinaten $x_1 = 2$, $x_2 = -1$ und somit den Koordinatenvektor $\mathbf{x} = (2,-1)^\top$ von p bezüglich (q_0, q_1, q_2) (Bild 3.14). ◁

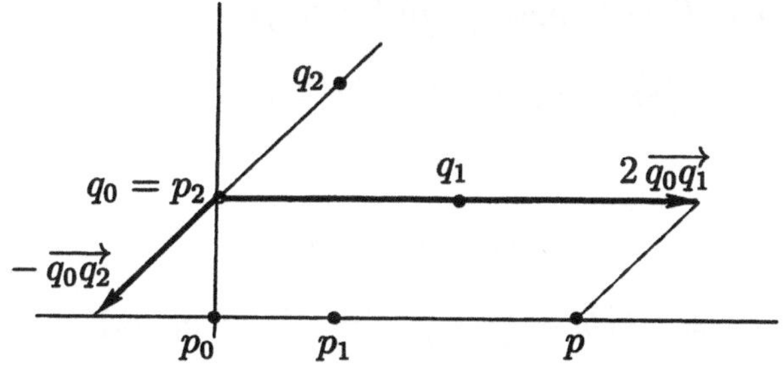

Bild 3.14: Ein Koordinatensystem von $\mathbb{R}_2$

Beispiel 3.4.15. Wir zeigen, dass sich die Seitenhalbierenden eines beliebigen Dreiecks in einem Punkt S schneiden. Ohne die Allgemeinheit einzuschränken, dürfen wir annehmen, dass das Dreieck im Standardkoordinatensystem von $\mathbb{R}_2$ die Eckpunkte $A = (0,0)$, $B = (b_1, 0)$, $C = (c_1, c_2)$ hat. Um eine Entartung des Dreiecks zu einer Geraden oder einem Punkt auszuschließen, setzen wir $b_1 \neq 0$ und $c_2 \neq 0$ voraus. Mit A' bezeichnen wir den Halbierungspunkt der Seite BC, analog sind B' und C' definiert.

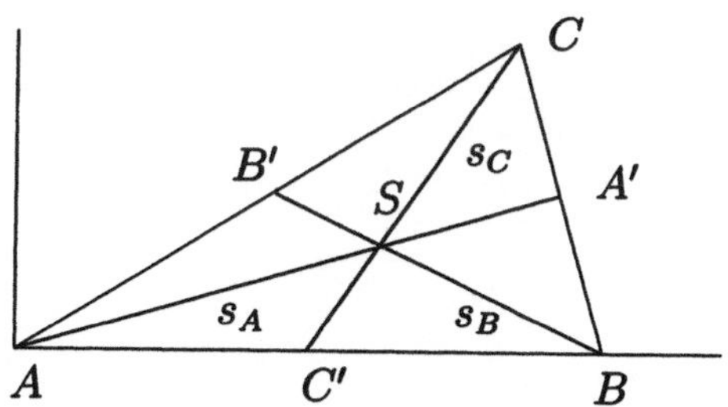

Bild 3.15: Die Seitenhalbierenden eines Dreiecks

Die Seitenhalbierende s_A durch die Punkte A und A' ist eine Gerade mit der Parameterdarstellung (Parameter α)

$$(x_A, y_A) = (0,0) \oplus \alpha\,\overrightarrow{AA'}, \quad \text{wobei } \overrightarrow{AA'} = \overrightarrow{AB} + \tfrac{1}{2}\overrightarrow{BC},$$

also (vgl. (3.27))

$$(x_A, y_A) = \alpha\left(\tfrac{1}{2}b_1 + \tfrac{1}{2}c_1,\ \tfrac{1}{2}c_2\right).$$

Analog erhält man die Seitenhalbierende s_B durch B und B' (Parameter β):

$$(x_B, y_B) = (b_1, 0) + \beta\left(-b_1 + \tfrac{1}{2}c_1,\ \tfrac{1}{2}c_2\right)$$

und die Seitenhalbierende s_C durch C und C' (Parameter γ):

$$(x_C, y_C) = (c_1, c_2) + \gamma\left(\tfrac{1}{2}b_1 - c_1,\ -c_2\right).$$

Zur Berechnung des Schnittpunktes S von s_A und s_B setzen wir $(x_A, y_A) = (x_B, y_B)$; dies führt auf ein lineares Gleichungssystem für α, β:

$$\begin{aligned} \alpha\left(\tfrac{1}{2}b_1 + \tfrac{1}{2}c_1\right) &= b_1 + \beta\left(-b_1 + \tfrac{1}{2}c_1\right), \\ \alpha\,\tfrac{1}{2}c_2 &= \beta\,\tfrac{1}{2}c_2, \end{aligned}$$

mit den Lösungen $\alpha = \beta = \frac{2}{3}$. Hiermit ergibt sich

$$S = \tfrac{2}{3}\left(\tfrac{1}{2}b_1 + \tfrac{1}{2}c_1,\ \tfrac{1}{2}c_2\right) = \tfrac{1}{3}(b_1 + c_1,\ c_2).$$

Entsprechend zeigt man, dass auch s_A und s_C den Schnittpunkt S haben. $\triangleleft$

4 Lineare Abbildungen und Matrizen

4.1 Grundlegende Begriffe und Eigenschaften

In Kapitel 1 wurde erläutert, dass die Linearität eine aus theoretischer und praktischer Sicht außerordentlich wichtige Eigenschaft ist. In diesem Kapitel werden Abbildungen mit dieser Eigenschaft systematisch studiert.

Vereinbarung. In diesem Kapitel bedeute „Vektorraum" stets *endlichdimensionaler* Vektorraum.

Wir weisen aber darauf hin, dass für viele der folgenden Begriffe und Aussagen die Beschränkung auf endliche Dimension entbehrlich ist, z.B. für den grundlegenden Begriff der linearen Abbildung.

Im Folgenden seien V und W Vektorräume über $\mathbb{K}$. Wir erinnern daran, dass wir $L : V \to W$ schreiben, wenn L eine Abbildung mit dem Definitionsbereich (oder Urbildraum) V und dem Wertebereich (oder Bildraum) W ist.

Definition. Die Abbildung $L : V \to W$ heißt **linear**, wenn gilt
(L 1) $L(\mathbf{x}+\mathbf{y}) = L(\mathbf{x}) + L(\mathbf{y})$ für alle $\mathbf{x}, \mathbf{y} \in V$,
(L 2) $L(\lambda\mathbf{x}) = \lambda L(\mathbf{x})$ für alle $\lambda \in \mathbb{K}$ und alle $\mathbf{x} \in V$.
Eine lineare Abbildung $L : V \to V$ (für die also $W = V$ ist) heißt **Endomorphismus** von V.

Beispiel 4.1.1. Die Abbildung $L : \mathbb{R}^3 \to \mathbb{R}^3$ sei definiert durch

$$L\begin{pmatrix} a_1 \\ a_2 \\ a_3 \end{pmatrix} := \begin{pmatrix} a_1 \\ a_2 \\ 0 \end{pmatrix} \quad \text{für alle} \quad \begin{pmatrix} a_1 \\ a_2 \\ a_3 \end{pmatrix} \in \mathbb{R}^3.$$

Man bezeichnet L als *Projektion* von $\mathbb{R}^3$ auf den Untervektorraum $\text{lin}(\mathbf{e_1}, \mathbf{e_2})$ (vgl. Bild 4.1). Für beliebige $\mathbf{a} = (a_1, a_2, a_3)^\top \in \mathbb{R}^3$ und $\mathbf{b} = (b_1, b_2, b_3)^\top \in \mathbb{R}^3$ gilt

$$L(\mathbf{a}+\mathbf{b}) = L\begin{pmatrix} a_1+b_1 \\ a_2+b_2 \\ a_3+b_3 \end{pmatrix} = \begin{pmatrix} a_1+b_1 \\ a_2+b_2 \\ 0 \end{pmatrix} = \begin{pmatrix} a_1 \\ a_2 \\ 0 \end{pmatrix} + \begin{pmatrix} b_1 \\ b_2 \\ 0 \end{pmatrix} = L(\mathbf{a}) + L(\mathbf{b}).$$

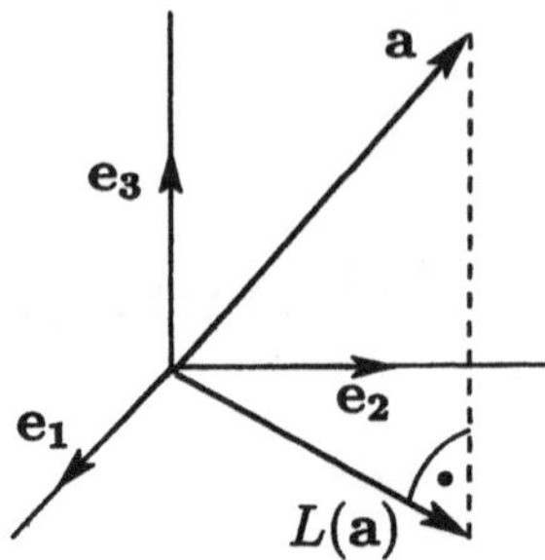

Bild 4.1: Projektion auf $\mathrm{lin}(\mathbf{e}_1, \mathbf{e}_2)$

Also gilt (L 1). Analog zeigt man die Gültigkeit von (L 2). Die Projektion L ist somit ein Endomorphismus von $\mathbb{R}^3$. ◁

Beispiel 4.1.2. Gegeben sei ein Vektor $\mathbf{a}_0 \in \mathbb{R}^n$, $\mathbf{a}_0 \neq \mathbf{o}$. Die durch

$$T(\mathbf{a}) := \mathbf{a} + \mathbf{a}_0 \quad \text{für alle } \mathbf{a} \in \mathbb{R}^n$$

definierte Abbildung $T : \mathbb{R}^n \to \mathbb{R}^n$ heißt *Translation* längs $\mathbf{a}_0$. Diese Abbildung ist nicht linear, denn z.B. gilt $T(2\mathbf{a}) = 2\mathbf{a} + \mathbf{a}_0$, aber $2T(\mathbf{a}) = 2(\mathbf{a} + \mathbf{a}_0) = 2\mathbf{a} + 2\mathbf{a}_0$. Also ist (L 2) verletzt. ◁

Weitere Beispiele linearer Abbildungen wurden bereits in Kapitel 1 vorgestellt.

Ist $L : V \to W$ eine lineare Abbildung, so gilt

$$L(\lambda_1 \mathbf{v}_1 + \cdots + \lambda_r \mathbf{v}_r) = \lambda_1 L(\mathbf{v}_1) + \cdots + \lambda_r L(\mathbf{v}_r) \tag{4.1}$$

für jede natürliche Zahl r und beliebige $\lambda_i \in \mathbb{K}$, $\mathbf{v}_i \in V$ $(i = 1, \ldots, r)$. Dies zeigt man mittels vollständiger Induktion bezüglich r.

Der folgende Satz besagt, dass eine lineare Abbildung $L : V \to W$ durch ihre Werte auf einer Basis von V bereits vollständig bestimmt ist.

Satz 4.1.3. *Sei $(\mathbf{v}_1, \ldots, \mathbf{v}_n)$ eine Basis von V. Zu jedem n-tupel $(\tilde{\mathbf{w}}_1, \ldots, \tilde{\mathbf{w}}_n)$ von Elementen in W (das keine Basis von W sein muss) gibt es* genau eine *lineare Abbildung $L : V \to W$ mit $L(\mathbf{v}_i) = \tilde{\mathbf{w}}_i$ für $i = 1, \ldots, n$, und zwar ist*

$$L(\mathbf{v}) = \lambda_1 \tilde{\mathbf{w}}_1 + \cdots + \lambda_n \tilde{\mathbf{w}}_n, \quad \textit{falls } \mathbf{v} = \lambda_1 \mathbf{v}_1 + \cdots + \lambda_n \mathbf{v}_n \in V. \tag{4.2}$$

Beweis. (I) *Eindeutigkeit:* Es seien $L_1, L_2 : V \to W$ lineare Abbildungen mit $L_k(\mathbf{v}_i) = \tilde{\mathbf{w}}_i$ für $i = 1, \ldots, n$ und $k = 1, 2$. Ist $\mathbf{v} \in V$ ein beliebiges Element, so gibt es Zahlen $\lambda_1, \ldots, \lambda_n \in \mathbb{K}$ (Koordinaten, s. Satz und Definition 3.3.2), so dass

$$\mathbf{v} = \lambda_1 \mathbf{v}_1 + \cdots + \lambda_n \mathbf{v}_n.$$

Mit (4.1) folgt

$$L_1(\mathbf{v}) = \lambda_1 L_1(\mathbf{v}_1) + \cdots + \lambda_n L_1(\mathbf{v}_n) = \lambda_1 L_2(\mathbf{v}_1) + \cdots + \lambda_n L_2(\mathbf{v}_n) = L_2(\mathbf{v}).$$

Also ist $L_1 = L_2$.
(II) *Existenz:* Definiert man L gemäß (4.2), so ist L linear, und es gilt $L(\mathbf{v}_i) = \mathbf{w}_i$ für $i = 1, \ldots, n$. Hierbei beachte man, dass zu jedem $\mathbf{v} \in V$ genau ein Koordinatenvektor $(\lambda_1, \ldots, \lambda_n)^\top \in \mathbb{K}^n$ bezüglich der Basis $(\mathbf{v}_1, \ldots, \mathbf{v}_n)$ von V existiert. □

Wir erinnern an einige Begriffe. Eine (nicht notwendig lineare) Abbildung $T : V \to W$ heißt
- **injektiv**, wenn aus $T(\mathbf{v}') = T(\mathbf{v}'')$ (wobei $\mathbf{v}', \mathbf{v}'' \in V$) stets $\mathbf{v}' = \mathbf{v}''$ folgt,
- **surjektiv**, wenn zu jedem $\mathbf{w} \in W$ ein $\mathbf{v} \in V$ existiert, so dass $T(\mathbf{v}) = \mathbf{w}$,
- **bijektiv**, wenn T injektiv und surjektiv ist.

Ist T bijektiv, so gibt es zu jedem $\mathbf{w} \in W$ *genau ein* $\mathbf{v} \in V$ mit $T(\mathbf{v}) = \mathbf{w}$. Durch

$$T^{-1}(\mathbf{w}) := \mathbf{v}, \quad \text{falls} \quad T(\mathbf{v}) = \mathbf{w}$$

ist dann die zu T **inverse Abbildung** $T^{-1} : W \to V$ definiert. Statt inverse Abbildung sagt man auch **Umkehrabbildung**.

Satz und Definition 4.1.4. *Sei $L : V \to W$ eine lineare Abbildung.*
(a) *Die Mengen*

$$\begin{aligned} \operatorname{Kern}(L) &:= \{\mathbf{v} \in V \mid L(\mathbf{v}) = \mathbf{o}\} \quad (\textbf{Kern} \textit{ oder } \textbf{Nullraum} \textit{ von } L), \\ \operatorname{Bild}(L) &:= \{L(\mathbf{v}) \mid \mathbf{v} \in V\} \quad (\textbf{Bild} \textit{ oder } \textbf{Wertevorrat} \textit{ von } L) \end{aligned}$$

sind Untervektorräume von V bzw. W. Die Zahl

$$\operatorname{Rang}(L) := \dim \operatorname{Bild}(L)$$

heißt **Rang** *der linearen Abbildung L.*
(b) *Die folgenden Aussagen sind äquivalent:*
   (i) *L ist injektiv.*
   (ii) $\dim \operatorname{Kern}(L) = 0$.
   (iii) *Sind $\mathbf{v}_1, \ldots, \mathbf{v}_r$ linear unabhängige Vektoren von V, so sind $L(\mathbf{v}_1), \ldots, L(\mathbf{v}_r)$ linear unabhängige Vektoren von W.*
(c) *Die folgenden Aussagen sind äquivalent:*
   (i') *L ist surjektiv.*
   (ii') $\operatorname{Rang}(L) = \dim W$.

Beweis. (a) Analog Beispiel 3.2.2 zeigt man, dass $\operatorname{Kern}(L)$ ein Untervektorraum von V ist. Der entsprechende Beweis für $\operatorname{Bild}(L)$ sei dem Leser überlassen.
(b) (i) $\Longrightarrow$ (ii): Ist $\mathbf{v} \in \operatorname{Kern}(L)$, so gilt $L(\mathbf{v}) = \mathbf{o} = L(\mathbf{o})$. Wegen (i) folgt $\mathbf{v} = \mathbf{o}$. Also

ist $\text{Kern}(L) = \{\mathbf{o}\}$.
(ii) $\Longrightarrow$ (iii): Seien $\mathbf{v}_1, \dots, \mathbf{v}_r$ linear unabhängig. Mit Zahlen $\lambda_1, \dots, \lambda_r$ gelte

$$\lambda_1 L(\mathbf{v}_1) + \cdots + \lambda_r L(\mathbf{v}_r) = \mathbf{o}.$$

Da L linear ist, folgt $\lambda_1 \mathbf{v}_1 + \cdots + \lambda_r \mathbf{v}_r \in \text{Kern}(L) = \{\mathbf{o}\}$ und hieraus (wegen der linearen Unabhängigkeit der $\mathbf{v}_i$) schließlich $\lambda_1 = \cdots = \lambda_r = 0$. Also gilt (iii).
(iii) $\Longrightarrow$ (i): Es gelte $L(\mathbf{v}') = L(\mathbf{v}'')$, also $L(\mathbf{v}' - \mathbf{v}'') = \mathbf{o}$. Folglich ist $L(\mathbf{v}' - \mathbf{v}'')$ ein linear abhängiger Vektor von W und somit (wegen (iii)) $\mathbf{v}' - \mathbf{v}''$ ein linear abhängiger Vektor von V, d.h., es ist $\mathbf{v}' = \mathbf{v}''$.
(c) Es gilt

$$L \text{ ist surjektiv} \iff \text{Bild}(L) = W \implies \text{Rang}(L) = \dim W.$$

Wir haben nur noch zu zeigen, dass aus $\text{Rang}(L) = \dim W$ die Aussage $\text{Bild}(L) = W$ folgt. Es sei $\text{Rang}(L) = \dim W$. Wäre $\text{Bild}(L)$ ein echter Untervektorraum von W, dann könnte eine Basis $(w_1, \dots, w_m)$ von $\text{Bild}(L)$ durch Hinzunahme von mindestens einem weiteren Element von W zu einer Basis von W ergänzt werden (Satz 3.3.7). Dann aber wäre $\text{Rang}(L) = m < \dim W$, was im Widerspruch zur Voraussetzung steht. □

Beispiel 4.1.5. Wie in Beispiel 4.1.1 betrachten wir die durch

$$L\begin{pmatrix} a_1 \\ a_2 \\ a_3 \end{pmatrix} := \begin{pmatrix} a_1 \\ a_2 \\ 0 \end{pmatrix}$$

definierte Projektion $L : \mathbb{R}^3 \to \mathbb{R}^3$. Es gilt

$$\text{Kern}(L) = \{(0, 0, a_3)^\top \mid a_3 \in \mathbb{R}\},$$

also $\dim \text{Kern}(L) = 1$. Daher ist L nicht injektiv. Weiter ist

$$\text{Bild}(L) = \{(a_1, a_2, 0)^\top \mid a_1, a_2 \in \mathbb{R}\}$$

und somit $\text{Rang}(L) = 2 < 3 = \dim \mathbb{R}^3$. Also ist L auch nicht surjektiv. ◁

Definition. (a) Die Abbildung $L : V \to W$ heißt **Isomorphismus**, wenn sie linear und bijektiv ist.
(b) Die Vektorräume V und W heißen **isomorph**, wenn es einen Isomorphismus von V auf W gibt.

Beachte: Ist $L : V \to W$ ein Isomorphismus, so ist auch die inverse Abbildung $L^{-1} : W \to V$ ein Isomorphismus. Der folgende Satz besagt, dass unter den linearen Abbildungen genau die Isomorphismen die Eigenschaft haben, eine Basis des Urbildraumes in eine Basis des Bildraumes zu überführen.

Satz 4.1.6. *Es seien V und W zwei $\mathbb{K}$–Vektorräume, die nicht nur aus dem Nullelement bestehen. Für jede lineare Abbildung $L : V \to W$ sind dann äquivalent:*
(a) *L ist ein Isomorphismus.*
(b) *Ist $(\mathbf{v}_1, \dots, \mathbf{v}_n)$ eine Basis von V, so ist $\big(L(\mathbf{v}_1), \dots, L(\mathbf{v}_n)\big)$ eine Basis von W.*

Beweis. (a) $\Longrightarrow$ (b): Sei L ein Isomorphismus. Wir zeigen, dass $\big(L(\mathbf{v}_1), \dots, L(\mathbf{v}_n)\big)$ die Basiseigenschaften (B1) und (B2) hat.
(B1) folgt sofort aus Satz und Definition 4.1.4(b).
Zu (B2): Sei $\mathbf{w} \in W$. Da L surjektiv ist, gibt es ein $\mathbf{v} \in V$ mit $L(\mathbf{v}) = \mathbf{w}$, und zu $\mathbf{v}$ existieren Zahlen $\lambda_1, \dots, \lambda_n \in \mathbb{K}$ mit $\mathbf{v} = \lambda_1 \mathbf{v}_1 + \cdots + \lambda_n \mathbf{v}_n$. Es folgt

$$\mathbf{w} = L(\lambda_1 \mathbf{v}_1 + \cdots + \lambda_n \mathbf{v}_n) = \lambda_1 L(\mathbf{v}_1) + \cdots + \lambda_n L(\mathbf{v}_n).$$

(b) $\Longrightarrow$ (a): Es gelte (b), und es sei $(\mathbf{v}_1, \dots, \mathbf{v}_n)$ eine Basis von V. (Für deren Existenz benötigen wir die Voraussetzung $V \neq \{\mathbf{o}\}$.) Wegen (b) ist $\big(L(\mathbf{v}_1), \dots, L(\mathbf{v}_n)\big)$ eine Basis von W.
(I) Wir zeigen, dass L injektiv ist, also $\operatorname{Kern}(L) = \{\mathbf{o}\}$ gilt (siehe Satz und Definition 4.1.4(b)). Sei also $\mathbf{v} \in V$ und gelte $L(\mathbf{v}) = \mathbf{o}$. Mit Skalaren $\lambda_1, \dots, \lambda_n \in \mathbb{K}$ ist dann $\mathbf{v} = \lambda_1 \mathbf{v}_1 + \cdots + \lambda_n \mathbf{v}_n$. Es folgt $\mathbf{o} = L(\mathbf{v}) = \lambda_1 L(\mathbf{v}_1) + \cdots + \lambda_n L(\mathbf{v}_n)$ und daraus $\lambda_1 = \cdots = \lambda_n = 0$, also $\mathbf{v} = \mathbf{o}$.
(II) Nun weisen wir die Surjektivität von L nach. Sei $\mathbf{w} \in W$. Da $\big(L(\mathbf{v}_1), \dots, L(\mathbf{v}_n)\big)$ Basis von W ist, gibt es Skalare $\lambda_1, \dots, \lambda_n$ mit

$$\mathbf{w} = \lambda_1 L(\mathbf{v}_1) + \cdots + \lambda_n L(\mathbf{v}_n) = L(\mathbf{v}), \quad \text{wobei } \mathbf{v} := \lambda_1 \mathbf{v}_1 + \cdots + \lambda_n \mathbf{v}_n \in V. \quad \square$$

Satz 4.1.7. *Die $\mathbb{K}$–Vektorräume V und W sind genau dann isomorph, wenn* $\dim V = \dim W$. *Insbesondere ist jeder n–dimensionale $\mathbb{K}$–Vektorraum isomorph zu $\mathbb{K}^n$.*

Beweis. Sind V und W isomorph, so gilt $\dim V = \dim W$ nach Satz 4.1.6. Nun gelte diese Gleichung. Die Räume $V = \{\mathbf{o}\}$ und $W = \{\mathbf{o}\}$ sind natürlich isomorph. Daher können wir sogleich annehmen, dass V und W Basen $(\mathbf{v}_1, \dots, \mathbf{v}_n)$ bzw. $(\mathbf{w}_1, \dots, \mathbf{w}_n)$ besitzen. Dann ist durch $L(\mathbf{v}_i) := \mathbf{w}_i$ $(i = 1, \dots, n)$ eine lineare Abbildung $L : V \to W$ definiert (Satz 4.1.3), und diese ist ein Isomorphismus nach Satz 4.1.6(b) $\Longrightarrow$ (a). $\square$

Bemerkung. Es sei V ein n–dimensionaler $\mathbb{K}$–Vektorraum und $\mathcal{B} := (\mathbf{v}_1, \dots, \mathbf{v}_n)$ eine Basis von V. Nach Satz 4.1.7 ist $\mathbb{K}^n$ isomorph zu V. Der durch

$$\Phi_{\mathcal{B}}(\mathbf{e}_k) := \mathbf{v}_k, \quad k = 1, \dots, n,$$

definierte Isomorphismus $\Phi_{\mathcal{B}} : \mathbb{K}^n \to V$ heißt **kanonischer Isomorphismus** bezüglich der Basis $\mathcal{B}$. Ist $\mathbf{v} = x_1 \mathbf{v}_1 + \cdots + x_n \mathbf{v}_n \in V$ mit $\mathbf{x} := x_1 \mathbf{e}_1 + \cdots + x_n \mathbf{e}_n \in \mathbb{K}^n$, dann gilt $\Phi_{\mathcal{B}}(\mathbf{x}) = \mathbf{v}$ und somit $\Phi_{\mathcal{B}}^{-1}(\mathbf{v}) = \mathbf{x}$. Nach Satz und Definition 3.3.2 ist

$$\Phi_{\mathcal{B}}^{-1}(\mathbf{v}) = (\mathbf{v})_{\mathcal{B}} \quad \text{der Koordinatenvektor von } \mathbf{v} \text{ bezüglich } \mathcal{B}. \tag{4.3}$$

Der folgende Satz ist eine zentrale Aussage über lineare Abbildungen zwischen endlichdimensionalen Vektorräumen.

Satz 4.1.8. *Für jede lineare Abbildung $L : V \to W$ gilt die* **Dimensionsformel**

$$\dim \operatorname{Kern}(L) + \operatorname{Rang}(L) = \dim V. \tag{4.4}$$

Genauer gilt: Es sei

$$(\mathbf{v}_1, \ldots, \mathbf{v}_r) \text{ eine Basis von } \operatorname{Kern}(L), \tag{4.5}$$
$$(\mathbf{v}_1, \ldots, \mathbf{v}_r, \mathbf{v}_{r+1}, \mathbf{v}_{r+2}, \ldots, \mathbf{v}_n) \text{ eine Basis von } V, \tag{4.6}$$
$$\mathbf{w}_1 := L(\mathbf{v}_{r+1}), \mathbf{w}_2 := L(\mathbf{v}_{r+2}), \ldots, \mathbf{w}_{n-r} := L(\mathbf{v}_n). \tag{4.7}$$

Dann ist $(\mathbf{w}_1, \mathbf{w}_2, \ldots, \mathbf{w}_{n-r})$ eine Basis von Bild(L).

Beweis. (I) Es sei $\dim V = n$ und $\dim \operatorname{Kern}(L) = r$. Nach Satz 3.3.7 kann eine Basis $(\mathbf{v}_1, \ldots, \mathbf{v}_r)$ von Kern(L) zu einer Basis $(\mathbf{v}_1, \ldots, \mathbf{v}_r, \mathbf{v}_{r+1}, \ldots, \mathbf{v}_n)$ von V ergänzt werden. Weiter seien $\mathbf{w}_1, \ldots, \mathbf{w}_{n-r}$ wie oben definiert. Für alle $x_1, \ldots, x_n \in \mathbb{K}$ gilt dann

$$\begin{aligned} &L(x_1\mathbf{v}_1 + \cdots + x_r\mathbf{v}_r + x_{r+1}\mathbf{v}_{r+1} + \cdots + x_n\mathbf{v}_n) \\ &= x_1L(\mathbf{v}_1) + \cdots + x_rL(\mathbf{v}_r) + x_{r+1}L(\mathbf{v}_{r+1}) + \cdots + x_nL(\mathbf{v}_n) \\ &= x_{r+1}\mathbf{w}_1 + \cdots + x_n\mathbf{w}_{n-r}. \end{aligned} \tag{4.8}$$

Somit ist Bild$(L) = \operatorname{lin}(\mathbf{w}_1, \ldots, \mathbf{w}_{n-r})$.
(II) Wir zeigen, dass die Elemente $\mathbf{w}_1, \ldots, \mathbf{w}_{n-r}$ linear unabhängig sind. Also gelte $x_{r+1}\mathbf{w}_1 + \cdots + x_n\mathbf{w}_{n-r} = \mathbf{o}$ mit Zahlen $x_{r+1}, \ldots, x_n$. Nach (4.8) mit $x_1 = \cdots = x_r = 0$ ist dann $x_{r+1}\mathbf{v}_{r+1} + \cdots + x_n\mathbf{v}_n \in \operatorname{Kern}(L)$. Da $(\mathbf{v}_1, \ldots, \mathbf{v}_r)$ Basis von Kern(L) ist, gibt es Skalare $x'_1, \ldots, x'_r$, so dass

$$x_{r+1}\mathbf{v}_{r+1} + \cdots + x_n\mathbf{v}_n = x'_1\mathbf{v}_1 + \cdots + x'_r\mathbf{v}_r.$$

Da die Elemente $\mathbf{v}_1, \ldots, \mathbf{v}_r, \ldots, \mathbf{v}_n$ linear unabhängig sind, folgt

$$x_{r+1} = \cdots = x_n = 0 \quad (\text{und } x'_1 = \cdots = x'_r = 0).$$

Also sind auch $\mathbf{w}_1, \ldots, \mathbf{w}_{n-r}$ linear unabhängig.
(III) Nach (I) und (II) ist $(\mathbf{w}_1, \ldots, \mathbf{w}_{n-r})$ eine Basis von Bild(L). Also gilt $\operatorname{Rang}(L) = \dim \operatorname{Bild}(L) = n - r$. Hiermit folgt schließlich

$$\dim \operatorname{Kern}(L) + \operatorname{Rang}(L) = r + (n - r) = n = \dim V.$$ □

Satz 4.1.8 impliziert eine wichtige Lösungsaussage über lineare Gleichungen.

Folgerung 4.1.9. *Ist* $\dim V = \dim W$, *so sind für jede lineare Abbildung* $L : V \to W$ *die folgenden Aussagen äquivalent:*
(a) L *ist surjektiv, d.h., für jedes* $\mathbf{b} \in W$ *hat die Gleichung* $L(\mathbf{v}) = \mathbf{b}$ *mindestens eine Lösung* $\mathbf{v} \in V$.
(b) L *ist injektiv, d.h., die Gleichung* $L(\mathbf{v}) = \mathbf{o}$ *hat nur die Lösung* $\mathbf{v} = \mathbf{o}$.
Gilt (b) *und somit* (a), *dann hat die Gleichung* $L(\mathbf{v}) = \mathbf{b}$ *für jedes* $\mathbf{b} \in W$ genau *eine Lösung* $\mathbf{v} \in V$.

Beweis. Dies folgt mit der Dimensionsformel sowie Satz und Definition 4.1.4 aus

$$L \text{ ist surjektiv} \iff \text{Rang}(L) = \dim W = \dim V$$

$$\underset{(4.4)}{\iff} \dim \text{Kern}(L) = 0 \iff L \text{ ist injektiv.}$$ □

4.2 Dualer Raum, duale Abbildung

Die folgenden Begriffe und Sachverhalte werden für lineare Gleichungssysteme und in der Optimierungstheorie benötigt.

Satz und Definition 4.2.1. *Es sei* V *ein* $\mathbb{K}$*-Vektorraum. Die Menge aller* linearen *Abbildungen* $\mathbf{f} : V \to \mathbb{K}$ *ist ein Untervektorraum von* $\text{Abb}(V, \mathbb{K})$ *(s. Beispiel 3.1.2). Dieser Untervektorraum heißt* **Dualraum** *von* V *und wird mit* V^* *bezeichnet. Jedes Element* $\mathbf{f} \in V^*$ *heißt* **Linearform** *oder* **lineares Funktional** *auf* V.

Beweis. Zu zeigen ist, dass mit $\mathbf{f}, \mathbf{g} \in V^*$ und $\lambda \in \mathbb{K}$ auch $\mathbf{f} + \mathbf{g} \in V^*$ und $\lambda \mathbf{f} \in V^*$ gilt, wobei die Operationen wie in Beispiel 3.1.2 erklärt sind. Für $\mathbf{v} \in V$ und $\mu \in \mathbb{K}$ gilt

$$(\mathbf{f} + \mathbf{g})(\mu\, \mathbf{v}) = \mathbf{f}(\mu\, \mathbf{v}) + \mathbf{g}(\mu\, \mathbf{v}) = \mu\, \mathbf{f}(\mathbf{v}) + \mu\, \mathbf{g}(\mathbf{v}) = \mu\, (\mathbf{f} + \mathbf{g})(\mathbf{v}).$$

Analog zeigt man $(\mathbf{f} + \mathbf{g})(\mathbf{v} + \mathbf{w}) = (\mathbf{f} + \mathbf{g})(\mathbf{v}) + (\mathbf{f} + \mathbf{g})(\mathbf{w})$. Also ist $\mathbf{f} + \mathbf{g} \in V^*$. Entsprechend bestätigt man $\lambda \mathbf{f} \in V^*$. □

Satz und Definition 4.2.2. *Es sei* V *ein* n*-dimensionaler* $\mathbb{K}$*-Vektorraum mit der Basis* $(\mathbf{v}_1, \ldots, \mathbf{v}_n)$. *Dann bilden die durch*

$$\mathbf{v}_i^*(\mathbf{v}_k) := \begin{cases} 1, & \textit{falls } i = k, \\ 0, & \textit{falls } i \neq k \end{cases} \tag{4.9}$$

definierten Linearformen $\mathbf{v}_1^*, \ldots, \mathbf{v}_n^*$ *eine Basis von* V^*, *die man* **duale Basis** *nennt. Insbesondere ist*

$$\dim V^* = \dim V. \tag{4.10}$$

Beweis. Nach Satz 4.1.3 gibt es zu jedem $i = 1, \dots, n$ genau ein $\mathbf{v}_i^* \in V^*$, so dass (4.9) gilt. Wir zeigen, dass $(\mathbf{v}_1^*, \dots, \mathbf{v}_n^*)$ eine Basis von V^* ist.
Zu (B1): Seien $\lambda_1, \dots, \lambda_n \in \mathbb{K}$ und gelte

$$\lambda_1 \mathbf{v}_1^* + \dots + \lambda_n \mathbf{v}_n^* = \mathbf{o}, \quad \text{also} \quad \lambda_1 \mathbf{v}_1^*(\mathbf{v}) + \dots + \lambda_n \mathbf{v}_n^*(\mathbf{v}) = 0 \ \text{ für jedes } \mathbf{v} \in V.$$

Für $\mathbf{v} := \mathbf{v}_k$ $(k = 1, \dots, n)$ folgt dann wegen (4.9) sofort $\lambda_k = 0$. Also sind $\mathbf{v}_1^*, \dots, \mathbf{v}_n^*$ linear unabhängig.
Zu (B2): Sei $\mathbf{f} \in V^*$. Wir setzen

$$\mathbf{g} := \lambda_1 \mathbf{v}_1^* + \dots + \lambda_n \mathbf{v}_n^*, \quad \text{wobei } \lambda_i := \mathbf{f}(\mathbf{v}_i) \text{ für } i = 1, \dots, n.$$

Wegen (4.9) folgt $\mathbf{g}(\mathbf{v}_k) = \lambda_k = \mathbf{f}(\mathbf{v}_k)$ für $k = 1, \dots, n$. Da $(\mathbf{v}_1, \dots, \mathbf{v}_n)$ eine Basis ist, folgt $\mathbf{g} = \mathbf{f}$ (Satz 4.1.3) und somit $\mathbf{f} = \lambda_1 \mathbf{v}_1^* + \dots + \lambda_n \mathbf{v}_n^* \in \operatorname{lin}(\mathbf{v}_1^*, \dots, \mathbf{v}_n^*)$. □

Bezüglich der dualen Basis sind Linearformen besonders einfach darstellbar:

Satz 4.2.3. *Es sei* $(\mathbf{v}_1, \dots, \mathbf{v}_n)$ *eine Basis von* V *und* $(\mathbf{v}_1^*, \dots, \mathbf{v}_n^*)$ *die dazu duale Basis. Für jedes* $\mathbf{f} \in V^*$ *und jedes* $(a_1, \dots, a_n)^\mathsf{T} \in \mathbb{K}^n$ *sind äquivalent:*
(a) $\mathbf{f}(\mathbf{v}_k) = a_k$ *für* $k = 1, \dots, n$.
(b) $\mathbf{f} = \sum_{k=1}^n a_k \mathbf{v}_k^*$.

Beweis. (a) $\Longrightarrow$ (b): Ist $\mathbf{x} \in V$, also $\mathbf{x} = x_1 \mathbf{v}_1 + \dots + x_n \mathbf{v}_n$, so folgt

$$\mathbf{f}(\mathbf{x}) = \sum_{k=1}^n x_k \mathbf{f}(\mathbf{v}_k) = \sum_{k=1}^n a_k x_k = \sum_{k=1}^n a_k \mathbf{v}_k^*(\mathbf{x}).$$

Hierbei gilt das letzte Gleichheitszeichen wegen $\mathbf{v}_k^*(\mathbf{x}) = \sum_{i=1}^n x_i \mathbf{v}_k^*(\mathbf{v}_i) = x_k$.
(b) $\Longrightarrow$ (a): Dies verifiziert man unmittelbar. □

Beispiel 4.2.4. Wir betrachten den Vektorraum $\mathbb{K}^n$. Für jeden Vektor $(a_1, \dots, a_n) \in \mathbb{K}_n$ ist durch

$$\mathbf{f}(\mathbf{e}_k) := a_k, \quad k = 1, \dots, n,$$

genau eine lineare Abbildung $\mathbf{f} : \mathbb{K}^n \to \mathbb{K}$, also ein Element $\mathbf{f}$ von $\left(\mathbb{K}^n\right)^*$, definiert (Satz 4.1.3); hierbei ist

$$\mathbf{f}(\mathbf{x}) = \sum_{k=1}^n a_k x_k = (a_1, \dots, a_n) \begin{pmatrix} x_1 \\ \vdots \\ x_n \end{pmatrix} \quad \text{für jedes } \mathbf{x} = (x_1, \dots, x_n)^\mathsf{T} \in \mathbb{K}^n. \tag{4.11}$$

Ist umgekehrt ein $\mathbf{f} \in \left(\mathbb{K}^n\right)^*$ gegeben und setzt man $a_k := \mathbf{f}(\mathbf{e}_k)$ für $k = 1, \dots, n$, so ist $(a_1, \dots, a_n) \in \mathbb{K}_n$, und es gilt (4.11). Die Abbildung

$$\mathbf{f} \mapsto (a_1, \dots, a_n), \quad \text{wobei } \mathbf{f}(\mathbf{e}_k) = a_k \text{ für } k = 1, \dots, n, \tag{4.12}$$

ist ein Isomorphismus von $(\mathbb{K}^n)^*$ auf $\mathbb{K}_n$. Daher identifiziert man häufig $(\mathbb{K}^n)^*$ mit $\mathbb{K}_n$. Natürlich könnte man $(\mathbb{K}^n)^*$ auch mit $\mathbb{K}^n$ identifizieren; im Hinblick auf die einfache Darstellung (4.11) gibt man $\mathbb{K}_n$ den Vorzug. (In Beispiel 3.4.2 hatten wir $\mathbb{K}_n$ als affinen Raum bezüglich $\mathbb{K}^n$ interpretiert.) Die zur Standardbasis $(\mathbf{e}_1, \dots, \mathbf{e}_n)$ von $\mathbb{K}^n$ gehörige duale Basis $(\mathbf{e}_1^*, \dots, \mathbf{e}_n^*)$ von $(\mathbb{K}^n)^*$ ist gemäß (4.12) gegeben durch $\mathbf{e}_k^* \mapsto \mathbf{e}_k{}^\top$, d.h., es ist

$$\mathbf{e}_k^*(\mathbf{x}) = \mathbf{e}_k{}^\top \mathbf{x} = x_k \quad \text{für } \mathbf{x} = (x_1, \dots, x_n)^\top \in \mathbb{K}^n \text{ und } k = 1, \dots, n. \tag{4.13}$$

◁

Bidualer Raum

Da der duale Raum V^* des Vektorraumes V wiederum ein Vektorraum ist, kann man den dazu dualen Raum $(V^*)^*$ bilden. Dieser heißt **bidualer Raum** von V und wird mit V^{**} bezeichnet.

Oben haben wir für gegebenes $\mathbf{f} \in V^*$ die Funktion $\mathbf{v} \mapsto \mathbf{f}(\mathbf{v}), \mathbf{v} \in V$, studiert. Im folgenden Satz betrachten wir bei gegebenem $\mathbf{v} \in V$ die Funktion $\mathbf{f} \mapsto \mathbf{f}(\mathbf{v}), \mathbf{f} \in V^*$. Für die Gültigkeit dieses Satzes ist die Voraussetzung, dass $\dim V$ endlich ist, unverzichtbar.

Satz 4.2.5. *Für jedes* $\mathbf{v} \in V$ *ist durch*

$$\Psi(\mathbf{v})(\mathbf{f}) := \mathbf{f}(\mathbf{v}) \quad \textit{für alle } \mathbf{f} \in V^*$$

eine Linearform $\Psi(\mathbf{v}) \in V^{**}$ *erklärt. Die Abbildung* $\Psi : \mathbf{v} \mapsto \Psi(\mathbf{v})$ *ist ein Isomorphismus von* V *auf* V^{**}. *Insbesondere ist* $\dim V^{**} = \dim V$.

Beweis. (I) Sei $\mathbf{v} \in V$ gegeben. Wir zeigen, dass $\Psi(\mathbf{v})$ eine Linearform auf V^* ist. Es gilt

$$\Psi(\mathbf{v})(\mathbf{f} + \mathbf{g}) = (\mathbf{f} + \mathbf{g})(\mathbf{v}) = \mathbf{f}(\mathbf{v}) + \mathbf{g}(\mathbf{v}) = \Psi(\mathbf{v})(\mathbf{f}) + \Psi(\mathbf{v})(\mathbf{g}).$$

Analog zeigt man $\Psi(\mathbf{v})(\lambda \mathbf{f}) = \lambda \Psi(\mathbf{v})(\mathbf{f})$. Also ist $\Psi(\mathbf{v}) \in V^{**}$.
(II) Ähnlich wie im Schritt (I) zeigt man, dass die Abbildung Ψ von V nach V^{**} linear ist.
(III) Nun beweisen wir, dass die Abbildung Ψ injektiv ist. Es sei $\mathbf{v} \in V$ und es gelte $\Psi(\mathbf{v}) = \mathbf{o}$, d.h. $\Psi(\mathbf{v})(\mathbf{f}) = 0$ für jedes $\mathbf{f} \in V^*$. Wir zeigen $\mathbf{v} = \mathbf{o}$; da Ψ linear ist, folgt daraus dann die Injektivität. Es sei $(\mathbf{v}_1, \dots, \mathbf{v}_n)$ eine Basis von V und $(\mathbf{v}_1^*, \dots, \mathbf{v}_n^*)$ die dazu duale Basis von V^*. Der Vektor $\mathbf{v}$ hat eine Koordinatendarstellung $\mathbf{v} = \alpha_1 \mathbf{v}_1 + \dots + \alpha_n \mathbf{v}_n$. Für jedes $i = 1, \dots, n$ gilt

$$0 = \Psi(\mathbf{v})(\mathbf{v}_i^*) = \mathbf{v}_i^*(\mathbf{v}) = \alpha_1 \mathbf{v}_i^*(\mathbf{v}_1) + \dots + \alpha_n \mathbf{v}_i^*(\mathbf{v}_n) \underset{(4.9)}{=} \alpha_i.$$

Somit ist $\mathbf{v} = \mathbf{o}$.
(IV) Nach Satz und Definition 4.2.2 ist $\dim V = \dim V^* = \dim V^{**}$. Dies und (III) implizieren, dass die Abbildung Ψ ein Isomorphismus von V auf V^{**} ist (Folgerung 4.1.9). □

Orthogonalraum

Ist U ein Untervektorraum von V und W ein Untervektorraum von V^*, so heißt

$$\begin{aligned} U^\circ &:= \{\mathbf{f} \in V^* \mid \mathbf{f}(\mathbf{v}) = 0 \text{ für jedes } \mathbf{v} \in U\} \quad \text{bzw.} \\ W^\circ &:= \{\mathbf{v} \in V \mid \mathbf{f}(\mathbf{v}) = 0 \text{ für jedes } \mathbf{f} \in W\} \end{aligned}$$

Orthogonalraum von U bzw. W. Statt $(U^\circ)^\circ$ schreiben wir $U^{\circ\circ}$.

Satz 4.2.6. *Ist U ein Untervektorraum von V, so ist U° ein Untervektorraum von V^*, und es gilt*

$$\dim U^\circ = \dim V - \dim U \quad \textbf{(Dimensionsformel)}, \tag{4.14}$$

$$U^{\circ\circ} = U. \tag{4.15}$$

Beweis. Man bestätigt leicht, dass U° ein Untervektorraum von V ist.
Zu (4.14): Wir wählen eine Basis $(\mathbf{v}_1, \dots, \mathbf{v}_r)$ von U, ergänzen diese zu einer Basis $(\mathbf{v}_1, \dots, \mathbf{v}_r, \mathbf{v}_{r+1}, \dots, \mathbf{v}_n)$ von V und bilden die dazu duale Basis $(\mathbf{v}_1^*, \dots, \mathbf{v}_n^*)$ von V^*. Wir zeigen, dass $(\mathbf{v}_{r+1}^*, \dots, \mathbf{v}_n^*)$ eine Basis von U° ist; dann gilt nämlich $\dim U^\circ = n - r = \dim V - \dim U$. Für $i = r+1, \dots, n$ ist $\mathbf{v}_i^*(\mathbf{v}_1) = \cdots = \mathbf{v}_i^*(\mathbf{v}_r) = 0$ und daher $\mathbf{v}_i^* \in U^\circ$. Weiter sind die $\mathbf{v}_i^*$ als Basiselemente linear unabhängig. Wir zeigen $\operatorname{lin}(\mathbf{v}_{r+1}^*, \dots, \mathbf{v}_n^*) = U^\circ$. Sei $\mathbf{f} \in U^\circ$, also $\mathbf{f} = \lambda_1 \mathbf{v}_1^* + \cdots + \lambda_n \mathbf{v}_n^*$. Für $k = 1, \dots, r$ ist $\lambda_k = \lambda_k \mathbf{v}_k^*(\mathbf{v}_k) = \mathbf{f}(\mathbf{v}_k) = 0$ und somit $\mathbf{f} = \lambda_{r+1}\mathbf{v}_{r+1}^* + \cdots + \lambda_n \mathbf{v}_n^* \in \operatorname{lin}(\mathbf{v}_{r+1}^*, \dots, \mathbf{v}_n^*)$.
Zu (4.15): Wir setzen

$$U^{\circ +} := \{\varphi \in V^{**} \mid \varphi(\mathbf{f}) = 0 \quad \text{für jedes } f \in U^\circ\}.$$

Nach (4.14) und (4.10) gilt

$$\dim U^{\circ +} = \dim V^* - \dim U^\circ = \dim V - (\dim V - \dim U) = \dim U. \tag{4.16}$$

Mit der in Satz 4.2.5 definierten Abbildung Ψ gilt $\Psi(U^{\circ\circ}) = U^{\circ +}$, und da Ψ ein Isomorphismus ist, folgt $\dim U^{\circ\circ} = \dim U^{\circ +}$. Dies und (4.16) ergeben $\dim U^{\circ\circ} = \dim U$. Wegen $U \subseteq U^{\circ\circ}$ folgt schließlich $U = U^{\circ\circ}$ (Satz 3.3.11). □

Duale Abbildung

Neben V sei nun W ein weiterer $\mathbb{K}$–Vektorraum. Ferner sei eine lineare Abbildung $L : V \to W$ gegeben. Für jedes $\mathbf{g} \in W^*$ ist $\mathbf{v} \mapsto \mathbf{g}(L(\mathbf{v}))$ eine Linearform auf V, die wir mit $L^*(\mathbf{g})$ bezeichnen. Weiter ist die durch $\mathbf{g} \mapsto L^*(\mathbf{g})$ definierte Abbildung $L^* : W^* \to V^*$ linear. Für diese gilt

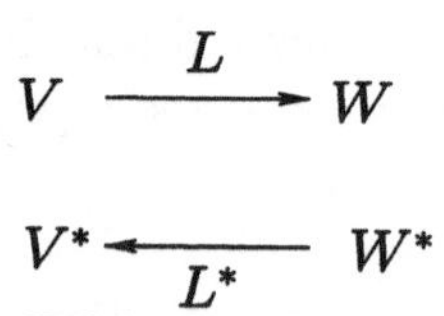

$$\begin{array}{ccc} V & \xrightarrow{\quad L \quad} & W \\ & & \\ V^* & \xleftarrow[\quad L^* \quad]{} & W^* \end{array}$$

Bild 4.2: Duale Abbildung

$$L^*(\mathbf{g})(\mathbf{v}) = \mathbf{g}(L(\mathbf{v})) \quad \text{für alle } \mathbf{v} \in V,\ \mathbf{g} \in W^*. \tag{4.17}$$

Definition. Die durch (4.17) definierte lineare Abbildung $L^* : W^* \to V^*$ heißt zu $L : V \to W$ **duale Abbildung.**

Im Folgenden schreiben wir statt $(\text{Bild}(L))^\circ$ kurz $\text{Bild}(L)^\circ$, analog für $\text{Kern}(L)$.

Satz 4.2.7. *Es seien V und W zwei $\mathbb{K}$-Vektorräume und $L : V \to W$ eine lineare Abbildung. Dann gilt*

$$\text{Kern}(L^*) = \text{Bild}(L)^\circ, \tag{4.18}$$
$$\text{Rang}(L^*) = \text{Rang}(L), \tag{4.19}$$
$$\text{Bild}\,(L^*) = \text{Kern}(L)^\circ. \tag{4.20}$$

Beweis. Zu (4.18): Für jedes $\mathbf{g} \in W^*$ gilt

$$\mathbf{g} \in \text{Bild}(L)^\circ \iff \mathbf{g}\big(L(\mathbf{v})\big) = 0 \text{ für jedes } \mathbf{v} \in V$$
$$\iff L^*(\mathbf{g})(\mathbf{v}) = 0 \text{ für jedes } \mathbf{v} \in V \iff \mathbf{g} \in \text{Kern}(L^*).$$

Zu (4.19): Es gilt

$$\text{Rang}(L^*) \underset{(4.4)}{=} \dim W^* - \dim \text{Kern}(L^*) \underset{(4.10),(4.18)}{=} \dim W - \dim \text{Bild}(L)^\circ$$
$$\underset{(4.14)}{=} \dim W - \big[\dim W - \dim \text{Bild}(L)\big] = \text{Rang}(L).$$

Zu (4.20): (I) Wir zeigen $\text{Bild}\,(L^*) \subseteq \text{Kern}(L)^\circ$. Sei $\mathbf{h} \in \text{Bild}\,(L^*)$. Dann gibt es ein $\mathbf{g} \in W^*$ mit $\mathbf{h} = L^*(\mathbf{g})$. Für jedes $\mathbf{v} \in \text{Kern}(L)$ folgt

$$\mathbf{h}(\mathbf{v}) = L^*(\mathbf{g})(\mathbf{v}) = \mathbf{g}\big(L(\mathbf{v})\big) = \mathbf{g}(\mathbf{o}) = 0,$$

also $\mathbf{h} \in \text{Kern}(L)^\circ$.

(II) Nun zeigen wir $\text{Kern}(L)^\circ \subseteq \text{Bild}(L^*)$. Sei $\mathbf{h} \in \text{Kern}(L)^\circ$. Wir konstruieren ein $\mathbf{g} \in W^*$ mit $\mathbf{h} = L^*(\mathbf{g})$. Sei $(\mathbf{v}_1, \ldots, \mathbf{v}_r)$ eine Basis von $\text{Kern}(L)$, die wir zu einer Basis $(\mathbf{v}_1, \ldots, \mathbf{v}_r, \mathbf{v}_{r+1}, \ldots, \mathbf{v}_n)$ von V ergänzen. Wir setzen

$$\mathbf{w}_1 := L(\mathbf{v}_{r+1}), \ldots, \mathbf{w}_{n-r} := L(\mathbf{v}_n).$$

Dann ist $(\mathbf{w}_1, \ldots, \mathbf{w}_{n-r})$ eine Basis von $\text{Bild}(L)$ (Satz 4.1.8), und diese ergänzen wir zu einer Basis $(\mathbf{w}_1, \ldots, \mathbf{w}_{n-r}, \mathbf{w}_{n-r+1}, \ldots, \mathbf{w}_m)$ von W. Durch

$$g(\mathbf{w}_i) := \begin{cases} \mathbf{h}(\mathbf{v}_{r+i}) & \text{für } i = 1, \ldots, n-r, \\ 0 & \text{für } i = n-r+1, \ldots, m \end{cases}$$

ist ein Element $\mathbf{g} \in W^*$ definiert (Satz 4.1.3). Für $j = 1, \ldots, r$ gilt

$$L^*(\mathbf{g})(\mathbf{v}_j) = \mathbf{g}\big(L(\mathbf{v}_j)\big) = \mathbf{g}(\mathbf{o}) = 0 = \mathbf{h}(\mathbf{v}_j),$$

und für $i = 1, \ldots, n-r$ ist

$$L^*(\mathbf{g})(\mathbf{v}_{r+i}) = \mathbf{g}\big(L(\mathbf{v}_{r+i})\big) = \mathbf{g}(\mathbf{w}_i) = \mathbf{h}(\mathbf{v}_{r+i}).$$

Da die Linearformen $L^*(\mathbf{g})$ und $\mathbf{h}$ auf der Basis $(\mathbf{v}_1, \ldots, \mathbf{v}_n)$ übereinstimmen, sind sie gleich (Satz 4.1.3), also gilt $\mathbf{h} = L^*(\mathbf{g}) \in \text{Bild}(L^*)$. □

4.3 Matrixdarstellung linearer Abbildungen

In diesem Abschnitt werden wir zeigen, dass jede lineare Abbildung $L : V \to W$ bei gegebenen Basen in den Vektorräumen V und W mittels einer Matrix darstellbar ist. Zuerst betrachten wir den Fall $V = \mathbb{K}^n$, $W = \mathbb{K}^m$ und dann den allgemeinen Fall. Wie bisher steht $\mathbb{K}$ für die Menge $\mathbb{R}$ der reellen Zahlen oder die Menge $\mathbb{C}$ der komplexen Zahlen.

Spezialfall $L : \mathbb{K}^n \to \mathbb{K}^m$

Die $\mathbb{K}$–Vektorräume $\mathbb{K}^n$ und $\mathbb{K}^m$ seien mit den Standardbasen versehen.
(a) Gegeben sei eine Matrix $\mathbf{A} \in \mathbb{K}^{m \times n}$, d.h., $\mathbf{A}$ ist eine (m, n)–Matrix mit Elementen aus $\mathbb{K}$ (s. Abschnitt 3.1). Da $\mathbb{K}$ jeweils fest gewählt ist, werden wir kurz (m, n)–Matrix sagen. Mit $\mathbf{x} = (x_1, \ldots, x_n)^\top \in \mathbb{K}^n$ gilt

$$\mathbf{A}\,\mathbf{x} = \begin{pmatrix} a_{11} & \ldots & a_{1k} & \ldots & a_{1n} \\ \vdots & & \vdots & & \vdots \\ a_{i1} & \ldots & a_{ik} & \ldots & a_{in} \\ \vdots & & \vdots & & \vdots \\ a_{m1} & \ldots & a_{mk} & \ldots & a_{mn} \end{pmatrix} \begin{pmatrix} x_1 \\ \vdots \\ x_k \\ \vdots \\ x_n \end{pmatrix} = \begin{pmatrix} \sum_{k=1}^n a_{1k}\, x_k \\ \vdots \\ \sum_{k=1}^n a_{ik}\, x_k \\ \vdots \\ \sum_{k=1}^n a_{mk}\, x_k \end{pmatrix} \in \mathbb{K}^m \quad (4.21)$$

oder kurz

$$\mathbf{A}\,\mathbf{x} = \sum_{i=1}^{m} \left(\sum_{k=1}^{n} a_{ik}\, x_k \right) \mathbf{e}_i. \quad (4.22)$$

Mit den Rechenregeln für Matrizen folgt, dass die durch

$$L(\mathbf{x}) := \mathbf{A}\,\mathbf{x} \quad \text{für alle } \mathbf{x} \in \mathbb{K}^n \quad (4.23)$$

definierte Abbildung $L : \mathbb{K}^n \to \mathbb{K}^m$ linear ist.
(b) Nun sei umgekehrt eine lineare Abbildung $L : \mathbb{K}^n \to \mathbb{K}^m$ gegeben. Wir wollen zeigen, dass L mit einer geeigneten Matrix $\mathbf{A}$ in der Form (4.23) darstellbar ist. Ist $\mathbf{x} = x_1\mathbf{e}_1 + \cdots + x_n\mathbf{e}_n \in \mathbb{K}^n$, so folgt

$$L(\mathbf{x}) = x_1\, L(\mathbf{e}_1) + \cdots + x_n\, L(\mathbf{e}_n). \quad (4.24)$$

Jedes Element $L(\mathbf{e}_k) \in \mathbb{K}^m$ ist mit Koordinaten $a_{1k}, \ldots, a_{mk}$ darstellbar in der Form

$$L(\mathbf{e}_k) = a_{1k}\,\mathbf{e}_1 + \cdots + a_{mk}\,\mathbf{e}_m = \begin{pmatrix} a_{1k} \\ \vdots \\ a_{mk} \end{pmatrix}; \quad k = 1, \ldots, n. \quad (4.25)$$

Hierdurch ist eine (m, n)–Matrix $\mathbf{A} := (a_{ik})$ definiert. Es gilt

$$L(\mathbf{x}) \underset{(4.24)}{=} \sum_{k=1}^{n} x_k\, L(\mathbf{e}_k) = \sum_{k=1}^{n} x_k \left(\sum_{i=1}^{m} a_{ik}\, \mathbf{e}_i \right).$$

Vertauschen der Summationsreihenfolge führt schließlich zu

$$L(\mathbf{x}) = \sum_{i=1}^{m} \left(\sum_{k=1}^{n} a_{ik}\, x_k \right) \mathbf{e}_i \underset{(4.22)}{=} \mathbf{A}\,\mathbf{x}. \tag{4.26}$$

Jede lineare Abbildung von $\mathbb{K}^n$ nach $\mathbb{K}^m$ ist also mittels einer (m,n)–Matrix $\mathbf{A}$ in der Form (4.23) darstellbar. Wir zeigen noch, dass diese Darstellung eindeutig ist. Dazu sei neben $\mathbf{A}$ auch $\mathbf{B}$ eine (m,n)–Matrix, und es gelte

$$\mathbf{A}\,\mathbf{x} = L(\mathbf{x}) = \mathbf{B}\,\mathbf{x} \quad \text{für jedes } x \in \mathbb{K}^n.$$

Insbesondere ist $\mathbf{A}\,\mathbf{e}_k = L(\mathbf{e}_k) = \mathbf{B}\,\mathbf{e}_k$, d.h., der k–te Spaltenvektor von $\mathbf{A}$ ist gleich dem k–ten Spaltenvektor von $\mathbf{B}$ (siehe (4.25), (4.26)). Da dies für jedes $k = 1, \ldots, n$ gilt, ist $\mathbf{A} = \mathbf{B}$. Der folgende Satz fasst das Hergeleitete zusammen.

Satz 4.3.1. (a) *Für jede Matrix* $\mathbf{A} \in \mathbb{K}^{m\times n}$ *ist durch*

$$\boxed{L(\mathbf{x}) := \mathbf{A}\,\mathbf{x}, \quad \mathbf{x} \in \mathbb{K}^n,} \tag{4.27}$$

eine lineare Abbildung $L : \mathbb{K}^n \to \mathbb{K}^m$ *definiert.*
(b) *Umgekehrt gibt es zu jeder linearen Abbildung* $L : \mathbb{K}^n \to \mathbb{K}^m$ *genau eine Matrix* $\mathbf{A} \in \mathbb{K}^{m\times n}$, *so dass* (4.27) *gilt. Hierbei ist für* $k = 1, \ldots, n$

$$\boxed{k\text{–te Spalte von } \mathbf{A} \;=\; \text{Koordinatenvektor von } L(\mathbf{e}_k) \text{ bez. Standardbasis von } \mathbb{K}^m.} \tag{4.28}$$

Die Matrix $\mathbf{A}$ in Satz 4.3.1 heißt **Abbildungsmatrix** (oder auch *Darstellungsmatrix*) von L bezüglich der Standardbasen von $\mathbb{K}^n$ und $\mathbb{K}^m$. In Beispiel 4.2.4 hatten wir bereits den Spezialfall $m = 1$ behandelt.

Beispiel 4.3.2. Wie in Beispiel 4.1.1 betrachten wir die Projektion

$$L : \mathbb{R}^3 \to \mathbb{R}^3, \quad (x_1, x_2, x_3)^\top \mapsto (x_1, x_2, 0)^\top.$$

Gesucht ist die Abbildungsmatrix $\mathbf{A}$ von L bezüglich der Standardbasis von $\mathbb{R}^3$. Wir berechnen

$$L(\mathbf{e}_1) = (1,0,0)^\top, \quad L(\mathbf{e}_2) = (0,1,0)^\top, \quad L(\mathbf{e}_3) = (0,0,0)^\top.$$

Nach (4.28) gilt

$$\mathbf{A} = \begin{pmatrix} 1 & 0 & 0 \\ 0 & 1 & 0 \\ 0 & 0 & 0 \end{pmatrix}.$$

◁

Beispiel 4.3.3. Mit einem gegebenen $\varphi \in \mathbb{R}$ betrachten wir die lineare Abbildung $D_\varphi : \mathbb{R}^2 \to \mathbb{R}^2$, die definiert ist durch

$$D_\varphi(\mathbf{x}) := \mathbf{A}_\varphi \mathbf{x}, \quad \mathbf{x} \in \mathbb{R}^2, \quad \text{wobei } \mathbf{A}_\varphi := \begin{pmatrix} \cos\varphi & -\sin\varphi \\ \sin\varphi & \cos\varphi \end{pmatrix}.$$

Wir wollen die Abbildung D_φ geometrisch interpretieren. Es gilt

$$D_\varphi(\mathbf{e}_1) = \begin{pmatrix} \cos\varphi \\ \sin\varphi \end{pmatrix}, \quad D_\varphi(\mathbf{e}_2) = \begin{pmatrix} -\sin\varphi \\ \cos\varphi \end{pmatrix} = \begin{pmatrix} -\cos\left(\frac{\pi}{2} - \varphi\right) \\ \sin\left(\frac{\pi}{2} - \varphi\right) \end{pmatrix}.$$

Hieraus folgt (s. Bild 4.3), dass die Basisvektoren $\mathbf{e}_1, \mathbf{e}_2$, und wegen der Linearität von D_φ also alle Vektoren von $\mathbb{R}^2$, durch D_φ um den Winkel φ gedreht werden. Daher heißt D_φ **Drehung** und $\mathbf{A}_\varphi$ **Drehmatrix**. In diesem und dem folgenden Beispiel setzen wir den Begriff des Winkels in $\mathbb{R}^2$ bzw. $\mathbb{R}^3$ als bekannt voraus. In Kapitel 8 wird der Winkelbegriff allgemein in einer Klasse von Vektorräumen eingeführt. ◁

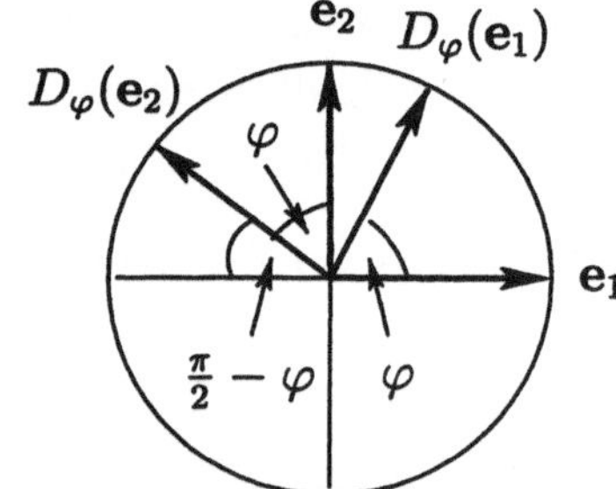

Bild 4.3: Drehung

Beispiel 4.3.4. Analog Beispiel 4.3.3 überlegt man sich, dass die Abbildung

$$D_\varphi(\mathbf{x}) := \mathbf{A}_\varphi \mathbf{x}, \quad \mathbf{x} \in \mathbb{R}^3, \quad \text{wobei } \mathbf{A}_\varphi := \begin{pmatrix} \cos\varphi & -\sin\varphi & 0 \\ \sin\varphi & \cos\varphi & 0 \\ 0 & 0 & 1 \end{pmatrix},$$

die Drehung der Vektoren des Raumes $\mathbb{R}^3$ um den Winkel φ beschreibt; die Drehachse hat dabei die Richtung $\mathbf{e}_3$. ◁

Gegeben seien lineare Abbildungen $L_1 : \mathbb{K}^p \to \mathbb{K}^m$ und $L_2 : \mathbb{K}^n \to \mathbb{K}^p$ mit den Abbildungsmatrizen $\mathbf{A}_1 \in \mathbb{K}^{m \times p}$ bzw. $\mathbf{A}_2 \in \mathbb{K}^{p \times n}$. Für die **Komposition** $L_1 \circ L_2 : \mathbb{K}^n \to \mathbb{K}^m$ erhält man

$$L_1 \circ L_2(\mathbf{x}) := L_1\big(L_2(\mathbf{x})\big) = L_1(\mathbf{A}_2\mathbf{x}) = \mathbf{A}_1(\mathbf{A}_2\mathbf{x}) = (\mathbf{A}_1\mathbf{A}_2)\,\mathbf{x} \quad \text{für jedes } \mathbf{x} \in \mathbb{K}^n.$$

Hierbei gilt das letzte Gleichheitszeichen wegen der Assoziativität der Matrizenmultiplikation. Somit ist der folgende Satz bewiesen.

Satz 4.3.5. *Die Abbildungsmatrix der Komposition $L_1 \circ L_2$ ist die Produktmatrix $\mathbf{A}_1\mathbf{A}_2$.*

Dieser Zusammenhang ist das Motiv für die in Abschnitt 2.2 gegebene Definition der Matrizenmultiplikation.

Beispiel 4.3.6. Mit den Bezeichnungen von Beispiel 4.3.3 gilt für jedes $\mathbf{x} \in \mathbb{R}^2$:

$$\begin{aligned} &D_\varphi \circ D_\psi(\mathbf{x}) = (\mathbf{A}_\varphi \mathbf{A}_\psi)\mathbf{x} \\ &= \begin{pmatrix} \cos\varphi & -\sin\varphi \\ \sin\varphi & \cos\varphi \end{pmatrix} \begin{pmatrix} \cos\psi & -\sin\psi \\ \sin\psi & \cos\psi \end{pmatrix} \mathbf{x} = \begin{pmatrix} \cos(\varphi+\psi) & -\sin(\varphi+\psi) \\ \sin(\varphi+\psi) & \cos(\varphi+\psi) \end{pmatrix} \mathbf{x}. \end{aligned}$$

Dabei ergibt sich das dritte Gleichheitszeichen durch die Anwendung von Additionsformeln für Cosinus und Sinus. Die Drehung der Vektoren von $\mathbb{R}^2$ erst um den Winkel ψ und dann um den Winkel φ ist also gleichbedeutend mit einer Drehung um den Winkel $\varphi + \psi$. ◁

Allgemeiner Fall $L : V \to W$

Nun seien V und W beliebige $\mathbb{K}$–Vektorräume. Es sei $\dim V = n$ und $\mathcal{B} := (\mathbf{v}_1, \ldots, \mathbf{v}_n)$ eine Basis von V sowie $\dim W = m$ und $\mathcal{C} := (\mathbf{w}_1, \ldots, \mathbf{w}_m)$ eine Basis von W. Weiter seien $\Phi_\mathcal{B} : \mathbb{K}^n \to V$ und $\Phi_\mathcal{C} : \mathbb{K}^m \to W$ die kanonischen Isomorphismen (vgl. die Bemerkung nach dem Beweis von Satz 4.1.7), d.h., es ist

$$\Phi_\mathcal{B}(\mathbf{e}_k) = \mathbf{v}_k \quad (k = 1, \ldots, n) \quad \text{und} \quad \Phi_\mathcal{C}(\mathbf{e}_i) = \mathbf{w}_i \quad (i = 1, \ldots, m). \tag{4.29}$$

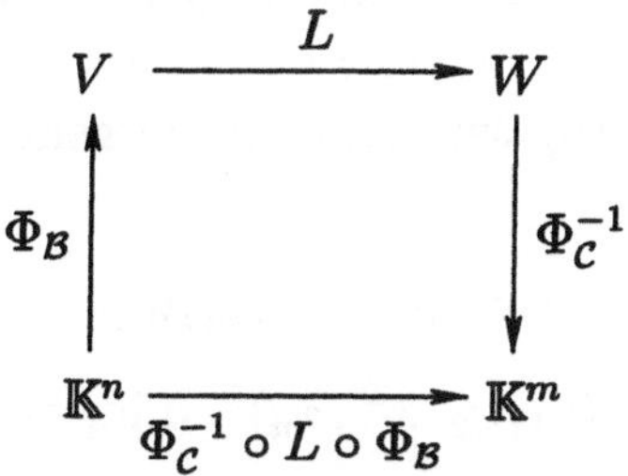

Bild 4.4: Zu (4.29)

Die Abbildung $\Phi_\mathcal{C}^{-1} \circ L \circ \Phi_\mathcal{B} : \mathbb{K}^n \to \mathbb{K}^m$ ist linear, nach Satz 4.3.1 also eindeutig darstellbar mit einer (m, n)–Matrix $\mathbf{A} = (a_{ik})$ in der Form

$$\Phi_\mathcal{C}^{-1} \circ L \circ \Phi_\mathcal{B}(\mathbf{x}) = \mathbf{A}\,\mathbf{x} \quad \text{für jedes } \mathbf{x} \in \mathbb{K}^n.$$

Für $\mathbf{x} = \mathbf{e}_k$ erhält man mit (4.29)

$$\Phi_\mathcal{C}^{-1}\big(L(\mathbf{v}_k)\big) = \mathbf{A}\,\mathbf{e}_k \quad (k = 1, \ldots, n). \tag{4.30}$$

Auf der rechten Seite von (4.30) steht die k–te Spalte von $\mathbf{A}$, und die linke Seite kann mit (4.3) interpretiert werden; so ergibt sich für $k = 1, \ldots, n$

$$\boxed{k\text{–te Spalte von } \mathbf{A} \;=\; \text{Koordinatenvektor von } L(\mathbf{v}_k) \text{ bez. } \mathcal{C}.} \tag{4.31}$$

Wie im Spezialfall $L : \mathbb{K}^n \to \mathbb{K}^m$ überlegt man sich, dass die einer linearen Abbildung $L : V \to W$ zugeordnete Matrix $\mathbf{A}$ eindeutig bestimmt ist. Ist umgekehrt eine (m,n)–Matrix $\mathbf{A}$ gegeben, so ist durch (4.31) eine lineare Abbildung $L : V \to W$ definiert (Satz 4.1.3).

Der folgende Satz verallgemeinert den Satz 4.3.1. Wir erinnern daran, dass $(\mathbf{v})_{\mathcal{B}}$ den Koordinatenvektor von $\mathbf{v} \in V$ bezüglich der Basis $\mathcal{B}$ bezeichnet, analog wird $(\mathbf{w})_{\mathcal{C}}$ verwendet.

Satz und Definition 4.3.7. *Es seien V und W $\mathbb{K}$–Vektorräume mit Basen $\mathcal{B} = (\mathbf{v}_1, \ldots, \mathbf{v}_n)$ bzw. $\mathcal{C} = (\mathbf{w}_1, \ldots, \mathbf{w}_m)$.*
(a) *Zu jeder linearen Abbildung $L : V \to W$ gibt es genau eine Matrix $\mathbf{A} = (a_{ik}) \in \mathbb{K}^{m\times n}$, so dass* (4.31) *gilt. Diese Matrix heißt* **Abbildungsmatrix** *(oder auch* Darstellungsmatrix*) von L bezüglich der Basen $\mathcal{B}$ und $\mathcal{C}$.*
(b) *Umgekehrt gibt es zu jeder Matrix $\mathbf{A} = (a_{ik}) \in \mathbb{K}^{m\times n}$ genau eine lineare Abbildung $L : V \to W$, so dass* (4.31) *gilt.*
(c) *Ist $\mathbf{A} = (a_{ik}) \in \mathbb{K}^{m\times n}$ die Abbildungsmatrix der linearen Abbildung $L : V \to W$, so gilt für beliebige Elemente $\mathbf{v} \in V$ und $\mathbf{w} \in W$:*

$$\boxed{\mathbf{w} = L(\mathbf{v}) \quad \Longleftrightarrow \quad \mathbf{y} = \mathbf{A}\mathbf{x}, \quad \textit{wobei} \quad \mathbf{y} := (\mathbf{w})_{\mathcal{C}}\,,\ \mathbf{x} := (\mathbf{v})_{\mathcal{B}}.} \tag{4.32}$$

Beweis. Die Aussagen (a) und (b) wurden oben hergeleitet.
(c) Nach (4.31) gilt

$$L(\mathbf{v}_k) = a_{1k}\mathbf{w}_1 + a_{2k}\mathbf{w}_2 + \cdots + a_{mk}\mathbf{w}_m \quad \text{für } k = 1, \ldots, n. \tag{4.33}$$

Nun sei $\mathbf{v} \in V$ und $(\mathbf{v})_{\mathcal{B}} = \mathbf{x} = (x_1, x_2, \ldots, x_n)^{\mathsf{T}}$, d.h., es gilt

$$\mathbf{v} = x_1\mathbf{v}_1 + x_2\mathbf{v}_2 + \cdots + x_n\mathbf{v}_n.$$

Dann folgt

$$L(\mathbf{v}) = x_1 L(\mathbf{v}_1) + x_2 L(\mathbf{v}_2) + \cdots + x_n L(\mathbf{v}_n) \tag{4.34}$$

$$\underset{(4.33)}{=} \left(\sum_{k=1}^{n} a_{1k}\,x_k\right)\mathbf{w}_1 + \left(\sum_{k=1}^{n} a_{2k}\,x_k\right)\mathbf{w}_2 + \cdots + \left(\sum_{k=1}^{n} a_{mk}\,x_k\right)\mathbf{w}_m. \tag{4.35}$$

Dies bedeutet

$$\big(L(\mathbf{v})\big)_{\mathcal{C}} = \begin{pmatrix} \sum_{k=1}^{n} a_{1k}x_k \\ \sum_{k=1}^{n} a_{2k}x_k \\ \vdots \\ \sum_{k=1}^{n} a_{mk}x_k \end{pmatrix} = \mathbf{A}\mathbf{x}.$$

Da man diese Argumentation auch „von unten nach oben“ anwenden kann, ist (4.32) bewiesen. □

Ist $V = \mathbb{K}^n, W = \mathbb{K}^m$ und bezeichnen $\mathcal{B}$ und $\mathcal{C}$ die zugehörigen Standardbasen, so gilt $\mathbf{x} = (\mathbf{v})_\mathcal{B} = \mathbf{v}$ für $\mathbf{v} \in \mathbb{K}^n$ und analog $\mathbf{y} = (\mathbf{w})_\mathcal{C} = \mathbf{w}$ für $\mathbf{w} \in \mathbb{K}^m$. Hiermit geht (4.32) über in (4.27); diese Formel ist also ein Spezialfall von (4.32).

Beispiel 4.3.8. Es sei $V = W = \mathbb{R}^3$ und $\mathcal{B} = \mathcal{C} = (\mathbf{v}_1, \mathbf{v}_2, \mathbf{v}_3)$ irgendeine Basis von $\mathbb{R}^3$. Gesucht ist die zu der Matrix

$$\mathbf{A} = \begin{pmatrix} 1 & 0 & 0 \\ 0 & 1 & 0 \\ 0 & 0 & 0 \end{pmatrix},$$

gehörige lineare Abbildung $L : \mathbb{R}^3 \to \mathbb{R}^3$. Nach (4.31) ist $(1,0,0)^\top$ der Koordinatenvektor von $L(\mathbf{v}_1)$ bezüglich der Basis $\mathcal{C}$, d.h., es gilt

$$L(\mathbf{v}_1) = 1 \cdot \mathbf{v}_1 + 0 \cdot \mathbf{v}_2 + 0 \cdot \mathbf{v}_3 = \mathbf{v}_1.$$

Analog erhält man $L(\mathbf{v}_2) = \mathbf{v}_2$ und $L(\mathbf{v}_3) = \mathbf{o}$. Für einen beliebigen Vektor $\mathbf{v} = x_1\mathbf{v}_1 + x_2\mathbf{v}_2 + x_3\mathbf{v}_3 \in \mathbb{R}^3$ folgt

$$L(\mathbf{v}) = x_1 L(\mathbf{v}_1) + x_2 L(\mathbf{v}_2) + x_3 L(\mathbf{v}_3) = x_1\mathbf{v}_1 + x_2\mathbf{v}_2.$$

Somit ist L die Projektion von $\mathbb{R}^3$ auf $\mathrm{lin}(\mathbf{v}_1, \mathbf{v}_2)$ (vgl. Beispiel 4.1.1). ◁

Wir kommen zur Matrixdarstellung der dualen Abbildung.

Satz 4.3.9. *Es seien V und W $\mathbb{K}$–Vektorräume mit Basen $\mathcal{B} = (\mathbf{v}_1, \ldots, \mathbf{v}_n)$ bzw. $\mathcal{C} = (\mathbf{w}_1, \ldots, \mathbf{w}_m)$. Weiter sei $L : V \to W$ eine lineare Abbildung und $\mathbf{A} = (a_{ik}) \in \mathbb{K}^{m\times n}$ die Abbildungsmatrix von L bezüglich $\mathcal{B}$ und $\mathcal{C}$ (siehe (4.31)). Dann ist die transponierte Matrix $\mathbf{A}^\top \in \mathbb{K}^{n\times m}$ die Abbildungsmatrix der dualen Abbildung $L^* : W^* \to V^*$ bezüglich der dualen Basen $\mathcal{C}^*$ und $\mathcal{B}^*$.*

Beweis. Für $k = 1, \ldots, n$ gilt $L(\mathbf{v}_k) = \sum_{i=1}^m a_{ik}\, \mathbf{w}_i$ und daher

$$L^*(\mathbf{w}_j^*)(\mathbf{v}_k) = \mathbf{w}_j^*\big(L(\mathbf{v}_k)\big) = \sum_{i=1}^m a_{ik}\, \mathbf{w}_j^*(\mathbf{w}_i) = a_{jk}.$$

Nach Satz 4.2.3 (mit $L^*(\mathbf{w}_j^*)$ statt $\mathbf{f}$) folgt $L^*(\mathbf{w}_j^*) = \sum_{k=1}^n a_{jk}\, \mathbf{v}_k^*$. Der Koordinatenvektor von $L^*(\mathbf{w}_j^*)$ bezüglich $\mathcal{B}^*$ ist somit

$$\begin{pmatrix} a_{j1} \\ \vdots \\ a_{jn} \end{pmatrix},$$

und das ist nach (4.31) (mit $\mathcal{C}^*$ und $\mathcal{B}^*$ anstelle von $\mathcal{B}$ und $\mathcal{C}$) die j–te Spalte der Abbildungsmatrix von L^*; diese ist also gleich

$$\begin{pmatrix} a_{11} & \ldots & a_{j1} & \ldots & a_{m1} \\ \vdots & & \vdots & & \vdots \\ a_{1n} & \ldots & a_{jn} & \ldots & a_{mn} \end{pmatrix} = \mathbf{A}^\top.$$

□

4.4 Der Rang einer Matrix

Gegeben sei eine (m, n)–Matrix $\mathbf{A} = (a_{ik})$. Den aus der k–ten Spalte von $\mathbf{A}$ gebildeten Vektor $(a_{1k}, \ldots, a_{mk})^\top \in \mathbb{K}^m$ nennen wir den *k-ten Spaltenvektor* von $\mathbf{A}$. Analog ist der *i-te Zeilenvektor* $(a_{i1}, \ldots, a_{in}) \in \mathbb{K}_n$ definiert:

$$\mathbf{A} = \begin{pmatrix} a_{11} & \ldots & a_{1k} & \ldots & a_{1n} \\ \vdots & & \vdots & & \vdots \\ a_{i1} & \ldots & a_{ik} & \ldots & a_{in} \\ \vdots & & \vdots & & \vdots \\ a_{m1} & \ldots & a_{mk} & \ldots & a_{mn} \end{pmatrix} \quad \leftarrow \quad i\text{–ter Zeilenvektor}$$

$$\uparrow$$
$$k\text{–ter Spaltenvektor}$$

Definition. Die maximale Anzahl linear unabhängiger Spaltenvektoren (bzw. Zeilenvektoren) der Matrix $\mathbf{A}$ heißt **Spaltenrang** (bzw. **Zeilenrang**) von $\mathbf{A}$.

Satz und Definition 4.4.1. *Es sei $\mathbf{A} \in \mathbb{K}^{m \times n}$ eine Matrix und $L : \mathbb{K}^n \to \mathbb{K}^m$ die gemäß Satz 4.3.1 zugeordnete lineare Abbildung. Dann gilt*

$$\boxed{\text{Spaltenrang von } \mathbf{A} \;=\; \text{Rang}\,(L) \;=\; \text{Zeilenrang von } \mathbf{A}.} \tag{4.36}$$

Diese Zahl heißt daher auch einfach **Rang** *der Matrix* $\mathbf{A}$ *und wird mit* Rang($\mathbf{A}$) *bezeichnet.*

Beweis. Für $k = 1, \ldots, n$ ist die k–te Spalte von $\mathbf{A}$ der Koordinatenvektor von $L(\mathbf{e}_k)$ (Satz 4.3.1). Daher gilt Spaltenrang von $\mathbf{A} = \dim \text{Bild}(L) = \text{Rang}(L)$. Weiter ist

$$\begin{aligned} \text{Zeilenrang von } \mathbf{A} &= \text{Spaltenrang von } \mathbf{A}^\top \\ = \text{Rang}(L^*) = \text{Rang}(L) &= \text{Spaltenrang von } \mathbf{A}. \end{aligned}$$

Hierbei gilt das zweite bzw. dritte Gleichheitszeichen nach Satz 4.3.9 bzw. Satz 4.2.7. □

Man bestätigt leicht die Richtigkeit der folgenden Aussage.

Satz 4.4.2. *Entsteht die Matrix $\tilde{\mathbf{A}}$ durch elementare Zeilenumformungen aus der Matrix $\mathbf{A}$, so gilt* $\text{Rang}(\tilde{\mathbf{A}}) = \text{Rang}(\mathbf{A})$.

Dieser Satz ist die Grundlage für ein

Verfahren zur Rangberechnung

Man überführt die gegebene Matrix $\mathbf{A}$ durch elementare Zeilenumformungen in die folgende Stufenform:

$$\tilde{\mathbf{A}} = \begin{pmatrix} \square & * & & & & & \cdots & * \\ 0 & 0 & \square & * & & & \cdots & * \\ 0 & 0 & 0 & \square & * & & \cdots & * \\ \vdots & \vdots & \vdots & & \ddots & & & \\ 0 & 0 & 0 & \cdots & 0 & \square & * \cdots & * \\ \hline 0 & & & & \cdots & & & 0 \\ \vdots & & & & & & & \vdots \\ 0 & & & & \cdots & & & 0 \end{pmatrix}.$$

Hierbei gilt:
- Die Zahlen $\square$ sind $\neq 0$, und $*$ bezeichnet beliebige Zahlen.
- In jeder Zeile stehen links von $\square$ nur Nullen.
- Von einer Zeile zur darunter stehenden nimmt die Zahl der Nullen links von $\square$ um mindestens eins zu.

Diese Stufenform kann man allein mittels elementarer Zeilenumformungen stets erzeugen. (In Kapitel 2 wurde im Zusammenhang mit linearen Gleichungssystemen durch zusätzliche elementare Spaltenumformungen eine etwas speziellere Stufenform erzielt.) Es gilt nun:

$$\operatorname{Rang}(\mathbf{A}) = \operatorname{Rang}(\tilde{\mathbf{A}}) = \text{Anzahl der Elemente } \square. \tag{4.37}$$

Das erste Gleichheitszeichen gilt nach Satz 4.4.2; das zweite erläutern wir an einem Spezialfall. Es sei

$$\tilde{\mathbf{A}} = \begin{pmatrix} \boxed{\tilde{a}_{11}} & \tilde{a}_{12} & \tilde{a}_{13} & \tilde{a}_{14} \\ 0 & 0 & \boxed{\tilde{a}_{23}} & \tilde{a}_{24} \\ 0 & 0 & 0 & \boxed{\tilde{a}_{34}} \\ 0 & 0 & 0 & 0 \end{pmatrix}, \quad \text{wobei } \tilde{a}_{11} \neq 0, \tilde{a}_{23} \neq 0, \tilde{a}_{34} \neq 0.$$

Wir wollen zeigen, dass $\operatorname{Rang}(\tilde{\mathbf{A}}) = 3$ gilt. Zunächst ist klar, dass der (Zeilen–)Rang von $\tilde{\mathbf{A}}$ höchstens gleich 3 ist. Wir zeigen nun, dass die ersten drei Zeilenvektoren von $\tilde{\mathbf{A}}$ linear unabhängig sind. Es gelte

$$\lambda_1 \begin{pmatrix} \tilde{a}_{11} \\ \tilde{a}_{12} \\ \tilde{a}_{13} \\ \tilde{a}_{14} \end{pmatrix} + \lambda_2 \begin{pmatrix} 0 \\ 0 \\ \tilde{a}_{23} \\ \tilde{a}_{24} \end{pmatrix} + \lambda_3 \begin{pmatrix} 0 \\ 0 \\ 0 \\ \tilde{a}_{34} \end{pmatrix} = \begin{pmatrix} 0 \\ 0 \\ 0 \\ 0 \end{pmatrix}.$$

Aus Gründen der Übersichtlichkeit haben wir die Zeilenvektoren von $\mathbf{A}$ als Spaltenvektoren notiert. Es folgt aus der ersten Zeile $\lambda_1 = 0$, hiermit aus der dritten Zeile $\lambda_2 = 0$ und schließlich aus der vierten Zeile $\lambda_3 = 0$. Also ist $\operatorname{Rang}(\tilde{\mathbf{A}}) = 3$.

Beispiel 4.4.3. Gesucht ist Rang(**A**) für

$$\mathbf{A} = \begin{pmatrix} -1 & -3 & 0 & 2 \\ 3 & 5 & 2 & -4 \\ 2 & 4 & 1 & -3 \end{pmatrix}.$$

Elementare Zeilenumformungen ergeben

$$\mathbf{A} \longrightarrow \begin{pmatrix} -1 & -3 & 0 & 2 \\ 0 & -4 & 2 & 2 \\ 0 & -2 & 1 & 1 \end{pmatrix} \longrightarrow \begin{pmatrix} \boxed{-1} & -3 & 0 & 2 \\ 0 & \boxed{-4} & 2 & 2 \\ 0 & 0 & 0 & 0 \end{pmatrix} = \tilde{\mathbf{A}}.$$

Nach (4.37) ist $\text{Rang}(\mathbf{A}) = \text{Rang}(\tilde{\mathbf{A}}) = 2$. Für die durch $L(\mathbf{x}) = \mathbf{A}\mathbf{x}$ definierte lineare Abbildung $L : \mathbb{R}^4 \to \mathbb{R}^3$ ist daher Bild(L) nach (4.36) ein zweidimensionaler Untervektorraum von $\mathbb{R}^3$. ◁

4.5 Invertierbare Matrizen

Zu jeder (reellen oder komplexen) Zahl $a \neq 0$ gibt es genau eine Zahl b, so dass $ab = ba = 1$ gilt. Diese Zahl b wird mit $1/a$ oder mit a^{-1} bezeichnet. Nun untersuchen wir die analoge Frage für die Matrizenmultiplikation, d.h., wir betrachten die Gleichung $\mathbf{AB} = \mathbf{BA} = \mathbf{E}$, wobei $\mathbf{E}$ die (n, n)–Einheitsmatrix bezeichnet. Um sicher zu sein, dass diese Gleichung sinnvoll ist, setzen wir voraus, dass auch $\mathbf{A}$ und $\mathbf{B}$ (n, n)–Matrizen, also quadratisch, sind.

Satz und Definition 4.5.1. *Die Matrix* $\mathbf{A} \in \mathbb{K}^{n\times n}$ *heißt* **invertierbar**, *wenn eine Matrix* $\mathbf{B} \in \mathbb{K}^{n\times n}$ *existiert, so dass gilt* $\mathbf{A}\,\mathbf{B} = \mathbf{B}\,\mathbf{A} = \mathbf{E}$. *Die Matrix* $\mathbf{B}$ *ist dann eindeutig bestimmt; sie wird mit* $\mathbf{A}^{-1}$ *bezeichnet und zu* $\mathbf{A}$ **inverse Matrix** *oder* **Inverse** *von* $\mathbf{A}$ *genannt. Es gilt also*

$$\mathbf{A}\,\mathbf{A}^{-1} = \mathbf{A}^{-1}\mathbf{A} = \mathbf{E}. \tag{4.38}$$

Beweis. Zu zeigen ist die Eindeutigkeit der inversen Matrix. Neben $\mathbf{B}$ sei auch $\mathbf{B}' \in \mathbb{K}^{n\times n}$ eine Matrix mit der Eigenschaft $\mathbf{A}\,\mathbf{B}' = \mathbf{B}'\,\mathbf{A} = \mathbf{E}$. Dann gilt

$$\mathbf{B}' = \mathbf{E}\mathbf{B}' = (\mathbf{A}\mathbf{B})\mathbf{B}' = (\mathbf{B}\mathbf{A})\mathbf{B}' = \mathbf{B}(\mathbf{A}\mathbf{B}') = \mathbf{B}\mathbf{E} = \mathbf{B}. \qquad \square$$

Man setzt (mit GL für *General Linear Group*)

$$\text{GL}(n, \mathbb{K}) := \{\mathbf{A} \in \mathbb{K}^{n\times n} \mid \mathbf{A} \text{ ist invertierbar}\},$$

d.h., GL($n, \mathbb{K}$) bezeichnet die Menge aller invertierbaren (n, n)–Matrizen mit Elementen aus $\mathbb{K}$. Der folgende Satz liefert nützliche Invertierbarkeitskriterien.

Satz 4.5.2. *Für jede Matrix* $\mathbf{A} \in \mathbb{K}^{n\times n}$ *sind die folgenden Aussagen äquivalent:*
(a) $\mathbf{A}$ *ist invertierbar.*
(b) *Es gibt eine Matrix* $\mathbf{B} \in \mathbb{K}^{n\times n}$*, so dass* $\mathbf{AB} = \mathbf{E}$.
(c) *Es gibt eine Matrix* $\mathbf{C} \in \mathbb{K}^{n\times n}$*, so dass* $\mathbf{CA} = \mathbf{E}$.
(d) $\mathrm{Rang}(\mathbf{A}) = n$.
Gilt (b) *und somit* (a), *dann ist* $\mathbf{A}^{-1} = \mathbf{B}$. *Gilt* (c) *und somit* (a), *dann ist* $\mathbf{A}^{-1} = \mathbf{C}$.

Beweis. Es sei $L : \mathbb{K}^n \to \mathbb{K}^n$ die der Matrix $\mathbf{A}$ gemäß $L(\mathbf{x}) := \mathbf{Ax}$ zugeordnete lineare Abbildung.
(c) $\Longrightarrow$ (d): Ist $\mathbf{x} \in \mathbb{K}^n$ und gilt $L(\mathbf{x}) = \mathbf{o}$, so folgt $\mathbf{o} = \mathbf{Ax}$ und mit (c) daraus $\mathbf{o} = \mathbf{C}(\mathbf{Ax}) = (\mathbf{CA})\mathbf{x} = \mathbf{Ex} = \mathbf{x}$. Also ist L injektiv und somit auch surjektiv (Folgerung 4.1.9). Folglich gilt (d).
(d) $\Longrightarrow$ (b): Wegen (d) ist L surjektiv und somit auch injektiv (Folgerung 4.1.9). Für jedes $k = 1, \ldots, n$ besitzt die Gleichung $\mathbf{Ax} = L(\mathbf{x}) = \mathbf{e}_k$ genau eine Lösung $\mathbf{x} =: \mathbf{b}_k$. Es sei $\mathbf{B}$ die (n, n)–Matrix mit den Spaltenvektoren $\mathbf{b}_k$. Dann ist $\mathbf{AB}$ die Matrix mit den Spaltenvektoren $\mathbf{e}_1, \ldots, \mathbf{e}_n$, d.h., es gilt $\mathbf{AB} = \mathbf{E}$.
(b) $\Longrightarrow$ (a): Aus $\mathbf{AB} = \mathbf{E}$ folgt

$$\mathbf{B}^\top\mathbf{A}^\top = (\mathbf{AB})^\top = \mathbf{E}^\top = \mathbf{E}. \tag{4.39}$$

Mit den Implikationen (c) $\Longrightarrow$ (d) und (d) $\Longrightarrow$ (b) haben wir auch die Implikation (c) $\Longrightarrow$ (b) bereits bewiesen. Nach (4.39) gilt (c) mit $\mathbf{B}^\top$ anstelle von $\mathbf{C}$ und $\mathbf{A}^\top$ anstelle von $\mathbf{A}$. Also gilt (b) mit $\mathbf{A}^\top$ anstelle von $\mathbf{A}$, d h., es gibt eine Matrix $\mathbf{D} \in \mathbb{K}^{n\times n}$ mit $\mathbf{A}^\top\mathbf{D} = \mathbf{E}$. Hieraus und aus (4.39) folgt $\mathbf{D} = \mathbf{B}^\top$; dies verifiziert man analog der letzten Zeile im Beweis von Satz 4.5.1. Also gilt

$$\mathbf{E} = \mathbf{A}^\top\mathbf{D} = \mathbf{A}^\top\mathbf{B}^\top = (\mathbf{BA})^\top$$

und durch Transponieren folgt $\mathbf{BA} = \mathbf{E}^\top = \mathbf{E}$. Hieraus und aus der vorausgesetzten Gleichung $\mathbf{AB} = \mathbf{E}$ ergibt sich, dass $\mathbf{A}$ invertierbar ist.
(a) $\Longrightarrow$ (c): Man setze $\mathbf{C} := \mathbf{A}^{-1}$. □

Beispiel 4.5.3. Wir wollen die zweireihige Matrix

$$\mathbf{A} = \begin{pmatrix} a & b \\ c & d \end{pmatrix}$$

mit der Rangbedingung auf Invertierbarkeit untersuchen. Zur Bestimmung des Spaltenranges von $\mathbf{A}$ betrachten wir das lineare Gleichungssystem

$$\lambda\begin{pmatrix} a \\ c \end{pmatrix} + \mu\begin{pmatrix} b \\ d \end{pmatrix} = \begin{pmatrix} 0 \\ 0 \end{pmatrix} \tag{4.40}$$

mit den Unbekannten λ und μ. Ist $a = c = 0$, so ist z.B. $\lambda = 1$, $\mu = 0$ eine Lösung. Also ist $\mathrm{Rang}(\mathbf{A})$ = Spaltenrang von $\mathbf{A} < 2$. Nach Satz 4.5.2(a)$\Leftrightarrow$(d) besitzt $\mathbf{A}$ in diesem Falle keine Inverse. Nun sei $a \neq 0$. Dann erhält man aus (4.40) durch eine elementare Zeilenumformung

$$\begin{aligned} \lambda a + \mu b &= 0, \\ \mu\left(d - \tfrac{bc}{a}\right) &= 0. \end{aligned} \tag{4.41}$$

Ist nun $ad - bc = 0$, so hat (4.41) und somit (4.40) Lösungen mit $\mu \neq 0$. Also ist wiederum $\mathrm{Rang}(\mathbf{A}) < 2$ und daher $\mathbf{A}$ nicht invertierbar. Ist aber $ad - bc \neq 0$, dann hat (4.41) nur die Lösung $\mu = 0$ und $\lambda = 0$ (beachte $a \neq 0$). Also gilt $\mathrm{Rang}(\mathbf{A}) = 2$, und nach Satz 4.5.2 besitzt $\mathbf{A}$ eine Inverse. Im Falle $c \neq 0$ schließt man analog. Die Matrix $\mathbf{A}$ ist also genau dann invertierbar, wenn $ad - bc \neq 0$. In diesem Falle gilt

$$\mathbf{A}^{-1} = \frac{1}{ad - bc}\begin{pmatrix} d & -b \\ -c & a \end{pmatrix}. \tag{4.42}$$

Dies bestätigt man, indem man z.B. die Gleichung $\mathbf{AB} = \mathbf{E}$ verifiziert, wobei $\mathbf{B}$ die in (4.42) rechts stehende Matrix bezeichnet, und Satz 4.5.2 anwendet. ◁

Unten behandeln wir ein allgemeines Verfahren zur Berechnung der Inversen von (n,n)–Matrizen.

Satz 4.5.4. (a) *Aus* $\mathbf{A} \in \mathrm{GL}(n,\mathbb{K})$ *folgt* $\mathbf{A}^\top \in \mathrm{GL}(n,\mathbb{K})$ *und* $(\mathbf{A}^\top)^{-1} = (\mathbf{A}^{-1})^\top$.
(b) *Aus* $\mathbf{A} \in \mathrm{GL}(n,\mathbb{K})$ *folgt* $\mathbf{A}^{-1} \in \mathrm{GL}(n,\mathbb{K})$ *und* $(\mathbf{A}^{-1})^{-1} = \mathbf{A}$.
(c) *Aus* $\mathbf{A},\mathbf{B} \in \mathrm{GL}(n,\mathbb{K})$ *folgt* $\mathbf{AB} \in \mathrm{GL}(n,\mathbb{K})$ *und* $(\mathbf{AB})^{-1} = \mathbf{B}^{-1}\mathbf{A}^{-1}$.

Bei (c) beachte man die Vertauschung der Reihenfolge der Faktoren.

Beweis. Nach den Rechenregeln der Matrizenmultiplikation gilt

$$\mathbf{A}^\top(\mathbf{A}^{-1})^\top = (\mathbf{A}^{-1}\mathbf{A})^\top = \mathbf{E}^\top = \mathbf{E}, \quad (\mathbf{A}^{-1})^\top\mathbf{A}^\top = (\mathbf{A}\mathbf{A}^{-1}) = \mathbf{E}^\top = \mathbf{E},$$
$$(\mathbf{AB})(\mathbf{B}^{-1}\mathbf{A}^{-1}) = \mathbf{A}(\mathbf{B}\mathbf{B}^{-1})\mathbf{A}^{-1} = \mathbf{AEA}^{-1} = \mathbf{AA}^{-1} = \mathbf{E}.$$

Dies beweist die Aussagen (a) und (c). Die Aussage (b) folgt unmittelbar aus der Definition der Invertierbarkeit. □

Satz 4.5.5. *Es seien V und W zwei $\mathbb{K}$–Vektorräume mit Basen $\mathcal{B}$ bzw. $\mathcal{C}$ und es gelte* $\dim V = \dim W$. *Für jede lineare Abbildung $L : V \to W$ sind äquivalent:*
(a) *L ist ein Isomorphismus.*
(b) *Die Abbildungsmatrix $\mathbf{A}$ von L bezüglich $\mathcal{B}$ und $\mathcal{C}$ ist invertierbar.*
Gilt (a) *und somit* (b), *dann ist $\mathbf{A}^{-1}$ die Abbildungsmatrix der Umkehrabbildung L^{-1} : $W \to V$ bezüglich $\mathcal{C}$ und $\mathcal{B}$.*

Beweis. (a) $\Longrightarrow$ (b): Sei L ein Isomorphismus und $\mathbf{B}$ die Abbildungsmatrix von L^{-1} bezüglich $\mathcal{C}$ und $\mathcal{B}$. Nach Satz 4.3.5 ist $\mathbf{AB}$ die Abbildungsmatrix von $L \circ L^{-1} : W \to W$; dies ist die identische Abbildung id_W von W, und deren Abbildungsmatrix ist $\mathbf{E}$.

Also gilt $\mathbf{AB} = \mathbf{E}$. Nach Satz 4.5.2 ist $\mathbf{A}$ invertierbar, und es gilt $\mathbf{A}^{-1} = \mathbf{B}$.
(b) $\Longrightarrow$ (a): Sei $\mathbf{A}$ invertierbar und $T : W \to V$ die von $\mathbf{A}^{-1}$ gemäß Satz 4.3.7 erzeugte lineare Abbildung. Dann ist $\mathbf{E} = \mathbf{AA}^{-1}$ die Abbildungsmatrix von $L \circ T : W \to W$, und daher ist $L \circ T = \mathrm{id}_W$. Ist nun $\mathbf{w} \in W$ gegeben und setzt man $\mathbf{v} := T(\mathbf{w})$, so ist $\mathbf{v} \in V$, und es gilt $L(\mathbf{v}) = (L \circ T)(\mathbf{w}) = \mathbf{w}$. Somit ist L surjektiv und nach Folgerung 4.1.9 sogar bijektiv. □

Nun leiten wir ein *Verfahren* zum Invertieren einer Matrix her. Wir erinnern daran, dass eine Matrix $\tilde{\mathbf{E}} \in \mathbb{K}^{m\times m}$ **Elementarmatrix** vom Typ (i) heißt, wenn sie aus der Einheitsmatrix $\mathbf{E} \in \mathbb{K}^{m\times m}$ durch eine elementare Zeilenumformung vom Typ (i) entsteht (i=1,2,3). Der folgende Satz fasst die Ausführungen in Abschnitt 2.4 zusammen.

Satz 4.5.6. (a) *Entsteht die Matrix* $\tilde{\mathbf{A}}$ *aus* $\mathbf{A} \in \mathbb{K}^{m\times n}$ *durch eine elementare Zeilenumformung vom Typ* (i) (i=1,2,3), *so gilt* $\tilde{\mathbf{A}} = \tilde{\mathbf{E}}\mathbf{A}$, *wobei* $\tilde{\mathbf{E}}$ *die zugehörige Elementarmatrix vom Typ* (i) *bezeichnet.*
(b) *Entsteht die Matrix* $\tilde{\mathbf{A}}$ *aus* $\mathbf{A} \in \mathbb{K}^{m\times n}$ *durch endlich viele elementare Zeilenumformungen, so gilt* $\tilde{\mathbf{A}} = \mathbf{PA}$ *mit einer invertierbaren Matrix* $\mathbf{P} \in \mathbb{K}^{m\times m}$, *die das Produkt von Elementarmatrizen ist.*

Nun seien $\mathbf{A} \in \mathbb{K}^{m\times n}$ und $\mathbf{B} \in \mathbb{K}^{m\times s}$ Matrizen mit gleicher Zeilenzahl m. Daraus bilden wir eine Matrix $(\mathbf{A}\,|\,\mathbf{B}) \in \mathbb{K}^{m\times(n+s)}$, indem wir $\mathbf{B}$ spaltenweise rechts neben $\mathbf{A}$ schreiben, z.B.

$$\mathbf{A} = \begin{pmatrix} a_{11} & a_{12} & a_{13} \\ a_{21} & a_{22} & a_{23} \\ a_{31} & a_{32} & a_{33} \end{pmatrix}, \quad \mathbf{B} = \begin{pmatrix} b_{11} & b_{12} \\ b_{21} & b_{22} \\ b_{31} & b_{32} \end{pmatrix}, \quad (\mathbf{A}\,|\,\mathbf{B}) = \begin{pmatrix} a_{11} & a_{12} & a_{13} & b_{11} & b_{12} \\ a_{21} & a_{22} & a_{23} & b_{21} & b_{22} \\ a_{31} & a_{32} & a_{33} & b_{31} & b_{32} \end{pmatrix}.$$

Wir überführen $(\mathbf{A}\,|\,\mathbf{B})$ mit elementaren Zeilenumformungen in $(\tilde{\mathbf{A}}\,|\,\tilde{\mathbf{B}})$, d.h., wir wenden auf $\mathbf{A}$ und $\mathbf{B}$ *dieselben* elementaren Zeilenumformungen an. Nach Satz 4.5.6 gilt mit einer invertierbaren Matrix $\mathbf{P} \in \mathbb{K}^{m\times m}$ die Gleichung $(\tilde{\mathbf{A}}\,|\,\tilde{\mathbf{B}}) = \mathbf{P}(\mathbf{A}\,|\,\mathbf{B}) = (\mathbf{PA}\,|\,\mathbf{PB})$, also

$$\tilde{\mathbf{A}} = \mathbf{PA}, \ \tilde{\mathbf{B}} = \mathbf{PB}. \tag{4.43}$$

A	B
$\tilde{\mathbf{A}}$	$\tilde{\mathbf{B}}$

Schema 1

A	E
Z	Q
E	$\mathbf{A}^{-1}$

Schema 2

Das ist in Schema 1 angedeutet. Als Spezialfall ergibt sich das folgende

Verfahren zum Invertieren einer Matrix (Schema 2)

Gegeben sei eine quadratische Matrix $\mathbf{A} \in \mathbb{K}^{n\times n}$.
1. Durch elementare Zeilenumformungen „von oben nach unten" überführt man $\mathbf{A}$ in

eine Matrix $\mathbf{Z}$ in Stufenform und zugleich $\mathbf{E}$ in eine Matrix $\mathbf{Q}$. *Genau dann ist* $\mathbf{A}$ *invertierbar, wenn gilt:*

$$\text{Alle Diagonalelemente von } \mathbf{Z} \text{ sind } \neq 0. \tag{4.44}$$

(Die Bedingung (4.44) ist nämlich äquivalent zu $\mathrm{Rang}(\mathbf{Z}) = n$, also zu $\mathrm{Rang}(\mathbf{A}) = n$.)

2. Gilt die Bedingung (4.44), dann kann man durch elementare Zeilenumformungen „von unten nach oben“ die Matrix $\mathbf{Z}$ in die (n,n)–Einheitsmatrix $\mathbf{E}$ überführen. Dabei geht $\mathbf{Q}$ über in eine Matrix $\tilde{\mathbf{Q}}$. Es ist $\tilde{\mathbf{Q}} = \mathbf{A}^{-1}$ (Schema 2).
(Die letzte Gleichung folgt aus (4.43): Mit invertierbaren Matrizen $\mathbf{P}_1$, $\mathbf{P}_2$ gilt $\mathbf{Z} = \mathbf{P}_1\mathbf{A}$ und $\mathbf{Q} = \mathbf{P}_1\mathbf{E} = \mathbf{P}_1$ sowie $\mathbf{E} = \mathbf{P}_2\mathbf{Z}$ und $\tilde{\mathbf{Q}} = \mathbf{P}_2\mathbf{Q}$. Wegen $\mathbf{E} = (\mathbf{P}_2\mathbf{P}_1)\mathbf{A}$ folgt $\tilde{\mathbf{Q}} = \mathbf{P}_2\mathbf{P}_1 = \mathbf{A}^{-1}$.)

Beispiel 4.5.7. Gesucht ist die Inverse der folgenden Matrix $\mathbf{A}$.
Lösung. Wir schreiben EZU (i) für *elementare Zeilenumformung vom Typ* (i), i= 2, 3. Gemäß Schema 2 erhält man

	A			**E**			
1	2	−1	1	0	0	$\mid\cdot 1$	
0	1	2	0	1	0		EZU (3) nach unten
−1	3	1	0	0	1	↵	
1	2	−1	1	0	0		
0	1	2	0	1	0	$\mid\cdot(-5)$	
0	5	0	1	0	1	↵	EZU (3) nach unten
1	2	−1	1	0	0	↰	
0	1	2	0	1	0	$\mid\cdot(-2)$	EZU (3) nach oben
0	0	−10	1	−5	1		
1	0	−5	1	−2	0	↰	
0	1	2	0	1	0	↰	EZU (3) nach oben
0	0	−10	1	−5	1	$\mid\cdot\frac{1}{5}\mid\cdot(-\frac{1}{2})$	
1	0	0	$\frac{1}{2}$	$\frac{1}{2}$	$-\frac{1}{2}$		
0	1	0	$\frac{1}{5}$	0	$\frac{1}{5}$		
0	0	−10	1	−5	1	$\mid\cdot(-\frac{1}{10})$	EZU (2)
1	0	0	$\frac{1}{2}$	$\frac{1}{2}$	$-\frac{1}{2}$		
0	1	0	$\frac{1}{5}$	0	$\frac{1}{5}$		
0	0	1	$-\frac{1}{10}$	$\frac{1}{2}$	$-\frac{1}{10}$		
	E			$\mathbf{A}^{-1}$			

Wir zeigen noch, wie man mit MAPLE–Anweisungen die Inverse von $\mathbf{A}$ bestimmen kann.

```
> with(LinearAlgebra):
> A:=Matrix([[1,2,-1],[0,1,2],[-1,3,1]]);
```

$$A := \begin{bmatrix} 1 & 2 & -1 \\ 0 & 1 & 2 \\ -1 & 3 & 1 \end{bmatrix}$$

```
> B:=MatrixInverse(A);
```

$$B := \begin{bmatrix} \frac{1}{2} & \frac{1}{2} & \frac{-1}{2} \\ \frac{1}{5} & 0 & \frac{1}{5} \\ \frac{-1}{10} & \frac{1}{2} & \frac{-1}{10} \end{bmatrix}$$

◁

Nun betrachten wir eine **Matrixgleichung**

$$\mathbf{AX} = \mathbf{B}. \tag{4.45}$$

Hierbei seien die Matrizen $\mathbf{A} \in \mathbb{K}^{n\times n}$ und $\mathbf{B} \in \mathbb{K}^{n\times s}$ gegeben, und die Matrix $\mathbf{X} \in \mathbb{K}^{n\times s}$ ist gesucht. Ist $\mathbf{A}$ invertierbar, so ist die Aufgabe eindeutig lösbar, und es gilt

$$\mathbf{AX} = \mathbf{B} \quad \Longleftrightarrow \quad \mathbf{A}^{-1}\mathbf{AX} = \mathbf{A}^{-1}\mathbf{B} \quad \Longleftrightarrow \quad \mathbf{X} = \mathbf{A}^{-1}\mathbf{B}.$$

Analog zur Matrixinversion (die der Spezialfall $\mathbf{B} = \mathbf{E}$ ist) erhält man das

Verfahren zum Lösen einer Matrixgleichung (Schema 3)

1. Durch elementare Zeilenumformungen überführt man $\mathbf{A}$ in eine Matrix $\mathbf{Z}$ in Zeilenstufenform und $\mathbf{B}$ in eine Matrix $\mathbf{Q}$.
2. Gilt die Bedingung (4.44), so ist die Gleichung (4.45) eindeutig lösbar. Durch elementare Zeilenumformungen „von unten nach oben“ kann man die Matrix $\mathbf{Z}$ in die Einheitsmatrix $\mathbf{E} \in \mathbb{K}^{n\times n}$ überführen. Dabei geht die Matrix $\mathbf{Q}$ über in eine Matrix $\tilde{\mathbf{Q}}$. Es gilt $\tilde{\mathbf{Q}} = \mathbf{A}^{-1}\mathbf{B} = \mathbf{X}$ (Schema 3).

A	B
Z	Q
E	$\mathbf{A}^{-1}\mathbf{B}$

Schema 3

Wegen des hohen Rechenaufwandes und des häufig ungünstigen Verhaltens gegenüber Rundungsfehlern sollte man die explizite Berechnung der Inversen möglichst vermeiden. In diesem Zusammenhang ist die folgende Feststellung wichtig.

Bemerkung. Die Matrixgleichung (4.45) ist äquivalent zu den s linearen Gleichungssystemen

$$\mathbf{A}\mathbf{x}_k = \mathbf{b}_k, \quad k = 1, \ldots, s, \tag{4.46}$$

wobei $\mathbf{b}_k$ den k–ten Spaltenvektor der Matrix $\mathbf{B}$ bezeichnet. Ist nämlich $\mathbf{x}_k \in \mathbb{K}^n$ Lösung von (4.46), so ist die Matrix $\mathbf{X} := (\mathbf{x}_1 \,|\, \cdots \,|\, \mathbf{x}_s)$ Lösung von (4.45) und umgekehrt.

Man beachte, dass bei der Lösung der s linearen Gleichungssysteme der Gaußsche Algorithmus (vgl. Kapitel 2) auf die Matrix $\mathbf{A}$ nur einmal angewendet werden muss.

Im folgenden Abschnitt untersuchen wir die Lösbarkeit linearer Gleichungssysteme (auch bei nichtinvertierbarer und sogar bei nichtquadratischer Matrix $\mathbf{A}$) mit den bereitgestellten Kenntnissen über lineare Abbildungen und Matrizen.

4.6 Lineare Gleichungssysteme

Wir betrachten das Gleichungssystem

$$\mathbf{Ax} = \mathbf{b}. \tag{4.47}$$

Hierbei sind die *Koeffizientenmatrix* $\mathbf{A} = (a_{ik}) \in \mathbb{K}^{m\times n}$ und der *Vektor der rechten Seite* $\mathbf{b} \in \mathbb{K}^m$ gegeben. Gesucht sind Lösungen $\mathbf{x} \in \mathbb{K}^n$ von (4.47). Man bezeichnet (4.47) als **lineares Gleichungssystem**, weil die von der Matrix $\mathbf{A}$ gemäß $L(\mathbf{x}) := \mathbf{Ax}$ erzeugte Abbildung $L : \mathbb{K}^n \to \mathbb{K}^m$ linear ist. Dieser Sachverhalt hat zur Folge, dass das Lösungsverhalten von (4.47) sehr übersichtlich beschreibbar ist.

Ist $\mathbf{b} = \mathbf{o}$, so heißt das lineare Gleichungssystem (4.47) **homogen**, andernfalls **inhomogen**. Ist (4.47) inhomogen, so heißt

$$\mathbf{Ax} = \mathbf{o} \tag{4.48}$$

zu (4.47) *gehöriges homogenes Gleichungssystem.* Es ist

$$M(\mathbf{b}) := \{\mathbf{x} \in \mathbb{K}^n \mid \mathbf{Ax} = \mathbf{b}\}$$

die *Lösungsmenge* von (4.47). Insbesondere ist $M(\mathbf{o})$ die Lösungsmenge von (4.48).

Ausführlich geschrieben, sieht (4.47) so aus:

$$\begin{aligned} a_{11}x_1 + \cdots + a_{1n}x_n &= b_1 \\ \vdots \qquad\qquad & \quad \vdots \\ a_{i1}x_1 + \cdots + a_{in}x_n &= b_i \\ \vdots \qquad\qquad & \quad \vdots \\ a_{m1}x_1 + \cdots + a_{mn}x_n &= b_m. \end{aligned} \tag{4.49}$$

Dies ist also ein System aus m linearen Gleichungen für die n Unbekannten $x_1, \ldots, x_n$.

Wir erinnern daran, dass $(\mathbf{A} \mid \mathbf{b})$ die $(m, n+1)$–Matrix bezeichnet, die aus $\mathbf{A}$ durch Hinzufügen des Vektors $\mathbf{b}$ als $(n+1)$–te Spalte entsteht. Der folgende Satz gibt umfassende Auskunft über die Lösbarkeit und die Struktur der Lösungsmengen von (4.47) und (4.48).

Satz 4.6.1. *Gegeben seien eine Matrix* $\mathbf{A} \in \mathbb{K}^{m\times n}$ *und ein Vektor* $\mathbf{b} \in \mathbb{K}^m$.
(a) *Das inhomogene System* (4.47) *ist genau dann lösbar, wenn die folgende* Rangbedingung *gilt:*

$$\mathrm{Rang}(\mathbf{A}\,|\,\mathbf{b}) = \mathrm{Rang}(\mathbf{A}). \tag{4.50}$$

(b) *Die Lösungsmenge* $M(\mathbf{o})$ *des homogenen Systems* (4.48) *ist ein Untervektorraum von* $\mathbb{K}^n$, *und es gilt*

$$\dim M(\mathbf{o}) = n - \mathrm{Rang}(\mathbf{A}). \tag{4.51}$$

(c) *Ist die Rangbedingung* (4.50) *erfüllt, so hat die Lösungsmenge des inhomogenen Systems* (4.47) *die Form*

$$M(\mathbf{b}) = \mathbf{x}^* + M(\mathbf{o}), \quad \textit{wobei } \mathbf{x}^* \in M(\mathbf{b}). \tag{4.52}$$

Beweis. Wir definieren $L : \mathbb{K}^n \to \mathbb{K}^m$ und $\tilde{L} : \mathbb{K}^{n+1} \to \mathbb{K}^m$ durch

$$L(\mathbf{x}) := \mathbf{A}\mathbf{x},\ \mathbf{x} \in \mathbb{K}^n, \quad \tilde{L}(\tilde{\mathbf{x}}) := (\mathbf{A}\,|\,\mathbf{b})\tilde{\mathbf{x}},\ \tilde{\mathbf{x}} \in \mathbb{K}^{n+1}.$$

Für die Standardbasen $(\mathbf{e}_1, \ldots, \mathbf{e}_n)$ von $\mathbb{K}^n$ und $(\tilde{\mathbf{e}}_1, \ldots, \tilde{\mathbf{e}}_{n+1})$ von $\mathbb{K}^{n+1}$ hat man

$$\tilde{L}(\tilde{\mathbf{e}}_1) = L(\mathbf{e}_1), \ldots, \tilde{L}(\tilde{\mathbf{e}}_n) = L(\mathbf{e}_n),\ \tilde{L}(\tilde{\mathbf{e}}_{n+1}) = \mathbf{b}. \tag{4.53}$$

(a) Es gilt

$$\begin{aligned} &(4.47) \text{ ist lösbar} \iff \mathbf{b} \in \mathrm{Bild}(L) \underset{(4.53)}{\iff} \mathrm{Bild}(\tilde{L}) = \mathrm{Bild}(L) \\ &\iff \mathrm{Rang}(\tilde{L}) = \mathrm{Rang}(L) \iff \mathrm{Rang}(\mathbf{A}\,|\,\mathbf{b}) = \mathrm{Rang}(\mathbf{A}); \end{aligned}$$

wobei die letzte Äquivalenz aus Satz und Definition 4.4.1 folgt.
(b) Es ist $M(\mathbf{o}) = \mathrm{Kern}(L)$ und somit $M(\mathbf{o})$ ein Untervektorraum von $\mathbb{K}^n$ (Satz 4.1.4). Nach Satz 4.1.8 gilt weiter $\dim M(\mathbf{o}) = n - \mathrm{Rang}(L) = n - \mathrm{Rang}(\mathbf{A})$.
(c) Es sei $\mathbf{x}^*$ eine (feste) Lösung von (4.47). Für jede Lösung $\mathbf{x}$ von (4.47) gilt dann

$$\mathbf{A}(\mathbf{x} - \mathbf{x}^*) = \mathbf{A}\mathbf{x} - \mathbf{A}\mathbf{x}^* = \mathbf{b} - \mathbf{b} = \mathbf{o}.$$

Also ist $\mathbf{x} - \mathbf{x}^* \in M(\mathbf{o})$ und somit $\mathbf{x} \in \mathbf{x}^* + M(\mathbf{o})$. Umgekehrt ist jedes solche $\mathbf{x}$ eine Lösung von (4.47). □

Bemerkung. Das homogene System (4.48), also $\mathbf{A}\mathbf{x} = \mathbf{o}$, besitzt im Falle $\mathrm{Rang}(\mathbf{A}) < n$ genau $s := n - \mathrm{Rang}(\mathbf{A})$ linear unabhängige Lösungen $\mathbf{x}_1, \ldots, \mathbf{x}_s$ (Satz 4.6.1(b)). Jede Lösung $\mathbf{x}_h$ von (4.48) ist dann darstellbar in der Form

$$\mathbf{x}_h = \lambda_1\mathbf{x}_1 + \cdots + \lambda_s\mathbf{x}_s, \quad \text{wobei } \lambda_1, \ldots, \lambda_s \in \mathbb{K}. \tag{4.54}$$

Ist $\mathrm{Rang}(\mathbf{A}) = n$, so besitzt (4.48) nur die (sog. *triviale*) Lösung $\mathbf{x}_h = \mathbf{o}$.
Man beachte: Das homogene System ist stets lösbar. Das inhomogene System (4.47),

also $\mathbf{Ax} = \mathbf{b}$, ist genau dann lösbar, wenn die Rangbedingung (4.50) erfüllt ist. In diesem Falle ist jede Lösung $\mathbf{x}$ von (4.47) nach Satz 4.6.1(c) darstellbar in der Form

$$\mathbf{x} = \mathbf{x}^* + \mathbf{x}_h. \tag{4.55}$$

Man nennt $\mathbf{x}_h$ in (4.54) *allgemeine Lösung* von (4.48), wenn die Zahlen $\lambda_1, \ldots, \lambda_s$ beliebig sind. Analog nennt man $\mathbf{x}$ in (4.55) *allgemeine Lösung* von (4.47), wenn $\mathbf{x}_h$ allgemeine Lösung von (4.48) ist. Die Darstellung (4.55) besagt also, dass *die allgemeine Lösung* $\mathbf{x}$ *des inhomogenen Systems* (4.47) *die Summe aus einer speziellen Lösung* $\mathbf{x}^*$ *des inhomogenen Systems und der allgemeinen Lösung* $\mathbf{x}_h$ *des zugehörigen homogenen Systems* (4.48) *ist.*

Im Falle $m = n$ (Anzahl der Gleichungen = Anzahl der Unbekannten) gilt außerdem:

Satz 4.6.2. *Gegeben sei eine quadratische Matrix* $\mathbf{A} \in \mathbb{K}^{n \times n}$. *Dann sind die folgenden Aussagen äquivalent:*
(a) *Für jeden Vektor* $\mathbf{b} \in \mathbb{K}^n$ *hat das inhomogene System* $\mathbf{Ax} = \mathbf{b}$ genau eine *Lösung* $\mathbf{x} \in \mathbb{K}^n$.
(b) *Das homogene System* $\mathbf{Ax} = \mathbf{o}$ *hat nur die Lösung* $\mathbf{x} = \mathbf{o}$.
(c) *Die Matrix* $\mathbf{A}$ *ist invertierbar.*
Gilt (c) *und somit* (a), *dann ist* $\mathbf{x} = \mathbf{A}^{-1}\mathbf{b}$ *die Lösung von* $\mathbf{Ax} = \mathbf{b}$.

Beweis. Nach Satz 4.5.2 ist $\mathbf{A}$ genau dann invertierbar, wenn $\text{Rang}(\mathbf{A}) = n$ gilt. Hiermit folgen die Behauptungen von Satz 4.6.2 aus Satz 4.6.1. □

Die praktische Lösung eines linearen Gleichungssystems sollte man in der Regel nicht mittels der inversen Matrix $\mathbf{A}^{-1}$ sondern mit dem Gaußschen Algorithmus (s. Kapitel 2) oder einem anderen numerischen Verfahren vornehmen.

Geometrische Interpretation

Wir wollen lineare Gleichungssysteme und ihre Lösungsmengen geometrisch, also in einem affinen Raum, interpretieren. Zur Vereinfachung der Bezeichnungen betrachten wir $\mathbb{K}^n$ als affinen Raum bezüglich $\mathbb{K}^n$, deuten die Elemente von $\mathbb{K}^n$ also als Punkte (s. Satz 3.4.1 und Beispiel 3.4.2).

Wir betrachten das lineare Gleichungssystem (4.49). Dessen i–te Zeile ($i = 1, \ldots, m$) lautet

$$a_{i1}x_1 + \cdots + a_{in}x_n = b_i. \tag{4.56}$$

Die durch

$$f_i(\mathbf{x}) := a_{i1}x_1 + \cdots + a_{in}x_n, \quad \mathbf{x} = (x_1, \ldots, x_n)^\top \in \mathbb{K}^n,$$

definierte Funktion $f_i : \mathbb{K}^n \to \mathbb{K}$ ist linear. Die Lösungsmenge $M_i(b_i)$ von (4.56) hat nach Satz 4.6.1(c) mit $m = 1$ die Form

$$M_i(b_i) = \mathbf{x}^* + \text{Kern}(f_i), \quad \text{wobei } \mathbf{x}^* \in M_i(b_i).$$

Wir setzen voraus, dass nicht alle $a_{i1}, \ldots, a_{in}$ gleich Null sind. (Andernfalls ist die i–te Gleichung in dem Gleichungssystem (4.49) überflüssig.) Dann ist $\text{Bild}(f_i) = \mathbb{K}$, also $\text{Rang}(f_i) = \dim \text{Bild}(f_i) = 1$. Die Dimensionsformel (Satz 4.1.8) ergibt $\dim \text{Kern}(f_i) = n - 1$. Somit ist $M_i(b_i)$ eine *Hyperebene* in dem affinen Raum $\mathbb{K}^n$.

Die Lösungsmenge $M_i(0)$ der zu (4.56) gehörigen homogenen Gleichung $f_i(\mathbf{x}) = 0$ ist

$$M_i(0) = \text{Kern}(f_i);$$

dies ist die zu $M_i(b_i)$ parallele Hyperebene durch den Nullpunkt (Bild 4.5).

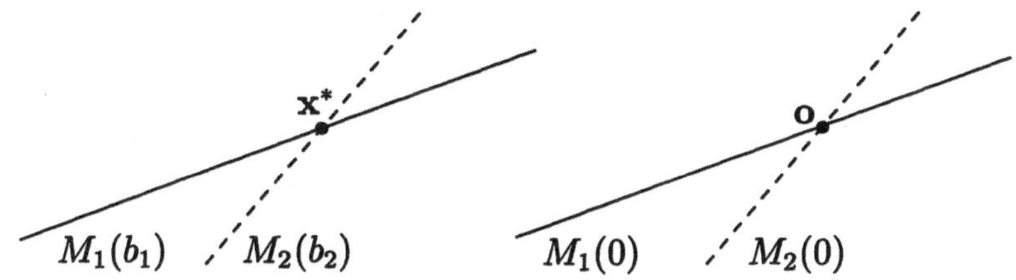

Bild 4.5: Der Schnitt von Hyperebenen

Ein Punkt $\mathbf{x} = (x_1, \ldots, x_n)^\mathsf{T} \in \mathbb{K}^n$ ist genau dann Lösung des linearen Gleichungssystems (4.49), wenn er allen Hyperebenen $M_1(b_1), \ldots, M_m(b_m)$ angehört. Die Lösungsmenge $M(\mathbf{b})$ von (4.49) können wir also interpretieren als das Schnittgebilde dieser Hyperebenen. Als Durchschnitt von affinen Unterräumen ist $M(\mathbf{b})$ entweder leer oder selbst ein affiner Unterraum von $\mathbb{K}^n$. Der affine Unterraum $M(\mathbf{o})$ enthält stets den Nullpunkt $\mathbf{o}$. In dieser geometrischen Terminologie besagt Satz 4.6.1 Folgendes.

Bemerkung. (a) Genau dann schneiden sich die Hyperebenen $M_1(b_1), \ldots, M_m(b_m)$ in mindestens einem Punkt, wenn die Rangbedingung (4.50) erfüllt ist.
(b) $M(\mathbf{o})$ ist ein (den Nullpunkt $\mathbf{o}$ enthaltender) affiner Unterraum von $\mathbb{K}^n$ der Dimension $n - \text{Rang}(\mathbf{A})$.
(c) Gilt die Rangbedingung (4.50), so ist $M(\mathbf{b})$ ein zu $M(\mathbf{o})$ paralleler affiner Unterraum von $\mathbb{K}^n$ und hat ebenfalls die Dimension $n - \text{Rang}(\mathbf{A})$.

Beispiel 4.6.3. Wir betrachten das lineare Gleichungssystem

$$\mathbf{A}\mathbf{x} = \mathbf{b}, \quad \text{wobei} \quad \mathbf{A} := \begin{pmatrix} 1 & 2 & 5 \\ 3 & 7 & -4 \\ 1 & 3 & -14 \end{pmatrix}, \qquad \mathbf{b} := \begin{pmatrix} -3 \\ -2 \\ 4 \end{pmatrix}. \tag{4.57}$$

Man kann nachrechnen, dass $\text{Rang}(\mathbf{A} \mid \mathbf{b}) = 2 = \text{Rang}(\mathbf{A})$ gilt. Die Rangbedingung ist also erfüllt, und die Lösungsmenge $M(\mathbf{o})$ des zugehörigen homogenen Systems $\mathbf{A}\mathbf{x} = \mathbf{o}$ ist ein Untervektorraum von $\mathbb{R}^3$ der Dimension 1 (= 3 − 2). Als Lösungen erhält man

$$M(\mathbf{o}) = \{\mathbf{x} \in \mathbb{R}^3 \mid \mathbf{x} = \lambda\,(-43, 19, 1)^\mathsf{T},\ \lambda \in \mathbb{R}\},$$
$$M(\mathbf{b}) = \{\mathbf{x} \in \mathbb{R}^3 \mid \mathbf{x} = (-17, 7, 0)^\mathsf{T} + \lambda\,(-43, 19, 1)^\mathsf{T},\ \lambda \in \mathbb{R}\}.$$

Im affinen Raum $\mathbb{R}^3$ sind $M(\mathbf{o})$ und $M(\mathbf{b})$ parallele Geraden. Den drei Gleichungen des gegebenen Systems (4.57) entsprechen drei Ebenen in $\mathbb{R}^3$. Diese schneiden sich in der Geraden $M(\mathbf{b})$. ◁

Transponiertes Gleichungssystem

Wir betrachten wieder das inhomogene lineare Gleichungssystem $\mathbf{Ax} = \mathbf{b}$, also

$$\begin{aligned} a_{11}x_1 + \cdots + a_{1n}x_n &= b_1 \\ \vdots \qquad\qquad & \quad \vdots \\ a_{i1}x_1 + \cdots + a_{in}x_n &= b_i \\ \vdots \qquad\qquad & \quad \vdots \\ a_{m1}x_1 + \cdots + a_{mn}x_n &= b_m \end{aligned}$$

und daneben das homogene transponierte Gleichungssystem $\mathbf{A}^\mathsf{T}\mathbf{u} = \mathbf{o}$, also

$$\begin{aligned} a_{11}u_1 + \cdots + a_{i1}u_i + \cdots + a_{m1}u_m &= 0 \\ \vdots \qquad\qquad\qquad & \quad \vdots \\ a_{1n}u_1 + \cdots + a_{in}u_i + \cdots + a_{mn}u_m &= 0. \end{aligned}$$

In Satz 4.6.1 haben wir die Lösbarkeit des Systems $\mathbf{Ax} = \mathbf{b}$ mittels der Rangbedingung (4.50) charakterisiert. Jetzt geben wir eine Charakterisierung unter Verwendung des homogenen transponierten Systems an. Diese Aussage wird in der Optimierungstheorie benötigt.

Satz 4.6.4. *Gegeben seien eine Matrix* $\mathbf{A} \in \mathbb{K}^{m\times n}$ *und ein Vektor* $\mathbf{b} \in \mathbb{K}^m$. *Dann sind die folgenden Aussagen äquivalent:*
(a) *Das System* $\mathbf{Ax} = \mathbf{b}$ *besitzt eine Lösung* $\mathbf{x} \in \mathbb{K}^n$.
(b) *Für jede Lösung* $\mathbf{u} \in \mathbb{K}^m$ *von* $\mathbf{A}^\mathsf{T}\mathbf{u} = \mathbf{o}$ *gilt* $\mathbf{b}^\mathsf{T}\mathbf{u} = 0$.

Beweis. Wir versehen $\mathbb{K}^m$ und $\mathbb{K}^n$ mit den Standardbasen und betrachten die durch $L(\mathbf{x}) := \mathbf{Ax}$, $\mathbf{x} \in \mathbb{K}^n$, definierte lineare Abbildung $L : \mathbb{K}^n \to \mathbb{K}^m$. Nach den Sätzen 4.2.6 und 4.2.7 gilt

$$\mathrm{Bild}(L) = \mathrm{Bild}(L)^{\circ\circ} = \mathrm{Kern}(L^*)^\circ.$$

Hiermit folgt

$$\text{(a)} \iff \mathbf{b} \in \mathrm{Bild}(L) \iff \text{Aus } \mathbf{u} \in \mathrm{Kern}(L^*) \text{ folgt } \mathbf{b}^\mathsf{T}\mathbf{u} = 0. \tag{4.58}$$

Da $\mathbf{A}^\mathsf{T}$ die Abbildungsmatrix der dualen Abbildung L^* ist (Satz 4.3.9), ist $\mathbf{u} \in \mathrm{Kern}(L^*)$ gleichbedeutend mit $\mathbf{A}^\mathsf{T}\mathbf{u} = \mathbf{o}$. Die in (4.58) rechts stehende Aussage ist also gerade die Aussage (b). □

4.7 Koordinatentransformation

In diesem Abschnitt untersuchen wir, wie sich bei einem Basiswechsel in einem Vektorraum die Koordinatenvektoren der Elemente und die Abbildungsmatrix einer linearen Abbildung ändern. Weiter beschreiben wir die Koordinatentransformation in einem affinen Raum.

Koordinatentransformation in einem Vektorraum

Es sei V ein n–dimensionaler Vektorraum mit den Basen $\mathcal{B} = (\mathbf{v}_1, \ldots, \mathbf{v}_n)$ und $\tilde{\mathcal{B}} = (\tilde{\mathbf{v}}_1, \ldots, \tilde{\mathbf{v}}_n)$. Für $\mathbf{v} \in V$ gelte

$$\begin{aligned} \mathbf{v} &= x_1\mathbf{v}_1 + \cdots + x_n\mathbf{v}_n, \\ \mathbf{v} &= \tilde{x}_1\tilde{\mathbf{v}}_1 + \cdots + \tilde{x}_n\tilde{\mathbf{v}}_n, \end{aligned}$$

d.h., es ist

$$\begin{aligned} \mathbf{x} &:= (x_1, \ldots, x_n)^\top = (\mathbf{v})_{\mathcal{B}} \quad \text{der Koordinatenvektor von } \mathbf{v} \text{ bezüglich } \mathcal{B}, \\ \tilde{\mathbf{x}} &:= (\tilde{x}_1, \ldots, \tilde{x}_n)^\top = (\mathbf{v})_{\tilde{\mathcal{B}}} \quad \text{der Koordinatenvektor von } \mathbf{v} \text{ bezüglich } \tilde{\mathcal{B}}. \end{aligned}$$

Gesucht ist der Zusammenhang zwischen $\mathbf{x}$ und $\tilde{\mathbf{x}}$.

Wir stellen die Basisvektoren $\tilde{\mathbf{v}}_1, \ldots, \tilde{\mathbf{v}}_n$ bezüglich der Basis $\mathcal{B}$ dar:

$$\begin{aligned} \tilde{\mathbf{v}}_1 &= t_{11}\mathbf{v}_1 + \cdots + t_{n1}\mathbf{v}_n \\ &\vdots \\ \tilde{\mathbf{v}}_n &= t_{1n}\mathbf{v}_1 + \cdots + t_{nn}\mathbf{v}_n. \end{aligned}$$

Wir setzen also

$$(\tilde{\mathbf{v}}_1)_{\mathcal{B}} = \Phi_{\mathcal{B}}^{-1}(\tilde{\mathbf{v}}_1) = \begin{pmatrix} t_{11} \\ \vdots \\ t_{n1} \end{pmatrix}, \ldots, (\tilde{\mathbf{v}}_n)_{\mathcal{B}} = \Phi_{\mathcal{B}}^{-1}(\tilde{\mathbf{v}}_n) = \begin{pmatrix} t_{1n} \\ \vdots \\ t_{nn} \end{pmatrix}; \tag{4.59}$$

hierbei bezeichnet $\Phi_{\mathcal{B}} : \mathbb{K}^n \to V$ den kanonischen Isomorphismus bezüglich der Basis $\mathcal{B}$ (s. die Bemerkung nach dem Beweis von Satz 4.1.7). Aus den Vektoren in (4.59) bilden wir die Matrix

$$\mathbf{T} := \left((\tilde{\mathbf{v}}_1)_{\mathcal{B}} \,\middle|\, \cdots \,\middle|\, (\tilde{\mathbf{v}}_n)_{\mathcal{B}}\right) = \begin{pmatrix} t_{11} & \cdots & t_{1n} \\ \vdots & & \vdots \\ t_{n1} & \cdots & t_{nn} \end{pmatrix}. \tag{4.60}$$

Es gilt

$$\mathbf{T}\tilde{\mathbf{x}} = \begin{pmatrix} t_{11} & \cdots & t_{1n} \\ \vdots & & \vdots \\ t_{n1} & \cdots & t_{nn} \end{pmatrix} \begin{pmatrix} \tilde{x}_1 \\ \vdots \\ \tilde{x}_n \end{pmatrix} = \tilde{x}_1 \begin{pmatrix} t_{11} \\ \vdots \\ t_{n1} \end{pmatrix} + \cdots + \tilde{x}_n \begin{pmatrix} t_{1n} \\ \vdots \\ t_{nn} \end{pmatrix}.$$

Mit (4.59) und wegen der Linearität von $\Phi_{\mathcal{B}}^{-1}$ folgt weiter

$$\mathbf{T}\tilde{\mathbf{x}} = \tilde{x}_1\Phi_{\mathcal{B}}^{-1}(\tilde{\mathbf{v}}_1) + \cdots + \tilde{x}_n\Phi_{\mathcal{B}}^{-1}(\tilde{\mathbf{v}}_n) = \Phi_{\mathcal{B}}^{-1}(\tilde{x}_1\tilde{\mathbf{v}}_1 + \cdots + \tilde{x}_n\tilde{\mathbf{v}}_n) = (\mathbf{v})_{\mathcal{B}} = \mathbf{x}. \quad (4.61)$$

Wir zeigen, dass die Spaltenvektoren von $\mathbf{T}$ linear unabhängig sind. Es gelte

$$\lambda_1 \begin{pmatrix} t_{11} \\ \vdots \\ t_{n1} \end{pmatrix} + \cdots + \lambda_n \begin{pmatrix} t_{1n} \\ \vdots \\ t_{nn} \end{pmatrix} = \begin{pmatrix} 0 \\ \vdots \\ 0 \end{pmatrix}.$$

Wiederum wegen der Linearität von $\Phi_{\mathcal{B}}^{-1}$ und mit (4.59) folgt

$$\Phi_{\mathcal{B}}^{-1}(\lambda_1\tilde{\mathbf{v}}_1 + \cdots + \lambda_n\tilde{\mathbf{v}}_n) = \lambda_1\Phi_{\mathcal{B}}^{-1}(\tilde{\mathbf{v}}_1) + \cdots + \lambda_n\Phi_{\mathcal{B}}^{-1}(\tilde{\mathbf{v}}_n) = \mathbf{o}.$$

Da $\Phi_{\mathcal{B}}^{-1}$ ein Isomorphismus und somit injektiv ist, schließt man $\lambda_1\tilde{\mathbf{v}}_1 + \cdots + \lambda_n\tilde{\mathbf{v}}_n = \mathbf{o}$. Die lineare Unabhängigkeit von $\tilde{\mathbf{v}}_1, \ldots, \tilde{\mathbf{v}}_n$ impliziert $\lambda_1 = \cdots = \lambda_n = 0$. Also ist der (Spalten–)Rang von $\mathbf{T}$ gleich n und $\mathbf{T}$ somit invertierbar. Aus (4.61) folgen die **Transformationsformeln**

$$\boxed{\mathbf{x} = \mathbf{T}\tilde{\mathbf{x}}, \quad \tilde{\mathbf{x}} = \mathbf{T}^{-1}\mathbf{x}.} \quad (4.62)$$

Die Matrix $\mathbf{T}$ heißt **Transformationsmatrix**. Zusammenfassend erhalten wir den folgenden Satz.

Satz 4.7.1. *Es sei V ein n–dimensionaler Vektorraum mit den Basen $\mathcal{B} = (\mathbf{v}_1, \ldots, \mathbf{v}_n)$ und $\tilde{\mathcal{B}} = (\tilde{\mathbf{v}}_1, \ldots, \tilde{\mathbf{v}}_n)$. Für $\mathbf{v} \in V$ sei*

$\mathbf{x} := (\mathbf{v})_{\mathcal{B}}$ *der Koordinatenvektor von $\mathbf{v}$ bezüglich $\mathcal{B}$,*

$\tilde{\mathbf{x}} := (\mathbf{v})_{\tilde{\mathcal{B}}}$ *der Koordinatenvekor von $\mathbf{v}$ bezüglich $\tilde{\mathcal{B}}$,*

$\mathbf{T}$ *die Matrix, deren k–te Spalte der Koordinatenvektor $(\tilde{\mathbf{v}}_k)_{\mathcal{B}}$ ist $(k = 1, \ldots, n)$.*

Dann ist $\mathbf{T}$ invertierbar, und es gelten die Transformationsformeln (4.62).

Spezialfall

Wir betrachten den Fall

$$V = \mathbb{K}^n, \quad \mathcal{B} = (\mathbf{e}_1, \ldots, \mathbf{e}_n), \quad \tilde{\mathcal{B}} = (\mathbf{d}_1, \ldots, \mathbf{d}_n).$$

Neben der Standardbasis $\mathcal{B}$ sei in $\mathbb{K}^n$ also eine weitere Basis $\tilde{\mathcal{B}}$ gegeben. Wegen $(\mathbf{d}_k)_{\mathcal{B}} = \mathbf{d}_k$ für $k = 1, \ldots, n$ ist

$$\mathbf{T} = (\mathbf{d}_1 | \cdots | \mathbf{d}_n). \quad (4.63)$$

Beispiel 4.7.2. Auf $\mathbb{R}^2$ betrachten wir die Standardbasis $\mathcal{B} = (\mathbf{e}_1, \mathbf{e}_2)$ und die daraus durch Drehung um $-\frac{\pi}{4}$ hervorgehende Basis $\tilde{\mathcal{B}} = (\mathbf{d}_1, \mathbf{d}_2)$. Die Drehmatrix $\mathbf{A}_\varphi$ mit $\varphi = -\frac{\pi}{4}$ ist (s. Beispiel 4.3.3)

$$\mathbf{A}_\varphi = \begin{pmatrix} \cos(-\frac{\pi}{4}) & -\sin(-\frac{\pi}{4}) \\ \sin(-\frac{\pi}{4}) & \cos(-\frac{\pi}{4}) \end{pmatrix} = \tfrac{1}{2}\sqrt{2}\begin{pmatrix} 1 & 1 \\ -1 & 1 \end{pmatrix}.$$

Hiermit erhält man

$$\mathbf{d}_1 = \mathbf{A}_\varphi \mathbf{e}_1 = \tfrac{1}{2}\sqrt{2}\begin{pmatrix} 1 \\ -1 \end{pmatrix}, \quad \mathbf{d}_2 = \mathbf{A}_\varphi \mathbf{e}_2 = \tfrac{1}{2}\sqrt{2}\begin{pmatrix} 1 \\ 1 \end{pmatrix},$$

$$\mathbf{T} \underset{(4.63)}{=} (\mathbf{d}_1 \,|\, \mathbf{d}_2) = \mathbf{A}_\varphi, \quad \mathbf{T}^{-1} = \mathbf{A}_\varphi^{-1} = \mathbf{A}_{-\varphi} = \tfrac{1}{2}\sqrt{2}\begin{pmatrix} 1 & -1 \\ 1 & 1 \end{pmatrix}.$$

Die Gleichung $\mathbf{A}_\varphi^{-1} = \mathbf{A}_{-\varphi}$ bestätigt man, indem man $\mathbf{A}_{-\varphi}\mathbf{A}_\varphi = \mathbf{E}$ zeigt; dies gilt übrigens für beliebiges $\varphi \in \mathbb{R}$.

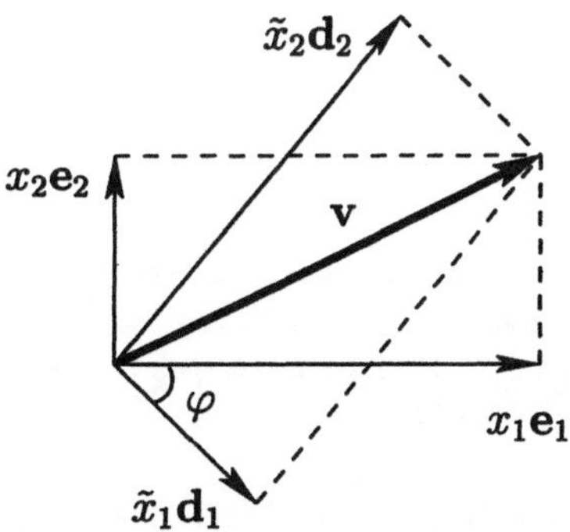

Bild 4.6: Koordinatentransformation in $\mathbb{R}^2$

Ist $\mathbf{v} = x_1\mathbf{e}_1 + x_2\mathbf{e}_2 \in \mathbb{R}^2$ gegeben, so ist $\mathbf{x} = (\mathbf{v})_{\mathcal{B}} = (\mathbf{x_1}, \mathbf{x_2})^\top$ und

$$\tilde{\mathbf{x}} = \begin{pmatrix} \tilde{x}_1 \\ \tilde{x}_2 \end{pmatrix} = \mathbf{T}^{-1}\mathbf{x} = \tfrac{1}{2}\sqrt{2}\begin{pmatrix} x_1 - x_2 \\ x_1 + x_2 \end{pmatrix}.$$

Somit hat $\mathbf{v}$ in der Basis $(\mathbf{d}_1, \mathbf{d}_2)$ die Darstellung (s. Bild 4.6)

$$\mathbf{v} = \tilde{x}_1\mathbf{d}_1 + \tilde{x}_2\mathbf{d}_2, \quad \text{wobei } \tilde{x}_1 = \tfrac{1}{2}\sqrt{2}(x_1 - x_2),\ \tilde{x}_2 = \tfrac{1}{2}\sqrt{2}(x_1 + x_2). \qquad \triangleleft$$

Transformation der Abbildungsmatrix

Nun sei eine lineare Abbildung $L : V \to V$ gegeben. Auf V als Urbildraum und als Bildraum betrachten wir einerseits die Basis $\mathcal{B} = (\mathbf{v}_1, \ldots, \mathbf{v}_n)$ und andererseits die Basis $\tilde{\mathcal{B}} = (\tilde{\mathbf{v}}_1, \ldots, \tilde{\mathbf{v}}_n)$. Es sei

$\mathbf{A} = (a_{ik})$ die Abbildungsmatrix von L bezüglich $\mathcal{B}$,

$\tilde{\mathbf{A}} = (\tilde{a}_{ik})$ die Abbildungsmatrix von L bezüglich $\tilde{\mathcal{B}}$.

Gesucht ist der Zusammenhang zwischen $\mathbf{A}$ und $\tilde{\mathbf{A}}$.

Für beliebiges $\mathbf{v} = \tilde{x}_1 \tilde{\mathbf{v}}_1 + \cdots + \tilde{x}_n \tilde{\mathbf{v}}_n$ gilt

$$L(\mathbf{v}) = \tilde{x}_1 L(\tilde{\mathbf{v}}_1) + \cdots + \tilde{x}_n L(\tilde{\mathbf{v}}_n). \tag{4.64}$$

Nach Satz und Definition 4.3.7 ist $(\tilde{a}_{1k}, \ldots, \tilde{a}_{nk})^\top$ der Koordinatenvektor von $L(\tilde{\mathbf{v}}_k)$ bezüglich der Basis $\tilde{\mathcal{B}}$, d.h., es gilt $L(\tilde{\mathbf{v}}_k) = \tilde{a}_{1k} \tilde{\mathbf{v}}_1 + \cdots + \tilde{a}_{nk} \tilde{\mathbf{v}}_n$ für $k = 1, \ldots, n$. Setzt man dies in (4.64) ein und ordnet nach den Basisvektoren $\tilde{\mathbf{v}}_1, \ldots, \tilde{\mathbf{v}}_n$, so erhält man

$$L(\mathbf{v}) = (\tilde{x}_1 \tilde{a}_{11} + \cdots + \tilde{x}_n \tilde{a}_{1n}) \tilde{\mathbf{v}}_1 + \cdots + (\tilde{x}_1 \tilde{a}_{n1} + \cdots + \tilde{x}_n \tilde{a}_{nn}) \tilde{\mathbf{v}}_n.$$

Hieraus ergibt sich der Koordinatenvektor von $L(\mathbf{v})$ bezüglich $\tilde{\mathcal{B}}$ zu

$$\big(L(\mathbf{v})\big)_{\tilde{\mathcal{B}}} = \begin{pmatrix} \tilde{x}_1 \tilde{a}_{11} + \cdots + \tilde{x}_n \tilde{a}_{1n} \\ \vdots \\ \tilde{x}_1 \tilde{a}_{n1} + \cdots + \tilde{x}_n \tilde{a}_{nn} \end{pmatrix} = \tilde{\mathbf{A}} \tilde{\mathbf{x}}. \tag{4.65}$$

Andererseits ist

$$\begin{aligned} \big(L(\mathbf{v})\big)_{\tilde{\mathcal{B}}} &\underset{(4.62)}{=} \mathbf{T}^{-1}\big(L(\mathbf{v})\big)_{\mathcal{B}} = \mathbf{T}^{-1}(\mathbf{A}\,\mathbf{x}) \\ &= (\mathbf{T}^{-1}\mathbf{A})\,\mathbf{x} \underset{(4.62)}{=} (\mathbf{T}^{-1}\mathbf{A})(\mathbf{T}\,\tilde{\mathbf{x}}) = (\mathbf{T}^{-1}\mathbf{A}\mathbf{T})\,\tilde{\mathbf{x}}. \end{aligned}$$

Das zweite Gleichheitszeichen gilt wegen $\big(L(\mathbf{v})\big)_{\mathcal{B}} = \mathbf{A}\mathbf{x}$ (Satz und Definition 4.3.7). Der Vergleich mit (4.65) führt zu $\tilde{\mathbf{A}}\,\tilde{\mathbf{x}} = (\mathbf{T}^{-1}\mathbf{A}\mathbf{T})\tilde{\mathbf{x}}$. Hierbei ist $\tilde{\mathbf{x}} \in \mathbb{K}^n$ beliebig. Setzt man nun für $\tilde{\mathbf{x}}$ nacheinander $\mathbf{e}_1, \ldots, \mathbf{e}_n$ ein, so folgt die **Transformationsformel**

$$\boxed{\tilde{\mathbf{A}} = \mathbf{T}^{-1}\mathbf{A}\mathbf{T}.} \tag{4.66}$$

Wir haben also die folgende Aussage bewiesen:

Satz 4.7.3. *Es sei V ein n-dimensionaler Vektorraum mit den Basen $\mathcal{B} = (\mathbf{v}_1, \ldots, \mathbf{v}_n)$ und $\tilde{\mathcal{B}} = (\tilde{\mathbf{v}}_1, \ldots, \tilde{\mathbf{v}}_n)$. Weiter sei $L : V \to V$ eine lineare Abbildung, und es bezeichne*

- $\mathbf{A}$ *die Abbildungsmatrix von L bez. $\mathcal{B}$,*
- $\tilde{\mathbf{A}}$ *die Abbildungsmatrix von L bez. $\tilde{\mathcal{B}}$,*
- $\mathbf{T}$ *die Matrix, deren k-te Spalte der Koordinatenvektor $(\tilde{\mathbf{v}}_k)_{\mathcal{B}}$ ist ($k = 1, \ldots, n$).*

Dann gilt die Transformationsformel (4.66).

Bemerkung. Gilt (4.66) mit einer invertierbaren Matrix $\mathbf{T}$, so sagt man, die Matrix $\tilde{\mathbf{A}}$ ist zur Matrix $\mathbf{A}$ *ähnlich.* Ist dies der Fall, so folgt mit Regeln der Matrizenmultiplikation

$$\mathbf{A} = (\mathbf{T}\mathbf{T}^{-1})\mathbf{A}(\mathbf{T}\mathbf{T}^{-1}) = \mathbf{T}(\mathbf{T}^{-1}\mathbf{A}\mathbf{T})\mathbf{T}^{-1} = \mathbf{S}^{-1}\tilde{\mathbf{A}}\mathbf{S};$$

hierbei wurde zuletzt $\mathbf{S} := \mathbf{T}^{-1}$ gesetzt und (4.66) angewendet. Also ist auch $\mathbf{A}$ zu $\tilde{\mathbf{A}}$ ähnlich. Man sagt deshalb, die Matrizen $\mathbf{A}$ und $\tilde{\mathbf{A}}$ sind *zueinander ähnlich* oder kurz: $\mathbf{A}$ und $\tilde{\mathbf{A}}$ sind **ähnliche Matrizen**. Nach Satz 4.7.3 sind also die Abbildungsmatrizen einer linearen Abbildung $L : V \to V$ bezüglich zweier Basen von V stets ähnlich.

Beispiel 4.7.4. Es sei $L : \mathbb{R}^2 \to \mathbb{R}^2$ die lineare Abbildung, die bezüglich der Standardbasis $\mathcal{B} = (\mathbf{e}_1, \mathbf{e}_2)$ die Abbildungsmatrix

$$\mathbf{A} = \begin{pmatrix} 1 & 2 \\ 2 & 1 \end{pmatrix}$$

hat. Die Vektoren $\mathbf{d}_1 = (-1, 1)^\mathsf{T}$ und $\mathbf{d}_2 = (1, 1)^\mathsf{T}$ sind linear unabhängig, also ist auch $\tilde{\mathcal{B}} = (\mathbf{d}_1, \mathbf{d}_2)$ eine Basis von $\mathbb{R}^2$. Wegen $(\mathbf{d}_i)_\mathcal{B} = \mathbf{d}_i$ für $i = 1, 2$ ist

$$\mathbf{T} = (\mathbf{d}_1 |\, \mathbf{d}_2) = \begin{pmatrix} -1 & 1 \\ 1 & 1 \end{pmatrix}, \quad \mathbf{T}^{-1} = -\tfrac{1}{2}\begin{pmatrix} 1 & -1 \\ -1 & -1 \end{pmatrix}.$$

Nach Satz 4.7.3 ergibt sich die Abbildungsmatrix $\tilde{\mathbf{A}}$ von L bezüglich $(\mathbf{d}_1, \mathbf{d}_2)$ zu

$$\tilde{\mathbf{A}} = \mathbf{T}^{-1}\mathbf{A}\mathbf{T} = \begin{pmatrix} -1 & 0 \\ 0 & 3 \end{pmatrix};$$

dies ist eine Diagonalmatrix. ◁

In Kapitel 7 wird gezeigt, dass für eine umfangreiche Klasse von linearen Abbildungen $L : \mathbb{K}^n \to \mathbb{K}^n$ stets eine Basis von $\mathbb{K}^n$ gefunden werden kann, bezüglich der die Abbildungsmatrix von L eine Diagonalmatrix ist.

Koordinatentransformation im affinen Raum $\mathbb{K}_n$

Im affinen Raum $\mathbb{K}_n$ betrachten wir das Standardkoordinatensystem $(p_0, p_1, \ldots, p_n)$, wobei (s. Beispiel 3.4.13)

$$p_0 := o = (0, 0, \ldots, 0),\ p_1 := (1, 0, \ldots, 0),\ p_2 := (0, 1, \ldots, 0), \ldots,\ p_n := (0, 0, \ldots, 1). \tag{4.67}$$

Daneben sei ein weiteres Koordinatensystem $(q_0, q_1, \ldots, q_n)$ in $\mathbb{K}_n$ gegeben (Bild 4.7). Für einen beliebigen Punkt $p \in \mathbb{K}_n$ sei

$$\begin{array}{rcll} \mathbf{x} & = & (x_1, \ldots, x_n)^\mathsf{T} & \text{der Koordinatenvektor von } p \text{ bez. } (p_0, p_1, \ldots, p_n), \\ \tilde{\mathbf{x}} & = & (\tilde{x}_1, \ldots, \tilde{x}_n)^\mathsf{T} & \text{der Koordinatenvektor von } p \text{ bez. } (q_0, q_1, \ldots, q_n), \\ \mathbf{x}^0 & = & (x_1^0, \ldots, x_n^0)^\mathsf{T} & \text{der Koordinatenvektor von } q_0 \text{ bez. } (p_0, p_1, \ldots, p_n). \end{array} \tag{4.68}$$

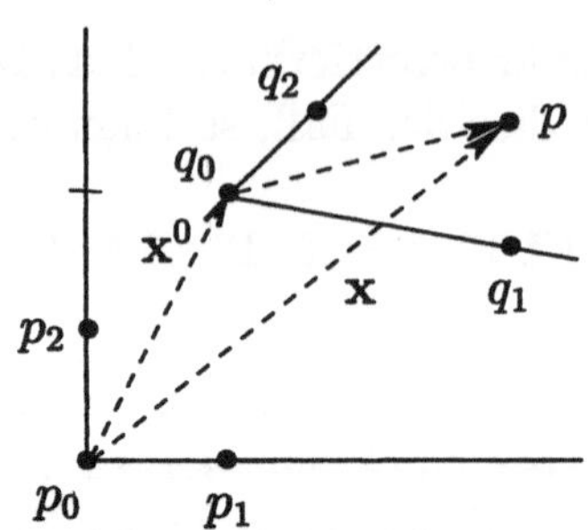

Bild 4.7: Koordinatentransformation in $\mathbb{R}_2$

Mit $\mathbf{d}_k := \overrightarrow{q_0q_k}$ für $k = 1, \ldots, n$ gilt

$$\mathbf{x} = \overrightarrow{p_0p} = \overrightarrow{p_0q_0} + \overrightarrow{q_0p} = \mathbf{x}^0 + (\tilde{x}_1\,\mathbf{d}_1 + \cdots + \tilde{x}_n\,\mathbf{d}_n)$$

und daher

$$\mathbf{x} - \mathbf{x}^0 = \tilde{x}_1\,\mathbf{d}_1 + \cdots + \tilde{x}_n\,\mathbf{d}_n \underset{(4.61)}{=} \mathbf{T}\tilde{\mathbf{x}}.$$

Somit erhalten wir die Transformationsformeln

$$\boxed{\mathbf{x} = \mathbf{x}^0 + \mathbf{T}\,\tilde{\mathbf{x}}, \quad \tilde{\mathbf{x}} = \mathbf{T}^{-1}(\mathbf{x} - \mathbf{x}^0).} \tag{4.69}$$

Hierbei ist (vgl. (4.60))

$$\overrightarrow{q_0q_1} = \mathbf{d}_1 = \begin{pmatrix} t_{11} \\ t_{21} \\ \vdots \\ t_{n1} \end{pmatrix}, \ldots, \overrightarrow{q_0q_n} = \mathbf{d}_n = \begin{pmatrix} t_{1n} \\ t_{2n} \\ \vdots \\ t_{nn} \end{pmatrix}, \quad \mathbf{T} := \begin{pmatrix} t_{11} & \ldots & t_{1n} \\ t_{21} & \ldots & t_{2n} \\ \vdots & & \vdots \\ t_{n1} & \ldots & t_{nn} \end{pmatrix}. \tag{4.70}$$

Wir fassen zusammen:

Satz 4.7.5. *Im affinen Raum $\mathbb{K}_n$ seien das Standardkoordinatensystem $(p_0, \ldots, p_n)$ (siehe* (4.67)*) und ein weiteres Koordinatensystem $(q_0, \ldots, q_n)$ gegeben. Mit den Bezeichnungen gemäß* (4.68) *und* (4.70) *gelten dann die Transformationsformeln* (4.69).

Beispiel 4.7.6. In $\mathbb{R}_2$ betrachten wir das Standardkoordinatensystem (p_0, p_1, p_2) sowie das daraus durch eine Translation längs $\mathbf{x}^0 = (1, 2)^\mathsf{T}$ und eine Drehung um $\varphi = -\frac{\pi}{4}$ hervorgehende Koordinatensystem (q_0, q_1, q_2) (Bild 4.8). Mit der Drehmatrix $\mathbf{A}_\varphi$ nach Beispiel 4.7.4 gilt

$$\mathbf{d}_1 = \overrightarrow{q_0q_1} = \mathbf{A}_\varphi(\mathbf{e}_1) = \tfrac{1}{2}\sqrt{2}\begin{pmatrix} 1 \\ -1 \end{pmatrix}, \quad \mathbf{d}_2 = \overrightarrow{q_0q_2} = \mathbf{A}_\varphi(\mathbf{e}_2) = \tfrac{1}{2}\sqrt{2}\begin{pmatrix} 1 \\ 1 \end{pmatrix}.$$

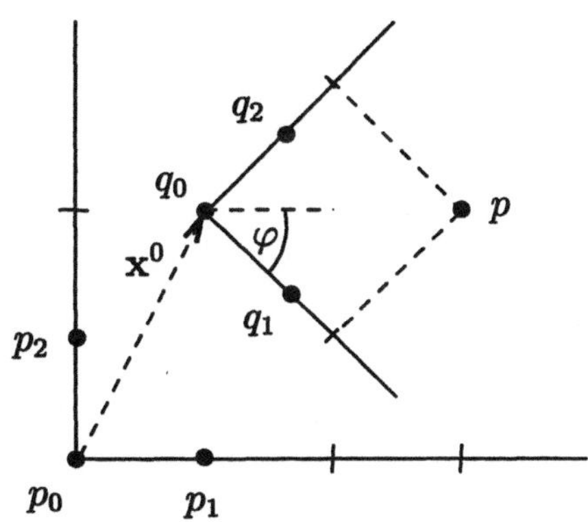

Bild 4.8: Zu Beispiel 4.7.6

Hiermit folgt

$$q_0 = p_0 \oplus \mathbf{x}^0 = (1,2), \quad q_1 = p_0 \oplus (\overrightarrow{p_0q_0} + \mathbf{d}_1) = (1 + \tfrac{1}{2}\sqrt{2},\, 2 - \tfrac{1}{2}\sqrt{2}),$$
$$q_2 = p_0 \oplus (\overrightarrow{p_0q_0} + \mathbf{d}_2) = (1 + \tfrac{1}{2}\sqrt{2},\, 2 + \tfrac{1}{2}\sqrt{2}).$$

Für einen beliebigen Punkt $p = (x_1, x_2) \in \mathbb{R}_2$ ergibt sich mit (4.69) und $\mathbf{T} = \mathbf{A}_\varphi$ (siehe Beispiel 4.7.4) der Koordinatenvektor $\tilde{\mathbf{x}}$ bezüglich (q_0, q_1, q_2) zu

$$\tilde{\mathbf{x}} = \mathbf{T}^{-1} \begin{pmatrix} x_1 - 1 \\ x_2 - 2 \end{pmatrix} = \tfrac{1}{2}\sqrt{2} \begin{pmatrix} x_1 - x_2 + 1 \\ x_1 + x_2 - 3 \end{pmatrix}.$$

Ist z.B. $p = (3,2)$, so folgt $\tilde{\mathbf{x}} = (\sqrt{2}, \sqrt{2})^\mathsf{T}$; im Koordinatensystem (q_0, q_1, q_2) hat p also die Darstellung $p = q_0 \oplus (\sqrt{2}\,\overrightarrow{q_0q_1} + \sqrt{2}\,\overrightarrow{q_0q_2})$. ◁

5 Die Determinante

5.1 Der Flächeninhalt eines Parallelogramms

Für Vektoren $\mathbf{a}, \mathbf{b} \in \mathbb{R}^2$ bezeichnen wir das von ihnen aufgespannte Parallelogramm mit $P(\mathbf{a}, \mathbf{b})$. Das ist die Menge

$$P(\mathbf{a}, \mathbf{b}) := \{\lambda\mathbf{a} + \mu\mathbf{b} \,|\, 0 \le \lambda \le 1,\ 0 \le \mu \le 1\}.$$

Wir interessieren uns jetzt für eine Funktion, mit deren Hilfe man den Flächeninhalt dieses Parallelogramms in Abhängigkeit von $\mathbf{a}$ und $\mathbf{b}$ angeben kann. Um eine solche Funktion $D : \mathbb{R}^2 \times \mathbb{R}^2 \to \mathbb{R}$ zu finden, überlegen wir uns, welche Eigenschaften D haben sollte.

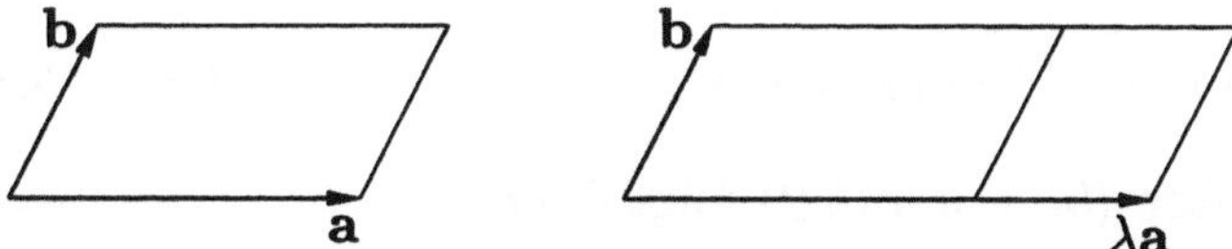

Bild 5.1: Änderung des Flächeninhaltes entsprechend (5.1)

Streckt oder staucht man den Vektor $\mathbf{a}$ um einen Faktor λ, so verändert sich der Flächeninhalt des Parallelogramms um diesen Faktor, vgl. Bild 5.1. Deshalb soll D für jedes reelle λ und alle $\mathbf{a}, \mathbf{b} \in \mathbb{R}^2$ den Bedingungen

$$D(\lambda\mathbf{a}, \mathbf{b}) = \lambda D(\mathbf{a}, \mathbf{b}) \quad \text{und} \quad D(\mathbf{a}, \lambda\mathbf{b}) = \lambda D(\mathbf{a}, \mathbf{b}) \tag{5.1}$$

genügen. Ein negatives λ bewirkt demzufolge auch eine Vorzeichenänderung.

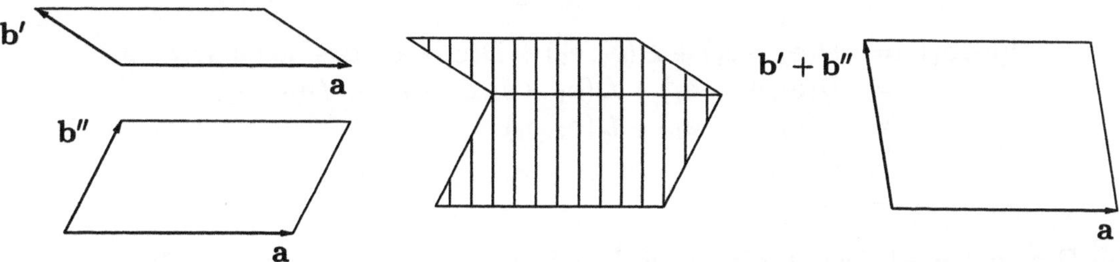

Bild 5.2: Beispiel zu Bedingung (5.2)

Der Flächeninhalt des Parallelogramms $P(\mathbf{a}, \mathbf{b}'+\mathbf{b}'')$ in Bild 5.2 ergibt sich als Summe der Flächeninhalte der Parallelogramme $P(\mathbf{a}, \mathbf{b}')$ und $P(\mathbf{a}, \mathbf{b}'')$. Also verlangen wir für beliebige Vektoren $\mathbf{a}, \mathbf{a}', \mathbf{a}'', \mathbf{b}, \mathbf{b}', \mathbf{b}'' \in \mathbb{R}^2$

$$\begin{aligned} D(\mathbf{a}'+\mathbf{a}'', \mathbf{b}) &= D(\mathbf{a}', \mathbf{b}) + D(\mathbf{a}'', \mathbf{b}) \quad \text{und} \\ D(\mathbf{a}, \mathbf{b}'+\mathbf{b}'') &= D(\mathbf{a}, \mathbf{b}') + D(\mathbf{a}, \mathbf{b}''), \end{aligned} \tag{5.2}$$

vgl. Bild 5.2. Eine weitere Eigenschaft des Flächeninhaltes sollte darin bestehen, dass er gleich Null ist, wenn beide Argumente gleich sind. Deshalb wird

$$D(\mathbf{a}, \mathbf{a}) = 0 \tag{5.3}$$

für alle $\mathbf{a} \in \mathbb{R}^2$ verlangt. Schließlich soll das Einheitsquadrat $P(\mathbf{e}_1, \mathbf{e}_2)$ den Flächeninhalt 1 besitzen. Entsprechend gelte

$$D(\mathbf{e}_1, \mathbf{e}_2) = 1. \tag{5.4}$$

Unter der Annahme, dass es eine Funktion D mit den beschriebenen Eigenschaften tatsächlich gibt, wollen wir nun diese Eigenschaften zur Gewinnung einer konkreten Funktionsvorschrift für D nutzen. Dazu sei

$$\mathbf{a} = (a_1, a_2)^\top = a_1\mathbf{e}_1 + a_2\mathbf{e}_2, \quad \mathbf{b} = (b_1, b_2)^\top = b_1\mathbf{e}_1 + b_2\mathbf{e}_2.$$

Mit den Eigenschaften (5.1) und (5.2) folgt dann

$$D(\mathbf{a}, \mathbf{b}) = D(a_1\mathbf{e}_1, \mathbf{b}) + D(a_2\mathbf{e}_2, \mathbf{b}) = a_1 D(\mathbf{e}_1, \mathbf{b}) + a_2 D(\mathbf{e}_2, \mathbf{b})$$

und

$$D(\mathbf{a}, \mathbf{b}) = a_1(b_1 D(\mathbf{e}_1, \mathbf{e}_1) + b_2 D(\mathbf{e}_1, \mathbf{e}_2)) + a_2(b_1 D(\mathbf{e}_2, \mathbf{e}_1) + b_2 D(\mathbf{e}_2, \mathbf{e}_2)).$$

Wegen (5.3) und (5.4) ergibt dies

$$D(\mathbf{a}, \mathbf{b}) = a_1 b_2 D(\mathbf{e}_1, \mathbf{e}_2) + a_2 b_1 D(\mathbf{e}_2, \mathbf{e}_1) = a_1 b_2 + a_2 b_1 D(\mathbf{e}_2, \mathbf{e}_1).$$

Für $D(\mathbf{e}_2, \mathbf{e}_1)$ erhält man aber unter Beachtung von (5.1) bis (5.4)

$$\begin{aligned} -D(\mathbf{e}_2, \mathbf{e}_1) &= D(\mathbf{e}_2, -\mathbf{e}_1) + D(\mathbf{e}_2, \mathbf{e}_2) + D(\mathbf{e}_1 - \mathbf{e}_2, \mathbf{e}_2 - \mathbf{e}_1) + D(\mathbf{e}_1, \mathbf{e}_1) \\ &= D(\mathbf{e}_2, \mathbf{e}_2 - \mathbf{e}_1) + D(\mathbf{e}_1 - \mathbf{e}_2, \mathbf{e}_2 - \mathbf{e}_1) + D(\mathbf{e}_1, \mathbf{e}_1) \\ &= D(\mathbf{e}_1, \mathbf{e}_2 - \mathbf{e}_1) + D(\mathbf{e}_1, \mathbf{e}_1) \\ &= D(\mathbf{e}_1, \mathbf{e}_2) \\ &= 1, \end{aligned}$$

also $D(\mathbf{e}_2, \mathbf{e}_1) = -1$. Damit folgt schließlich die gewünschte Vorschrift zur Berechnung der Funktion D, nämlich

$$D(\mathbf{a}, \mathbf{b}) = a_1 b_2 - a_2 b_1 \tag{5.5}$$

für alle $\mathbf{a}, \mathbf{b} \in \mathbb{R}^2$. Unter der vorausgesetzten Existenz einer Funktion D mit den Eigenschaften (5.1) bis (5.4) haben wir damit deren Eindeutigkeit gezeigt. Die Existenz weist man leicht nach, indem man zeigt, dass die durch (5.5) gegebene Funktion D den Bedingungen (5.1) bis (5.4) genügt.
Mit Hilfe von Bild 5.3 überlegen wir uns nun noch, dass

$$|\mathbf{a}||\mathbf{b}| \sin \gamma = |a_1 b_2 - a_2 b_1|$$

gleich dem Flächeninhalt des Parallelogramms $P(\mathbf{a}, \mathbf{b})$ ist, wobei wir hier im Vorgriff auf Abschnitt 6.1 unter $|\mathbf{a}|$ und $|\mathbf{b}|$ die Länge der Vektoren $\mathbf{a}$ und $\mathbf{b}$ verstehen.

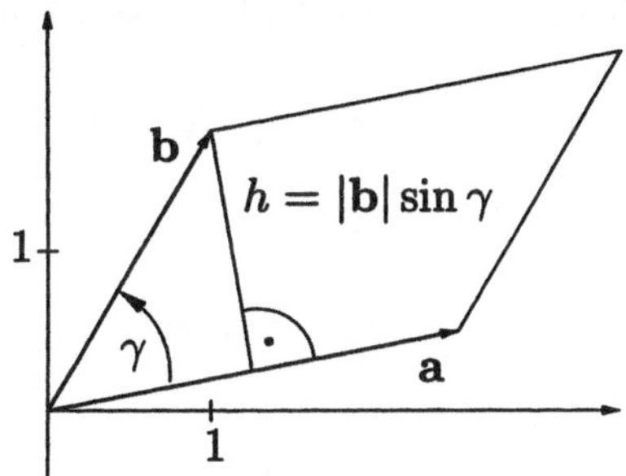

Bild 5.3: Zum Flächeninhalt des Parallelogramms $P(\mathbf{a}, \mathbf{b})$

Demzufolge gibt $|D(\mathbf{a}, \mathbf{b})|$ den Flächeninhalt des Parallelogramms $P(\mathbf{a}, \mathbf{b})$ an.

5.2 Definition der Determinante

An Stelle eines von zwei Vektoren im $\mathbb{R}^2$ aufgespannten Parallelogramms betrachten wir allgemeiner ein von n Vektoren $\mathbf{a}_1, \ldots, \mathbf{a}_n \in \mathbb{K}^n$ aufgespanntes **Parallelotop** (auch *Parallelepiped*)

$$P(\mathbf{a}_1, \ldots, \mathbf{a}_n) := \left\{ \sum_{i=1}^{n} \alpha_i \mathbf{a}_i \,|\, 0 \leq \alpha_i \leq 1 \text{ für } i = 1, \ldots, n \right\}.$$

In Verallgemeinerung des Vorgehens in Abschnitt 5.1 suchen wir jetzt eine Funktion, die n gegebenen Vektoren $\mathbf{a}_1, \ldots, \mathbf{a}_n \in \mathbb{K}^n$ jeweils eine Zahl aus dem Körper $\mathbb{K}$ zuordnet und zu (5.1) bis (5.4) analoge Eigenschaften aufweist. Die folgende Definition gibt die Bedingungen an diese Funktion wieder. Dabei werden die Vektoren $\mathbf{a}_1, \ldots, \mathbf{a}_n$ als Spalten einer Matrix $\mathbf{A} \in \mathbb{K}^{n \times n}$ aufgefasst, d.h.

$$\mathbf{A} = (\mathbf{a}_1 | \cdots | \mathbf{a}_n) = \begin{pmatrix} a_{11} & \cdots & a_{1n} \\ \vdots & & \vdots \\ a_{n1} & \cdots & a_{nn} \end{pmatrix}.$$

Definition. Eine Abbildung $\det : \mathbb{K}^{n \times n} \to \mathbb{K}$ heißt **Determinante**, falls sie folgenden Bedingungen für beliebige $\mathbf{A} \in \mathbb{K}^{n \times n}$, $\mathbf{b} \in \mathbb{K}^n$, $\lambda \in \mathbb{K}$ genügt:

(D1) (*Linearität bezüglich jeder Spalte*)

(a) Für jedes $i \in \{1, \ldots, n\}$ gilt

$$\det(\mathbf{a}_1 \cdots \mathbf{a}_{i-1}\ \lambda\mathbf{a}_i\ \mathbf{a}_{i+1} \cdots \mathbf{a}_n) = \lambda \det(\mathbf{a}_1 \cdots \mathbf{a}_n).$$

(b) Für jedes $i \in \{1, \ldots, n\}$ gilt

$$\det(\mathbf{a}_1 \cdots \mathbf{a}_{i-1}\ \mathbf{a}_i{+}\mathbf{b}\ \mathbf{a}_{i+1} \cdots \mathbf{a}_n) = \det(\mathbf{a}_1 \cdots \mathbf{a}_n) + \det(\mathbf{a}_1 \cdots \mathbf{a}_{i-1}\ \mathbf{b}\ \mathbf{a}_{i+1} \cdots \mathbf{a}_n).$$

(D2) Besitzt $\mathbf{A}$ zwei gleiche Spalten, so gilt $\det \mathbf{A} = 0$.

(D3) Für die Einheitsmatrix $\mathbf{E} \in \mathbb{K}^{n \times n}$ gilt $\det \mathbf{E} = 1$.

Anstelle von $\det \mathbf{A}$ wird manchmal (bei elementweiser Darstellung der Matrix $\mathbf{A}$) auch die Schreibweise

$$\begin{vmatrix} a_{11} & \cdots & a_{1n} \\ \vdots & & \vdots \\ a_{n1} & \cdots & a_{nn} \end{vmatrix} := \det \begin{pmatrix} a_{11} & \cdots & a_{1n} \\ \vdots & & \vdots \\ a_{n1} & \cdots & a_{nn} \end{pmatrix}$$

verwendet. Um bei einer Determinante $\det : \mathbb{K}^{n \times n} \to \mathbb{K}$ auf den Typ der als Argument benutzten Matrizen hinzuweisen, spricht man auch von einer *n–reihigen Determinante.*

In Analogie zu Abschnitt 5.1 entsteht nun wieder die Frage, ob überhaupt eine Abbildung von $\mathbb{K}^{n \times n}$ nach $\mathbb{K}$ mit den in der obigen Definition geforderten Eigenschaften existiert und, wenn ja, ob diese Abbildung eindeutig bestimmt ist. Um beide Fragen zu beantworten, ist der Begriff einer Permutation von Nutzen.

Definition. Es seien n eine positive natürliche Zahl und $N := \{1, \ldots, n\}$. Dann heißt jede bijektive Abbildung $\tau : N \to N$ **Permutation** von N. Die *Menge aller Permutationen* von N wird mit S_n bezeichnet. Falls für eine Permutation $\tau \in S_n$ die Implikation

$$1 \le i < j \le n \quad \Longrightarrow \quad \tau(i) > \tau(j)$$

gilt, so bezeichnet man dies als *Ordnungswidrigkeit* der Permutation τ. Das **Signum** einer Permutation $\tau \in S_n$ ist definiert durch

$$\operatorname{sign}(\tau) := \begin{cases} +1, & \text{falls } \tau \text{ eine gerade Anzahl von Ordnungswidrigkeiten aufweist,} \\ -1, & \text{sonst.} \end{cases}$$

Ist $\operatorname{sign}(\tau) = +1$, so nennt man τ eine **gerade Permutation**, andernfalls wird sie als **ungerade Permutation** bezeichnet.

Die Anzahl aller Permutationen von N, also die Anzahl aller Abbildungen in S_n, ist gleich $n!$.
Bezüglich der Existenz und Eindeutigkeit der Determinante gibt nun der folgende Satz Auskunft.

Satz 5.2.1. *Es existiert genau eine Abbildung* $\det : \mathbb{K}^{n\times n} \to \mathbb{K}$, *die den Bedingungen* (D1), (D2), (D3) *genügt. Für alle* $\mathbf{A} \in \mathbb{K}^{n\times n}$ *gilt die* **Leibnizsche Formel**

$$\det \mathbf{A} = \sum_{\tau\in S_n} \operatorname{sign}(\tau) \cdot a_{\tau(1)1} \cdot a_{\tau(2)2} \cdot \ldots \cdot a_{\tau(n)n}. \tag{5.6}$$

Offenbar enthält jeder Summand auf der rechten Seite der Leibnizschen Formel $n+1$ Faktoren und zwar aus jeder Zeile und aus jeder Spalte der Matrix $\mathbf{A}$ genau ein Element sowie den Vorzeichenfaktor $\operatorname{sign}(\tau)$.
Für $n = 2$ besteht S_2 aus 2 Permutationen, nämlich der identischen Abbildung mit Signum $+1$ und einer Permutation τ, die genau eine Ordnungswidrigkeit aufweist und daher das Signum -1 besitzt. Die Leibnizsche Formel (5.6) liefert damit für $\mathbf{A} = (\mathbf{a}_1|\mathbf{a}_2) \in \mathbb{R}^{2\times 2}$ die Darstellung

$$\det \mathbf{A} = a_{11}a_{22} - a_{21}a_{12}. \tag{5.7}$$

Wegen (5.5) folgt

$$\det \mathbf{A} = D(\mathbf{a}_1, \mathbf{a}_2).$$

Also ist $|\det(\mathbf{a}_1\ \mathbf{a}_2)|$ gleich dem Flächeninhalt des Parallelogramms $P(\mathbf{a}_1, \mathbf{a}_2)$. Dies legt es nahe,

$$|\det(\mathbf{a}_1 \cdots \mathbf{a}_n)|$$

als *Volumen des Parallelotops* $P(\mathbf{a}_1, \ldots, \mathbf{a}_n)$ zu bezeichnen.

Beweisskizze zu Satz 5.2.1. Wir nehmen zunächst an, dass eine Abbildung $\det : \mathbb{K}^{n\times n} \to \mathbb{K}$ mit den Eigenschaften (D1) bis (D3) existiert. Jede solche Abbildung muss der Leibnizschen Formel (5.6) genügen. Das überlegt man sich ähnlich zu unserem Vorgehen bei der Herleitung von Formel (5.5) für Funktionen D mit den Eigenschaften (5.1) bis (5.4). Da also die Leibnizsche Formel für jede Abbildung mit den Eigenschaften (D1) bis (D3) erfüllt ist, kann es höchstens eine solche Abbildung geben.
Nun ist noch die Existenz einer Abbildung $\det : \mathbb{K}^{n\times n} \to \mathbb{K}$ mit den Eigenschaften (D1) bis (D3) zu zeigen. Dazu weist man nach, dass die durch die Leibnizsche Formel (5.6) definierte Abbildung $\mathbf{A} \mapsto \det \mathbf{A}$ diese Eigenschaften besitzt. Wir führen dies hier nur für Eigenschaft (b) von (D1) vor. Für beliebiges $\mathbf{A} \in \mathbb{K}^{n\times n}$ und beliebiges

$\mathbf{b} \in \mathbb{K}^n$ erhalten wir unter Ausnutzung von (5.6)

$$\begin{aligned}\det(\mathbf{a}_1 \cdots \mathbf{a}_{i-1}\ \mathbf{a}_i + \mathbf{b}\ \mathbf{a}_{i+1} \cdots \mathbf{a}_n) &= \sum_{\tau \in S_n} \operatorname{sign}(\tau) a_{\tau(1)1} \cdot \ldots \cdot (a_{\tau(i)i} + b_{\tau(i)}) \cdot \ldots \cdot a_{\tau(n)n} \\ &= \sum_{\tau \in S_n} \operatorname{sign}(\tau) a_{\tau(1)1} \cdot \ldots \cdot a_{\tau(i)i} \cdot \ldots \cdot a_{\tau(n)n} + \\ &\quad \sum_{\tau \in S_n} \operatorname{sign}(\tau) a_{\tau(1)1} \cdot \ldots \cdot b_{\tau(i)} \cdot \ldots \cdot a_{\tau(n)n} \\ &= \det(\mathbf{a}_1 \cdots \mathbf{a}_n) + \det(\mathbf{a}_1 \cdots \mathbf{a}_{i-1}\ \mathbf{b}\ \mathbf{a}_{i+1} \cdots \mathbf{a}_n). \qquad \square\end{aligned}$$

5.3 Regeln für den Umgang mit der Determinante

Wir leiten wichtige Regeln zum Umgang mit der Determinante her. Oft gelingt das durch Anwendung der Eigenschaften (D1) bis (D3) der Determinante oder mit der Leibnizschen Formel (5.6).

Satz 5.3.1. *Es sei* $\mathbf{A} \in \mathbb{K}^{n \times n}$ *gegeben. Dann gilt*

$$\det \mathbf{A}^\top = \det \mathbf{A}.$$

Beweisskizze. Man überlegt sich, dass jeder Summand in der Leibnizschen Formel (5.6) für $\det \mathbf{A}$ ebenfalls in der Leibnizschen Formel für $\det \mathbf{A}^\top$ auftritt und umgekehrt. □

Nun wird untersucht, welche Auswirkungen die in Abschnitt 2.4 eingeführten elementaren Zeilenumformungen der Typen (1) bis (3) auf die Determinante haben.

Satz 5.3.2. *Es seien* $\mathbf{A} \in \mathbb{K}^{n \times n}$ *und* $\lambda \in \mathbb{K}$ *gegeben.*

(a) *Entsteht* $\tilde{\mathbf{A}}$ *aus* $\mathbf{A}$*, indem in* $\mathbf{A}$ *die Zeilen* i *und* j *(mit* $i \neq j$*) vertauscht werden, so gilt*

$$\det \tilde{\mathbf{A}} = -\det \mathbf{A}.$$

(b) *Entsteht* $\tilde{\mathbf{A}}$ *aus* $\mathbf{A}$*, indem die* i*-te Zeile von* $\mathbf{A}$ *mit* λ *multipliziert wird, so gilt*

$$\det \tilde{\mathbf{A}} = \lambda \det \mathbf{A}.$$

(c) *Entsteht* $\tilde{\mathbf{A}}$ *aus* $\mathbf{A}$*, indem zur* i*-ten Zeile von* $\mathbf{A}$ *das* λ*-fache der* j*-ten Zeile von* $\mathbf{A}$ *(mit* $j \neq i$*) addiert wird, so gilt*

$$\det \tilde{\mathbf{A}} = \det \mathbf{A}.$$

Bemerkung. Wegen Satz 5.3.1 gelten die Aussagen in Satz 5.3.2 analog für die Spalten von **A**.

Beweis von Satz 5.3.2. Ohne Beschränkung der Allgemeinheit gelte $i < j$.
(a) Aus der Leibnizschen Formel (5.6) folgt

$$\det \tilde{\mathbf{A}} = \sum_{\tau \in S_n} \operatorname{sign}(\tau) a_{\tau(1)1} \cdot \ldots \cdot a_{\tau(j)i} \cdot \ldots \cdot a_{\tau(i)j} \cdot \ldots \cdot a_{\tau(n)n}.$$

Jeder Permutation $\tau \in S_n$ kann eineindeutig eine Permutation $\tau' \in S_n$ zugeordnet werden, die sich von τ nur dadurch unterscheidet, dass $\tau'(i) = \tau(j)$ und $\tau'(j) = \tau(i)$ ist. Also unterscheidet sich die Zahl der Ordnungswidrigkeiten von τ' und τ um 1, woraus $\operatorname{sign}(\tau') = -\operatorname{sign}(\tau)$ folgt. Damit ergibt sich

$$\det \tilde{\mathbf{A}} = -\sum_{\tau' \in S_n} \operatorname{sign}(\tau') a_{\tau'(1)1} \cdot \ldots \cdot a_{\tau'(i)i} \cdot \ldots \cdot a_{\tau'(j)j} \cdot \ldots \cdot a_{\tau'(n)n} = -\det \mathbf{A}.$$

(b) Wegen Satz 5.3.1 folgt die Behauptung direkt aus Teil (a) von (D1).
(c) Es sei $\mathbf{B} = (\mathbf{b}_1 | \cdots | \mathbf{b}_n) := \mathbf{A}^\top$. Entsteht $\tilde{\mathbf{B}}$ aus $\mathbf{B}$, indem zur i–ten Spalte von $\mathbf{B}$ das λ–fache der j–ten Spalte von $\mathbf{B}$ (mit $j \neq i$) addiert wird, so liefern (D1) und (D2)

$$\begin{aligned} \det \tilde{\mathbf{B}} &= \det(\mathbf{b}_1 \cdots \mathbf{b}_i + \lambda \mathbf{b}_j \cdots \mathbf{b}_j \cdots \mathbf{b}_n) \\ &= \det(\mathbf{b}_1 \cdots \mathbf{b}_i \cdots \mathbf{b}_j \cdots \mathbf{b}_n) + \lambda \det(\mathbf{b}_1 \cdots \mathbf{b}_j \cdots \mathbf{b}_j \cdots \mathbf{b}_n) \\ &= \det \mathbf{B}. \end{aligned}$$

Wegen $\tilde{\mathbf{B}} = \tilde{\mathbf{A}}^\top$ und Satz 5.3.1 folgt

$$\det \tilde{\mathbf{A}} = \det \tilde{\mathbf{A}}^\top = \det \tilde{\mathbf{B}} = \det \mathbf{B} = \det \mathbf{A}^\top = \det \mathbf{A}.$$ □

Für Diagonal– und Dreiecksmatrizen, kann man die Determinante sehr schnell berechnen. Dies folgt sofort aus der Leibnizschen Formel (5.6). Eine etwas allgemeinere Klasse von Matrizen wird in Satz 5.3.8 untersucht.

Satz 5.3.3. *Determinanten von Diagonal– und Dreiecksmatrizen sind gleich dem Produkt ihrer Hauptdiagonalelemente, also*

$$\det \begin{pmatrix} a_{11} & & \mathbf{0} \\ & \ddots & \\ \mathbf{0} & & a_{nn} \end{pmatrix} = \det \begin{pmatrix} a_{11} & \cdots & a_{1n} \\ & \ddots & \vdots \\ \mathbf{0} & & a_{nn} \end{pmatrix} = \det \begin{pmatrix} a_{11} & & \mathbf{0} \\ \vdots & \ddots & \\ a_{n1} & \cdots & a_{nn} \end{pmatrix} = a_{11} \cdot \ldots \cdot a_{nn}.$$

Satz 5.3.4. *Es sei* $\mathbf{A} \in \mathbb{K}^{n \times n}$ *gegeben. Dann gilt:*

(a) *Falls in einer Zeile (oder Spalte) von* $\mathbf{A}$ *nur Nullen stehen, so ist* $\det \mathbf{A} = 0$.

(b) *Die Matrix* $\mathbf{A}$ *besitzt genau dann den Rang* n *(Vollrang), wenn* $\det \mathbf{A} \neq 0$.

(c) *Die Matrix* $\mathbf{A}$ *ist genau dann invertierbar, wenn* $\det \mathbf{A} \neq 0$.

Beweis. (a) Wenn in einer Zeile (oder Spalte) von $\mathbf{A}$ nur Nullen stehen, enthält jeder Summand der Leibnizschen Formel (5.6) jeweils eine dieser Nullen als Faktor. Somit sind alle Summanden gleich 0, also folgt $\det \mathbf{A} = 0$.
(b) und (c) Wie in Abschnitt 2.4 bei der Darstellung des Gaußschen Algorithmus durch Eliminationsmatrizen gezeigt wurde, kann eine Matrix $\mathbf{A}$ durch endlich viele elementare Zeilenumformungen der Typen (1) und (3) in eine rechte obere Dreiecksmatrix $\mathbf{R} \in \mathbb{K}^{n\times n}$ überführt werden.
Entsprechend Satz 5.3.3 gilt $\det \mathbf{R} \neq 0$ genau dann, wenn alle Hauptdiagonalelemente der Dreiecksmatrix $\mathbf{R}$ von 0 verschieden sind, d.h. wenn $\text{Rang}(\mathbf{R}) = n$.
Jede elementare Zeilenumformung des Typs (1) oder (3) lässt wegen Satz 5.3.2 und der daran anschließenden Bemerkung den Betrag der Determinante unverändert. Außerdem bleibt der Rang bei Umformung von $\mathbf{A}$ in $\mathbf{R}$ unverändert, vgl. Satz 4.4.2. Somit hat man

$$\text{Rang}(\mathbf{A}) = n \iff \text{Rang}(\mathbf{R}) = n \iff \det \mathbf{R} \neq 0 \iff \det \mathbf{A} \neq 0.$$

Nach Satz 4.5.2 ist Vollrang von $\mathbf{A}$ äquivalent zur Invertierbarkeit von $\mathbf{A}$. □

Bemerkung. Der Beweis von Teil (b) des vorstehenden Satzes zeigt uns eine einfache Möglichkeit zur praktikablen *Berechnung von Determinanten* größerer Matrizen. Man überführe die Matrix $\mathbf{A}$ mit Hilfe elementarer Zeilenumformungen der Typen (1) und (3) in eine rechte obere Dreiecksmatrix $\mathbf{R}$. Dann gilt

$$\det \mathbf{A} = (-1)^{\ell} \det \mathbf{R},$$

wobei ℓ die Anzahl der dabei verwendeten Zeilenumformungen des Typs (1) (das sind Zeilenvertauschungen) ist. Die Determinante $\det \mathbf{R}$ kann nun wegen Satz 5.3.3 leicht als Produkt der Hauptdiagonalelemente von $\mathbf{R}$ berechnet werden. Der Aufwand für diese Art der Berechnung einer n–reihigen Determinante ist proportional zu n^3. Im Unterschied dazu erfordert die Berechnung der Determinante über die Leibnizsche Formel (5.6) oder den Entwicklungssatz (vgl. 5.4.1) i. Allg. einen zu $n!$ proportionalen Aufwand und ist daher nur in Sonderfällen sinnvoll. Unter Berücksichtigung der Sätze 5.3.2 und 5.3.1 kann man auch weitere einfache Umformungen einsetzen, um aus $\mathbf{A}$ eine Dreiecksmatrix zu erzeugen.

Beispiel 5.3.5.

```
>> A=[1 2 3; 0 -7 -1;-3 4 4]
A =
   1   2   3
   0  -7  -1
  -3   4   4
>> detA=det(A)
detA =
     -81
```

Wenn es nicht vermeidbar ist, können auch Determinanten größerer Matrizen auf diese Weise effizient berechnet werden. Falls man es mit Matrizen zu tun hat, deren Elemente Symbole oder Funktionen sind, kann MAPLE zumindest bei nicht zu hoher Dimension zur Auswertung eingesetzt werden. So erhält man für die Drehmatrix A_φ in Beispiel 4.3.3

```
> with(LinearAlgebra):
> A:=Matrix([[cos(x),-sin(x)],[sin(x),cos(x)]]):
> detA:=Determinant(A);
```

$$detA := \cos(\mathtt{x})^2 + \sin(\mathtt{x})^2$$

Dieser von x abhängige Ausdruck lässt sich für spezielle Werte von x berechnen, z.B.

```
> subs(x=3,%);
```

$$\cos(3)^2 + \sin(3)^2$$

```
> evalf(%)
```

$$1.000000000$$

Das Zeichen % steht hier als Platzhalter für das Resultat des jeweils zuvor ausgeführten Befehls. Das Ergebnis des letzten Befehls war natürlich bereits vorher klar, denn $\det A_\varphi = 1$ gilt für alle $\varphi \in \mathbb{R}$. In MAPLE erhält man dies durch

```
> simplify(sin(x)^2+cos(x)^2);
```

$$1$$

◁

Satz 5.3.6 (Multiplikationssatz). *Es seien* $\mathbf{A}, \mathbf{B} \in \mathbb{K}^{n\times n}$ *gegeben. Dann gilt*

$$\det(\mathbf{AB}) = \det \mathbf{A} \det \mathbf{B}.$$

Beweis. Falls $\det \mathbf{B} = 0$, so sind $\mathbf{B}$ und $\mathbf{AB}$ nach Satz 5.3.4 (c) und Satz 4.6.2 (b), (c) nicht invertierbar und es gilt $\det(\mathbf{AB}) = 0$. Somit folgt $\det(\mathbf{AB}) = 0 = \det \mathbf{A} \det \mathbf{B}$. Sei nun $\det \mathbf{B} \neq 0$. Dann definieren wir die Abbildung $d_\mathbf{B} : \mathbb{K}^{n\times n} \to \mathbb{K}$ durch

$$d_\mathbf{B}(\mathbf{X}) := \frac{1}{\det \mathbf{B}} \det(\mathbf{B}^\top \mathbf{X}), \qquad \mathbf{X} \in \mathbb{K}^{n\times n}. \tag{5.8}$$

Bei Beachtung der Eigenschaft (D1) der Determinante sehen wir leicht, dass $d_\mathbf{B}$ linear bezüglich jeder Spalte der Matrix $\mathbf{X} = (\mathbf{x}_1 \ldots \mathbf{x}_n)$ ist. Beispielsweise ist

$$\begin{aligned} d_\mathbf{B}(\mathbf{x}_1 \cdots \mathbf{x}_{i-1}\ \lambda\mathbf{x}_i\ \mathbf{x}_{i+1} \cdots \mathbf{x}_n) &= \frac{1}{\det \mathbf{B}} \det(\mathbf{B}^\top\mathbf{x}_1 \cdots \mathbf{B}^\top\mathbf{x}_{i-1}\ \lambda\mathbf{B}^\top\mathbf{x}_i\ \mathbf{B}^\top\mathbf{x}_{i+1} \cdots \mathbf{B}\mathbf{x}_n) \\ &= \lambda\frac{\det(\mathbf{B}^\top\mathbf{X})}{\det \mathbf{B}}. \end{aligned}$$

Wenn $\mathbf{X}$ zwei gleiche Spalten enthält, dann sind dieselben Spalten in der Matrix $\mathbf{B}^\top\mathbf{X}$ gleich. Wegen (D2) zieht das $\det(\mathbf{B}^\top\mathbf{X}) = 0$ und somit $d_{\mathbf{B}}(\mathbf{X}) = 0$ nach sich. Schließlich ergibt sich für $\mathbf{X} := \mathbf{E}$ mit Satz 5.3.1

$$d_{\mathbf{B}}(\mathbf{E}) = \frac{1}{\det \mathbf{B}} \det(\mathbf{B}^\top\mathbf{E}) = 1.$$

Die Abbildung $d_{\mathbf{B}} : \mathbb{K}^{n\times n} \to \mathbb{K}$ genügt also den Bedingungen (D1) bis (D3) und ist damit selbst eine Determinante. Da nach Satz 5.2.1 aber genau eine Determinante existiert, folgt $d_{\mathbf{B}} = \det$. Mit (5.8) und $\det \mathbf{B}^\top = \det \mathbf{B}$ ergibt sich

$$\det \mathbf{X} \det \mathbf{B}^\top = \det(\mathbf{B}^\top\mathbf{X})$$

für alle $\mathbf{X} \in \mathbb{K}^{n\times n}$. Speziell für $\mathbf{X} := \mathbf{A}^\top$ folgt dann unter Beachtung von Satz 5.3.1

$$\det \mathbf{A} \det \mathbf{B} = \det \mathbf{A}^\top \det \mathbf{B}^\top = \det(\mathbf{B}^\top\mathbf{A}^\top) = \det((\mathbf{AB})^\top) = \det(\mathbf{AB}). \qquad \square$$

Folgerung 5.3.7. *Für eine invertierbare Matrix* $\mathbf{A} \in \mathbb{K}^{n\times n}$ *gilt*

$$\det \mathbf{A}^{-1} = \frac{1}{\det \mathbf{A}}.$$

Beweis. Wegen $\mathbf{A}\mathbf{A}^{-1} = \mathbf{E}$ liefert Satz 5.3.6, dass $\det \mathbf{A} \det \mathbf{A}^{-1} = 1$ ist. □

Satz 5.3.8. *Es seien* $\mathbf{A} \in \mathbb{K}^{n_1\times n_1}$, $\mathbf{B} \in \mathbb{K}^{n_2\times n_2}$, $\mathbf{C} \in \mathbb{K}^{n_1\times n_2}$ *gegeben. Dann gilt*

$$\det \begin{pmatrix} \mathbf{A} & \mathbf{C} \\ \mathbf{0} & \mathbf{B} \end{pmatrix} = \det \mathbf{A} \det \mathbf{B}.$$

Beweisskizze. Falls $\det \mathbf{A} = 0$, folgt mit Satz 5.3.4 (b) die Behauptung. Andernfalls ist $\mathbf{A}$ invertierbar. Aus

$$\begin{pmatrix} \mathbf{A} & \mathbf{C} \\ \mathbf{0} & \mathbf{B} \end{pmatrix} = \begin{pmatrix} \mathbf{A} & \mathbf{0} \\ \mathbf{0} & \mathbf{E} \end{pmatrix} \begin{pmatrix} \mathbf{E} & \mathbf{0} \\ \mathbf{0} & \mathbf{B} \end{pmatrix} \begin{pmatrix} \mathbf{E} & \mathbf{A}^{-1}\mathbf{C} \\ \mathbf{0} & \mathbf{E} \end{pmatrix}$$

erhält man dann durch Anwendung der Leibnizschen Formel (5.6) auf jede der drei rechts stehenden Matrizen mit Satz 5.3.6 die Behauptung. □

Der nachfolgende Satz gibt (zumindest theoretisch) eine Möglichkeit zur Lösung linearer Gleichungssysteme $\mathbf{Ax} = \mathbf{b}$ mit einer invertierbaren Matrix $\mathbf{A} \in \mathbb{K}^{n\times n}$ an. Aus Gründen des i. Allg. wie $n!$ wachsenden Rechenaufwandes ist diese Möglichkeit jedoch selten praktikabel. Ihre Anwendung kann aber in bestimmten Fällen hilfreich sein. Zum Beispiel wenn vorkommende Determinanten ohne den üblichen Aufwand berechenbar sind, von Parametern abhängen bzw. nur an einzelnen Komponenten der Lösung Interesse besteht oder auch zur Entscheidung der Frage, ob Komponenten der Lösung ganzzahlig sind.

Satz 5.3.9 (Cramersche Regel). *Gegeben seien eine invertierbare Matrix* $\mathbf{A} = (\mathbf{a}_1|\cdots|\mathbf{a}_n) \in \mathbb{K}^{n\times n}$ *und ein Vektor* $\mathbf{b} \in \mathbb{K}^n$. *Dann ist* $\mathbf{x}^* = (x_1^*, \ldots, x_n^*)^\top$ *mit*

$$x_i^* := \frac{1}{\det \mathbf{A}} \det(\mathbf{a}_1 \cdots \mathbf{a}_{i-1}\ \mathbf{b}\ \mathbf{a}_{i+1} \cdots \mathbf{a}_n), \qquad i = 1, \ldots, n,$$

die Lösung des linearen Gleichungssystems $\mathbf{Ax} = \mathbf{b}$.

Beweis. Da $\mathbf{A}$ invertierbar ist, hat das Gleichungssystem $\mathbf{Ax} = \mathbf{b}$ genau eine Lösung, die durch $\mathbf{x}^* = (x_1^*, \ldots, x_n^*)^T$ bezeichnet sei. Für jedes beliebig gewählte $i \in \{1, \ldots, n\}$ wird nun das Gleichungssystem

$$\sum_{\substack{j=1 \\ j\neq i}}^{n} x_j \mathbf{a}_j + \lambda(x_i^* \mathbf{a}_i - \mathbf{b}) = \mathbf{o}$$

offenbar durch

$$x_j := x_j^* \quad \text{für} \quad j = 1, \ldots, n \text{ mit } j \neq i, \qquad \lambda := 1$$

gelöst. Wegen Satz 4.6.2 ist die Systemmatrix $(\mathbf{a}_1 \mid \cdots \mid \mathbf{a}_{i-1} \mid x_i^*\mathbf{a}_i - \mathbf{b} \mid \mathbf{a}_{i+1} \mid \cdots \mid \mathbf{a}_n)$ dieses homogenen linearen Gleichungssystems nicht invertierbar. Da nach Satz 5.3.4 (c) die Determinante dieser Systemmatrix dann gleich 0 ist, folgt aus der Linearität der Determinante bezüglich jeder Spalte (Bedingung (D1))

$$\begin{aligned} 0 &= \det(\mathbf{a}_1 \cdots \mathbf{a}_{i-1}\ x_i^*\mathbf{a}_i - \mathbf{b}\ \mathbf{a}_{i+1} \cdots \mathbf{a}_n) \\ &= x_i^* \det(\mathbf{a}_1 \cdots \mathbf{a}_n) - \det(\mathbf{a}_1 \cdots \mathbf{a}_{i-1}\ \mathbf{b}\ \mathbf{a}_{i+1} \cdots \mathbf{a}_n) \end{aligned}$$

und durch Umstellen die Behauptung. □

5.4 Der Laplacesche Entwicklungssatz

Der folgende Satz gibt eine Möglichkeit an, die n–reihige Determinante mit Hilfe von $(n-1)$–reihigen (Unter–)Determinanten darzustellen. Dabei sei $\mathbf{A}_{ij}$ diejenige Untermatrix, die man aus der Matrix $\mathbf{A} = (a_{ij})$ durch Streichen der i–ten Zeile und der j–ten Spalte erhält, d.h.

$$\mathbf{A}_{ij} := \left(\begin{array}{ccc|c|ccc} a_{11} & \cdots & a_{1,j-1} & a_{1j} & a_{1,j+1} & \cdots & a_{1n} \\ \vdots & & \vdots & \vdots & \vdots & & \vdots \\ a_{i-1,1} & \cdots & a_{i-1,j-1} & a_{i-1,j} & a_{i-1,j+1} & \cdots & a_{i-1,n} \\ \hline a_{i1} & \cdots & a_{i,j-1} & a_{ij} & a_{i,j+1} & \cdots & a_{in} \\ \hline a_{i+1,1} & \cdots & a_{i+1,j-1} & a_{i+1,j} & a_{i+1,j+1} & \cdots & a_{i+1,n} \\ \vdots & & \vdots & \vdots & \vdots & & \vdots \\ a_{n1} & \cdots & a_{n,j-1} & a_{nj} & a_{n,j+1} & \cdots & a_{nn} \end{array} \right).$$

Satz 5.4.1 (Laplacescher Entwicklungssatz). *Es sei* $\mathbf{A} \in \mathbb{K}^{n \times n}$ *gegeben. Dann gilt*

$$\det \mathbf{A} = \sum_{j=1}^{n} (-1)^{i+j} a_{ij} \det \mathbf{A}_{ij}, \qquad \textit{für alle } i = 1, \ldots, n, \tag{5.9}$$

und

$$\det \mathbf{A} = \sum_{i=1}^{n} (-1)^{i+j} a_{ij} \det \mathbf{A}_{ij}, \qquad \textit{für alle } j = 1, \ldots, n. \tag{5.10}$$

Man sagt, $\det \mathbf{A}$ ist nach der i–ten Zeile (Formel (5.9)) bzw. nach der j–ten Spalte (Formel (5.10)) entwickelt worden.

Beispiel 5.4.2. Gegeben sei

$$\mathbf{A} := \begin{pmatrix} 3 & -2 & 9 \\ 6 & 5 & 0 \\ -4 & 7 & 8 \end{pmatrix}.$$

Wir wollen $\det \mathbf{A}$ nach der letzten Spalte entwickeln, d.h., wir wenden Formel (5.10) für $j = 3$ an:

$$\det \mathbf{A} = (-1)^4\, 9 \det \begin{pmatrix} 6 & 5 \\ -4 & 7 \end{pmatrix} + (-1)^5\, 0 \det \begin{pmatrix} 3 & -2 \\ -4 & 7 \end{pmatrix} + (-1)^6\, 8 \det \begin{pmatrix} 3 & -2 \\ 6 & 5 \end{pmatrix}.$$

Mit (5.7) zur Berechnung zweireihiger Determinanten ergibt sich

$$\det \mathbf{A} = 9(6 \cdot 7 - (-4) \cdot 5) + 0 + 8(3 \cdot 5 - 6 \cdot (-2)) = 9 \cdot 62 + 8 \cdot 27 = 774. \qquad \triangleleft$$

Wie das Beispiel zeigt, kann es vorteilhaft sein, nach einer Zeile oder Spalte zu entwickeln, die möglichst viele Nullen aufweist. Mit einer mehrfachen Anwendung der Formeln (5.9) bzw. (5.10) könnte man im Prinzip auch n–reihige Determinanten berechnen, indem man jede $(n-1)$–reihige Determinante wieder mit dem Entwicklungssatz als Summe von $(n-2)$–reihigen Determinanten darstellt usw. Von wichtigen Ausnahmen abgesehen (z.B. strukturierte Matrizen mit geeigneten Nullblöcken) müsste man bei diesem Vorgehen aber (ebenso wie bei der Nutzung der Leibnizschen Formel (5.6)) damit rechnen, dass der Aufwand an Rechenoperationen proportional zu $n!$ wächst. Eine praktikablere Möglichkeit zur Berechnung von n–reihigen Determinanten ist in der Bemerkung nach Satz 5.3.4 dargestellt.

Beweis von Satz 5.4.1. Um Formel (5.10) zu zeigen, halten wir $j \in \{1, \ldots, n\}$ fest. Aus (D1) (spaltenweise Linearität der Determinante) und Satz 5.3.2 (a) und (c) sowie

Satz 5.3.8 ergibt sich

$$\begin{aligned}
\det \mathbf{A} &= \det\left(\mathbf{a}_1 \cdots \mathbf{a}_{j-1}\ \sum_{i=1}^{n} a_{ij}\mathbf{e}_i\ \mathbf{a}_{j+1} \cdots \mathbf{a}_n\right) \\
&= \sum_{i=1}^{n} a_{ij} \det\left(\mathbf{a}_1 \cdots \mathbf{a}_{j-1}\ \mathbf{e}_i\ \mathbf{a}_{j+1} \cdots \mathbf{a}_n\right) \\
&= \sum_{i=1}^{n} a_{ij} \det\left(\mathbf{a}_1 - a_{i1}\mathbf{e}_i\ \cdots\ \mathbf{a}_{j-1} - a_{ij-1}\mathbf{e}_i\ \mathbf{e}_i\ \mathbf{a}_{j+1} - a_{ij+1}\mathbf{e}_i\ \cdots\ \mathbf{a}_n - a_{in}\mathbf{e}_i\right) \\
&= \sum_{i=1}^{n} a_{ij}(-1)^{i+j} \det\begin{pmatrix} 1 & \mathbf{0} \\ \mathbf{0} & \mathbf{A}_{ij} \end{pmatrix} = \sum_{i=1}^{n} a_{ij}(-1)^{i+j} \det \mathbf{A}_{ij}.
\end{aligned}$$

Man beachte, dass Satz 5.3.2 sowohl für Umformungen an Zeilen als auch analog an Spalten richtig ist.
Formel (5.9) kann entsprechend durch zeilenweise Betrachtung von $\mathbf{A}$ hergeleitet werden. □

5.5 Die Determinante eines Endomorphismus

Es seien V ein n–dimensionaler $\mathbb{K}$–Vektorraum mit der Basis

$$\mathcal{B} = (\mathbf{v}_1, \ldots, \mathbf{v}_n)$$

sowie $L : V \to V$ ein Endomorphismus. Dann gibt es entsprechend Satz 4.3.7 eine (bez. der Basis $\mathcal{B}$) eindeutige Abbildungsmatrix $\mathbf{A} \in \mathbb{K}^{n\times n}$. Ist

$$\tilde{\mathcal{B}} = (\tilde{\mathbf{v}}_1, \ldots, \tilde{\mathbf{v}}_n)$$

eine andere Basis des Vektorraumes V, so ist die (bez. der Basis $\tilde{\mathcal{B}}$) eindeutige Abbildungsmatrix $\tilde{\mathbf{A}}$ ähnlich zu $\mathbf{A}$, siehe Satz 4.7.3, d.h., es existiert eine invertierbare Matrix $\mathbf{T} \in \mathbb{K}^{n\times n}$, so dass

$$\tilde{\mathbf{A}} = \mathbf{T}^{-1}\mathbf{A}\,\mathbf{T}.$$

Wegen Satz 5.3.6 und Folgerung 5.3.7 ergibt sich

$$\det \tilde{\mathbf{A}} = \det(\mathbf{T}^{-1}\mathbf{A}\,\mathbf{T}) = \det \mathbf{T}^{-1} \det \mathbf{A} \det \mathbf{T} = \det \mathbf{A}.$$

Die Determinante der Abbildungsmatrix eines Endomorphismus hängt also nicht von der gewählten Basis des Vektorraumes V ab. Dies motiviert die folgende

Definition. Es seien V ein $\mathbb{K}$–Vektorraum mit $n = \dim V < \infty$, $L : V \to V$ ein Endomorphismus und $\mathbf{A}$ die Abbildungsmatrix von L bezüglich einer Basis von V. Dann heißt

$$\det(L) := \det \mathbf{A}$$

Determinante des Endomorphismus L.

Satz 5.5.1. *Es seien V ein $\mathbb{K}$–Vektorraum mit* $\dim V < \infty$ *und* $L : V \to V$ *ein Endomorphismus. Dann gilt*

$$L \text{ ist surjektiv} \iff L \text{ ist Isomorphismus} \iff \det(L) \neq 0.$$

Beweis. Jeder Endomorphismus eines endlichdimensionalen Vektorraumes ist wegen Folgerung 4.1.9 genau dann injektiv, wenn er surjektiv ist. Also sind für L Surjektivität und Bijektivität gleichbedeutend. Da ein Isomorphismus eine bijektive lineare Abbildung ist, folgt die erste Äquivalenz.
Sei nun $\mathcal{B}$ eine Basis in V. Nach Satz 4.5.5 ist L genau dann ein Isomorphismus, wenn die Abbildungsmatrix $\mathbf{A}$ von L bezüglich $\mathcal{B}$ (in Urbild– und Bildraum) invertierbar ist. Die Matrix $\mathbf{A}$ wiederum lässt sich wegen Satz 5.3.4 (c) genau dann invertieren, wenn $\det \mathbf{A} \neq 0$. Da $\det(L) = \det \mathbf{A}$ folgt die zweite Äquivalenz. □

Satz 5.5.2. *Es sei V ein $\mathbb{K}$–Vektorraum mit* $\dim V < \infty$. *Weiter seien $L_1, L_2 : V \to V$ Endomorphismen und $L : V \to V$ ein Isomorphismus. Dann gilt*

(a) $\det(L_1 \circ L_2) = \det(L_1)\det(L_2)$.

(b) $\det(L^{-1}) = \det(L)^{-1}$.

Beweis. Im Urbild– und Bildraum V der Endomorphismen sei eine feste Basis gewählt.
(a) Für die Abbildungsmatrizen $\mathbf{A}_1, \mathbf{A}_2$ der Endomorphismen L_1, L_2 und die Abbildungsmatrix $\mathbf{A}$ des zusammengesetzten Endomorphismus $L_1 \circ L_2$ gilt dann $\mathbf{A} = \mathbf{A}_1\mathbf{A}_2$ nach Satz 4.3.5. Wegen $\det(\mathbf{A}) = \det(\mathbf{A}_1)\det(\mathbf{A}_2)$ entsprechend Satz 5.3.6 folgt

$$\det(L_1 \circ L_2) = \det \mathbf{A} = \det \mathbf{A}_1 \det \mathbf{A}_2 = \det(L_1)\det(L_2).$$

(b) Setzt man $L_1 := L$ und $L_2 := L^{-1}$, dann ist nach Satz 4.5.5 (b) die Abbildungsmatrix von L_2 invers zur Abbildungsmatrix von L_1 und der Isomorphismus $L_1 \circ L_2 = L \circ L^{-1}$ besitzt die Abbildungsmatrix $\mathbf{E}$. Also folgt mit (a)

$$1 = \det \mathbf{E} = \det(L \circ L^{-1}) = \det(L)\det(L^{-1})$$

und daher die Behauptung. □

Im Fall eines endlichdimensionalen *reellen* Vektorraumes V ist die Determinante eines Endomorphismus reellwertig. Entsprechend lassen sich Isomorphismen $L : V \to V$ danach klassifizieren, ob ihre Determinante positiv oder negativ ist. Man spricht von einem **orientierungstreuen Isomorphismus**, wenn $\det(L) > 0$, andernfalls von einem **nicht orientierungstreuen Isomorphismus**, vgl. Beispiel 5.5.4 und Bild 5.4. Mit dieser Unterscheidung wollen wir nun den Begriff der Orientierung von Basen eines endlichdimensionalen $\mathbb{R}$–Vektorraumes einführen. Dazu bezeichne $\mathfrak{B}$ die Menge aller Basen von V. Eine Basis $\mathcal{C} := (\mathbf{c}_1, \ldots, \mathbf{c}_n) \in \mathfrak{B}$ kann durch einen Isomorphismus L auf das n–tupel $L(\mathcal{C}) := (L(\mathbf{c}_1), \ldots, L(\mathbf{c}_n))$ abgebildet werden. Wegen Satz 4.1.6 ist

$L(\mathcal{C})$ stets wieder eine Basis von V. Wie wir jetzt sehen, besteht die Menge $\mathfrak{B}$ aller Basen von V aus zwei Teilmengen ω_1 und ω_2. Jede Basis in ω_1 (bzw. ω_2) lässt sich durch einen Isomorphismus mit positiver Determinante auf jede andere Basis in ω_1 (bzw. ω_2) abbilden.

Satz und Definition 5.5.3. *Es sei V ein $\mathbb{R}$–Vektorraum mit* $\dim V < \infty$. *Dann gibt es Mengen $\omega_1 \subset \mathfrak{B}$ und $\omega_2 \subset \mathfrak{B}$, so dass*

$$\omega_1 \cup \omega_2 = \mathfrak{B}, \qquad \omega_1 \cap \omega_2 = \emptyset,$$

und für jede Basis $\mathcal{C} \in \mathfrak{B}$ gilt entweder

$$\omega_1 = \{L(\mathcal{C}) \mid L : V \to V \text{ ist Isomorphismus}, \det(L) > 0\}, \qquad \omega_2 = \mathfrak{B} \setminus \omega_1$$

oder

$$\omega_2 = \{L(\mathcal{C}) \mid L : V \to V \text{ ist Isomorphismus}, \det(L) > 0\}, \qquad \omega_1 = \mathfrak{B} \setminus \omega_2.$$

Zwei Basen $\mathcal{A}, \mathcal{B} \in \mathfrak{B}$ heißen **gleich orientiert**, *falls entweder beide zu ω_1 oder beide zu ω_2 gehören. Andernfalls nennt man $\mathcal{A}, \mathcal{B}$* **verschieden orientiert**.
Jede der Mengen ω_1 und ω_2 heißt **Orientierung** *des Vektorraumes V. Ein Paar (V, ω) mit $\omega \in \{\omega_1, \omega_2\}$ wird* **orientierter Vektorraum** *genannt.*
Ist speziell $V = \mathbb{R}^n$, so heißt ω kanonische Orientierung *oder* positive Orientierung, *falls die kanonische Basis $(\mathbf{e}_1, \ldots, \mathbf{e}_n)$ in ω enthalten ist.*

Beispiel 5.5.4. Es sei $V = \mathbb{R}^2$ und ω die kanonische Orientierung. Dann gilt

$$\mathcal{A} := \left\{ \begin{pmatrix} 0 \\ 1 \end{pmatrix}, \begin{pmatrix} -1 \\ 0 \end{pmatrix} \right\} \in \omega \quad \text{und} \quad \mathcal{B} := \left\{ \begin{pmatrix} 1 \\ 0 \end{pmatrix}, \begin{pmatrix} 0 \\ -1 \end{pmatrix} \right\} \in \mathfrak{B} \setminus \omega.$$

Um dies einzusehen, betrachten wir die Isomorphismen $L_1, L_2 : \mathbb{R}^2 \to \mathbb{R}^2$ mit den Darstellungsmatrizen (bez. der kanonischen Basis)

$$\mathbf{A}_1 := \begin{pmatrix} 0 & 1 \\ -1 & 0 \end{pmatrix} \quad \text{und} \quad \mathbf{A}_2 := \begin{pmatrix} 1 & 0 \\ 0 & -1 \end{pmatrix}.$$

Dann gilt

$$L_1(\mathcal{A}) = L_2(\mathcal{B}) = (\mathbf{e}_1, \mathbf{e}_2)$$

sowie

$$\det(L_1) = \det \mathbf{A}_1 = 1 > 0 \quad \text{und} \quad \det(L_2) = \det \mathbf{A}_2 = -1 < 0.$$

Also sind die Basen $\mathcal{A}$, $\mathcal{B}$ tatsächlich verschieden orientiert, wobei $\mathcal{A}$ in der positiven Orientierung enthalten ist. Der Isomorphismus L_1 ist orientierungstreu, L_2 dagegen nicht. Die Wirkung der Abbildungen L_1 und L_2 auf eine Punktmenge M ist in Bild 5.4 dargestellt. L_1 ist eine Drehung um den orientierten Winkel $-\pi/2$ und L_2 eine Spiegelung an der Geraden $\{\lambda \mathbf{e}_1 \mid \lambda \in \mathbb{R}\}$. ◁

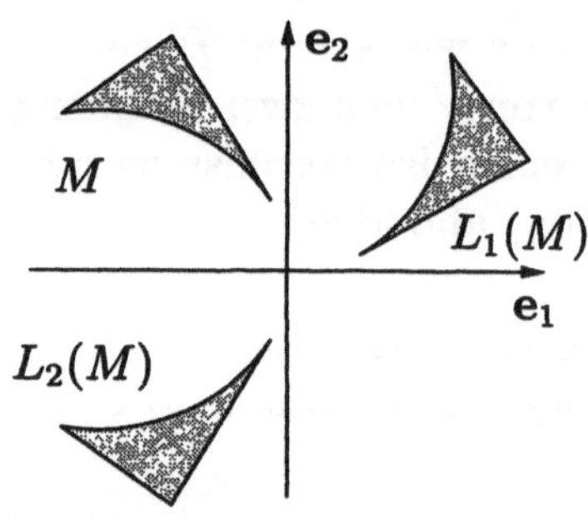

Bild 5.4: Zur Orientierungstreue von Isomorphismen

Beweis zu 5.5.3. Es sei $\mathcal{C} \in \mathfrak{B}$ beliebig gewählt und

$$\omega(\mathcal{C}) := \{L(\mathcal{C}) \mid L : V \to V \text{ ist Isomorphismus, } \det(L) > 0\}, \qquad \bar{\omega}(\mathcal{C}) := \mathfrak{B} \setminus \omega(\mathcal{C}).$$

Offenbar gilt dann

$$\omega(\mathcal{C}) \cup \bar{\omega}(\mathcal{C}) = \mathfrak{B} \qquad \text{und} \qquad \omega(\mathcal{C}) \cap \bar{\omega}(\mathcal{C}) = \emptyset.$$

Setzt man $\omega_1 := \omega(\mathcal{C})$ und $\omega_2 := \bar{\omega}(\mathcal{C})$, so ist die Gültigkeit der Behauptung in Satz und Definition 5.5.3 zumindest für eine Basis $\mathcal{C}$ gesichert.
Es sei $\tilde{\mathcal{C}} \in \mathfrak{B}$ eine weitere Basis. Dann bleibt zu zeigen, dass entweder

$$\omega(\tilde{\mathcal{C}}) = \omega_1 \text{ und } \bar{\omega}(\tilde{\mathcal{C}}) = \omega_2 \qquad \text{oder} \qquad \omega(\tilde{\mathcal{C}}) = \omega_2 \text{ und } \bar{\omega}(\tilde{\mathcal{C}}) = \omega_1$$

gilt. Da es wegen Satz 4.1.3 zu zwei Basen $\mathcal{A}, \mathcal{B} \in \mathfrak{B}$ stets eine lineare Abbildung $L : V \to V$ mit $\mathcal{B} = L(\mathcal{A})$ gibt, die wegen Satz 4.1.6 ein Isomorphismus ist, hat man

$$\begin{aligned} \mathfrak{B} \setminus \omega(\mathcal{C}) &= \bar{\omega}(\mathcal{C}) = \{L(\mathcal{C}) \mid L : V \to V \text{ ist Isomorphismus, } \det(L) < 0\}, \\ \mathfrak{B} \setminus \omega(\tilde{\mathcal{C}}) &= \bar{\omega}(\tilde{\mathcal{C}}) = \{L(\tilde{\mathcal{C}}) \mid L : V \to V \text{ ist Isomorphismus, } \det(L) < 0\}. \end{aligned} \tag{5.11}$$

Aus gleichem Grund gibt es einen Isomorphismus $F : V \to V$ mit

$$F(\mathcal{C}) = \tilde{\mathcal{C}} \qquad \text{bzw.} \qquad F^{-1}(\tilde{\mathcal{C}}) = \mathcal{C}.$$

Es seien nun $L^+, L^- : V \to V$ beliebige Isomorphismen mit $\det(L^+) > 0$ und $\det(L^-) < 0$.
Falls $\det(F) > 0$, so folgt mit Satz 5.5.2

$$\det(L^+ \circ F) > 0 \qquad \text{bzw.} \qquad \det(L^+ \circ F^{-1}) > 0$$

und damit

$$L^+(\tilde{\mathcal{C}}) = (L^+ \circ F)(\mathcal{C}) \in \omega(\mathcal{C}) \qquad \text{bzw.} \qquad L^+(\mathcal{C}) = (L^+ \circ F^{-1})(\tilde{\mathcal{C}}) \in \omega(\tilde{\mathcal{C}}).$$

Da alle Elemente in $\omega(\tilde{\mathcal{C}})$ bzw. $\omega(\mathcal{C})$ durch Anwendung geeigneter Isomorphismen L^+ auf $\tilde{\mathcal{C}}$ bzw. $\mathcal{C}$ erzeugt werden, ergibt sich $\omega(\tilde{\mathcal{C}}) \subseteq \omega(\mathcal{C})$ bzw. $\omega(\mathcal{C}) \subseteq \omega(\tilde{\mathcal{C}})$, also

$$\omega(\tilde{\mathcal{C}}) = \omega(\mathcal{C}) = \omega_1 \qquad \text{und} \qquad \bar{\omega}(\tilde{\mathcal{C}}) = \mathfrak{B} \setminus \omega(\tilde{\mathcal{C}}) = \mathfrak{B} \setminus \omega(\mathcal{C}) = \omega_2.$$

Falls $\det(F) < 0$, so folgt ganz analog zunächst $\det(L^+ \circ F) < 0$ bzw. $\det(L^- \circ F^{-1}) > 0$ und dann unter Beachtung der ersten Zeile in (5.11)

$$L^+(\tilde{\mathcal{C}}) = (L^+ \circ F)(\mathcal{C}) \in \bar{\omega}(\mathcal{C}) \qquad \text{bzw.} \qquad L^-(\mathcal{C}) = (L^- \circ F^{-1})(\tilde{\mathcal{C}}) \in \omega(\tilde{\mathcal{C}})$$

sowie $\omega(\tilde{\mathcal{C}}) \subseteq \bar{\omega}(\mathcal{C})$ bzw. $\bar{\omega}(\mathcal{C}) \subseteq \omega(\tilde{\mathcal{C}})$. Dies zieht

$$\omega(\tilde{\mathcal{C}}) = \bar{\omega}(\mathcal{C}) = \omega_2 \qquad \text{und} \qquad \bar{\omega}(\tilde{\mathcal{C}}) = \mathfrak{B} \setminus \omega(\tilde{\mathcal{C}}) = \mathfrak{B} \setminus \omega_2 = \omega_1$$

nach sich, man beachte die zweite Zeile in (5.11). □

6 Euklidische und unitäre Vektorräume

6.1 Länge und Winkel im $\mathbb{R}^2$

In Anwendungen benötigt man oft eine sinnvolle Definition der Länge eines Vektors und des Winkels zwischen zwei Vektoren. Für einen Vektor $\mathbf{x} = (x_1, x_2)^\top \in \mathbb{R}^2$ legt der Satz von Pythagoras nahe,

$$|\mathbf{x}| := \sqrt{x_1^2 + x_2^2} \tag{6.1}$$

als Länge von $\mathbf{x}$ festzulegen. Damit folgt

$$|\mathbf{x}|^2 = \mathbf{x}^T\mathbf{x}$$

für alle $\mathbf{x} \in \mathbb{R}^2$ und

$$|\mathbf{y} - \mathbf{x}| = \sqrt{(y_1 - x_1)^2 + (y_2 - x_2)^2}$$

als Länge des Differenzvektors $\mathbf{y} - \mathbf{x}$ oder als Abstand beliebiger Vektoren $\mathbf{y} = (y_1, y_2)^\top \in \mathbb{R}^2$ und $\mathbf{x} = (x_1, x_2)^\top \in \mathbb{R}^2$, vgl. Bild 6.1. Quadrieren des Abstandes ergibt

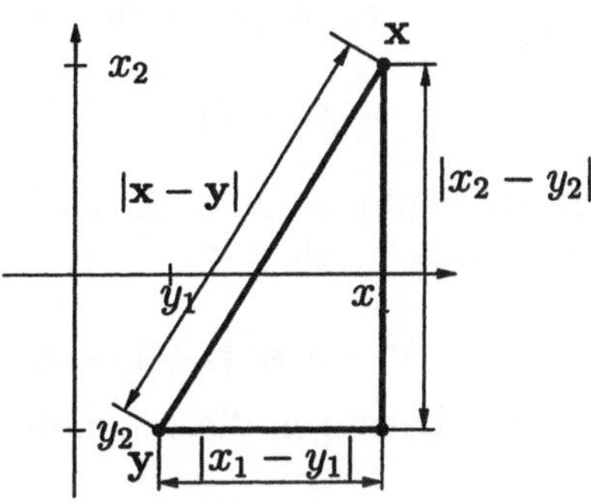

Bild 6.1: Abstand $|\mathbf{x} - \mathbf{y}|$

$$\begin{aligned}
|\mathbf{y} - \mathbf{x}|^2 &= (y_1 - x_1)^2 + (y_2 - x_2)^2 \\
&= (\mathbf{y} - \mathbf{x})^\top(\mathbf{y} - \mathbf{x}) \\
&= \mathbf{y}^\top\mathbf{y} + \mathbf{x}^\top\mathbf{x} - 2\mathbf{x}^\top\mathbf{y} \\
&= |\mathbf{y}|^2 + |\mathbf{x}|^2 - 2\mathbf{x}^\top\mathbf{y}.
\end{aligned}$$

Also gilt für beliebige $\mathbf{x}, \mathbf{y} \in \mathbb{R}^2$

$$\mathbf{x}^\top\mathbf{y} = 0 \iff |\mathbf{y} - \mathbf{x}|^2 = |\mathbf{y}|^2 + |\mathbf{x}|^2. \tag{6.2}$$

Die rechte Gleichung entspricht der Aussage des Satzes von Pythagoras für rechtwinklige Dreiecke mit den Kathetenlängen $|\mathbf{x}|$, $|\mathbf{y}|$ und der Hypotenusenlänge $|\mathbf{y} - \mathbf{x}|$. Die Vektoren $\mathbf{x}$ und $\mathbf{y}$ stehen also genau dann senkrecht aufeinander , wenn $\mathbf{x}^\top\mathbf{y} = 0$.

Um den Winkel zwischen zwei Vektoren zu erklären, betrachten wir zunächst zwei Vektoren $\mathbf{a}, \mathbf{b} \in \mathbb{R}^2$, die beide die Länge 1 haben. Sie liegen demnach auf dem Einheitskreis, d.h.

$$\mathbf{a}, \mathbf{b} \in \{\mathbf{x} \in \mathbb{R}^2 \mid |\mathbf{x}| = 1\}.$$

Der nicht orientierte Winkel $\angle(\mathbf{a}, \mathbf{b})$ zwischen $\mathbf{a}$ und $\mathbf{b}$ wird dann als Länge des Kreisbogens zwischen $\mathbf{a}$ und $\mathbf{b}$ definiert. Der Cosinus dieses Winkels ist definiert als (vorzeichenbehafteter) Abstand zwischen dem Nullpunkt und dem Fußpunkt $\mathbf{c}$ des Lotes von $\mathbf{b}$ auf die Gerade durch $\mathbf{o}$ und $\mathbf{a}$ (vgl. Bild 6.2), also

$$\cos\angle(\mathbf{a}, \mathbf{b}) := \begin{cases} |\mathbf{c}|, & \text{falls } \angle(\mathbf{a}, \mathbf{b}) \in [0, \pi/2], \\ -|\mathbf{c}|, & \text{falls } \angle(\mathbf{a}, \mathbf{b}) \in (\pi/2, \pi]. \end{cases} \tag{6.3}$$

Da $\mathbf{c} - \mathbf{b}$ (als Lot) senkrecht auf $\mathbf{c} - \mathbf{a}$ steht, gilt $(\mathbf{c} - \mathbf{b})^\mathsf{T}(\mathbf{c} - \mathbf{a}) = 0$. Nach (6.2) hat man also

$$\begin{aligned} |\mathbf{b} - \mathbf{a}|^2 &= |\mathbf{c} - \mathbf{b}|^2 + |\mathbf{c} - \mathbf{a}|^2 \\ &= |\mathbf{a}|^2 + |\mathbf{b}|^2 + 2|\mathbf{c}|^2 - 2\mathbf{c}^\mathsf{T}\mathbf{b} - 2\mathbf{c}^\mathsf{T}\mathbf{a}. \end{aligned}$$

Wegen $|\mathbf{b} - \mathbf{a}|^2 = |\mathbf{a}|^2 + |\mathbf{b}|^2 - 2\mathbf{a}^\mathsf{T}\mathbf{b}$ liefert dies

$$\mathbf{a}^\mathsf{T}\mathbf{b} = |\mathbf{c}|^2 - \mathbf{c}^\mathsf{T}(\mathbf{b} + \mathbf{a}).$$

Offenbar gibt es $\lambda \in \mathbb{R}$, so dass $\mathbf{c} = \lambda\mathbf{a}$. Da $|\mathbf{a}| = |\mathbf{b}| = 1$, gilt $\lambda \in [-1, 1]$ und es folgt

$$\lambda^2 - \lambda(\mathbf{a}^\mathsf{T}\mathbf{b} + 1) - \mathbf{a}^\mathsf{T}\mathbf{b} = 0.$$

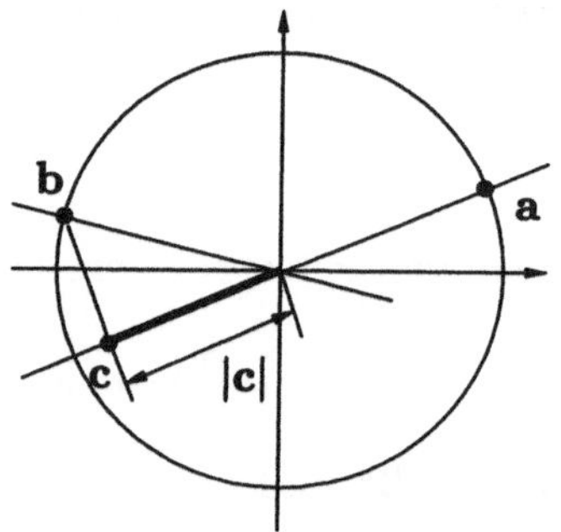

Bild 6.2: Cosinus eines Winkels

Von den Lösungen dieser quadratischen Gleichungen kommt nur $\lambda = \mathbf{a}^\mathsf{T}\mathbf{b}$ in Frage, so dass

$$\mathbf{c} = \lambda\mathbf{a} = (\mathbf{a}^\mathsf{T}\mathbf{b})\mathbf{a}.$$

Unter Beachtung von (6.3) folgt

$$\cos\angle(\mathbf{a}, \mathbf{b}) = \mathbf{a}^\mathsf{T}\mathbf{b}. \tag{6.4}$$

Der **nicht orientierte Winkel** zwischen Vektoren $\mathbf{x} \neq \mathbf{o}$ und $\mathbf{y} \neq \mathbf{o}$ beliebiger Länge wird nun einfach durch

$$\angle(\mathbf{x}, \mathbf{y}) := \angle\left(\frac{\mathbf{x}}{|\mathbf{x}|}, \frac{\mathbf{y}}{|\mathbf{y}|}\right)$$

erklärt. Häufig werden wir beim nicht orientierten Winkel nur vom Winkel sprechen. Mit $\mathbf{a} := \mathbf{x}/|\mathbf{x}|$ und $\mathbf{b} := \mathbf{y}/|\mathbf{y}|$ ergibt sich aus (6.4)

$$\cos\angle(\mathbf{x}, \mathbf{y}) = \frac{\mathbf{x}^\mathsf{T}\mathbf{y}}{|\mathbf{x}||\mathbf{y}|}, \qquad \mathbf{x}, \mathbf{y} \in \mathbb{R}^2 \setminus \{\mathbf{o}\}.$$

Das Produkt $\mathbf{x}^\top\mathbf{y}$ spielt also für die Berechnung des Winkels $\angle(\mathbf{x},\mathbf{y})$ eine entscheidende Rolle. Setzt man speziell $\mathbf{y} := \mathbf{x}$, so ist die Länge des Vektors $\mathbf{x}$ gegeben durch $\sqrt{\mathbf{x}^\top\mathbf{x}}$, vgl. (6.1).

6.2 Das Standardskalarprodukt im $\mathbb{R}^n$

Im letzten Abschnitt wurde deutlich, dass im Vektorraum $\mathbb{R}^2$ das Produkt $\mathbf{x}^\top\mathbf{y}$ zur Berechnung von Längen und Winkeln verwendet werden kann. In Analogie dazu wollen wir jetzt die Länge eines Vektors $\mathbf{x} \in \mathbb{R}^n$ und den Winkel zwischen zwei Vektoren $\mathbf{x},\mathbf{y} \in \mathbb{R}^n$ definieren. Dazu benötigen wir das sogenannte **Standardskalarprodukt** $\mathbf{x}^\top\mathbf{y}$ der Vektoren $\mathbf{x} = (x_1,\ldots,x_n)^\top \in \mathbb{R}^n$ und $\mathbf{y} = (y_1,\ldots,y_n)^\top \in \mathbb{R}^n$. Dies ist definiert durch

$$\mathbf{x}^\top\mathbf{y} := \sum_{i=1}^{n} x_i y_i. \tag{6.5}$$

Man spricht auch vom *kanonischen Skalarprodukt* oder nur vom *Skalarprodukt*. Wir werden in Abschnitt 6.3 jedoch sehen, dass das Standardskalarprodukt nur eine spezielle (aber wichtige) Möglichkeit ist, ein Skalarprodukt zu erklären. Deshalb muss immer klar sein, welches Skalarprodukt gerade verwendet wird.

Die Berechnung des Standardskalarproduktes erfolgt in MATLAB einfach durch

```
>> x=[2;3;-4;1]; y=[5;1;2;-3];
>> s=x'*y
s =
     2
```

Nach der Definition der Vektoren $\mathbf{x}$ und $\mathbf{y}$ als Spaltenvektoren (Trennung der Zeilen durch Semikolon) wird das Skalarprodukt berechnet, wobei `x'` dem Vektor $\mathbf{x}^\top$ entspricht. Man beachte wieder, dass bei MATLAB das Semikolon am Ende einer Anweisung die Ausgabe unterdrückt. Natürlich könnte man das Standardskalarprodukt auch mit Hilfe einer Schleifenanweisung ermitteln. Derartige Anweisungen sollte man in MATLAB aber aus Rechenzeitgründen soweit wie möglich vermeiden. In MAPLE kann der Befehl *Multiply* aus dem Paket *LinearAlgebra* Verwendung finden.

Bevor wir zur Definition von Länge und Winkel kommen, wollen wir grundlegende Eigenschaften des Standardskalarproduktes herleiten, die dann später in Abschnitt 6.3 eine Verallgemeinerung erfahren werden.

Satz 6.2.1. *Es seien* $\mathbf{x},\mathbf{x}',\mathbf{y} \in \mathbb{R}^n$ *und* $\lambda \in \mathbb{R}$ *gegeben. Dann gilt:*

(a) $(\mathbf{x}+\mathbf{x}')^\top\mathbf{y} = \mathbf{x}^\top\mathbf{y} + (\mathbf{x}')^\top\mathbf{y}$,

(b) $(\lambda\mathbf{x})^\top\mathbf{y} = \lambda(\mathbf{x}^\top\mathbf{y})$,

(c) $\mathbf{x}^\mathsf{T}\mathbf{y} = \mathbf{y}^\mathsf{T}\mathbf{x}$,

(d) $\mathbf{x}^\mathsf{T}\mathbf{x} > 0$, *falls* $\mathbf{x} \neq \mathbf{o}$.

Diese Eigenschaften rechnet man leicht mittels (6.5) nach. Aus Satz 6.2.1 (b) und (d) ergibt sich zudem

$$\mathbf{x}^\mathsf{T}\mathbf{x} = 0 \quad \Longleftrightarrow \quad \mathbf{x} = \mathbf{o}.$$

Die **Länge** $|\mathbf{x}|$ eines Vektors $\mathbf{x} \in \mathbb{R}^n$ legen wir nun in Analogie zu Abschnitt 6.1 durch

$$|\mathbf{x}| := \sqrt{\mathbf{x}^\mathsf{T}\mathbf{x}} \tag{6.6}$$

fest. Um ebenfalls den Begriff des Winkels übertragen zu können, benötigen wir die **Cauchy–Schwarzsche Ungleichung** :

$$|\mathbf{x}^\mathsf{T}\mathbf{y}| \leq |\mathbf{x}||\mathbf{y}|, \qquad \mathbf{x}, \mathbf{y} \in \mathbb{R}^n. \tag{6.7}$$

Diese lässt sich leicht überprüfen. Sie gilt natürlich für $\mathbf{x} = \mathbf{o}$ oder $\mathbf{y} = \mathbf{o}$. Nun sei $\mathbf{x} \neq \mathbf{o}$ und $\mathbf{y} \neq \mathbf{o}$. Wir setzen

$$\mathbf{a} := \frac{\mathbf{x}}{|\mathbf{x}|}, \qquad \mathbf{b} := \frac{\mathbf{y}}{|\mathbf{y}|}.$$

Dann ist $|\mathbf{a}| = |\mathbf{b}| = 1$ und es folgt

$$0 \leq (\mathbf{a}+\mathbf{b})^\mathsf{T}(\mathbf{a}+\mathbf{b}) = \mathbf{a}^\mathsf{T}\mathbf{a} + \mathbf{b}^\mathsf{T}\mathbf{b} + 2\mathbf{a}^\mathsf{T}\mathbf{b} = |\mathbf{a}|^2 + |\mathbf{b}|^2 + 2\mathbf{a}^\mathsf{T}\mathbf{b} = 2 + 2\mathbf{a}^\mathsf{T}\mathbf{b}.$$

Ersetzt man $\mathbf{b}$ durch $-\mathbf{b}$, so ergibt sich entsprechend

$$0 \leq 2 - 2\mathbf{a}^\mathsf{T}\mathbf{b}$$

und insgesamt

$$-1 \leq \mathbf{a}^\mathsf{T}\mathbf{b} \leq 1.$$

Also folgt

$$-1 \leq \frac{\mathbf{x}^\mathsf{T}\mathbf{y}}{|\mathbf{x}||\mathbf{y}|} \leq 1, \qquad \mathbf{x}, \mathbf{y} \in \mathbb{R}^n \setminus \{\mathbf{o}\}, \tag{6.8}$$

und damit die Gültigkeit der Cauchy–Schwarzschen Ungleichung (6.7).

Der **nicht orientierte Winkel** $\angle(\mathbf{x}, \mathbf{y})$ zwischen den Vektoren $\mathbf{x}, \mathbf{y} \in \mathbb{R}^n \setminus \{\mathbf{o}\}$ wird in Verallgemeinerung der Ergebnisse in Abschnitt 6.1 mit Hilfe der Cosinus–Funktion definiert durch die Gleichung

$$\boxed{\cos \angle(\mathbf{x}, \mathbf{y}) = \frac{\mathbf{x}^\mathsf{T}\mathbf{y}}{|\mathbf{x}||\mathbf{y}|}, \qquad \mathbf{x}, \mathbf{y} \in \mathbb{R}^n \setminus \{\mathbf{o}\}.} \tag{6.9}$$

Aus der Cauchy–Schwarzschen Ungleichung (6.7) oder ihrer Formulierung in (6.8) erkennt man, dass die rechte Seite von (6.9) stets eine Zahl im Intervall $[-1, 1]$ liefert. Da die Cosinus–Funktion auf dem Intervall $[0, \pi]$ alle Zahlen in $[-1, 1]$ als Funktionswerte erzeugt und streng monoton fällt, besitzt sie dort eine Umkehrfunktion. Somit hat die Gleichung (6.9) eine eindeutige Lösung, nämlich den zu definierenden Winkel $\angle(\mathbf{x}, \mathbf{y})$.

Für die durch (6.6) erklärte Länge von Vektoren des $\mathbb{R}^n$ ergeben sich folgende (mit unserer Alltagserfahrung übereinstimmende) Aussagen.

Satz 6.2.2. *Für beliebige* $\mathbf{x}, \mathbf{y} \in \mathbb{R}^n$, $\lambda \in \mathbb{R}$ *gilt:*

(a) $|\mathbf{x}| = 0 \iff \mathbf{x} = \mathbf{o}$,

(b) $|\lambda \mathbf{x}| = |\lambda||\mathbf{x}|$,

(c) $|\mathbf{x} + \mathbf{y}| \leq |\mathbf{x}| + |\mathbf{y}|$.

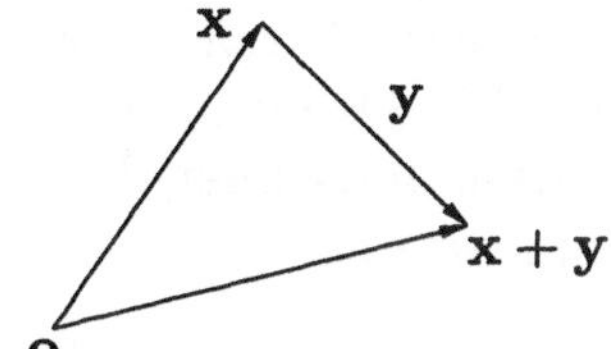

Bild 6.3: Dreiecksungleichung

Eigenschaft (c) wird als **Dreiecksungleichung** bezeichnet. Zur Rechtfertigung des Namens interpretiere man $|\mathbf{x}|$, $|\mathbf{y}|$ und $|\mathbf{x} + \mathbf{y}|$ im $\mathbb{R}^2$ als Seitenlängen eines Dreiecks mit den Ecken bei $\mathbf{o}$, $\mathbf{x}$ und $\mathbf{x} + \mathbf{y}$, vgl. Bild 6.3.
Der Beweis der Eigenschaften (a) und (b) ist einfach mittels Satz 6.2.1 möglich. Die Dreiecksungleichung kann man mit Hilfe der Cauchy–Schwarzschen Ungleichung (6.7) wie folgt überprüfen:

$$\begin{aligned} |\mathbf{x} + \mathbf{y}|^2 &= (\mathbf{x} + \mathbf{y})^\mathsf{T}(\mathbf{x} + \mathbf{y}) \\ &= \mathbf{x}^\mathsf{T}\mathbf{x} + \mathbf{y}^\mathsf{T}\mathbf{y} + 2\mathbf{x}^\mathsf{T}\mathbf{y} \\ &\leq |\mathbf{x}|^2 + |\mathbf{y}|^2 + 2|\mathbf{x}||\mathbf{y}| \\ &= (|\mathbf{x}| + |\mathbf{y}|)^2. \end{aligned} \tag{6.10}$$

Die in Satz 6.2.2 angegebenen Eigenschaften werden in Abschnitt 6.3 benutzt, um die Länge zum Begriff der Norm zu verallgemeinern.

6.3 Euklidische Vektorräume

Wir verwenden nun die in Satz 6.2.1 angegebenen Eigenschaften des Standardskalarproduktes im $\mathbb{R}^n$, um den umfassenderen Begriff eines Skalarproduktes für reelle Vektorräume einzuführen.

Definition. Es sei V ein reeller Vektorraum. Eine Abbildung $\langle\cdot,\cdot\rangle : V \times V \to \mathbb{R}$ heißt **Skalarprodukt** oder **inneres Produkt**, wenn für beliebige $\mathbf{x}, \mathbf{x}', \mathbf{y} \in V$ und beliebige $\lambda \in \mathbb{R}$ folgende Eigenschaften gelten:

(S1) $\langle \mathbf{x} + \mathbf{x}', \mathbf{y}\rangle = \langle \mathbf{x}, \mathbf{y}\rangle + \langle \mathbf{x}', \mathbf{y}\rangle$,

(S2) $\langle \lambda \mathbf{x}, \mathbf{y} \rangle = \lambda \langle \mathbf{x}, \mathbf{y} \rangle$,

(S3) $\langle \mathbf{x}, \mathbf{y} \rangle = \langle \mathbf{y}, \mathbf{x} \rangle$,

(S4) $\langle \mathbf{x}, \mathbf{x} \rangle > 0$, falls $\mathbf{x} \neq \mathbf{o}$.

Eigenschaft (S1) bezeichnet man als *Additivität*, Eigenschaft (S2) als *Homogenität* und die Eigenschaften (S1) und (S2) zusammen als **Linearität** des Skalarproduktes bezüglich seines ersten Argumentes. Auf Grund seiner **Symmetrie** (Eigenschaft (S3)) ist das Skalarprodukt aber ebenso bezüglich des zweiten Argumentes additiv, homogen und linear. Gelten die Eigenschaften (S1), (S2) und (S3), so heißt die Abbildung $\langle \cdot, \cdot \rangle : V \times V \to \mathbb{R}$ **symmetrische Bilinearform**. Eigenschaft (S4) wird als **positive Definitheit** bezeichnet. Damit ist ein Skalarprodukt eine positiv definite symmetrische Bilinearform.

Beispiel 6.3.1. Es seien $V := \mathbb{R}^n$, $\mathbf{A} \in \mathbb{R}^{n \times n}$ eine positiv definite symmetrische Matrix (vgl. Definition in Abschnitt 7.4). Dann ist durch

$$\langle \mathbf{x}, \mathbf{y} \rangle := \mathbf{x}^{\mathsf{T}} \mathbf{A} \mathbf{y}, \qquad \mathbf{x}, \mathbf{y} \in \mathbb{R}^n$$

ein Skalarprodukt in $\mathbb{R}^n$ erklärt. Die Gültigkeit der Eigenschaften (S1) und (S2) weist man mit Hilfe elementarer Regeln der Matrizenrechnung nach. Eigenschaft (S3) folgt mit der Symmetrie von $\mathbf{A}$, während (S4) zur positiven Definitheit von $\mathbf{A}$ äquivalent ist. Setzt man $\mathbf{A} := \mathbf{E}$, so ergibt sich das bekannte Standardskalarprodukt im $\mathbb{R}^n$. $\lhd$

Beispiel 6.3.2. Es sei V die Menge aller auf dem Intervall $[a, b]$ stetigen Funktionen $\mathbf{x} : [a, b] \to \mathbb{R}$. V ist ein Untervektorraum von $\mathrm{Abb}([a, b], \mathbb{R})$. Wegen der Stetigkeit der Funktionen in V ist

$$\langle \mathbf{x}, \mathbf{y} \rangle := \int_a^b \mathbf{x}(t)\mathbf{y}(t)\,\mathrm{d}t, \qquad \mathbf{x}, \mathbf{y} \in V$$

wohldefiniert und auch Skalarprodukt. Insbesondere gilt (S4). Auf Grund der Stetigkeit gibt es nämlich für jede Funktion $\mathbf{x} \in V$ mit $\mathbf{x} \neq \mathbf{o}$ (von $\mathbf{x}$ abhängige) Zahlen $\epsilon > 0$ und $a \leq a_1 < b_1 \leq b$, so dass $\mathbf{x}(t)\mathbf{x}(t) \geq \epsilon > 0$ für alle $t \in [a_1, b_1]$. Daraus folgt

$$\langle \mathbf{x}, \mathbf{x} \rangle \geq \int_{a_1}^{b_1} \mathbf{x}(t)\mathbf{x}(t)\,\mathrm{d}t \geq (b_1 - a_1)\epsilon > 0.$$

Also gilt (S4). Die übrigen drei Eigenschaften in der Definition des Skalarproduktes prüft man leicht mit Regeln der Integralrechnung. $\lhd$

Es lassen sich nun mit jedem in einem beliebigen Vektorraum gegebenen Skalarprodukt Zusammenhänge herstellen, die analog sind zu denen, die für das Standardskalarprodukt im $\mathbb{R}^n$ gelten. Deshalb ist der Begriff des euklidischen Vektorraumes geprägt worden.

Definition. Es seien V ein reeller Vektorraum und $\langle\cdot,\cdot\rangle$ ein Skalarprodukt in V. Dann heißt das Paar $(V,\langle\cdot,\cdot\rangle)$ **euklidischer Vektorraum**.

Die für das Standardskalarprodukt im $\mathbb{R}^n$ nachgewiesene Ungleichung (6.7) ist in beliebigen euklidischen Vektorräumen erfüllt, d.h., es gilt

$$\boxed{\langle\mathbf{x},\mathbf{y}\rangle^2 \leq \langle\mathbf{x},\mathbf{x}\rangle\langle\mathbf{y},\mathbf{y}\rangle, \qquad \mathbf{x},\mathbf{y}\in V.} \tag{6.11}$$

Auch diese Ungleichung heißt **Cauchy–Schwarzsche Ungleichung**. Ersetzt man in (6.11) den Term $\langle\mathbf{x},\mathbf{y}\rangle$ durch $\mathbf{x}^\mathsf{T}\mathbf{y}$ sowie $\langle\mathbf{x},\mathbf{x}\rangle$ und $\langle\mathbf{y},\mathbf{y}\rangle$ durch $|\mathbf{x}|^2$ und $|\mathbf{y}|^2$, dann erhält man direkt den schon bekannten Spezialfall (6.7). Wir verweisen hier auch auf die weiter unten in (6.13) angegebene äquivalente Formulierung von (6.11).
Ungleichung (6.11) zeigt man auf die gleiche Weise wie Ungleichung (6.7) unter Berücksichtigung der Eigenschaften (S1) bis (S3) des Skalarproduktes. An Stelle des Standardskalarproduktes verwendet man jetzt $\langle\cdot,\cdot\rangle$ und entsprechend $\sqrt{\langle\cdot,\cdot\rangle}$ für die Länge $|\cdot|$.
Nun verallgemeinern wir die Länge eines Vektors, indem wir auf ihre in Satz 6.2.2 dargestellten Eigenschaften zurückgreifen.

Definition. Es sei V ein $\mathbb{K}$–Vektorraum. Eine Abbildung $\|\cdot\| : V \to [0,\infty)$ heißt **Norm** in V, wenn für beliebige $\mathbf{x},\mathbf{y}\in V$ und beliebige $\lambda\in\mathbb{K}$ folgende Eigenschaften gelten:

(N1) $\|\mathbf{x}\| = 0 \iff \mathbf{x} = \mathbf{o}$,

(N2) $\|\lambda\mathbf{x}\| = |\lambda|\|\mathbf{x}\|$,

(N3) $\|\mathbf{x}+\mathbf{y}\| \leq \|\mathbf{x}\| + \|\mathbf{y}\|$ **Dreiecksungleichung**.

Satz 6.3.3. *Es sei* $(V,\langle\cdot,\rangle)$ *ein euklidischer Vektorraum. Dann ist durch*

$$\|\mathbf{x}\| := \sqrt{\langle\mathbf{x},\mathbf{x}\rangle}, \qquad \mathbf{x}\in V,$$

eine Norm in V *definiert.*

Die in Satz 6.3.3 eingeführte Norm wird auch als die *durch das Skalarprodukt* $\langle\cdot,\cdot\rangle$ *erzeugte Norm* bezeichnet. Wegen Satz 6.2.2 ist die aus dem Standardskalarprodukt im $\mathbb{R}^n$ erzeugte Länge $|\cdot|$ auch eine Norm im $\mathbb{R}^n$. Man bezeichnet diese spezielle Norm auch als *euklidische Norm* oder *2–Norm* und schreibt

$$\|\mathbf{x}\|_2 := |\mathbf{x}| = \sqrt{\mathbf{x}^\mathsf{T}\mathbf{x}}, \qquad \mathbf{x}\in\mathbb{R}^n.$$

Einen Beweis von Satz 6.3.3 liefern wir nicht. Die Gültigkeit von (N1) und (N2) kann nämlich leicht aus den Eigenschaften eines Skalarproduktes abgeleitet werden. Eigenschaft (N3) zeigt man analog zu (6.10). Dabei sind (S1) bis (S3) und die Cauchy–Schwarzsche Ungleichung (6.11) zu beachten.

Die Eigenschaften (N3) und (N2) gestatten für beliebige $\mathbf{x}, \mathbf{y} \in V$ die einfache aber wichtige Folgerung

$$\text{(N3) } \textit{und} \text{ (N2)} \quad \Longrightarrow \quad \|\mathbf{x}-\mathbf{y}\| \leq \|\mathbf{x}\| + \|\mathbf{y}\| \quad \Longleftrightarrow \quad \|\mathbf{x}\| - \|\mathbf{y}\| \leq \|\mathbf{x}-\mathbf{y}\|.$$

Satz 6.3.3 sagt, dass jedes Skalarprodukt eine Norm erzeugt. Umgekehrt kann aber nicht jede Norm von einem Skalarprodukt erzeugt werden. Vielmehr lässt sich zeigen, dass eine Norm $\|\cdot\|$ genau dann von einem Skalarprodukt erzeugt wird, wenn mit dieser Norm die *Parallelogrammgleichung* (vgl. Abbildung 6.4)

$$\|\mathbf{x}+\mathbf{y}\|^2 + \|\mathbf{x}-\mathbf{y}\|^2 = 2\|\mathbf{x}\|^2 + 2\|\mathbf{y}\|^2 \tag{6.12}$$

für alle $\mathbf{x}, \mathbf{y} \in V$ erfüllt ist. Die Strecken $[\mathbf{o}, \mathbf{x}]$, $[\mathbf{o}, \mathbf{y}]$, $[\mathbf{x}, \mathbf{x}+\mathbf{y}]$ und $[\mathbf{y}, \mathbf{y}+\mathbf{x}]$ mit der Länge $\|\mathbf{x}\|$ bzw. $\|\mathbf{y}\|$ lassen sich als Seiten eines Parallelogramms auffassen. Dann sind $[\mathbf{x}, \mathbf{y}]$ mit der Länge $\|\mathbf{x}-\mathbf{y}\|$ und $[\mathbf{o}, \mathbf{x}+\mathbf{y}]$ mit der Länge $\|\mathbf{x}+\mathbf{y}\|$ die Diagonalen dieses Parallelogramms. Strecken werden formal in Abschnitt 6.7 eingeführt.

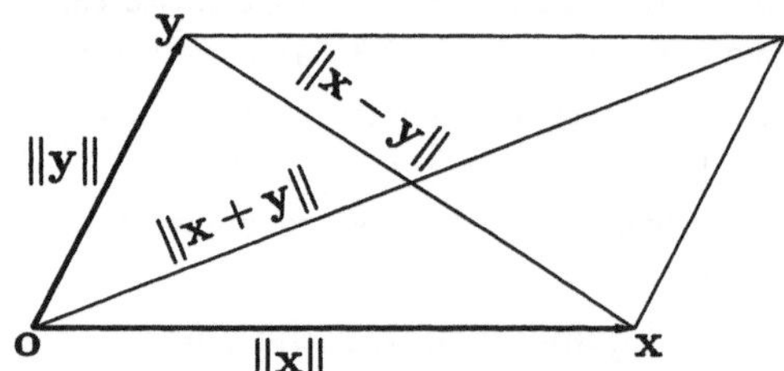

Bild 6.4: Zur Parallelogrammgleichung

Der Begriff der Norm hat, auch wenn die Parallelogrammgleichung verletzt ist, eigenständige Bedeutung und führt insbesondere zu sogenannten *normierten Vektorräumen* $(V, \|\cdot\|)$ bestehend aus einem Vektorraum V und einer Norm $\|\cdot\|$ in V.

Beispiel 6.3.4. Im $\mathbb{R}^n$ prüft man für die durch das Standardskalarprodukt erzeugte euklidische Norm $\|\cdot\|_2$ leicht die Gültigkeit der Parallelogrammgleichung nach. Durch

$$\|\mathbf{x}\|_1 := \sum_{i=1}^{n} |x_i|, \qquad \mathbf{x} \in \mathbb{R}^n,$$

ist im $\mathbb{R}^n$ eine weitere Norm, die *Summennorm* oder *1-Norm* erklärt. Für $n = 2$ und $\mathbf{x} = (1,0)^\top$, $\mathbf{y} = (0,1)^\top$ ergibt sich

$$\|\mathbf{x}+\mathbf{y}\|_1^2 = \|\mathbf{x}-\mathbf{y}\|_1^2 = 4, \qquad \|\mathbf{x}\|_1^2 = \|\mathbf{y}\|_1^2 = 1,$$

also ist die Parallelogrammgleichung verletzt und die 1–Norm kann somit nicht von einem Skalarprodukt erzeugt werden. ◁

Mit Hilfe der vom Skalarprodukt erzeugten Norm und Satz 6.3.3 geben wir nun die zur Cauchy-Schwarzschen Ungleichung (6.11) äquivalente Formulierung (6.13) an.

Satz 6.3.5. *Es sei $(V, \langle\cdot,\rangle)$ ein euklidischer Vektorraum. Dann gilt*

$$|\langle\mathbf{x}, \mathbf{y}\rangle| \leq \|\mathbf{x}\|\|\mathbf{y}\|, \qquad \mathbf{x}, \mathbf{y} \in V. \tag{6.13}$$

Gleichheit tritt in (6.13) genau dann ein, wenn $\mathbf{x}$ und $\mathbf{y}$ linear abhängig sind.

Beweis. Die Äquivalenz von (6.11) und (6.13) ist offensichtlich. Um zu zeigen, dass die lineare Abhängigkeit von $\mathbf{x}$ und $\mathbf{y}$ Gleichheit in (6.13) impliziert, können wir uns auf den Fall $\mathbf{y} \neq \mathbf{o}$ beschränken. Wegen der linearen Abhängigkeit von $\mathbf{x}, \mathbf{y}$ gibt es dann $\lambda \in \mathbb{R}$ mit $\mathbf{x} = \lambda\mathbf{y}$, also gilt wegen (S2) und (S3)

$$\langle \mathbf{x}, \mathbf{x}\rangle\langle \mathbf{y}, \mathbf{y}\rangle = \langle \lambda\mathbf{y}, \lambda\mathbf{y}\rangle\langle \mathbf{y}, \mathbf{y}\rangle = \lambda^2\langle \mathbf{y}, \mathbf{y}\rangle^2 = \langle \lambda\mathbf{y}, \mathbf{y}\rangle^2 = \langle \mathbf{x}, \mathbf{y}\rangle^2.$$

Somit steht in (6.13) das Gleichheitszeichen. Um umgekehrt zu erkennen, dass aus der Gleichheit in (6.13) die lineare Abhängigkeit von $\mathbf{x}$ und $\mathbf{y}$ folgt, multiplizieren wir die Gleichung $0 = \langle \mathbf{x}, \mathbf{x}\rangle\langle \mathbf{y}, \mathbf{y}\rangle - \langle \mathbf{x}, \mathbf{y}\rangle^2$ mit $\langle \mathbf{y}, \mathbf{y}\rangle$ durch. Dann ergibt sich mit (S1) bis (S4)

$$\begin{aligned} 0 &= \langle \mathbf{x}, \mathbf{x}\rangle\langle \mathbf{y}, \mathbf{y}\rangle^2 - \langle \mathbf{x}, \mathbf{y}\rangle^2\langle \mathbf{y}, \mathbf{y}\rangle \\ &= \langle \mathbf{x}, \mathbf{x}\rangle\langle \mathbf{y}, \mathbf{y}\rangle^2 - 2\langle \mathbf{x}, \mathbf{y}\rangle^2\langle \mathbf{y}, \mathbf{y}\rangle + \langle \mathbf{x}, \mathbf{y}\rangle^2\langle \mathbf{y}, \mathbf{y}\rangle \\ &= \langle \langle \mathbf{y}, \mathbf{y}\rangle\mathbf{x} - \langle \mathbf{x}, \mathbf{y}\rangle\mathbf{y}, \langle \mathbf{y}, \mathbf{y}\rangle\mathbf{x} - \langle \mathbf{x}, \mathbf{y}\rangle\mathbf{y}\rangle. \end{aligned}$$

Somit ist $\langle \mathbf{y}, \mathbf{y}\rangle\mathbf{x} - \langle \mathbf{x}, \mathbf{y}\rangle\mathbf{y} = \mathbf{o}$. Dies bedeutet, dass $\mathbf{x}$ und $\mathbf{y}$ linear abhängig sind. □

Im Folgenden wollen wir in euklidischen Vektorräumen unter $\|\cdot\|$ stets die durch das jeweilige Skalarprodukt erzeugte Norm verstehen.
Analog zum nicht orientierten Winkel im $\mathbb{R}^n$, der mit Hilfe des Standardskalarproduktes eingeführt wurde (vgl. Abschnitt 6.2), kann in jedem euklidischen Vektorraum $(V, \langle\cdot,\cdot\rangle)$ ein nicht orientierter **Winkel** definiert werden.

Satz und Definition 6.3.6. *Es sei $(V, \langle\cdot,\cdot\rangle)$ ein euklidischer Vektorraum. Für beliebige Vektoren $\mathbf{x}, \mathbf{y} \in V \setminus \{\mathbf{o}\}$ besitzt die Gleichung*

$$\cos\varphi = \frac{\langle \mathbf{x}, \mathbf{y}\rangle}{\|\mathbf{x}\|\|\mathbf{y}\|} \tag{6.14}$$

eine eindeutige Lösung φ im Intervall $[0, \pi]$. Diese Lösung φ wird mit $\angle(\mathbf{x}, \mathbf{y})$ bezeichnet und **nicht orientierter Winkel** *zwischen $\mathbf{x}$ und $\mathbf{y}$ genannt wird.*

Der folgende Satz verallgemeinert den für Dreiecke aus der Schule bekannten *Cosinussatz*, vgl. Bild 6.4.

Satz 6.3.7. *Es sei $(V, \langle\cdot,\cdot\rangle)$ ein euklidischer Vektorraum. Dann gilt*

$$\|\mathbf{x} - \mathbf{y}\|^2 = \|\mathbf{x}\|^2 + \|\mathbf{y}\|^2 - 2\langle \mathbf{x}, \mathbf{y}\rangle, \qquad \mathbf{x}, \mathbf{y} \in V.$$

Beweis. Mit der Bilinearität und Symmetrie des Skalarproduktes folgt für beliebige $\mathbf{x}, \mathbf{y} \in V$

$$\begin{aligned} \|\mathbf{x} - \mathbf{y}\|^2 &= \langle \mathbf{x} - \mathbf{y}, \mathbf{x} - \mathbf{y}\rangle \\ &= \langle \mathbf{x}, \mathbf{x}\rangle + \langle \mathbf{y}, \mathbf{y}\rangle - 2\langle \mathbf{x}, \mathbf{y}\rangle \\ &= \|\mathbf{x}\|^2 + \|\mathbf{y}\|^2 - 2\langle \mathbf{x}, \mathbf{y}\rangle. \end{aligned}$$

□

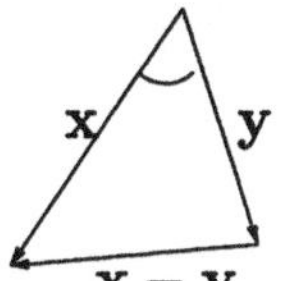

x
y
x − y

Bild 6.5: Zum Cosinussatz

Offenbar stellt Satz 6.3.7 auch eine Verallgemeinerung des Satzes von Pythagoras dar. Viel wichtiger als die allgemeine Definition eines Winkels in euklidischen Vektorräumen ist der Begriff der Orthogonalität von Vektoren. Damit wird die Vorstellung, dass zwei Vektoren senkrecht stehen (vgl. Abschnitt 6.1), auf beliebige euklidische Vektorräume übertragen. Dies wird der Ausgangspunkt im Abschnitt 6.5 sein.

6.4 Unitäre Vektorräume

Die in Abschnitt 6.3 eingeführten euklidischen Vektorräume sind Vektorräume über den reellen Zahlen $\mathbb{R}$. Wir wollen jetzt zeigen, was man in komplexen Vektorräumen unter einem Skalarprodukt versteht. Ein Beispiel eines Vektorraumes über $\mathbb{C}$ ist $\mathbb{C}^n$, der aus allen n–tupeln komplexer Zahlen besteht.
Ein Skalarprodukt $\langle\cdot,\cdot\rangle$ in einem Vektorraum über dem Körper $\mathbb{C}$ wird jedem Paar $(\mathbf{x},\mathbf{y}) \in V \times V$ ein Element aus $\mathbb{C}$ zuordnen. Wollte man die definierenden Eigenschaften (S1) bis (S4) eines reellen Skalarproduktes einfach übernehmen, so würde die positive Definitheit in (S4) die Frage aufwerfen, wann die komplexe Zahl $\langle\mathbf{x},\mathbf{x}\rangle \in \mathbb{C}$ positiv ist. Außerdem soll ja $\langle\mathbf{x},\mathbf{x}\rangle$ zur Definition einer reellen Norm dienen. Diese Schwierigkeit tritt nicht mehr auf, wenn man die Symmetrieeigenschaft (S3) durch die Forderung

$$\langle\mathbf{x},\mathbf{y}\rangle = \overline{\langle\mathbf{y},\mathbf{x}\rangle} \tag{6.15}$$

ersetzt, wobei $\overline{z} = a + ib$ die konjugiert komplexe Zahl zu $z = a + ib \in \mathbb{C}$ bezeichnet. Aus (6.15) folgt nämlich $\langle\mathbf{x},\mathbf{x}\rangle = \overline{\langle\mathbf{x},\mathbf{x}\rangle}$, so dass der Imaginärteil von $\langle\mathbf{x},\mathbf{x}\rangle$ stets verschwindet. Man interpretiert jede komplexe Zahl $a + ib$ mit $b = 0$ als reelle Zahl, insbesondere ist dann $\langle\mathbf{x},\mathbf{x}\rangle$ stets reell.

Definition. Es sei V ein komplexer Vektorraum. Eine Abbildung $\langle\cdot,\cdot\rangle : V \times V \to \mathbb{C}$ heißt **komplexes Skalarprodukt** in V, wenn für beliebige $\mathbf{x},\mathbf{x}',\mathbf{y} \in V$ und beliebige $\lambda \in \mathbb{C}$ folgende Eigenschaften gelten:

(S1) $\langle\mathbf{x}+\mathbf{x}',\mathbf{y}\rangle = \langle\mathbf{x},\mathbf{y}\rangle + \langle\mathbf{x}',\mathbf{y}\rangle$,

(S2) $\langle\lambda\mathbf{x},\mathbf{y}\rangle = \lambda\langle\mathbf{x},\mathbf{y}\rangle$,

(S3)$_{\mathbb{C}}$ $\langle\mathbf{x},\mathbf{y}\rangle = \overline{\langle\mathbf{y},\mathbf{x}\rangle}$,

(S4) $\langle\mathbf{x},\mathbf{x}\rangle > 0$, falls $\mathbf{x} \neq \mathbf{o}$.

Beispiel 6.4.1. Im komplexen Vektorraum $\mathbb{C}^n$ ist ein Skalarprodukt $\langle\cdot,\cdot\rangle : \mathbb{C}^n \times \mathbb{C}^n \to \mathbb{C}$ definiert durch

$$\langle\mathbf{x},\mathbf{y}\rangle := \mathbf{x}^\top\overline{\mathbf{y}} = \sum_{i=1}^{n} x_i\overline{y}_i, \qquad \mathbf{x},\mathbf{y} \in \mathbb{C}^n,$$

mit $\overline{\mathbf{y}} := (\overline{y_1},\ldots,\overline{y_n})^\top$. Es wird auch als Standardskalarprodukt im $\mathbb{C}^n$ bezeichnet. ◁

In MATLAB kann man dies wie folgt berechnen:

```
>> x=[1+2i;i;2-i]; y=[3;3+2i;-2i];
>> s=conj(x')*conj(y)
s =
        7.0000 +13.0000i
```

Dabei bildet `x'` denjenigen Vektor, der zu **x** transponiert ist. Durch die Anweisung *conj* wird jeweils der konjugiert komplexe Vektor erzeugt. In MAPLE kann man den Befehl *DotProduct* innerhalb des Pakets *LinearAlgebra* nutzen; zur Vermeidung einer irrtümlichen Anwendung sollte man dazu die Befehlsbeschreibung konsultieren.

Mit Hilfe der Eigenschaften aus der Definition des komplexen Skalarproduktes sieht man leicht, dass die beiden Beziehungen

$$\langle \mathbf{x}, \mathbf{y}+\mathbf{y}' \rangle = \overline{\langle \mathbf{y}+\mathbf{y}', \mathbf{x} \rangle} = \overline{\langle \mathbf{y}, \mathbf{x} \rangle + \langle \mathbf{y}', \mathbf{x} \rangle} = \overline{\langle \mathbf{y}, \mathbf{x} \rangle} + \overline{\langle \mathbf{y}', \mathbf{x} \rangle} = \langle \mathbf{x}, \mathbf{y} \rangle + \langle \mathbf{x}, \mathbf{y}' \rangle$$

und

$$\langle \mathbf{x}, \lambda\mathbf{y} \rangle = \overline{\langle \lambda\mathbf{y}, \mathbf{x} \rangle} = \overline{\lambda\langle \mathbf{y}, \mathbf{x} \rangle} = \overline{\lambda}\;\overline{\langle \mathbf{y}, \mathbf{x} \rangle} = \overline{\lambda}\langle \mathbf{x}, \mathbf{y} \rangle$$

für beliebige $\mathbf{x}, \mathbf{y}, \mathbf{y}' \in V$ und beliebige $\lambda \in \mathbb{C}$ gelten. Sie zeigen uns, dass das komplexe Skalarprodukt bezüglich des zweiten Arguments zwar additiv aber nicht homogen ist (jedoch eine gewisse Ersatzeigenschaft aufweist). Da das komplexe Skalarprodukt jedoch (wegen (S1) und (S2)) bezüglich des ersten Argumentes linear ist, wird es als *sesquilinear* (anderthalbfach linear) bezeichnet. Anstelle der positiv definiten symmetrischen Bilinearform beim reellen Skalarprodukt haben wir es beim komplexen Skalarprodukt also mit einer *positiv definiten hermiteschen Sesquilinearform* zu tun. Dabei steht *hermitesch* als Abkürzung für die Eigenschaft $(S3)_{\mathbb{C}}$.

Definition. Es seien V ein komplexer Vektorraum und $\langle \cdot, \cdot \rangle$ ein komplexes Skalarprodukt in V. Dann heißt das Paar $(V, \langle \cdot, \cdot \rangle)$ **unitärer Vektorraum**.

In unitären Vektorräumen gelten Satz 6.3.3 (über die vom Skalarprodukt erzeugte Norm) und Satz 6.3.5 (zur Cauchy–Schwarzschen Ungleichung) ebenfalls, man ersetze dort nur jeweils den euklidischen durch einen unitären Vektorraum. Insbesondere ist also

$$\|\mathbf{x}\| := \sqrt{\langle \mathbf{x}, \mathbf{x} \rangle}, \qquad \mathbf{x} \in V,$$

eine Norm im unitären Raum $(V, \langle \cdot, \cdot \rangle)$. Der Cosinussatz 6.3.7 kann in unitären Vektorräumen in der angegebenen Form nicht gelten, jedoch erhält man unter Beachtung der Eigenschaften des komplexen Skalarproduktes die umfassendere Beziehung

$$\|\mathbf{x}-\mathbf{y}\|^2 = \|\mathbf{x}\|^2 + \|\mathbf{y}\|^2 - 2\mathrm{Re}(\langle \mathbf{x}, \mathbf{y} \rangle), \qquad \mathbf{x}, \mathbf{y} \in V, \tag{6.16}$$

wobei $\mathrm{Re}(a+ib)$ für den Realteil a der komplexen Zahl $a+ib$ steht.

6.5 Orthogonalität

Definition. Es sei $(V, \langle\cdot,\cdot\rangle)$ ein euklidischer oder unitärer Vektorraum.

(a) Zwei Vektoren $\mathbf{x}, \mathbf{y} \in V$ heißen **orthogonal**, in Zeichen $\mathbf{x} \perp \mathbf{y}$, wenn $\langle \mathbf{x}, \mathbf{y}\rangle = 0$.

(b) Vektoren $\mathbf{x}_1, \ldots, \mathbf{x}_k$ aus V heißen **orthogonal**, wenn

$$\mathbf{x}_i \perp \mathbf{x}_j, \qquad \text{für alle } (i,j) \text{ mit } i \neq j,$$

und **orthonormal** , wenn sie orthogonal sind und zusätzlich

$$\|\mathbf{x}_i\| = 1, \qquad \text{für alle } i,$$

gilt.

(c) Orthonormale Vektoren, die zugleich eine Basis von V bilden, werden als **Orthonormalbasis (ON–Basis)** bezeichnet.

Beispiel 6.5.1. Im $\mathbb{R}^3$ mit Standardskalarprodukt sind die Vektoren

$$\mathbf{e}_1 + \mathbf{e}_2, \quad \mathbf{e}_1 - \mathbf{e}_2, \quad \mathbf{e}_3$$

orthogonal, aber nicht orthonormal, da etwa $\|\mathbf{e}_1 + \mathbf{e}_2\|_2 = \sqrt{2} \neq 1$. Jedoch sind

$$\frac{1}{\sqrt{2}}(\mathbf{e}_1 + \mathbf{e}_2), \quad \frac{1}{\sqrt{2}}(\mathbf{e}_1 - \mathbf{e}_2), \quad \mathbf{e}_3$$

sogar orthonormal und bilden zugleich eine ON–Basis im $\mathbb{R}^3$. ◁

Die Orthogonalität von Vektoren hat insbesondere folgende wichtige Konsequenz.

Satz 6.5.2. *Es sei $(V, \langle\cdot,\cdot\rangle)$ ein euklidischer oder unitärer Vektorraum. Orthogonale Vektoren $\mathbf{x}_1, \ldots, \mathbf{x}_k$ aus $V \setminus \{\mathbf{o}\}$ sind linear unabhängig. Sind diese Vektoren orthonormal, so gilt*

$$\mathbf{x} = \sum_{i=1}^{k} \langle \mathbf{x}, \mathbf{x}_i\rangle \mathbf{x}_i, \qquad \mathbf{x} \in \operatorname{lin}(\mathbf{x}_1, \ldots, \mathbf{x}_k). \tag{6.17}$$

Beweis. Für Zahlen $\lambda_1, \ldots, \lambda_k \in \mathbb{K}$ mit $\mathbf{o} = \sum_{i=1}^k \lambda_i \mathbf{x}_i$ folgt unter Beachtung von (S1) und (S2) und der Orthogonalität von $\mathbf{x}_1, \ldots, \mathbf{x}_k$

$$0 = \langle \mathbf{o}, \mathbf{x}_j\rangle = \langle \sum_{i=1}^{k} \lambda_i \mathbf{x}_i, \mathbf{x}_j\rangle = \sum_{i=1}^{k} \lambda_i \langle \mathbf{x}_i, \mathbf{x}_j\rangle = \lambda_j \langle \mathbf{x}_j, \mathbf{x}_j\rangle$$

für alle $j \in \{1, \ldots, k\}$. Wegen (S4) ist $\langle \mathbf{x}_j, \mathbf{x}_j\rangle > 0$ und daher $\lambda_1 = \lambda_2 = \cdots = \lambda_k = 0$. Also sind die Vektoren $\mathbf{x}_1, \ldots \mathbf{x}_k$ linear unabhängig.

Für jedes $\mathbf{x} \in \text{lin}(\mathbf{x}_1, \ldots, \mathbf{x}_k)$ gibt es daher eindeutig bestimmte Zahlen $\mu_1, \ldots, \mu_k$ aus $\mathbb{K}$ mit $\mathbf{x} = \mu_1 \mathbf{x}_1 + \cdots + \mu_k \mathbf{x}_k$. Mit der vorausgesetzten Orthonormalität der Vektoren $\mathbf{x}_1, \ldots, \mathbf{x}_k$ folgt

$$\langle \mathbf{x}, \mathbf{x}_j \rangle = \langle \sum_{i=1}^{k} \mu_i \mathbf{x}_i, \mathbf{x}_j \rangle = \langle \mu_j \mathbf{x}_j, \mathbf{x}_j \rangle = \mu_j, \qquad j \in \{1, \ldots, k\}. \qquad \square$$

Ist $\mathcal{B} = (\mathbf{x}_1, \ldots, \mathbf{x}_n)$ eine Basis eines Vektorraumes V, so gibt es entsprechend Satz und Definition 3.3.2 zu jedem $\mathbf{x} \in V$ genau einen Koordinatenvektor $(\lambda_1, \ldots, \lambda_n)^\top \in \mathbb{K}^n$, so dass

$$\mathbf{x} = \sum_{i=1}^{n} \lambda_i \mathbf{x}_i.$$

Falls $\mathcal{B}$ eine Orthonormalbasis eines euklidischen oder unitären Vektorraumes ist, bezeichnet man die Zahlen $\lambda_1, \ldots, \lambda_n$ auch als **kartesische Koordinaten**.
Wir werden jetzt insbesondere sehen, dass es in jedem endlichdimensionalen euklidischen oder unitären Vektorraum eine Orthonormalbasis gibt.

Satz 6.5.3. *Es seien $(V, \langle \cdot, \cdot \rangle)$ ein euklidischer oder unitärer Vektorraum und $U \neq \{\mathbf{o}\}$ ein endlichdimensionaler Untervektorraum von V. Dann besitzt U eine Orthonormalbasis.*

Beweis. Der Beweis wird konstruktiv geführt und verwendet das *Schmidtsche Orthonormalisierungsverfahren.* Es sei $(\mathbf{x}_1, \ldots, \mathbf{x}_k)$ eine Basis von U. Wir setzen

$$\tilde{\mathbf{x}}_1 := \frac{\mathbf{x}_1}{\|\mathbf{x}_1\|}.$$

Falls $k > 1$, so definieren wir nacheinander für $\ell = 2, 3, \ldots, k$,

$$\bar{\mathbf{x}}_\ell := \mathbf{x}_\ell - \sum_{i=1}^{\ell-1} \langle \mathbf{x}_\ell, \tilde{\mathbf{x}}_i \rangle \tilde{\mathbf{x}}_i, \qquad \tilde{\mathbf{x}}_\ell := \frac{\bar{\mathbf{x}}_\ell}{\|\bar{\mathbf{x}}_\ell\|}. \tag{6.18}$$

Durch vollständige Induktion wird jetzt die Orthonormalität der Familie $(\tilde{\mathbf{x}}_1, \ldots, \tilde{\mathbf{x}}_k)$ bewiesen. Für den Induktionsanfang $(k = 1)$ ergibt sich aus $\|\tilde{\mathbf{x}}_1\| = 1$, dass $(\tilde{\mathbf{x}}_1)$ orthonormal ist. Setzt man nun die Orthonormalität von $(\tilde{\mathbf{x}}_1, \ldots, \tilde{\mathbf{x}}_\ell)$ für ein $\ell \in \{1, \ldots, k-1\}$ voraus, so liefert diese zusammen mit der Definition von $\bar{\mathbf{x}}_{\ell+1}$ entsprechend (6.18)

$$\begin{aligned} \langle \bar{\mathbf{x}}_{\ell+1}, \tilde{\mathbf{x}}_j \rangle &= \langle \mathbf{x}_{\ell+1} - \textstyle\sum_{i=1}^{\ell} \langle \mathbf{x}_{\ell+1}, \tilde{\mathbf{x}}_i \rangle \tilde{\mathbf{x}}_i, \tilde{\mathbf{x}}_j \rangle \\ &= \langle \mathbf{x}_{\ell+1} - \langle \mathbf{x}_{\ell+1}, \tilde{\mathbf{x}}_j \rangle \tilde{\mathbf{x}}_j, \tilde{\mathbf{x}}_j \rangle \\ &= \langle \mathbf{x}_{\ell+1}, \tilde{\mathbf{x}}_j \rangle - \langle \mathbf{x}_{\ell+1}, \tilde{\mathbf{x}}_j \rangle \\ &= 0. \end{aligned}$$

Somit ist $(\bar{\mathbf{x}}_{\ell+1}, \tilde{\mathbf{x}}_\ell, \ldots, \tilde{\mathbf{x}}_1)$ orthogonal und $(\tilde{\mathbf{x}}_{\ell+1}, \tilde{\mathbf{x}}_\ell, \ldots, \tilde{\mathbf{x}}_1)$ wegen (6.18) orthonormal. $\square$

Folgerung 6.5.4. *Jeder endlichdimensionale euklidische oder unitäre Vektorraum besitzt eine ON–Basis.*

Beispiel 6.5.5. Wir betrachten $V := \mathbb{R}^3$ mit dem Standardskalarprodukt sowie Vektoren $\mathbf{x}_1 := (1,1,1)^\top$ und $\mathbf{x}_2 := (0,2,4)^\top$. Dann ist

$$U := \{\lambda\mathbf{x}_1 + \mu\mathbf{x}_2 \mid \lambda, \mu \in \mathbb{R}\}$$

ein Untervektorraum und $\mathbf{x}_1, \mathbf{x}_2$ eine Basis von U. Entsprechend dem Schmidtschen Orthonormalisierungsverfahren (vgl.6.18) setzen wir

$$\tilde{\mathbf{x}}_1 := \frac{1}{\sqrt{3}}\mathbf{x}_1 = \frac{\sqrt{3}}{3}(1,1,1)^\top$$

und

$$\bar{\mathbf{x}}_2 := \mathbf{x}_2 - \langle \mathbf{x}_2, \tilde{\mathbf{x}}_1\rangle \tilde{\mathbf{x}}_1 = \mathbf{x}_2 - 2\sqrt{3}\,\tilde{\mathbf{x}}_1 = (-2,0,2)^\top, \quad \tilde{\mathbf{x}}_2 := \frac{\bar{\mathbf{x}}_2}{\|\bar{\mathbf{x}}_2\|} = \frac{\sqrt{2}}{4}(-2,0,2)^\top.$$

Dann bilden $\tilde{\mathbf{x}}_1, \tilde{\mathbf{x}}_2$ eine ON–Basis von U. Natürlich können wir die ON–Basis von U nach dem Basisergänzungssatz 3.3.7 zu einer Basis von V ergänzen. Es gibt also einen Vektor $\mathbf{x}_3$, so dass $\text{lin}(\tilde{\mathbf{x}}_1, \tilde{\mathbf{x}}_2, \mathbf{x}_3) = V$. Dies sei z.B. $\mathbf{x}_3 := (1,0,0)^\top$. Um aus der Basis $(\tilde{\mathbf{x}}_1, \tilde{\mathbf{x}}_2, \mathbf{x}_3)$ von V eine ON–Basis zu erhalten, führen wir einen weiteren Schritt des Schmidtschen Orthonormalisierungsverfahrens durch:

$$\bar{\mathbf{x}}_3 := \mathbf{x}_3 - \langle \mathbf{x}_3, \tilde{\mathbf{x}}_1\rangle \tilde{\mathbf{x}}_1 - \langle \mathbf{x}_3, \tilde{\mathbf{x}}_2\rangle \tilde{\mathbf{x}}_2 = \frac{1}{6}\begin{pmatrix} 1 \\ -2 \\ 1 \end{pmatrix}, \quad \tilde{\mathbf{x}}_3 := \frac{\bar{\mathbf{x}}_3}{\|\bar{\mathbf{x}}_3\|} = \frac{\sqrt{6}}{6}\begin{pmatrix} 1 \\ -2 \\ 1 \end{pmatrix}.$$

Damit bilden $\tilde{\mathbf{x}}_1, \tilde{\mathbf{x}}_2, \tilde{\mathbf{x}}_3$ eine ON–Basis von V. $\triangleleft$

Das *Schmidtsche Orthonormalisierungsverfahren* (6.18) zur konstruktiven Bestimmung einer ON–Basis des endlichdimensionalen Untervektorraums U sollte aus Gründen der numerischen Instabilität gegenüber Rundungsfehlern jedoch nur dann eingesetzt werden, wenn eine exakte Arithmetik verwendet wird. Bei wachsender Dimension des Untervektorraumes U verursacht die exakte Arithmetik aber eine sehr stark zunehmende Rechenzeit. Bei der aufwandsmäßig günstigeren Floating–Point Arithmetik greift man deshalb etwa auf die *Householder–Orthonormalisierung* zurück, die im Beweis zu Satz 8.5.3 und danach ausführlicher besprochen wird. Mit Hilfe von MATLAB ergibt sich für Beispiel 6.5.5

```
>> A=[1 0;1 2;1 4];
>> [Q,R]=qr(A);
```

```
Q =
   -0.5774   0.7071   0.4082
   -0.5774   0.0000  -0.8165
   -0.5774  -0.7071   0.4082
R =
   -1.7321  -3.4641
         0  -2.8284
         0        0
```

Der MATLAB–Befehl *qr* liefert eine sogenannte *QR–Faktorisierung* der Matrix `A`, d.h. es gilt `A=Q·R`, vgl. Satz 8.5.3. Dabei ist die Ausgabe (nicht die Rechnung) durch MATLAB der Übersichtlichkeit halber standardmäßig auf 5 Stellen begrenzt, mit dem Befehl *format long* kann die Ausgabe auf 15 Stellen festgelegt werden. Die Matrix `Q` enthält in ihren beiden ersten Spalten eine ON–Basis des Untervektorraumes U aus Beispiel 6.5.5, alle Spalten von `Q` bilden eine ON–Basis von $V = \mathbb{R}^3$. Die Matrix `Q` ist eine orthogonale Matrix, vgl. Definition.
Die *QR–Faktorisierung* kann insbesondere zur Lösung von linearen Quadratmittelproblemen eingesetzt werden, vgl. [3, 11]. Auch MAPLE gestattet die QR–Faktorisierung, u.a. mit der Möglichkeit der exakten Rechnung nach dem Schmidtschen Orthonormalisierungsverfahren, man sehe sich die Hilfe zum Befehl *QRDecomposition* an.

Wir stellen uns jetzt die Aufgabe, einen Vektor $\mathbf{x}$ eindeutig als Summe von Elementen aus Untervektorräumen $U_1, \ldots, U_k$ eines Vektorraumes V darzustellen. Dies ist entsprechend Satz und Definition 3.2.9 möglich, wenn die Summe dieser Untervektorräume eine direkte Summe ist und den Vektor $\mathbf{x}$ enthält, also wenn

$$\mathbf{x} \in \sum_{i=1}^{k} U_i = \bigoplus_{i=1}^{k} U_i.$$

Ein wichtiger Fall, in dem diese Gleichung gilt, also die Summe von Untervektorräumen direkt ist, wird nun behandelt. Dazu bezeichnen wir zunächst zwei Teilmengen U, W eines euklidischen oder unitären Vektorraumes V als **orthogonal**, in Zeichen

$$U \perp W,$$

wenn $\mathbf{u} \perp \mathbf{w}$ für alle Paare $(\mathbf{u}, \mathbf{w}) \in U \times W$ gilt. An Stelle von $\{\mathbf{u}\} \perp W$ wird einfach $\mathbf{u} \perp W$ geschrieben.

Satz und Definition 6.5.6. *Es seien $(V, \langle \cdot, \cdot \rangle)$ ein euklidischer oder unitärer Vektorraum und $U_1, \ldots, U_k$ paarweise orthogonale Untervektorräume von V, d.h.*

$$U_i \perp U_j, \qquad \text{für alle } (i, j) \text{ mit } i \neq j.$$

Dann gilt

$$\sum_{i=1}^{k} U_i = \bigoplus_{i=1}^{k} U_i. \tag{6.19}$$

Ist insbesondere $\mathbf{x} \in \sum_{i=1}^{k} U_i$*, so gibt es eindeutig bestimmte Vektoren*

$$\mathrm{proj}_{U_1}(\mathbf{x}) \in U_1, \; \ldots, \; \mathrm{proj}_{U_k}(\mathbf{x}) \in U_k,$$

so dass

$$\mathbf{x} = \sum_{i=1}^{k} \mathrm{proj}_{U_i}(\mathbf{x}).$$

Außerdem gilt für jedes $\mathbf{x} \in V$

$$\mathbf{x} \in U_i \quad \Longrightarrow \quad \mathbf{x} = \mathrm{proj}_{U_i}(\mathbf{x}). \tag{6.20}$$

Der Vektor $\mathrm{proj}_{U_i}(\mathbf{x})$ *wird* **Orthogonalprojektion** *von* $\mathbf{x}$ *auf den Untervektorraum* U_i *genannt.*

Beweis. Um (6.19) nachzuweisen, genügt es (vgl. Satz und Definition 3.2.9)

$$U_j \cap \sum_{\substack{i=1 \\ i \neq j}}^{k} U_i = \{\mathbf{o}\} \qquad \text{für alle } (i,j) \text{ mit } i \neq j$$

zu zeigen. Es sei nun $\mathbf{x}$ ein Element aus diesem Durchschnitt (für festes (i,j)). Dann gilt $\mathbf{x} \in U_j$ und es gibt $\mathbf{x}_i \in U_i$ mit $\mathbf{x} = \mathbf{x}_1 + \cdots + \mathbf{x}_{j-1} + \mathbf{x}_{j+1} + \cdots + \mathbf{x}_k$. Aus der paarweisen Orthogonalität der Untervektorräume $U_1, \ldots, U_k$ folgt damit

$$\langle \mathbf{x}, \mathbf{x} \rangle = \langle \sum_{\substack{i=1 \\ i \neq j}}^{k} \mathbf{x}_i, \mathbf{x} \rangle = \sum_{\substack{i=1 \\ i \neq j}}^{k} \langle \mathbf{x}_i, \mathbf{x} \rangle = 0,$$

d.h., $\mathbf{x}$ kann tatsächlich nur der Nullvektor sein. Demzufolge ist die Summe $U_1 + \cdots + U_k$ direkt. Entsprechend Satz und Definition 3.2.9 zieht dies die Eindeutigkeit der Summanden $\mathrm{proj}_{U_i}(\mathbf{x}) \in U_i$ in der Darstellung von $\mathbf{x}$ nach sich. □

Will man eine konkrete Rechenvorschrift für die Orthogonalprojektion eines Vektors $\mathbf{x}$ aus V auf einen endlichdimensionalen Untervektorraum U herleiten, so benötigt man neben U noch einen weiteren Untervektorraum von V, und zwar den zu U gehörenden **Orthogonalraum**

$$U^{\perp} := \{\mathbf{x} \in V \mid \langle \mathbf{x}, \mathbf{u} \rangle = 0 \text{ für jedes } \mathbf{u} \in U\}.$$

Am Ende dieses Abschnittes wird der Zusammenhang zwischen dem Orthogonalraum $U^{\perp} \subseteq V$ und dem in Abschnitt 4.2 eingeführten Orthogonalraum $U^{\circ} \subseteq V^*$ hergestellt.

Satz 6.5.7. *Es seien $(V, \langle\cdot,\cdot\rangle)$ ein euklidischer oder unitärer Vektorraum und U ein Untervektorraum von V. Dann ist der Orthogonalraum $U^\perp$ ein zu U orthogonaler Untervektorraum von V. Falls $0 < k := \dim U < \infty$, so gilt außerdem*

$$\text{proj}_U(\mathbf{x}) = \sum_{i=1}^{k} \langle \mathbf{x}, \mathbf{b}_i \rangle \mathbf{b}_i \quad \textit{und} \quad \text{proj}_{U^\perp}(\mathbf{x}) = \mathbf{x} - \text{proj}_U(\mathbf{x}), \qquad \mathbf{x} \in V,$$

wobei $(\mathbf{b}_1, \ldots, \mathbf{b}_k)$ eine beliebige ON–Basis von U bezeichnet.

Die Berechnung der Orthogonalprojektion eines Vektors auf einen Untervektorraum U von $\mathbb{R}^n$ ist mit Satz 6.5.7 nun leicht möglich, sofern man über eine ON–Basis von U verfügt. Diese erhält man praktisch mit Hilfe von MATLAB aus der QR–Faktorisierung einer Matrix, deren Spalten eine beliebige Basis von U bilden, vgl. die Erläuterungen im Anschluss an Beispiel 6.5.5. Wenn eine solche Matrix `A`, ihre Spaltenzahl `k` und der Vektor `x` in MATLAB gegeben sind, liefert

```
>> [Q,R]=qr(A);
>> hilf=(Q(:,1:k)'*x);
>> projx=Q(:,1:k)*hilf;
```

die Orthogonalprojektion von `x` auf U. Dabei bezeichnet `Q(:,1:k)` diejenige Teilmatrix der Matrix `Q`, die die Spalten `1` bis `k` enthält.

Beweis zu Satz 6.5.7. Es seien $\mathbf{x}_1, \mathbf{x}_2 \in U^\perp$ und $\lambda \in \mathbb{K}$ beliebig gewählt. Wegen

$$\langle \mathbf{x}_1 + \mathbf{x}_2, \mathbf{u} \rangle = \langle \mathbf{x}_1, \mathbf{u} \rangle + \langle \mathbf{x}_2, \mathbf{u} \rangle = 0, \qquad \langle \lambda\mathbf{x}_1, \mathbf{u} \rangle = \lambda \langle \mathbf{x}_1, \mathbf{u} \rangle = 0,$$

gilt $\mathbf{x}_1 + \mathbf{x}_2 \in U^\perp$ und $\lambda\mathbf{x}_1 \in U^\perp$. Da $U^\perp \subseteq V$ ist $U^\perp$ somit Untervektorraum von V. Die Orthogonalität von $U^\perp$ zu U ergibt sich aus der Definition von $U^\perp$.
Nun sei $\dim U = k < \infty$ vorausgesetzt, $\mathbf{x} \in V$ beliebig gewählt und

$$\mathbf{p} := \sum_{i=1}^{k} \langle \mathbf{x}, \mathbf{b}_i \rangle \mathbf{b}_i.$$

Offenbar ist $\mathbf{p} \in U$. Außerdem gilt $\mathbf{x} - \mathbf{p} \in U^\perp$, denn mit der Orthonormalität der Basisvektoren $\mathbf{b}_1, \ldots, \mathbf{b}_k$ folgt

$$\langle \mathbf{x} - \mathbf{p}, \mathbf{b}_j \rangle = \langle \mathbf{x}, \mathbf{b}_j \rangle - \langle \mathbf{p}, \mathbf{b}_j \rangle = \langle \mathbf{x}, \mathbf{b}_j \rangle - \langle \langle \mathbf{x}, \mathbf{b}_j \rangle \mathbf{b}_j, \mathbf{b}_j \rangle = 0, \qquad j \in \{1, \ldots, k\}.$$

Wegen

$$\mathbf{x} = \mathbf{p} + (\mathbf{x} - \mathbf{p})$$

lässt sich $\mathbf{x}$ damit als Summe von Vektoren aus U und $U^\perp$ schreiben. Nach Satz und Definition 6.5.6 ist diese Darstellung eindeutig mit

$$\mathbf{p} = \text{proj}_U(\mathbf{x}), \qquad \mathbf{x} - \mathbf{p} = \text{proj}_{U^\perp}(\mathbf{x}).$$

□

Folgerung 6.5.8. *Es seien $(V, \langle\cdot,\cdot\rangle)$ ein euklidischer oder unitärer Vektorraum und U ein endlichdimensionaler Untervektorraum von V. Dann sind*

$$\mathrm{proj}_U : V \to V \quad \textit{und} \quad \mathrm{proj}_{U^\perp} : V \to V$$

lineare Abbildungen und es gilt

$$\mathrm{Bild}(\mathrm{proj}_U) = \mathrm{Kern}(\mathrm{proj}_{U^\perp}) = U, \qquad \mathrm{Bild}(\mathrm{proj}_{U^\perp}) = \mathrm{Kern}(\mathrm{proj}_U) = U^\perp \tag{6.21}$$

sowie

$$\dim U + \dim U^\perp = \dim V. \tag{6.22}$$

Beweis. Die Linearität der Abbildungen folgt sofort aus den in Satz 6.5.7 angegebenen Darstellungen für $\mathrm{proj}_U(\mathbf{x})$ und $\mathrm{proj}_{U^\perp}(\mathbf{x})$ sowie der Linearität des Skalarproduktes bezüglich des ersten Arguments.
Aus Satz 6.5.7 ergibt sich zusammen mit Satz 6.5.2

$$\begin{array}{lllllll} \mathrm{proj}_U(\mathbf{x}) & = & \mathbf{x}, & \mathrm{proj}_{U^\perp}(\mathbf{x}) & = & \mathbf{o}, & \mathbf{x} \in U, \\ \mathrm{proj}_U(\mathbf{x}) & = & \mathbf{o}, & \mathrm{proj}_{U^\perp}(\mathbf{x}) & = & \mathbf{x}, & \mathbf{x} \in U^\perp. \end{array}$$

Also ist $\mathrm{proj}_U(V) \supseteq U$ und $\mathrm{proj}_{U^\perp}(V) \supseteq U^\perp$. Die Umkehrung der Inklusionen folgt aus Satz und Definition 6.5.6. Da proj_U bzw. $\mathrm{proj}_{U^\perp}$ lineare Abbildungen sind, erhält man Gleichung (6.22) schließlich aus (6.21) und der Dimensionsformel in Satz 4.1.8. □

Mit Hilfe von Satz 6.5.7 sehen wir insbesondere, dass man *jeden* Vektor $\mathbf{x} \in V$ eindeutig als Summe seiner Orthogonalprojektionen auf die Untervektorräume U und $U^\perp$ schreiben kann, also $U \oplus U^\perp = V$ gilt, wenn U endlichdimensional ist.

Satz 6.5.9. *Es seien $(V, \langle\cdot,\cdot\rangle)$ ein euklidischer oder unitärer Vektorraum und U ein Untervektorraum von V. Dann gilt:*

(a) $U \cap U^\perp = \{\mathbf{o}\}$,

(b) $U \subseteq (U^\perp)^\perp$.

Falls U endlichdimensional ist, gilt außerdem

(c) $V = U + U^\perp = U \oplus U^\perp$,

(d) $U = (U^\perp)^\perp$.

Beweis. (a) Aus $\mathbf{x} \in U \cap U^\perp$ folgt $\mathbf{x} \in U$ und $\mathbf{x} \in U^\perp$ und damit $\langle\mathbf{x}, \mathbf{x}\rangle = 0$, also $\mathbf{x} = \mathbf{o}$.
(b) Aus $\mathbf{u} \in U$ folgt $\langle\mathbf{x}, \mathbf{u}\rangle = 0$ für alle $\mathbf{x} \in U^\perp$. Also gilt $\mathbf{u} \in (U^\perp)^\perp$.

(c) Der Fall $\dim U = 0$ ist klar, da dann $U = \{\mathbf{o}\}$ und $U^\perp = V$. Sei also $0 < k := \dim U < \infty$. Wegen Satz 6.5.7 gilt

$$\mathbf{x} = \operatorname{proj}_U(\mathbf{x}) + \operatorname{proj}_{U^\perp}(\mathbf{x}).$$

Mit Satz und Definition 6.5.6 erhält man $\operatorname{proj}_U(\mathbf{x}) \in U$ und $\operatorname{proj}_{U^\perp}(\mathbf{x}) \in U^\perp$. Also folgt $V = U + U^\perp$. Schließlich liefert (6.19) in 6.5.6 die zweite Gleichung.
(d) Wegen (c) bleibt noch $(U^\perp)^\perp \subseteq U$ zu zeigen. Sei dazu $\mathbf{x} \in (U^\perp)^\perp$ beliebig gewählt. Nach Aussage (d) gibt es $\mathbf{x}_1 \in (U^\perp)$ und $\mathbf{x}_2 \in (U^\perp)^\perp$, so dass $\mathbf{x} = \mathbf{x}_1 + \mathbf{x}_2$. Somit folgt

$$0 = \langle \mathbf{x}, \mathbf{y} \rangle = \langle \mathbf{x}_1 + \mathbf{x}_2, \mathbf{y} \rangle = \langle \mathbf{x}_1, \mathbf{y} \rangle + \langle \mathbf{x}_2, \mathbf{y} \rangle = \langle \mathbf{x}_2, \mathbf{y} \rangle, \qquad \mathbf{y} \in U^\perp.$$

Für $\mathbf{y} := \mathbf{x}_2$ erhält man daraus $\langle \mathbf{x}_2, \mathbf{x}_2 \rangle = 0$, d.h. $\mathbf{x}_2 = \mathbf{o}$. Also ist $\mathbf{x} = \mathbf{x}_1 + \mathbf{x}_2 = \mathbf{x}_1 \in U$. □

Wie wir im folgenden Satz sehen, ist die Orthogonalprojektion eines Vektors $\mathbf{x}$ auf einen Untervektorraum U von V nun gerade derjenige Vektor aus U mit dem kleinsten Abstand zu $\mathbf{x}$. Man bezeichnet dies auch als *Minimaleigenschaft der Orthogonalprojektion.*

Satz 6.5.10. *Es seien $(V, \langle\cdot,\cdot\rangle)$ ein euklidischer oder unitärer Vektorraum und U ein endlichdimensionaler Untervektorraum von V. Dann gilt*

$$\|\mathbf{x} - \mathbf{u}\| \geq \|\mathbf{x} - \operatorname{proj}_U(\mathbf{x})\| = \|\operatorname{proj}_{U^\perp}(\mathbf{x})\| = \sqrt{\|\mathbf{x}\|^2 - \|\operatorname{proj}_U(\mathbf{x})\|^2}, \qquad \mathbf{u} \in U,$$

für jedes $\mathbf{x} \in V$. Das Gleichheitszeichen steht genau dann, wenn $\mathbf{u} = \operatorname{proj}_U(\mathbf{x})$.

Beweis. Es sei $\mathbf{x} \in V$ beliebig gewählt. Wegen Satz 6.5.7 gilt $\mathbf{x} = \mathbf{p} + \mathbf{p}_\perp$ mit $\mathbf{p} := \operatorname{proj}_U(\mathbf{x})$ und $\mathbf{p}_\perp := \operatorname{proj}_{U^\perp}(\mathbf{x})$. Daraus leitet man

$$\mathbf{x} - \mathbf{u} = \mathbf{p} + \mathbf{p}_\perp - \mathbf{u} = (\mathbf{p} - \mathbf{u}) + \mathbf{p}_\perp$$

ab. Da $\mathbf{p} - \mathbf{u} \in U$ und $\mathbf{p}_\perp \in U^\perp$, folgt $\langle \mathbf{p} - \mathbf{u}, \mathbf{p}_\perp \rangle = 0$. Unter Beachtung von (6.16) ergibt sich somit

$$\begin{aligned}
\|\mathbf{x} - \mathbf{u}\|^2 &= \|(\mathbf{p} - \mathbf{u}) + \mathbf{p}_\perp\|^2 \\
&= \|\mathbf{p} - \mathbf{u}\|^2 + \|\mathbf{p}_\perp\|^2 - 2\langle \mathbf{p} - \mathbf{u}, \mathbf{p}_\perp \rangle \\
&= \|\mathbf{p} - \mathbf{u}\|^2 + \|\mathbf{p}_\perp\|^2 \\
&\geq \|\mathbf{p}_\perp\|^2 \\
&= \|\mathbf{x} - \mathbf{p}\|^2 \\
&= \|\mathbf{x} - \operatorname{proj}_U(\mathbf{x})\|^2
\end{aligned}$$

für alle $\mathbf{u} \in U$, wobei Gleichheit offenbar genau dann eintritt, wenn $\mathbf{u} = \mathbf{p} = \operatorname{proj}_U \mathbf{x}$. Mit (6.16) und $\langle \mathbf{p}, \mathbf{p}_\perp \rangle = 0$ erhält man weiter

$$\|\mathbf{x}\|^2 = \|\mathbf{p} + \mathbf{p}_\perp\|^2 = \|\mathbf{p}\|^2 + \|\mathbf{p}_\perp\|^2.$$

Dies sowie die Definition von $\mathbf{p}$ und $\mathbf{p}_\perp$ liefern schließlich

$$\|\operatorname{proj}_{U^\perp}(\mathbf{x})\|^2 = \|\mathbf{p}_\perp\|^2 = \|\mathbf{x}\|^2 - \|\mathbf{p}\|^2 = \|\mathbf{x}\|^2 - \|\operatorname{proj}_U(\mathbf{x})\|^2. \qquad \square$$

Der nun folgende **Rieszsche Darstellungssatz** zeigt insbesondere, dass sich für einen endlichdimensionalen euklidischen oder unitären Vektorraum V jede Linearform eindeutig mit Hilfe des Skalarproduktes darstellen lässt. Unter zusätzlichen Voraussetzungen gilt ein analoges Resultat auch für unendlichdimensionale euklidische oder unitäre Vektorräume, worauf wir hier aber nicht eingehen.

Satz 6.5.11. *Es sei $(V, \langle\cdot,\cdot\rangle)$ ein endlichdimensionaler euklidischer oder unitärer Vektorraum. Für jedes $\mathbf{x} \in V$ ist durch*

$$\mathbf{f}(\mathbf{y}) := \langle \mathbf{y}, \mathbf{x}\rangle, \qquad \mathbf{y} \in V \tag{6.23}$$

eine Linearform $\mathbf{f} : V \to \mathbb{K}$ definiert. Umgekehrt gibt es zu jeder Linearform $\mathbf{f} : V \to \mathbb{K}$ genau ein $\mathbf{x} \in V$, so dass (6.23) gilt.

Beweis. (I) Dass durch (6.23) zu jedem $\mathbf{x} \in V$ eine Linearform definiert wird, kann mit den Eigenschaften des Skalarproduktes leicht gezeigt werden.
(II) Nun sei umgekehrt eine Linearform $\mathbf{f} : V \to \mathbb{K}$ gegeben. Falls $V = \{\mathbf{o}\}$, so ist offenbar $\mathbf{x} := \mathbf{o}$. Wenn $0 < \dim V = n < \infty$, so besitzt V wegen Folgerung 6.5.4 eine ON–Basis $(\mathbf{b}_1, \ldots, \mathbf{b}_n)$. Für jedes $\mathbf{y} \in V$ gilt nach (6.17) in Satz 6.5.2

$$\mathbf{y} = \sum_{i=1}^{n} \langle \mathbf{y}, \mathbf{b}_i\rangle \mathbf{b}_i. \tag{6.24}$$

Da $\mathbf{f}$ eine lineare Abbildung ist, zieht dies

$$\mathbf{f}(\mathbf{y}) = \sum_{i=1}^{n} \langle \mathbf{y}, \mathbf{b}_i\rangle \mathbf{f}(\mathbf{b}_i), \qquad \mathbf{y} \in V,$$

nach sich. Mit

$$\mathbf{x} := \sum_{j=1}^{n} \overline{\mathbf{f}(\mathbf{b}_j)}\, \mathbf{b}_j,$$

der Darstellung (6.24) und der Orthonormalität der Basis $(\mathbf{b}_1, \ldots, \mathbf{b}_n)$ folgt andererseits für jedes $\mathbf{y} \in V$

$$\langle \mathbf{y}, \mathbf{x}\rangle = \left\langle \sum_{i=1}^{n} \langle \mathbf{y}, \mathbf{b}_i\rangle \mathbf{b}_i, \sum_{j=1}^{n} \overline{\mathbf{f}(\mathbf{b}_j)}\, \mathbf{b}_j \right\rangle = \sum_{i=1}^{n} \langle \mathbf{y}, \mathbf{b}_i\rangle \langle \mathbf{b}_i, \sum_{j=1}^{n} \overline{\mathbf{f}(\mathbf{b}_j)}\, \mathbf{b}_j\rangle = \sum_{i=1}^{n} \langle \mathbf{y}, \mathbf{b}_i\rangle \mathbf{f}(\mathbf{b}_i).$$

Zusammen ergibt sich $\mathbf{f}(\mathbf{y}) = \langle \mathbf{y}, \mathbf{x}\rangle$ für jedes $\mathbf{y} \in V$.
Um die Eindeutigkeit des Vektors $\mathbf{x}$ zu zeigen, sei $\mathbf{x}'$ ein zweiter Vektor mit $\langle \mathbf{y}, \mathbf{x}'\rangle = \langle \mathbf{y}, \mathbf{x}\rangle$ für jedes $\mathbf{y} \in V$. Daraus leitet man (nach kurzer Rechnung) $\langle \mathbf{y}, \mathbf{x}' - \mathbf{x}\rangle = 0$ für alle $\mathbf{y} \in V$ ab. Dies liefert $\mathbf{x}' - \mathbf{x} \in V^\perp = \{\mathbf{o}\}$, also $\mathbf{x}' = \mathbf{x}$. $\square$

Bemerkung. Gemäß Satz 6.5.11 ist durch $\varphi : \mathbf{x} \mapsto \mathbf{f}, \mathbf{x} \in V$, eine bijektive Abbildung φ von V auf den Dualraum V^* definiert. Es gilt

$$\varphi(U^{\perp}) = U^{\circ}.$$

Hierbei bezeichnet $U^{\circ} \subseteq V^*$ den Orthogonalraum von U im Sinne von Abschnitt 4.2. Einige der im aktuellen Abschnitt bewiesenen Aussagen folgen daher auch aus den Ergebnissen in Abschnitt 4.2.

6.6 Orthogonale und unitäre Endomorphismen

Entsprechend Abschnitt 4.1 ist ein *Endomorphismus* eine lineare Abbildung bei der Urbild- und Bildraum gleich sind. In diesem Abschnitt befassen wir uns speziell mit solchen Endomorphismen, die Skalarprodukte (und damit Längen und Winkel) unverändert lassen.
Die im Folgenden zuerst für lineare Abbildungen angegebenen Begriffe und Zusammenhänge werden im Anschluss auf Matrizen übertragen.

Definition. Es sei $(V, \langle\cdot,\cdot\rangle)$ ein euklidischer (bzw. unitärer) Vektorraum. Ein Endomorphismus $L : V \to V$ heißt **orthogonal** (bzw. **unitär**), wenn

$$\langle L(\mathbf{x}), L(\mathbf{y})\rangle = \langle \mathbf{x}, \mathbf{y}\rangle$$

für alle $\mathbf{x}, \mathbf{y} \in V$ gilt.

Satz 6.6.1. *Es sei $(V, \langle\cdot,\cdot\rangle)$ ein euklidischer (bzw. unitärer) Vektorraum. Wenn der Endomorhismus $L : V \to V$ orthogonal (bzw. unitär) ist, dann gilt*

(a) $\|L(\mathbf{x})\| = \|\mathbf{x}\|$ *für alle* $\mathbf{x} \in V$.

(b) $\mathbf{x} \perp \mathbf{y} \implies L(\mathbf{x}) \perp L(\mathbf{y})$ *für alle* $\mathbf{x}, \mathbf{y} \in V$.

(c) *L ist injektiv.*

Ist V endlichdimensional, so gilt außerdem

(d) *L ist ein Isomorphismus und die inverse Abbildung L^{-1} ist orthogonal (bzw. unitär).*

Beweis. (a) Nach obiger Definition gilt für beliebiges $\mathbf{x} \in V$

$$\|L(\mathbf{x})\|^2 = \langle L(\mathbf{x}), L(\mathbf{x})\rangle = \langle \mathbf{x}, \mathbf{x}\rangle = \|\mathbf{x}\|^2.$$

(b) Für alle $\mathbf{x}, \mathbf{y} \in V$ folgt aus $\mathbf{x} \perp \mathbf{y}$ (wieder mit der Definition)

$$\langle L(\mathbf{x}), L(\mathbf{y})\rangle = \langle \mathbf{x}, \mathbf{y}\rangle = 0.$$

(c) Seien $\mathbf{x}, \mathbf{y} \in V$ beliebig gewählt. Falls $L(\mathbf{x}) = L(\mathbf{y})$, so folgt mit der Linearität von L und Aussage (a)

$$0 = \|L(\mathbf{x}) - L(\mathbf{y})\| = \|L(\mathbf{x} - \mathbf{y})\| = \|\mathbf{x} - \mathbf{y}\|,$$

also $\mathbf{x} = \mathbf{y}$. Somit ist L injektiv.
(d) Entsprechend Folgerung 4.1.9 ist jeder injektive Endomorphismus L in einem endlichdimensionalen Vektorraum V auch surjektiv und somit bijektiv, also ein Isomorphismus. Dann existiert die inverse Abbildung $L^{-1} : V \to V$ und zu beliebigen $\mathbf{x} \in V$ und $\mathbf{y} \in V$ gibt es $\tilde{\mathbf{x}} \in V$ und $\tilde{\mathbf{y}} \in V$ mit $\mathbf{x} = L(\tilde{\mathbf{x}})$ und $\mathbf{y} = L(\tilde{\mathbf{y}})$. Da L orthogonal bzw. unitär ist, folgt damit

$$\langle L^{-1}(\mathbf{x}), L^{-1}(\mathbf{y})\rangle = \langle L^{-1}(L(\tilde{\mathbf{x}})), L^{-1}(L(\tilde{\mathbf{y}}))\rangle = \langle \tilde{\mathbf{x}}, \tilde{\mathbf{y}}\rangle = \langle L(\tilde{\mathbf{x}}), L(\tilde{\mathbf{y}})\rangle = \langle \mathbf{x}, \mathbf{y}\rangle.$$

□

Für einen orthogonalen Endomorphismus L leitet man aus seiner Definition und Satz 6.6.1 (a) sofort

$$\cos \angle(\mathbf{x}, \mathbf{y}) = \frac{\langle \mathbf{x}, \mathbf{y}\rangle}{\|\mathbf{x}\|\|\mathbf{y}\|} = \frac{\langle L(\mathbf{x}), L(\mathbf{y})\rangle}{\|L(\mathbf{x})\|\|L(\mathbf{y})\|} = \cos \angle(L(\mathbf{x}), L(\mathbf{y}))$$

für beliebige $\mathbf{x}, \mathbf{y} \in V \setminus \{\mathbf{o}\}$ ab. Die Bilder $L(\mathbf{x}), L(\mathbf{y})$ haben also denselben Winkel wie die Urbilder $\mathbf{x}, \mathbf{y}$. Diese Eigenschaft eines orthogonalen Endomorphismus wird als **winkelerhaltend** bezeichnet.
Eine lineare Abbildung $L : V \to W$ von einem Vektorraum V mit einer Norm $\|\cdot\|_V$ in einen Vektorraum W mit einer Norm $\|\cdot\|_W$ wird *isometrisch* genannt, wenn

$$\|L(\mathbf{x})\|_W = \|\mathbf{x}\|_V, \qquad \mathbf{x} \in V.$$

Wegen Aussage (a) in Satz 6.6.1 ist ein orthogonaler bzw. unitärer Endomorphismus eine spezielle isometrische Abbildung bezüglich der durch das Skalarprodukt erzeugten Norm. Wie man am Beweis von Aussage (c) des Satzes erkennt, muss jede isometrische lineare Abbildung injektiv sein.

Beispiel 6.6.2. Es sei $V := \mathbb{R}^2$ und $\langle\cdot,\cdot\rangle$ das Standardskalarprodukt. Die Drehung $D_\varphi : \mathbb{R}^2 \to \mathbb{R}^2$ aus Beispiel 4.3.3 war gegeben durch $D_\varphi(\mathbf{x}) := \mathbf{A}_\varphi\mathbf{x}$ für jedes $\mathbf{x} \in \mathbb{R}^2$ mit der Drehmatrix

$$\mathbf{A}_\varphi := \begin{pmatrix} \cos\varphi & -\sin\varphi \\ \sin\varphi & \cos\varphi \end{pmatrix}$$

und festem $\varphi \in \mathbb{R}$. Offenbar ist D_φ ein Endomorphismus und es gilt

$$\langle D_\varphi(\mathbf{x}), D_\varphi(\mathbf{x})\rangle = (\mathbf{A}_\varphi\mathbf{x})^\top(\mathbf{A}_\varphi\mathbf{x}) = \mathbf{x}^\top(\mathbf{A}_\varphi)^\top\mathbf{A}_\varphi\mathbf{x} = \mathbf{x}^\top\mathbf{E}\mathbf{x} = \langle \mathbf{x}, \mathbf{x}\rangle,$$

d.h., D_φ ist auch orthogonal. Jede Drehmatrix definiert also einen orthogonalen Endomorphismus. Eine Drehung ändert die Länge des Vektors nicht. ◁

Das Beispiel führt uns zur Frage, welche Bedingung eine Matrix $\mathbf{A} \in \mathbb{K}^{n\times n}$ erfüllen muss, damit der durch sie definierte Endomorphismus

$$L : \mathbb{K}^n \to \mathbb{K}^n \qquad \text{mit} \qquad L(\mathbf{x}) := \mathbf{A}\mathbf{x}, \quad \text{für alle } \mathbf{x} \in \mathbb{K}^n,$$

orthogonal bzw. unitär ist. Umgekehrt stellt sich die Frage, wodurch die zu einem orthogonalen bzw. unitären Endomorphismus $L : \mathbb{K}^n \to \mathbb{K}^n$ entsprechend Satz 4.3.1 gehörende Abbildungsmatrix $\mathbf{A}$ charakterisiert wird.
Darauf werden wir jetzt die Antwort geben. Jedoch betrachten wir (an Stelle von $L : \mathbb{K}^n \to \mathbb{K}^n$) allgemeiner Endomorphismen $L : V \to V$, wobei V ein beliebiger endlichdimensionaler Vektorraum ist. Der dafür entsprechend verallgemeinerte Begriff der Abbildungsmatrix wurde aufbauend auf Satz 4.3.7 eingeführt und hängt von der im Urbildraum und im Bildraum jeweils verwendeten Basis ab. Im folgenden Satz wird eine ON–Basis benutzt und zwar dieselbe für den Urbild– und Bildraum. Weiter bezeichne $\overline{\mathbf{A}} = (\overline{a}_{ij})$ diejenige Matrix, deren Elemente konjugiert komplex zu den Elementen der Matrix $\mathbf{A} = (a_{ij})$ sind.

Satz 6.6.3. *Es seien $(V, \langle\cdot,\cdot\rangle)$ ein endlichdimensionaler euklidischer bzw. unitärer Vektorraum mit einer ON–Basis $\mathcal{B} = (\mathbf{b}_1, \ldots, \mathbf{b}_n)$. Weiter sei $L : V \to V$ ein Endomorphismus und $\mathbf{A} \in \mathbb{K}^{n\times n}$ die Abbildungsmatrix von L bezüglich der Basis $\mathcal{B}$ in Urbild– und Bildraum. Dann gilt*

$$L \text{ ist orthogonal} \quad \Longleftrightarrow \quad \mathbf{A}^\top \mathbf{A} = \mathbf{E}$$

bzw.

$$L \text{ ist unitär} \quad \Longleftrightarrow \quad \overline{\mathbf{A}}^\top \mathbf{A} = \mathbf{E}.$$

Beweis. Der Nachweis wird nur für unitäre Endomorphismen geführt und kann mit kleinen Vereinfachungen im euklidischen Fall nachvollzogen werden.
Für $\mathbf{x} \in V$ bzw. $\mathbf{y} \in V$ seien $\mathbf{u} \in \mathbb{K}^n$ bzw. $\mathbf{v} \in \mathbb{K}^n$ die zugehörigen Koordinatenvektoren bezüglich der Basis $\mathcal{B}$. Mit der Orthonormalität von $\mathcal{B}$ folgt unter Ausnutzung der Eigenschaften des komplexen Skalarproduktes

$$\begin{aligned}
\langle \mathbf{x}, \mathbf{y} \rangle &= \langle \textstyle\sum_{i=1}^n u_i \mathbf{b}_i, \sum_{j=1}^n v_j \mathbf{b}_j \rangle \\
&= \textstyle\sum_{i=1}^n u_i \langle \mathbf{b}_i, \sum_{j=1}^n v_j \mathbf{b}_j \rangle \\
&= \textstyle\sum_{i=1}^n u_i \overline{\langle \sum_{j=1}^n v_j \mathbf{b}_j, \mathbf{b}_i \rangle} \\
&= \textstyle\sum_{i=1}^n u_i \overline{\sum_{j=1}^n v_j \langle \mathbf{b}_j, \mathbf{b}_i \rangle} \\
&= \textstyle\sum_{i=1}^n u_i \overline{v_j} \\
&= \mathbf{u}^\top \overline{\mathbf{v}}.
\end{aligned}$$

Da $\mathbf{Au}$ und $\mathbf{Av}$ die Koordinatenvektoren von $L(\mathbf{x})$ und $L(\mathbf{y})$ bezüglich der Basis $\mathcal{B}$ sind (siehe Satz und Definition 4.3.7), erhält man ganz analog

$$\langle L(\mathbf{x}), L(\mathbf{y}) \rangle = (\mathbf{Au})^\top \overline{(\mathbf{Av})}.$$

Mit beiden Gleichungen folgt

$$\langle L(\mathbf{x}), L(\mathbf{y})\rangle = \langle \mathbf{x}, \mathbf{y}\rangle \iff (\mathbf{Au})^\top \overline{(\mathbf{Av})} = \mathbf{u}^\top \overline{\mathbf{v}} \iff \mathbf{u}^\top \mathbf{A}^\top \overline{\mathbf{A}}\overline{\mathbf{v}} = \mathbf{u}^\top \overline{\mathbf{v}}$$

für alle $\mathbf{x} \in V$, $\mathbf{y} \in V$ bzw. für die zugehörigen Koordinatenvektoren $\mathbf{u} \in \mathbb{K}^n$, $\mathbf{v} \in \mathbb{K}^n$. Da $\dim V < \infty$, ist nach Satz 6.6.1 (d) jeder unitäre Endomorphismus auch ein Isomorphismus. Demzufolge gilt

$$L \text{ ist unitär} \iff \mathbf{u}^\top \mathbf{A}^\top \overline{\mathbf{A}}\overline{\mathbf{v}} = \mathbf{u}^\top \overline{\mathbf{v}} \text{ für alle } \mathbf{u}, \mathbf{v} \in \mathbb{K}^n \iff \mathbf{A}^\top \overline{\mathbf{A}} = \mathbf{E}. \quad \square$$

Satz 6.6.3 gibt nun Anlass zu folgender

Definition.
Eine Matrix $\mathbf{A} \in \mathbb{R}^{n\times n}$ heißt **orthogonal**, falls $\mathbf{A}^\top \mathbf{A} = \mathbf{E}$.
Eine Matrix $\mathbf{A} \in \mathbb{C}^{n\times n}$ heißt **unitär** oder **hermitesch**, falls $\overline{\mathbf{A}}^\top \mathbf{A} = \mathbf{E}$.

Satz 6.6.4. *Gegeben sei eine Matrix* $\mathbf{A} \in \mathbb{K}^{n\times n}$.

(a) $\mathbf{A}$ *ist orthogonal (bzw. unitär)* $\implies$ $|\det \mathbf{A}| = 1$.

(b) *Folgende Aussagen sind äquivalent:*

 (i) $\mathbf{A}$ *ist orthogonal (bzw. unitär).*

 (ii) $\mathbf{A}^\top = \mathbf{A}^{-1}$ *(bzw.* $\overline{\mathbf{A}}^\top = \mathbf{A}^{-1}$*).*

 (iii) $\mathbf{A}^\top$ *ist orthogonal (bzw. unitär).*

 (iv) *Die Spaltenvektoren von* $\mathbf{A}$ *bilden eine ON–Basis von* $\mathbb{R}^n$ *(bzw.* $\mathbb{C}^n$*) bezüglich des Standardskalarproduktes.*

Beweis. Wir befassen uns hier nur mit dem unitären Fall. Aus der Leibnizschen Formel (5.6) sowie wegen $\overline{w \cdot z} = \overline{w} \cdot \overline{z}$ und $\overline{w+z} = \overline{w} + \overline{z}$ für beliebige $w, z \in \mathbb{C}$ folgt $\det \overline{\mathbf{A}} = \overline{\det \mathbf{A}}$. Damit, mit $|z|^2 = \overline{z} \cdot z$ für alle $z \in \mathbb{C}$ und Satz 5.3:6 ergibt sich

$$|\det \mathbf{A}|^2 = \overline{\det \mathbf{A}} \cdot \det \mathbf{A} = \det \overline{\mathbf{A}} \cdot \det \mathbf{A} = \det(\overline{\mathbf{A}}^\top \mathbf{A}) = \det \mathbf{E} = 1$$

für eine beliebige unitäre Matrix $\mathbf{A}$. Der Nachweis der Äquivalenz der Aussagen in (b) ist besonders einfach und entfällt. $\square$

6.7 Ein Trennungssatz und das Farkas–Lemma

In diesem Abschnitt werden unter Verwendung einfacher Sachverhalte der Analysis einige Aussagen im euklidischen Raum $\mathbb{R}^n$ bewiesen, die in der Optimierungstheorie eine wichtige Rolle spielen. Dieser Abschnitt wird im Folgenden nicht verwendet und kann daher beim ersten Lesen übersprungen werden.

Für $\mathbf{x}, \mathbf{y} \in \mathbb{R}^n$ heißt die Menge

$$[\mathbf{x}, \mathbf{y}] := \{\mathbf{z} \in \mathbb{R}^n \mid \mathbf{z} = \lambda \mathbf{x} + (1-\lambda)\mathbf{y}, \text{ wobei } 0 \leq \lambda \leq 1\}$$

Strecke mit den Randpunkten $\mathbf{x}$ und $\mathbf{y}$. Eine Teilmenge K von $\mathbb{R}^n$ heißt **konvex**, wenn aus $\mathbf{x}, \mathbf{y} \in K$ stets $[\mathbf{x}, \mathbf{y}] \subseteq K$ folgt. In Bild 6.6 ist K_1 konvex, aber K_2 nicht konvex. Jeder Untervektorraum von $\mathbb{R}^n$ ist natürlich eine konvexe Menge.

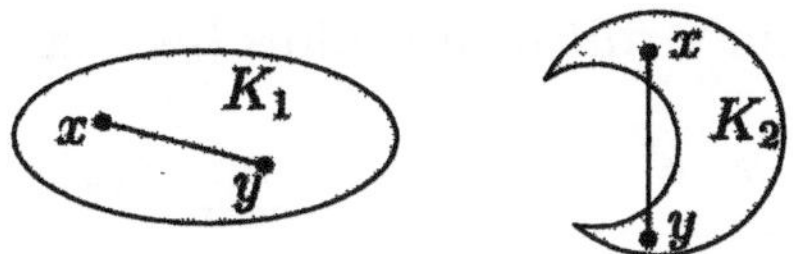

Bild 6.6: K_1 ist konvex, K_2 ist nicht konvex

Wir setzen voraus, dass die Begriffe *abgeschlossene Menge*, *kompakte Menge* und *stetige Funktion* aus der Analysis bekannt sind (siehe z.B. [5]). Es sei K eine abgeschlossene konvexe Teilmenge von $\mathbb{R}^n$ und $\mathbf{x} \in \mathbb{R}^n$. Gesucht ist ein $\hat{\mathbf{x}} \in K$, das bezüglich der euklidischen Norm den kürzesten Abstand von K hat, für das also gilt

$$|\hat{\mathbf{x}} - \mathbf{x}| \leq |\mathbf{y} - \mathbf{x}| \quad \text{für jedes } \mathbf{y} \in K.$$

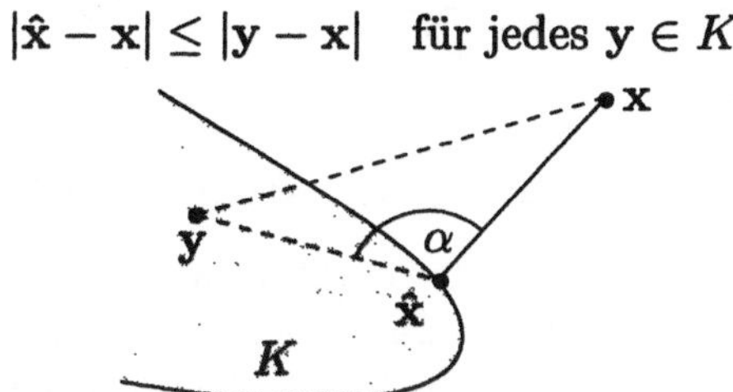

Bild 6.7: $\hat{\mathbf{x}}$ ist Bestapproximation von $\mathbf{x}$ bez. K

Ein Punkt $\hat{\mathbf{x}}$ mit dieser Eigenschaft heißt **Bestapproximation** von $\mathbf{x}$ bezüglich K.

Satz 6.7.1. *Sei K eine nichtleere abgeschlossene konvexe Teilmenge von $\mathbb{R}^n$.*
(a) (Existenz und Eindeutigkeit)
Zu jedem $\mathbf{x} \in \mathbb{R}^n$ gibt es genau eine *Bestapproximation $\hat{\mathbf{x}} \in K$ bezüglich K.*
(b) (Charakterisierung)
Ein Punkt $\hat{\mathbf{x}} \in K$ ist genau dann Bestapproximation von $\mathbf{x}$ bezüglich K, wenn gilt

$$(\mathbf{x} - \hat{\mathbf{x}})^\mathsf{T}(\mathbf{y} - \hat{\mathbf{x}}) \leq 0 \quad \textit{für jedes } \mathbf{y} \in K. \tag{6.25}$$

Bemerkung. Ist $\mathbf{x} \in K$, so ist natürlich $\hat{\mathbf{x}} = \mathbf{x}$ Bestapproximation von $\mathbf{x}$ bezüglich K. Nun sei $\mathbf{x} \notin K$. Nach (6.25) gilt

$$\cos\alpha = \frac{(\mathbf{x} - \hat{\mathbf{x}})^\mathsf{T}(\mathbf{y} - \hat{\mathbf{x}})}{|\mathbf{x} - \hat{\mathbf{x}}| \cdot |\mathbf{y} - \hat{\mathbf{x}}|} \leq 0 \quad \text{für jedes } \mathbf{y} \in K, \ \mathbf{y} \neq \hat{\mathbf{x}},$$

d.h., der Winkel α zwischen $\mathbf{x} - \hat{\mathbf{x}}$ und $\mathbf{y} - \hat{\mathbf{x}}$ ist stumpf (s. Bild 6.7).

Beweis von Satz 6.7.1.
(I) Existenz: Sei $\mathbf{x} \in \mathbb{R}^n$ gegeben. Wir definieren eine Funktion f durch

$$f(\mathbf{y}) := \tfrac{1}{2}|\mathbf{y} - \mathbf{x}|^2, \quad \mathbf{y} \in \mathbb{R}^n.$$

Weiter wählen wir ein $\mathbf{y}_0 \in K$ und setzen

$$D := \{\mathbf{y} \in \mathbb{R}^n \mid f(\mathbf{y}) \leq f(\mathbf{y}_0\}.$$

Die Menge D ist der Kreis um $\mathbf{x}$ mit dem Radius $|\mathbf{y}_0 - \mathbf{x}|$. Hiermit erhalten wir

$$\hat{\mathbf{x}} \text{ ist Bestapprox. von } \mathbf{x} \text{ bez. } K \iff f(\hat{\mathbf{x}}) = \min_{y \in K} f(y) \iff f(\hat{\mathbf{x}}) = \min_{y \in D \cap K} f(y). \tag{6.26}$$

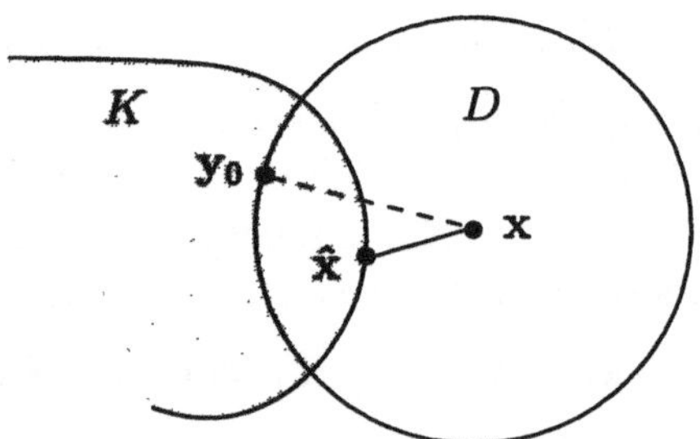

Bild 6.8: $\hat{\mathbf{x}}$ ist Bestapproximation von $\mathbf{x}$ bez. K

Die Menge $D \cap K$ ist abgeschlossen und beschränkt, also kompakt. Nach einem aus der Analysis bekannten Satz besitzt die stetige Funktion f daher auf $D \cap K$ eine globale Minimumstelle $\hat{\mathbf{x}}$, und diese ist nach (6.26) eine Bestapproximation von $\mathbf{x}$ bezüglich K.
(II) Eindeutigkeit: Angenommen, neben $\hat{\mathbf{x}}$ ist auch $\mathbf{x}' \in K$ Bestapproximation von $\mathbf{x}$ bezüglich K, und es gilt $\hat{\mathbf{x}} \neq \mathbf{x}'$. Es ist $f(\hat{\mathbf{x}}) = f(\mathbf{x}')$; diesen Minimalwert bezeichnen wir mit m. Die Parallelogrammgleichung (6.12) ergibt

$$|(\hat{\mathbf{x}} - \mathbf{x}) + (\mathbf{x}' - \mathbf{x})|^2 + |(\hat{\mathbf{x}} - \mathbf{x}) - (\mathbf{x}' - \mathbf{x})|^2 = 2|\hat{\mathbf{x}} - \mathbf{x}|^2 + 2|\mathbf{x}' - \mathbf{x}|^2.$$

Nach Division durch 8 und mit $\mathbf{x}_0 := \frac{1}{2}(\hat{\mathbf{x}} + \mathbf{x}')$ folgt

$$\begin{aligned} f(\mathbf{x}_0) &= \tfrac{1}{8}|(\hat{\mathbf{x}} - \mathbf{x}) + (\mathbf{x}' - \mathbf{x})|^2 \\ &= \tfrac{1}{2}f(\hat{\mathbf{x}}) + \tfrac{1}{2}f(\mathbf{x}') - \tfrac{1}{8}|\hat{\mathbf{x}} - \mathbf{x}'|^2 \\ &= m - \tfrac{1}{8}|\hat{\mathbf{x}} - \mathbf{x}'|^2 \\ &< m. \end{aligned}$$

Dies ist aber ein Widerspruch, da wegen der Konvexität von K auch $\mathbf{x}_0 \in K$ und somit $f(\mathbf{x}_0) \geq m$ gilt.

(III) Charakterisierung:
(IIIa) Sei $\mathbf{z}$ Bestapproximation von $\mathbf{x}$ bezüglich K. Weiter sei $\mathbf{y}$ ein beliebiges Element von K. Da K konvex ist, gilt für jedes $\lambda \in (0,1)$

$$\mathbf{z} + \lambda(\mathbf{y} - \mathbf{z}) = \lambda\mathbf{y} + (1-\lambda)\mathbf{z} \in K$$

und daher

$$\tfrac{1}{2}|\mathbf{z} - \mathbf{x}|^2 = f(\mathbf{z}) \leq f\big(\mathbf{z} + \lambda(\mathbf{y} - \mathbf{z})\big) = \tfrac{1}{2}|\mathbf{z} - \mathbf{x} + \lambda(\mathbf{y} - \mathbf{z})|^2.$$

Indem man gemäß $|\mathbf{a}|^2 = \mathbf{a}^\mathsf{T}\mathbf{a}$ zu den Skalarprodukten übergeht und diese „ausmultipliziert“, erhält man

$$0 \leq \lambda(\mathbf{z} - \mathbf{x})^\mathsf{T}(\mathbf{y} - \mathbf{z}) + \lambda^2(\mathbf{y} - \mathbf{z})^\mathsf{T}(\mathbf{y} - \mathbf{z}).$$

Nach Division durch λ folgt für $\lambda \to 0$ schließlich (6.25).
(IIIb) Nun gelte (6.25). Ist $\mathbf{x} \in K$, dann folgt aus (6.25) mit $\mathbf{y} = \mathbf{x}$ sogleich $|\mathbf{x} - \mathbf{z}| \leq 0$ und somit $\mathbf{z} = \mathbf{x}$, und dies ist natürlich Bestapproximation von $\mathbf{x}$ bezüglich K. Nun sei $\mathbf{x} \notin K$. Für jedes $\mathbf{y} \in K$ gilt

$$\begin{aligned} 0 &\geq (\mathbf{x} - \mathbf{z})^\mathsf{T}(\mathbf{y} - \mathbf{z}) \\ &= (\mathbf{x} - \mathbf{z})^\mathsf{T}\big((\mathbf{y} - \mathbf{x}) + (\mathbf{x} - \mathbf{z})\big) \\ &\geq -|\mathbf{x} - \mathbf{z}| \cdot |\mathbf{y} - \mathbf{x}| + |\mathbf{x} - \mathbf{z}|^2. \end{aligned}$$

Nach Division durch $|\mathbf{x} - \mathbf{z}|$ (beachte $\mathbf{x} \neq \mathbf{z}$) folgt $|\mathbf{y} - \mathbf{x}| \geq |\mathbf{z} - \mathbf{x}|$ für jedes $\mathbf{y} \in K$. Also ist $\mathbf{z}$ Bestapproximation von $\mathbf{x}$ bezüglich K. □

Nach Satz 6.7.1(a) ist durch $\mathbf{x} \mapsto \hat{\mathbf{x}}$, $\mathbf{x} \in \mathbb{R}^n$, eine Abbildung von $\mathbb{R}^n$ auf K definiert, die man **Projektion** nennt und mit proj_K bezeichnet, d.h., man setzt

$$\mathrm{proj}_K(\mathbf{x}) := \hat{\mathbf{x}}, \quad \text{wenn } \hat{\mathbf{x}} \text{ Bestapproximation von } \mathbf{x} \text{ bezüglich } K \text{ ist.}$$

Wir zeigen nun, dass dieser Begriff mit dem in Abschnitt 6.5 eingeführten übereinstimmt, wenn K speziell ein Untervektorraum von $\mathbb{R}^n$ ist. In diesem Falle ist K abgeschlossenen und konvex, also ist Satz 6.7.1 anwendbar. Sei $\mathbf{x} \in \mathbb{R}^n \setminus K$ und $\hat{\mathbf{x}} \in K$. Ist $\mathbf{y} \in K$, so ist nun auch $2\hat{\mathbf{x}} - \mathbf{y} \in K$. Aus (6.25) folgt daher $(\mathbf{x} - \hat{\mathbf{x}})^\mathsf{T}(-\mathbf{y} + \hat{\mathbf{x}}) \leq 0$. Dies und (6.25) sind aber äquivalent zu $(\mathbf{x} - \hat{\mathbf{x}})^\mathsf{T}(-\mathbf{y} + \hat{\mathbf{x}}) = 0$. Da jedes $\tilde{\mathbf{y}} \in K$ mit einem $\mathbf{y} \in K$ in der Form $-\mathbf{y} + \hat{\mathbf{x}}$ darstellbar ist, folgt $(\mathbf{x} - \hat{\mathbf{x}})^\mathsf{T}\tilde{\mathbf{y}} = 0$ für jedes $\tilde{\mathbf{y}} \in K$. Diese Schlüsse sind auch umkehrbar. Aus Satz 6.7.1 folgt daher

Folgerung 6.7.2. *Sei K ein Untervektorraum des euklidischen Raumes $\mathbb{R}^n$ und $\mathbf{x} \in \mathbb{R}^n$, $\mathbf{x} \notin K$. Dann gilt für beliebiges $\hat{\mathbf{x}} \in K$:*

$$\hat{\mathbf{x}} = \mathrm{proj}_K(x) \iff \mathbf{x} - \hat{\mathbf{x}} \in K^\perp.$$

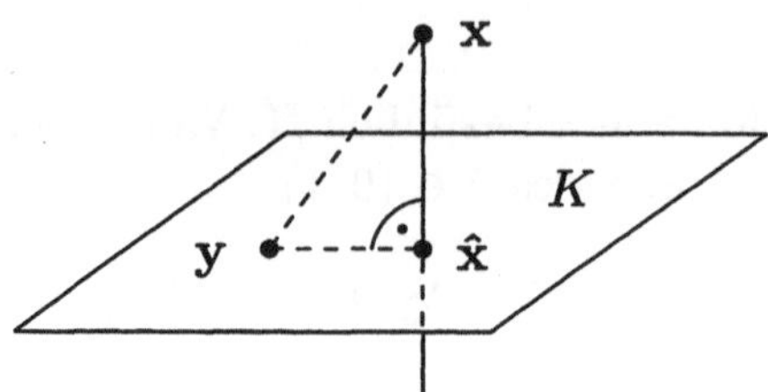

Bild 6.9: Bestapproximation bezüglich eines Untervektorraumes

In Bild 6.9 ist Folgerung 6.7.2 für den Untervektorraum $K := \mathbb{R}^2$ von $\mathbb{R}^3$ geometrisch veranschaulicht. Ein Vergleich mit Satz 6.5.7 zeigt, dass Bestapproximationen gerade die Orthogonalprojektionen sind, wenn K ein Untervektorraum von $\mathbb{R}^n$ ist. Man kann sich überlegen, dass die Abbildung proj_K genau dann linear ist, wenn K ein Untervektorraum ist, vgl. dazu Folgerung 6.5.8.

Satz 6.7.3 (Trennungssatz). *Sei K eine nichtleere abgeschlossene konvexe Teilmenge von $\mathbb{R}^n$ und $\mathbf{x} \in \mathbb{R}^n \setminus K$. Dann gibt es ein $\mathbf{a} \in \mathbb{R}^n$ und ein $\gamma \in \mathbb{R}$, so dass gilt*

$$\mathbf{a}^\mathsf{T}\mathbf{x} > \gamma \geq \mathbf{a}^\mathsf{T}\mathbf{y} \quad \textit{für jedes } \mathbf{y} \in K. \tag{6.27}$$

Zur geometrischen Interpretation dieser Aussage beachte man, dass durch $f(\mathbf{y}) := \mathbf{a}^\mathsf{T}\mathbf{y}$, $\mathbf{y} \in \mathbb{R}^n$, eine Linearform f definiert ist. Wegen der strengen Ungleichung in (6.27) ist $\mathbf{a} \neq \mathbf{o}$. Daher ist die Menge

$$H := \{\mathbf{y} \in \mathbb{R}^n \mid \mathbf{a}^\mathsf{T}\mathbf{y} = \gamma\} = \{\mathbf{y} \in \mathbb{R}^n \mid f(\mathbf{y}) = \gamma\}$$

eine Hyperebene in $\mathbb{R}^n$; hierbei fassen wir $\mathbb{R}^n$ wieder als affinen Raum auf (vgl. die Diskussion nach Satz 4.6.2). Die Hyperebene H zerlegt den Raum $\mathbb{R}^n$ in die **Halbräume**

$$H_\geq := \{\mathbf{y} \in \mathbb{R}^n \mid \mathbf{a}^\mathsf{T}\mathbf{y} \geq \gamma\}, \quad H_\leq := \{\mathbf{y} \in \mathbb{R}^n \mid \mathbf{a}^\mathsf{T}\mathbf{y} \leq \gamma\}.$$

Die Relation (6.27) besagt nun, dass der Punkt $\mathbf{x}$ und die Menge K in verschiedenen Halbräumen liegen. Man sagt hierfür, die Hyperebene H **trennt** $\mathbf{x}$ und K (Bild 6.9).

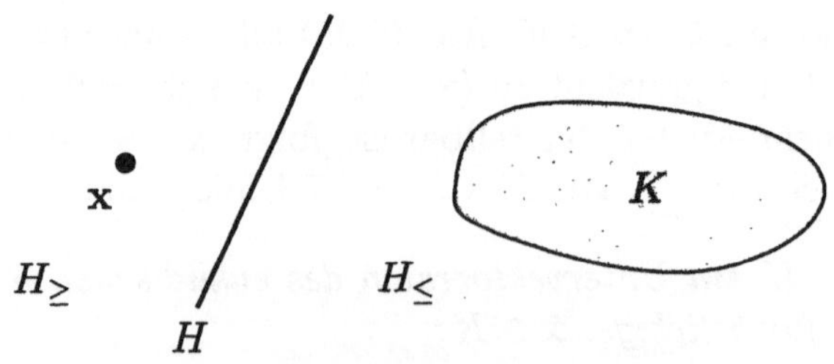

Bild 6.10: Trennung von $\mathbf{x}$ und K

Beweis von Satz 6.7.3. Nach Satz 6.7.1 gibt es (genau) eine Bestapproximation $\hat{\mathbf{x}} \in K$ von $\mathbf{x}$ bezüglich K. Wir setzen

$$\mathbf{a} := \mathbf{x} - \hat{\mathbf{x}} \quad \text{und} \quad \gamma := \mathbf{a}^\top \mathbf{x} - \tfrac{1}{2}|\mathbf{a}|^2.$$

Mit Satz 6.7.1(b) folgt

$$0 \geq (\mathbf{x} - \hat{\mathbf{x}})^\top (\mathbf{y} - \hat{\mathbf{x}}) = \mathbf{a}^\top (\mathbf{y} - \mathbf{x} + \mathbf{a}) = \mathbf{a}^\top \mathbf{y} - \mathbf{a}^\top \mathbf{x} + |\mathbf{a}|^2 \quad \text{für jedes } \mathbf{y} \in K.$$

Hiermit ergibt sich

$$\mathbf{a}^\top \mathbf{x} > \mathbf{a}^\top \mathbf{x} - \tfrac{1}{2}|\mathbf{a}|^2 = \gamma > \mathbf{a}^\top \mathbf{x} - |\mathbf{a}|^2 \geq \mathbf{a}^\top \mathbf{y} \quad \text{für jedes } \mathbf{y} \in K. \qquad \square$$

Eine nichtleere Teilmenge K von $\mathbb{R}^n$ heißt **Kegel**, wenn aus $\mathbf{x} \in K$ und $\lambda \geq 0$ stets $\lambda\mathbf{x} \in K$ folgt. Ist K ein Kegel und eine konvexe Menge, so heißt K **konvexer Kegel**. Genau dann ist K ein konvexer Kegel, wenn aus $\mathbf{x}, \mathbf{y} \in K$ und $\lambda, \mu \geq 0$ stets $\lambda\mathbf{x} + \mu\mathbf{y} \in K$ folgt. Jeder Untervektorraum von $\mathbb{R}^n$ ist ein konvexer Kegel. Die Mengen

$$\mathbb{R}^n_+ := \{\mathbf{x} \in \mathbb{R}^n \mid \mathbf{x} = (x_1, \ldots, x_n)^\top,\ x_i \geq 0 \text{ für } i = 1, \ldots, n\},$$
$$\mathbb{R}^n_- := \{\mathbf{x} \in \mathbb{R}^n \mid \mathbf{x} = (x_1, \ldots, x_n)^\top,\ x_i \leq 0 \text{ für } i = 1, \ldots, n\}$$

sind konvexe Kegel, aber keine Untervektorräume von $\mathbb{R}^n$.

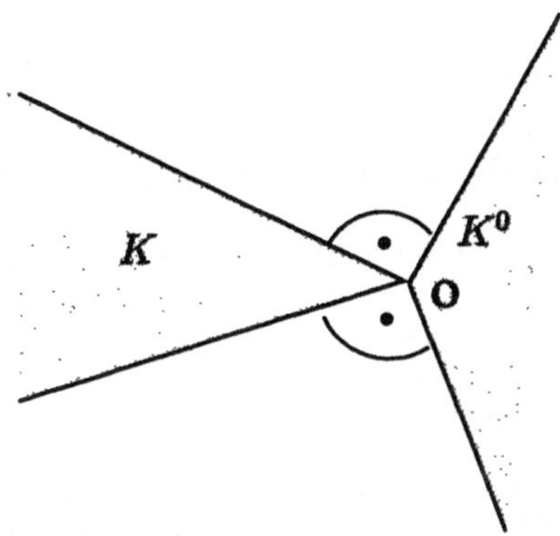

Bild 6.11: Kegel und polarer Kegel

Ist K ein konvexer Kegel, so ist auch die Menge

$$K^0 := \{\mathbf{y} \in \mathbb{R}^n \mid \mathbf{x}^\top \mathbf{y} \leq 0 \text{ für jedes } \mathbf{x} \in K\}$$

ein konvexer Kegel und heißt zu K **polarer** Kegel. Definitionsgemäß schließen also Vektoren in K und in K^0 einen stumpfen oder rechten Winkel ein. Zum Beispiel ist $\left(\mathbb{R}^n_+\right)^0 = \mathbb{R}^n_-$. Ist K ein Untervektorraum von $\mathbb{R}^n$, so stimmt K^0 mit dem Orthogonalraum $K^\perp$ überein.

Die Menge

$$K^{00} := (K^0)^0 = \{\mathbf{z} \in \mathbb{R}^n \mid \mathbf{z}^\top \mathbf{y} \leq 0 \text{ für jedes } \mathbf{y} \in K^0\}$$

heißt zu K **bipolarer** Kegel. Stets ist $K \subseteq K^{00}$. Darüber hinaus gilt

Satz 6.7.4 (Bipolarensatz). *Ist K ein abgeschlossener konvexer Kegel in $\mathbb{R}^n$, so gilt $K^{00} = K$.*

Beweis. Es ist nur $K^{00} \subseteq K$ zu beweisen. Dazu zeigen wir: Aus $\mathbf{x} \notin K$ folgt $\mathbf{x} \notin K^{00}$. Sei also $\mathbf{x} \in \mathbb{R}^n \setminus K$. Nach Satz 6.7.3 gibt es ein $\mathbf{a} \in \mathbb{R}^n$ und ein $\gamma \in \mathbb{R}$ mit $\mathbf{a}^\mathsf{T}\mathbf{x} > \gamma \geq \mathbf{a}^\mathsf{T}\mathbf{y}$ für jedes $\mathbf{y} \in K$. Da K ein Kegel ist, gehört für jedes $\lambda > 0$ mit $\mathbf{y}$ auch $\lambda\mathbf{y}$ zu K. Daher ist $\gamma \geq \mathbf{a}^\mathsf{T}(\lambda\mathbf{y}) = \lambda\mathbf{a}^\mathsf{T}\mathbf{y}$. Nach Division durch λ folgt für $\lambda \to +\infty$ die Ungleichung $0 \geq \mathbf{a}^\mathsf{T}\mathbf{y}$. Mit $\mathbf{y} := \mathbf{o} \in K$ folgt andererseits $\gamma \geq \mathbf{a}^\mathsf{T}\mathbf{o} = 0$. Somit ist

$$\mathbf{a}^\mathsf{T}\mathbf{x} > \gamma \geq 0 \geq \mathbf{a}^\mathsf{T}\mathbf{y} \quad \text{für jedes } \mathbf{y} \in K.$$

Nach der rechten Ungleichung ist $\mathbf{a} \in K^\circ$ und wegen $\mathbf{x}^\mathsf{T}\mathbf{a} = \mathbf{a}^\mathsf{T}\mathbf{x} > 0$ daher $\mathbf{x} \notin K^{00}$. □

Für Vektoren $\mathbf{a}_1, \ldots, \mathbf{a}_m \in \mathbb{R}^n$ bezeichne $\operatorname{cone}\{\mathbf{a}_1, \ldots, \mathbf{a}_m\}$ den kleinsten konvexen Kegel, der diese Vektoren enthält. Es gilt

$$\operatorname{cone}\{\mathbf{a}_1, \ldots, \mathbf{a}_m\} = \left\{ \sum_{i=1}^{m} \lambda_i \mathbf{a}_i \mid \lambda_i \geq 0 \, (i = 1, \ldots, m) \right\}.$$

Ein Kegel dieser Form heißt **polyedrischer Kegel**. Im folgenden Satz wird für die Existenz einer *nichtnegativen* Lösung eines linearen Gleichungssystems (Aussage (a)) eine notwendige und hinreichende Bedingung (Aussage (b)) gegeben.

Satz 6.7.5 (Farkas–Lemma). *Für beliebige Vektoren $\mathbf{a}_1, \ldots, \mathbf{a}_m, \mathbf{b} \in \mathbb{R}^n$ sind die folgenden Aussagen äquivalent:*
(a) *Es gibt $\lambda_1, \ldots, \lambda_m \geq 0$, so dass $\sum_{i=1}^m \lambda_i \mathbf{a}_i = \mathbf{b}$.*
(b) *Für jedes $\mathbf{u} \in \mathbb{R}^n$ gilt: Aus $\mathbf{a}_i^\mathsf{T}\mathbf{u} \geq 0$ $(i = 1, \ldots, m)$ folgt $\mathbf{b}^\mathsf{T}\mathbf{u} \geq 0$.*

Beweis. Wir setzen $K := \operatorname{cone}\{\mathbf{a}_1, \ldots, \mathbf{a}_m\}$. Dann ist (a) äquivalent mit $\mathbf{b} \in K$, und (b) ist äquivalent mit $\mathbf{b} \in K^{00}$ (denn aus $-\mathbf{u} \in K^0$ folgt $\mathbf{b}^\mathsf{T}(-\mathbf{u}) \leq 0$). Die Aussage des Satzes bedeutet also $K = K^{00}$. Dies gilt nach Satz 6.7.4, falls K abgeschlossen ist. Wir haben daher nur noch die Abgeschlossenheit von K zu beweisen. Dazu sei $(\mathbf{x}_k)$ eine Folge in K, die für $k \to \infty$ gegen ein $\mathbf{x} \in \mathbb{R}^n$ bezüglich der euklidischen Norm konvergiert. Wir müssen zeigen, dass $\mathbf{x}$ zu K gehört. Nach Definition von K gilt

$$\mathbf{x}_k = \sum_{i=1}^{m} \lambda_i^{(k)} \mathbf{a}_i, \quad \text{wobei} \quad \lambda_i^{(k)} \geq 0 \quad \text{für } i = 1, \ldots, m;\ k = 1, 2, \ldots$$

(I) Zuerst betrachten wir den Fall, dass die Vektoren $\mathbf{a}_1, \ldots, \mathbf{a}_m$ linear unabhängig sind. Wir setzen $V_m := \operatorname{lin}\{\mathbf{a}_1, \ldots, \mathbf{a}_m\}$. Die konvergente Folge $(\mathbf{x}_k)$ liegt in dem m–dimensionalen Untervektorraum $V_m := \operatorname{lin}\{\mathbf{a}_1, \ldots, \mathbf{a}_m\}$. In der Analysis wird gezeigt, dass dann auch ihr Grenzwert $\mathbf{x}$ zu V_m gehört, d.h., es gilt $\mathbf{x} = \sum_{i=1}^m \lambda_i \mathbf{a}_i$ mit gewissen reellen Zahlen $\lambda_1, \ldots, \lambda_m$. Außerdem ist die Konvergenz $\mathbf{x}_k \to \mathbf{x}$ für $k \to \infty$

gleichbedeutend mit der koordinatenweisen Konvergenz $\lambda_i^{(k)} \to \lambda_i$ für $k \to \infty$ und $i = 1, \ldots, m$. Mit den $\lambda_i^{(k)}$ ist daher auch jedes λ_i nichtnegativ. Somit ist $\mathbf{x} \in K$.
(II) Nun seien die Vektoren $\mathbf{a}_1, \ldots, \mathbf{a}_m$ linear abhängig. Dann gibt es reelle Zahlen $\mu_1, \ldots, \mu_m$ mit $\sum_{i=1}^m \mu_i \mathbf{a}_i = \mathbf{o}$; hierbei ist mindestens ein μ_i von Null verschieden und wir können annehmen, dass $\mu_i < 0$ ist. Nun sei $\mathbf{x} = \sum_{i=1}^m \lambda_i \mathbf{a}_i \in K$ gegeben. Unter allen Indizes i mit $\mu_i < 0$ sei $i(x)$ derjenige, für den $\frac{-\lambda_i}{\mu_i}$ minimal ist, und $\tau(x)$ sei der zugehörige Minimalwert. Dann ist $\lambda_j' := \lambda_j + \tau(x)\mu_j$ nichtnegativ, insbesondere ist $\lambda_{i(x)}' = 0$. Es folgt

$$x = \sum_{i=1}^m \lambda_i \mathbf{a}_i = \sum_{i=1}^m \lambda_i \mathbf{a}_i + \tau(x) \sum_{i=1}^m \mu_i \mathbf{a}_i = \sum_{j \neq i(x)} \lambda_j' \mathbf{a}_j.$$

Somit liegt $\mathbf{x}$ bereits in dem von $m - 1$ Elementen $\mathbf{a}_j$ erzeugten konvexen Kegel. Bezeichnet K_i den von den $\mathbf{a}_j$ mit $j \neq i$ erzeugten konvexen Kegel, so hat man also die Zerlegung $K = \bigcup_{i=1}^m K_i$. Falls es ein i gibt, so dass die $\mathbf{a}_j$ mit $j \neq i$ linear abhängig sind, zerlegt man nun K_i analog usw. Nach endlich vielen Schritten erhält man schließlich eine Darstellung von K als Vereinigung endlich vieler polyedrischer Kegel, deren erzeugende Vektoren linear unabhängig sind. Jeder dieser Kegel ist nach Schritt (I) abgeschlossen. Daher ist auch K abgeschlossen. □

Man kann Satz 6.7.5 auch in Matrizensprache formulieren. Dazu sei

$$\mathbf{A} := (\mathbf{a}_1 \,|\cdots|\, \mathbf{a}_m) = \begin{pmatrix} a_{11} & \cdots & a_{1m} \\ \vdots & & \vdots \\ a_{n1} & \cdots & a_{nm} \end{pmatrix} \in \mathbb{R}^{n \times m}, \qquad \mathbf{x} := \begin{pmatrix} \lambda_1 \\ \vdots \\ \lambda_m \end{pmatrix}.$$

Satz 6.7.5a (Farkas–Lemma). *Für beliebige $\mathbf{A} \in \mathbb{R}^{n \times m}$ und $\mathbf{b} \in \mathbb{R}^n$ sind die folgenden Aussagen äquivalent:*
(a) *Es gibt ein $\mathbf{x} \in \mathbb{R}_+^m$ mit $\mathbf{A}\mathbf{x} = \mathbf{b}$.*
(b) *Für jedes $\mathbf{u} \in \mathbb{R}^n$ gilt: Aus $\mathbf{A}^\top \mathbf{u} \in \mathbb{R}_+^m$ folgt $\mathbf{b}^\top \mathbf{u} \geq 0$.*

Häufig werden Sätze dieser Art nicht als Äquivalenzaussagen sondern als Alternativsätze formuliert. Satz 7.7.5a erhält dann die folgende Form:

Satz 6.7.5b (Farkas–Lemma). *Für beliebige $\mathbf{A} \in \mathbb{R}^{n \times m}$ und $\mathbf{b} \in \mathbb{R}^n$ gilt* genau eine *der folgenden Aussagen:*
(a) *Es gibt ein $\mathbf{x} \in \mathbb{R}_+^m$ mit $\mathbf{A}\mathbf{x} = \mathbf{b}$.*
(b) *Es gibt ein $\mathbf{u} \in \mathbb{R}^n$ mit $\mathbf{A}^\top \mathbf{u} \in \mathbb{R}_+^m$ und $\mathbf{b}^\top \mathbf{u} < 0$.*

Wir kommen zu einer Verallgemeinerung des Farkas–Lemmas.

Satz 6.7.6. *Gegeben seien Matrizen* $\mathbf{A}_1, \mathbf{A}_2 \in \mathbb{R}^{n\times m}$ *sowie* $\mathbf{B}_1, \mathbf{B}_2 \in \mathbb{R}^{n\times s}$ *und Vektoren* $\mathbf{b}_1, \mathbf{b}_2 \in \mathbb{R}^n$. *Dann sind die folgenden Aussagen äquivalent:*
(a) *Es gibt ein* $\mathbf{x} \in \mathbb{R}^m_+$ *und ein* $\mathbf{y} \in \mathbb{R}^s$, *so dass gilt*

$$\begin{aligned} \mathbf{A}_1\mathbf{x} + \mathbf{B}_1\mathbf{y} - \mathbf{b}_1 &= \mathbf{o} \\ \mathbf{A}_2\mathbf{x} + \mathbf{B}_2\mathbf{y} - \mathbf{b}_2 &\in \mathbb{R}^n_- . \end{aligned} \tag{6.28}$$

(b) *Für jedes* $\mathbf{u} \in \mathbb{R}^n$ *und jedes* $\mathbf{v} \in \mathbb{R}^n_+$ *gilt:*

$$\textit{Aus} \quad \left\{ \begin{matrix} \mathbf{A}_1{}^\top\mathbf{u} + \mathbf{A}_2{}^\top\mathbf{v} \in \mathbb{R}^m_+ \\ \mathbf{B}_1{}^\top\mathbf{u} + \mathbf{B}_2{}^\top\mathbf{v} = \mathbf{o} \end{matrix} \right\} \quad \textit{folgt} \quad \mathbf{b}_1{}^\top\mathbf{u} + \mathbf{b}_2{}^\top\mathbf{v} \geq 0.$$

Beweis. Wir betrachten (in Blockmatrizenschreibweise) die folgende Aussage:
(a*) Es gibt ein $(\mathbf{x}, \mathbf{y}_1, \mathbf{y}_2, \mathbf{z})^\top \in \mathbb{R}^p_+$ (wobei $p := m + s + s + n$), so dass gilt

$$\begin{pmatrix} \mathbf{A}_1 & \mathbf{B}_1 & -\mathbf{B}_1 & \mathbf{0} \\ \mathbf{A}_2 & \mathbf{B}_2 & -\mathbf{B}_2 & \mathbf{E} \end{pmatrix} \begin{pmatrix} \mathbf{x} \\ \mathbf{y}_1 \\ \mathbf{y}_2 \\ \mathbf{z} \end{pmatrix} = \begin{pmatrix} \mathbf{b}_1 \\ \mathbf{b}_2 \end{pmatrix}.$$

Hierbei bezeichnet $\mathbf{0}$ bzw. $\mathbf{E}$ die n–reihige Nullmatrix bzw. die n–reihige Einheitsmatrix. Die Aussagen (a) und (a*) sind äquivalent: Ist nämlich $(\mathbf{x}, \mathbf{y}_1, \mathbf{y}_2, \mathbf{z})^\top$ eine Lösung von (a*) und setzt man $\mathbf{y} := \mathbf{y}_1 - \mathbf{y}_2$, so ist $(\mathbf{x}, \mathbf{y})^\top$ eine Lösung von (a). Nun sei umgekehrt $(\mathbf{x}, \mathbf{y})^\top$ eine Lösung von (a). Definiert man $\mathbf{y}_1, \mathbf{y}_2 \in \mathbb{R}^s_+$ durch $\mathbf{y} = \mathbf{y}_1 - \mathbf{y}_2$ und setzt $\mathbf{z} := \mathbf{b}_1 - \mathbf{A}_1\mathbf{x} - \mathbf{B}_1\mathbf{y}$, so ist $(\mathbf{x}, \mathbf{y}_1, \mathbf{y}_2, \mathbf{z})^\top$ eine Lösung von (a*). Nach Satz 7.7.5a ist (a*) (und somit (a)) genau dann lösbar, wenn gilt:

$$\text{Aus} \quad \left\{ \begin{matrix} \mathbf{A}_1{}^\top\mathbf{u} + \mathbf{A}_2{}^\top\mathbf{v} & \in \mathbb{R}^m_+ \\ \mathbf{B}_1{}^\top\mathbf{u} + \mathbf{B}_2{}^\top\mathbf{v} & \in \mathbb{R}^s_+ \\ -\mathbf{B}_1{}^\top\mathbf{u} - \mathbf{B}_2{}^\top\mathbf{v} & \in \mathbb{R}^s_+ \\ \mathbf{E}\mathbf{v} & \in \mathbb{R}^n_+ \end{matrix} \right\} \quad \text{folgt} \quad \mathbf{b}_1{}^\top\mathbf{u} + \mathbf{b}_2{}^\top\mathbf{v} \geq 0.$$

Dies ist aber gerade die Aussage (b). □

Satz 6.7.6 gibt eine notwendige und hinreichende Bedingung dafür an, dass das aus linearen Gleichungen und Ungleichungen bestehende System (6.28) eine Lösung $(\mathbf{x}, \mathbf{y})^\top \in \mathbb{R}^{m+s}$ besitzt, deren m erste Koordinaten nichtnegativ sind. Satz 6.7.6 enthält als Spezialfälle sowohl den Satz 7.7.5a (man wähle für $\mathbf{A}_2, \mathbf{B}_1, \mathbf{B}_2$ und $\mathbf{b}_2$ die jeweiligen Nullmatrizen) als auch die reelle Version von Satz 4.6.4 (man wähle für $\mathbf{A}_1, \mathbf{A}_2, \mathbf{B}_1$ und $\mathbf{b}_1$ die jeweiligen Nullmatrizen).

7 Eigenwerte und Eigenvektoren

7.1 Aufgabenstellung und Begriffe

Zur Untersuchung der Eigenschaften einer linearen Abbildung $L : V \to V$ interessiert die Frage, ob es Vektoren $\mathbf{v} \in V$ gibt, deren Bild $L(\mathbf{v})$ ein Vielfaches von $\mathbf{v}$ ist. Man sucht also nach Vektoren, die durch die Abbildung L nur in ihrer Länge verändert werden. Jeder solche Vektor $\mathbf{v} \in V$ muss dann offenbar der Gleichung

$$L(\mathbf{v}) = \lambda \mathbf{v} \tag{7.1}$$

mit einer Zahl $\lambda \in \mathbb{K}$ genügen. Zur Untersuchung, ob es solche Vektoren $\mathbf{v}$ gibt und wie man sie charakterisieren bzw. berechnen kann, benutzen wir ein wichtiges Hilfsmittel, nämlich die Matrixdarstellung linearer Abbildungen, siehe Abschnitt 4.3. Damit lässt sich durch Wahl einer Basis $\mathcal{B}$ in Urbild- und Bildraum (die ja hier dieselben Vektorräume sind) das Bild $L(\mathbf{v})$ durch $\mathbf{Ax}$ beschreiben, wobei nun $\mathbf{x}$ der Koordinatenvektor von $\mathbf{v}$ bezüglich $\mathcal{B}$ und $\mathbf{Ax}$ der Koordinatenvektor von $L(\mathbf{v})$ bezüglich $\mathcal{B}$ ist. Aus Gründen der allgemeineren Darstellung wählen wir $\mathbb{C}^n$ als Vektorraum der Koordinatenvektoren. Die Forderung (7.1) wird damit zu

$$\mathbf{Ax} = \lambda \mathbf{x}. \tag{7.2}$$

Man sucht also einen Vektor $\mathbf{x} \in \mathbb{C}^n$ und eine Zahl $\lambda \in \mathbb{C}$, so dass (7.2) erfüllt ist. Da diese Gleichung für $\mathbf{x} = \mathbf{o}$ für jedes λ erfüllt ist, schließen wir $\mathbf{x} = \mathbf{o}$ bei der Suche aus.

Es stellt sich heraus, dass die Kenntnis solcher Vektoren $\mathbf{x}$ und zugehöriger Werte λ der Abbildungsmatrix für die Analyse vieler weiterer Eigenschaften einer linearen Abbildung L von Bedeutung sind.

Beispiel 7.1.1. Für den elektrischen Vierpol in Bild 7.1 sind diejenigen Werte U_1 und I_1 gesucht, für die Widerstandsanpassung vorliegt.
Zunächst stellt man fest, dass beim elektrischen Vierpol Spannung und Strom am Ein- und Ausgang durch eine lineare Abbildung verknüpft sind. Man findet die Matrixdarstellung dieser Abbildung, wenn man die Kirchhoffschen Knotengleichungen an den beiden oberen Knoten 1 und 2, die Maschengleichung und das Ohmsche Gesetz für die drei Widerstände bildet. Dazu hat man noch als zusätzliche Größen die Ströme $\tilde{I}_1, \tilde{I}_2, \tilde{I}_3$ über die Widerstände und die Spannung U_3 über dem Widerstand R_3 einzuführen:

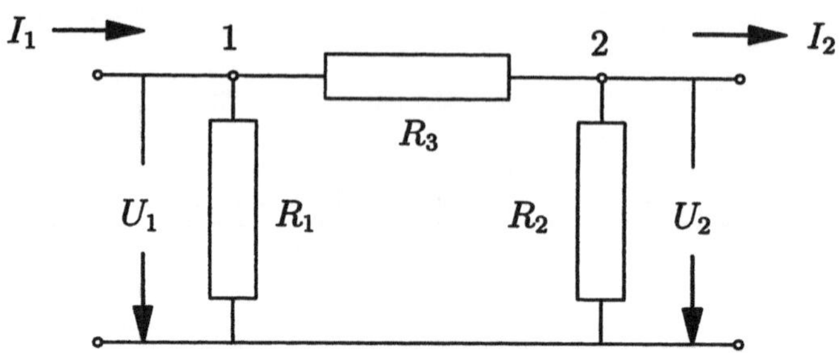

Bild 7.1: elektrischer Vierpol

Knoten 1:	$I_1 = \tilde{I}_1 + \tilde{I}_3$	Knoten 2:	$\tilde{I}_3 = \tilde{I}_2 + I_2$		
Masche:	$U_1 = U_2 + U_3$				
Widerst. 1:	$U_1 = R_1\tilde{I}_1$	Widerst. 2:	$U_2 = R_2\tilde{I}_2$	Widerst. 3:	$U_3 = R_3\tilde{I}_3$

Das sind 6 lineare Gleichungen für die 8 beteiligten Größen $I_1, U_1, I_2, U_2, U_3, \tilde{I}_1, \tilde{I}_2, \tilde{I}_3$. Durch Anwendung des Gaußschen Eliminationsverfahrens lassen sich nacheinander $U_3, \tilde{I}_1, \tilde{I}_2, \tilde{I}_3$ aus diesen Gleichungen eliminieren, wobei jedes Mal das Restsystem eine Gleichung weniger enthält. Die verbleibenden 2 Gleichungen sind

$$\begin{aligned} U_1 &= \frac{R_2 + R_3}{R_2} U_2 + R_3 I_2 \\ I_1 &= \frac{R_1 + R_2 + R_3}{R_1 R_2} U_2 + \frac{R_1 + R_3}{R_1} I_2 \,. \end{aligned} \tag{7.3}$$

Mit der Matrix

$$\mathbf{A} = \begin{pmatrix} \dfrac{R_2 + R_3}{R_2} & R_3 \\ \dfrac{R_1 + R_2 + R_3}{R_1 R_2} & \dfrac{R_1 + R_3}{R_1} \end{pmatrix}$$

und den Vektoren

$$\mathbf{y} = \begin{pmatrix} U_1 \\ I_1 \end{pmatrix} \,, \quad \mathbf{x} = \begin{pmatrix} U_2 \\ I_2 \end{pmatrix}$$

erhält das Gleichungssystem (7.3) die Form

$$\mathbf{y} = \mathbf{A}\mathbf{x} \,. \tag{7.4}$$

Die Frage, für welche Werte von $\frac{U_1}{I_1}$ Widerstandsanpassung des Vierpols vorliegt, dass also

$$\frac{U_2}{I_2} = \frac{U_1}{I_1}$$

gilt, ist gleichbedeutend mit der Frage nach einem Wert λ, für den

$$\lambda = \frac{I_1}{I_2} = \frac{U_1}{U_2}$$

gilt. Für die Vektoren $\mathbf{y}$ und $\mathbf{x}$ führt das auf

$$\mathbf{y} = \begin{pmatrix} U_1 \\ I_1 \end{pmatrix} = \begin{pmatrix} \frac{U_1}{U_2} \cdot U_2 \\ \frac{I_1}{I_2} \cdot I_2 \end{pmatrix} = \begin{pmatrix} \lambda U_2 \\ \lambda U_1 \end{pmatrix} = \lambda \begin{pmatrix} U_2 \\ U_1 \end{pmatrix} = \lambda \mathbf{x}\,.$$

Aus (7.4) folgt damit als Bestimmungsgleichung für $\mathbf{x}$ und λ

$$\mathbf{Ax} = \lambda \mathbf{x}.$$

◁

Definition. Ein Vektor $\mathbf{r} \in \mathbb{C}^n, \mathbf{r} \neq \mathbf{o}$, heißt **Eigenvektor** der (n,n)–Matrix $\mathbf{A}$, wenn es eine zugehörige Zahl $\lambda \in \mathbb{C}$ gibt, so dass mit $\mathbf{x} = \mathbf{r}$ die Gleichung (7.2) gilt. Die betreffende Zahl λ heißt zugehöriger **Eigenwert** der Matrix $\mathbf{A}$.

Beispiel 7.1.2. Für

$$\mathbf{A} = \begin{pmatrix} 0 & -1 & 0 \\ -1 & -1 & 1 \\ 0 & 1 & 0 \end{pmatrix} \quad \text{und} \quad \mathbf{r} = \begin{pmatrix} 1 \\ 2 \\ -1 \end{pmatrix}$$

gilt

$$\mathbf{Ar} = \begin{pmatrix} -2 \\ -4 \\ 2 \end{pmatrix} = -2 \begin{pmatrix} 1 \\ 2 \\ -1 \end{pmatrix} = -2\mathbf{r}\,.$$

Der Vektor $\mathbf{r}$ ist also ein Eigenvektor von $\mathbf{A}$ und $\lambda = -2$ der zugehörige Eigenwert. ◁

7.2 Eigenschaften und Berechnung von Eigenwerten und Eigenvektoren

Die Gleichung $\mathbf{Ax} = \lambda\mathbf{x}$ wird umgeformt zu $\mathbf{Ax} - \lambda\mathbf{x} = \mathbf{o}$, und weiter zu $\mathbf{Ax} - \lambda\mathbf{Ex} = \mathbf{o}$ ($\mathbf{E}$ ist die (n,n)–Einheitsmatrix), so dass schließlich

$$(\mathbf{A} - \lambda\mathbf{E})\mathbf{x} = \mathbf{o} \tag{7.5}$$

entsteht. Jeder zum Eigenwert λ gehörige Eigenvektor ist also Lösung dieses homogenen Gleichungssystems. Nichttriviale Lösungen hat ein homogenes Gleichungssystem aber genau dann, wenn seine Determinante verschwindet, vgl. die Bemerkung nach Satz 4.6.1. Es muss also

$$\boxed{\det(\mathbf{A} - \lambda\mathbf{E}) = 0}$$

gelten, ausführlich geschrieben

$$\begin{vmatrix} a_{11}-\lambda & a_{12} & \cdots & a_{1n} \\ a_{21} & a_{22}-\lambda & \cdots & a_{2n} \\ \vdots & \vdots & \ddots & \vdots \\ a_{n1} & a_{n2} & \cdots & a_{nn}-\lambda \end{vmatrix} = 0\,. \tag{7.6}$$

Aus der Definition der Determinante als Summe von Produkten der Elemente ist ersichtlich, dass nur einmal eine Produktbildung aller Elemente der Hauptdiagonalen vorkommt. Der in diesem Produkt der Hauptdiagonalelemente vorkommende Term $(-\lambda)^n$ bestimmt somit den Grad des auf der linken Seite von (7.6) entstehenden Polynoms in λ, es ist ein Polynom n-ten Grades, genannt **charakteristisches Polynom** der Matrix $\mathbf{A}$.

Satz 7.2.1. *Die Eigenwerte einer (n,n)-Matrix* $\mathbf{A}$ *sind die Nullstellen λ_i ihres charakteristischen Polynoms*

$$p_n(\lambda) = \det(\mathbf{A} - \lambda\mathbf{E}). \tag{7.7}$$

Beispiel 7.2.2. Gesucht sind die Eigenwerte der Matrix

$$\mathbf{A} = \begin{pmatrix} 3 & 4 \\ 1 & 3 \end{pmatrix}.$$

Das charakteristische Polynom von $\mathbf{A}$ ist

$$p_2(\lambda) = \begin{vmatrix} 3-\lambda & 4 \\ 1 & 3-\lambda \end{vmatrix} = (3-\lambda)^2 - 4 = \lambda^2 - 6\lambda + 5.$$

Es hat die Nullstellen

$$\lambda_1 = 1 \qquad \text{und} \qquad \lambda_2 = 5,$$

das sind die beiden Eigenwerte der Matrix $\mathbf{A}$. ◁

Die Nullstellen des charakteristischen Polynoms können auch komplexe Zahlen sein. Das ist insbesondere dann zu erwarten, wenn die Matrix $\mathbf{A}$ komplexe Zahlen als Elemente aufweist.

Beispiel 7.2.3. Gesucht sind die Eigenwerte der Matrix

$$\mathbf{A} = \begin{pmatrix} 2 & 1+\mathrm{i} \\ \mathrm{i} & 2 \end{pmatrix}.$$

Das charakteristische Polynom von $\mathbf{A}$ ist

$$p_2(\lambda) = \begin{vmatrix} 2-\lambda & 1+\mathrm{i} \\ \mathrm{i} & 2-\lambda \end{vmatrix} = (2-\lambda)^2 + 1 - \mathrm{i}.$$

Es hat die beiden Nullstellen

$$\lambda_{1/2} = 2 \pm \sqrt[4]{2}\mathrm{e}^{\mathrm{i}\frac{3}{8}\pi},$$

deren Imaginärteil nicht verschwindet. Das sind die beiden Eigenwerte von $\mathbf{A}$. ◁

Hat die Matrix **A** nur reelle Elemente, so hat ihr charakteristisches Polynom auch nur reelle Koeffizienten. Nach dem Fundamentalsatz der Algebra sind dann seine Nullstellen entweder reelle Zahlen oder komplexe Zahlen, die in Paaren zueinander konjugiert komplexer Zahlen angeordnet werden können.

Beispiel 7.2.4. Wir betrachten die Matrix

$$\mathbf{A} = \begin{pmatrix} 5 & 4 \\ -4 & 5 \end{pmatrix}.$$

Ihr charakteristisches Polynom ist

$$p_2(\lambda) = \begin{vmatrix} 5-\lambda & 4 \\ -4 & 5-\lambda \end{vmatrix} = (5-\lambda)^2 + 16 .$$

Seine beiden konjugiert komplexen Nullstellen

$$\lambda_{1/2} = 5 \pm 4\mathrm{i}$$

sind die Eigenwerte der Matrix **A**. ◁

Als weiterer Spezialfall muss das Auftreten mehrfacher Nullstellen des charakteristischen Polynoms erwähnt werden.

Definition. Die Vielfachheit einer Nullstelle λ des charakteristischen Polynoms $p_n(\lambda)$ wird als **algebraische Vielfachheit** des Eigenwertes λ bezeichnet.

Im folgenden Beispiel hat die Matrix **A** einen einfachen und einen doppelten Eigenwert.

Beispiel 7.2.5. Wir berechnen die Eigenwerte der Matrix

$$\mathbf{A} = \begin{pmatrix} 0 & -1 & 1 \\ -7 & 0 & 5 \\ -5 & -2 & 5 \end{pmatrix}.$$

Das charakteristische Polynom von **A** ist

$$p_3(\lambda) = \begin{vmatrix} -\lambda & -1 & 1 \\ -7 & -\lambda & 5 \\ -5 & -2 & 5-\lambda \end{vmatrix} = -\lambda^3 + 5\lambda^2 - 8\lambda + 4 .$$

Es hat die Nullstellen

$$\lambda_1 = 1, \qquad \lambda_2 = \lambda_3 = 2.$$

Dass dabei der Eigenwert $\lambda = 2$ doppelt zu zählen ist, folgt aus der Zerlegung

$$p_3(\lambda) = -(\lambda-1)(\lambda-2)(\lambda-2).$$ ◁

Satz 7.2.6. *Die Matrizen* $\mathbf{A}$ *und* $\mathbf{A}^\top$ *haben die gleichen Eigenwerte.*

Beweis. Das charakteristische Polynom der Matrix $\mathbf{A}^\top$ ist

$$p_n^T(\lambda) = \det(\mathbf{A}^\top - \lambda\mathbf{E}).$$

Es folgt daraus

$$p_n^T(\lambda) = \det(\mathbf{A}^\top - \lambda\mathbf{E}^\top) = \det((\mathbf{A} - \lambda\mathbf{E})^\top).$$

Die zuletzt erhaltene Determinante ist aber gleich $\det(\mathbf{A} - \lambda\mathbf{E}) = p_n(\lambda)$, weil sich beim Transponieren der Wert einer Determinante nicht ändert. Die Matrizen $\mathbf{A}$ und $\mathbf{A}^\top$ haben also gleiche charakteristische Polynome und damit auch gleiche Eigenwerte. □

Wir wenden uns nun der Berechnung der Eigenvektoren zu. Es sei also $\mathbf{A}$ wieder eine (n, n)–Matrix mit Elementen aus $\mathbb{C}$,

$$p_n(\lambda) = \det(\mathbf{A} - \lambda\mathbf{E})$$

ihr charakteristisches Polynom und λ ein Eigenwert von $\mathbf{A}$, d.h. es gilt

$$p_n(\lambda) = \det(\mathbf{A} - \lambda\mathbf{E}) = 0.$$

Zuerst ist zu klären, wie viele Eigenvektoren es gibt.

Satz 7.2.7. *Die zu einem Eigenwert* λ *gehörigen Eigenvektoren bilden zusammen mit dem Nullvektor* $\mathbf{x} = \mathbf{o}$ *einen Untervektorraum* $V(\lambda)$ *des Vektorraumes* $\mathbb{C}^n$.

Beweis. Es sind die beiden Eigenschaften *Homogenität* und *Additivität* nachzuweisen.
Homogenität: Ist $\mathbf{x} = \mathbf{r}$ ein Eigenvektor von $\mathbf{A}$ zum Eigenwert λ, so ist auch jedes Vielfache $\mathbf{y} = \alpha\mathbf{r}$, $\alpha \neq 0$, ein Eigenvektor von $\mathbf{A}$ zum gleichen Eigenwert λ, denn aus $\mathbf{A}\mathbf{r} = \lambda\mathbf{r}$ folgt

$$\mathbf{A}\mathbf{y} = \mathbf{A}(\alpha\mathbf{r}) = \alpha\mathbf{A}\mathbf{r} = \alpha(\lambda\mathbf{r}) = \lambda(\alpha\mathbf{r}) = \lambda\mathbf{y}.$$

Additivität: Sind $\mathbf{r}_1$ und $\mathbf{r}_2$ zwei Eigenvektoren von $\mathbf{A}$ zum Eigenwert λ, so ist auch $\mathbf{y} = \mathbf{r}_1 + \mathbf{r}_2$ entweder ein Eigenvektor von $\mathbf{A}$ zum gleichen Eigenwert λ, oder der Nullvektor, denn es gilt

$$\mathbf{A}\mathbf{y} = \mathbf{A}(\mathbf{r}_1 + \mathbf{r}_2) = \mathbf{A}\mathbf{r}_1 + \mathbf{A}\mathbf{r}_2 = \lambda\mathbf{r}_1 + \lambda\mathbf{r}_2 = \lambda(\mathbf{r}_1 + \mathbf{r}_2) = \lambda\mathbf{y}.$$

□

Definition. Der von den Eigenvektoren zum Eigenwert λ gebildete Untervektorraum $V(\lambda)$ heißt zum Eigenwert λ gehöriger **Eigenraum**.

Um alle Eigenvektoren zum Eigenwert λ beschreiben zu können, genügt es also, eine Basis des Eigenraums $V(\lambda)$, d.h. ein maximales System linear unabhängiger Eigenvektoren zum Eigenwert λ, zu kennen. Da die zum Eigenwert λ gehörigen Eigenvektoren als nichttriviale Lösungsvektoren $\mathbf{x}$ des homogenen linearen Gleichungssystems (7.5) definiert sind, gilt

$$V(\lambda) = \{\mathbf{x} \in \mathbb{C}^n | (\mathbf{A} - \lambda E)\mathbf{x} = \mathbf{o}\}.$$

Basis von $V(\lambda)$ ist also jedes maximale System linear unabhängiger Lösungsvektoren des homogenen linearen Gleichungssystems

$$(\mathbf{A} - \lambda\mathbf{E})\mathbf{x} = \mathbf{o}. \tag{7.8}$$

Ist $\{\mathbf{r}_1, \ldots, \mathbf{r}_p\}$ eine solche Basis, kann jeder Eigenvektor zum Eigenwert λ in der Form

$$\mathbf{r} = \sum_{k=1}^{p} \alpha_k \mathbf{r}_k$$

mit gewissen Zahlen $\alpha_k \in \mathbb{C}$ dargestellt werden.

Definition. Die Anzahl p der Basisvektoren des Eigenraums $V(\lambda)$ — also die Dimension von $V(\lambda)$ — wird als **geometrische Vielfachheit** des Eigenwerts λ bezeichnet.

Folgerung 7.2.8. *Nach Satz 4.6.1(b) ist die geometrische Vielfachheit eines Eigenwertes gleich dem sogenannten Rangabfall*

$$n - \text{Rang}(\mathbf{A} - \lambda\mathbf{E})$$

der Matrix $\mathbf{A} - \lambda\mathbf{E}$ *des zugehörigen homogenen Gleichungssystems (7.8).*

Beispiel 7.2.9. Wir berechnen die Eigenvektoren der Matrix $\mathbf{A}$ aus Beispiel 7.2.2. Der Eigenvektor $\mathbf{r}_1 = (r_1, r_2)^\top$ zum Eigenwert $\lambda_1 = 1$ ergibt sich als nichttriviale Lösung des homogenen linearen Gleichungssystems (7.8):

$$\begin{aligned} 2r_1 + 4r_2 &= 0 \\ r_1 + 2r_2 &= 0 \end{aligned} \tag{7.9}$$

Offensichtlich löst

$$\mathbf{r}_1 = \begin{pmatrix} 2 \\ -1 \end{pmatrix} \tag{7.10}$$

beide Gleichungen dieses Gleichungssystems. Jede andere Lösung von (7.9) ist von der Form

$$\mathbf{r} = \begin{pmatrix} 2\alpha \\ -\alpha \end{pmatrix} = \alpha\mathbf{r}_1,$$

es gibt also keine weitere Lösung, die von der Lösung (7.10) linear unabhängig ist. Für den Eigenwert $\lambda_2 = 5$ ergibt sich analog für die Koordinaten des zugehörigen Eigenvektors $\mathbf{r}_2$ das homogene lineare Gleichungssystem

$$\begin{aligned} -2r_1 + 4r_2 &= 0 \\ r_1 - 2r_2 &= 0. \end{aligned}$$

Eine seiner Lösungen ist

$$\mathbf{r}_2 = \begin{pmatrix} 2 \\ 1 \end{pmatrix},$$

und es gibt wieder keine weitere Lösung, die nicht ein Vielfaches der bereits erhaltenen ist.
In diesem Beispiel ist bei beiden Eigenwerten die algebraische Vielfachheit und die geometrische Vielfachheit gleich Eins. ◁

Das nächste Beispiel wird zeigen, dass auch bei mehrfachen Eigenwerten die algebraische und geometrische Vielfachheit gleich sein können.

Beispiel 7.2.10. Wir betrachten die Matrix

$$\mathbf{A} = \begin{pmatrix} -4 & -3 & 3 \\ 2 & 3 & -6 \\ -1 & -3 & 0 \end{pmatrix}.$$

Sie hat das charakteristische Polynom

$$p_3(\lambda) = \det(\mathbf{A} - \lambda\mathbf{E}) = -(\lambda+3)(\lambda+3)(\lambda-5)$$

und folglich

$$\lambda_{1/2} = -3, \qquad \lambda_3 = 5$$

als Eigenwerte, wobei die algebraische Vielfachheit des ersten Eigenwerts zwei und die des zweiten Eigenwerts eins ist (Beachte: Der zweite Eigenwert hat den Index 3 erhalten). Zur Bestimmung der Eigenvektoren zum Eigenwert $\lambda_{1/2} = -3$ hat man das homogene lineare Gleichungssystem

$$\begin{aligned} -r_1 - 3r_2 + 3r_3 &= 0 \\ 2r_1 + 6r_2 - 6r_3 &= 0 \\ -r_1 - 3r_2 + 3r_3 &= 0 \end{aligned}$$

zu lösen. Hier gibt es offenbar nur eine linear unabhängige Zeile, der Rang der Koeffizientenmatrix ist eins. Für den Rangabfall gilt damit $n - \text{Rang}(\mathbf{A} - \lambda\mathbf{E}) = 3 - 1 = 2$, das Gleichungssystem hat also zwei linear unabhängige Lösungen. Man findet sie, indem man entweder mit dem Gaußschen Algorithmus die allgemeine Lösungsdarstellung für dieses Gleichungssystem bestimmt oder zwei seiner Unbekannten beliebig, aber voneinander linear unabhängig, wählt und dann die restliche Unbekannte aus einer der Gleichungen berechnet. Der Einfachheit halber wählen wir den zweiten Weg: Wählt man $r_2 = 1, r_3 = 0$, so ergibt sich $r_1 = -3$, und wählt man $r_2 = 0, r_3 = 1$, so ergibt sich $r_1 = 3$,

$$\mathbf{r}_1 = \begin{pmatrix} -3 \\ 1 \\ 0 \end{pmatrix} \qquad \text{und} \qquad \mathbf{r}_2 = \begin{pmatrix} 3 \\ 0 \\ 1 \end{pmatrix}$$

sind also zwei linear unabhängige Eigenvektoren, sie bilden eine Basis des Eigenraums zum Eigenwert $\lambda_{1/2} = -3$. Dieser Eigenwert hat also die geometrische Vielfachheit 2. $\triangleleft$

Eine hilfreiche Information über die Zahl der Eigenvektoren liefert

Satz 7.2.11. *Die geometrische Vielfachheit eines Eigenwertes ist nie größer als seine algebraische Vielfachheit.*

Beweis. Sei k die geometrische Vielfachheit eines Eigenwertes λ_0 der Matrix $\mathbf{A}$ und $\{\mathbf{v}_1, \ldots, \mathbf{v}_k\}$ eine Basis des zugehörigen Eigenraums $V(\lambda_0)$. Durch Hinzunahme weiterer Vektoren lässt sich diese Basis zu einer Basis $\{\mathbf{v}_1, \ldots, \mathbf{v}_n\}$ des $\mathbb{C}^n$ ergänzen. Die Vektoren $\mathbf{v}_i$ werden nun spaltenweise in eine Matrix $\mathbf{T}$ eingetragen:

$$\mathbf{T} = \left(\mathbf{v}_1 \mid \mathbf{v}_2 \mid \cdots \mid \mathbf{v}_n \right).$$

Linksmultiplikation mit $\mathbf{A}$ ergibt zunächst

$$\mathbf{AT} = \left(\mathbf{A}\mathbf{v}_1 \mid \cdots \mid \mathbf{A}\mathbf{v}_k \mid \star \right) = \left(\lambda_0\mathbf{v}_1 \mid \cdots \mid \lambda_0\mathbf{v}_k \mid \star \right),$$

wobei $\star$ für einen in diesem Zusammenhang nicht interessierenden Teil der betreffenden Matrix steht. Da $\mathbf{T}$ den Rang n hat, existiert die inverse Matrix $\mathbf{T}^{-1}$, und man erhält durch Linksmultiplikation mit $\mathbf{T}^{-1}$

$$\mathbf{T}^{-1}\mathbf{AT} = \left(\lambda_0\mathbf{T}^{-1}\mathbf{v}_1 \mid \cdots \mid \lambda_0\mathbf{T}^{-1}\mathbf{v}_k \mid \star \right) = \left(\lambda_0\mathbf{e}_1 \mid \cdots \mid \lambda_0\mathbf{e}_k \mid \star \right)$$

$$= \left(\begin{array}{ccc|c} \lambda_0 & & 0 & \\ & \ddots & & \star \\ 0 & & \lambda_0 & \\ \hline & \mathbf{0} & & \mathbf{S} \end{array} \right),$$

wobei für den rechten unteren Block der resultierenden Matrix die Bezeichnung $\mathbf{S}$ gewählt wurde. Diese Matrix $\mathbf{T}^{-1}\mathbf{AT}$ hat das gleiche charakteristische Polynom wie die Matrix $\mathbf{A}$, denn es gilt

$$\begin{aligned} p_{\mathbf{T}^{-1}\mathbf{AT}} &= \det(\mathbf{T}^{-1}\mathbf{AT} - \lambda\mathbf{E}) &&= \det(\mathbf{T}^{-1}\mathbf{AT} - \lambda\mathbf{T}^{-1}\mathbf{T}) \\ &= \det(\mathbf{T}^{-1}(\mathbf{A} - \lambda\mathbf{E})\mathbf{T}) &&= \det(\mathbf{T}^{-1}) \cdot \det(\mathbf{A} - \lambda\mathbf{E}) \cdot \det\mathbf{T} \\ &= \det(\mathbf{A} - \lambda\mathbf{E}) &&= p_{\mathbf{A}}(\lambda). \end{aligned} \tag{7.11}$$

Der Eigenwert λ von $\mathbf{A}$ ist also auch ein Eigenwert der Matrix $\mathbf{T}^{-1}\mathbf{AT}$ mit der gleichen algebraischen Vielfachheit. Wegen

$$p_{\mathbf{A}}(\lambda) = p_{\mathbf{T}^{-1}\mathbf{A}\mathbf{T}}(\lambda) = \det(\mathbf{T}^{-1}\mathbf{A}\mathbf{T} - \lambda\mathbf{E})$$

$$= \det\left(\begin{array}{ccc|c} \lambda_0 - \lambda & & 0 & \\ & \ddots & & \star \\ 0 & & \lambda_0 - \lambda & \\ \hline & \mathbf{0} & & \mathbf{R} - \lambda\mathbf{E}_{n-k} \end{array}\right)$$

$$= (\lambda_0 - \lambda)^k \det(\mathbf{R} - \lambda\mathbf{E}_{n-k})$$

ist λ_0 eine mindestens k–fache Nullstelle von $p_{\mathbf{A}}(\lambda)$, die algebraische Vielfachheit des Eigenwerts λ_0 ist also mindestens so groß wie seine geometrische Vielfachheit. □

Das folgende Beispiel zeigt, dass es zu einem Eigenwert weniger linear unabhängige Eigenvektoren geben kann, als seine algebraische Vielfachheit beträgt, dass also die geometrische Vielfachheit kleiner als die algebraische Vielfachheit sein kann.

Beispiel 7.2.12. Wir wollen für die Matrix $\mathbf{A}$ aus Beispiel 7.2.5 den Eigenraum zum doppelten Eigenwert $\lambda_2 = \lambda_3 = 2$ bestimmen. Für diesen Eigenwert hat das Gleichungssystem (7.8) die Gestalt

$$\begin{aligned} -2r_1 - r_2 + r_3 &= 0 \\ -7r_1 - 2r_2 + 5r_3 &= 0 \\ -5r_1 - 2r_2 + 3r_3 &= 0\,. \end{aligned}$$

Die Koeffizientenmatrix dieses Systems hat den Rang 2, denn es gibt 2–reihige Unterdeterminanten, die von Null verschieden sind. Nach Folgerung 7.2.8 gibt es zum Eigenwert $\lambda_{2/3} = 2$ also nur einen linear unabhängigen Eigenvektor. Wir erhalten ihn, indem wir den Gaußschen Algorithmus anwenden. Zuerst eliminieren wir r_2 (weil uns die Elimination von r_1 in die Bruchrechnung führen würde):

$$\begin{aligned} -2r_1 - r_2 + r_3 &= 0 \\ -3r_1 \qquad + 3r_3 &= 0 \\ -r_1 \qquad + r_3 &= 0\,. \end{aligned}$$

Die zweite Zeile kann offenbar gestrichen werden. Eine Darstellung aller Lösungen erhalten wir ausgehend von $r_3 = t$ zu $r_1 = t$ (aus der dritten Gleichung) und $r_2 = -2r_1 + r_3 = -t$ (aus der ersten Gleichung), also

$$\mathbf{r} = \begin{pmatrix} t \\ -t \\ t \end{pmatrix} = t \begin{pmatrix} 1 \\ -1 \\ 1 \end{pmatrix}.$$

Ein einfacher Repräsentant des Eigenraums $V(2)$ ergibt sich für $t = 1$ zu

$$\mathbf{r} = \begin{pmatrix} 1 \\ -1 \\ 1 \end{pmatrix} .$$

◁

Der folgende Satz gibt Aufschluss über die lineare Unabhängigkeit von Eigenvektoren, die zu verschiedenen Eigenwerten gehören.

Satz 7.2.13. *Sind* $\lambda_k \quad (k = 1, \ldots, m)$ *paarweise voneinander verschiedene Eigenwerte und* $\mathbf{r}_k \quad (k = 1, \ldots, m)$ *zugehörige Eigenvektoren, so ist das System der Eigenvektoren* $\{\mathbf{r}_1, \ldots, \mathbf{r}_m\}$ *linear unabhängig.*

Beweis. Wir müssen zeigen, dass die Vektorgleichung

$$c_1\mathbf{r}_1 + c_2\mathbf{r}_2 + \cdots + c_m\mathbf{r}_m = \mathbf{o} \tag{7.12}$$

nur gilt, wenn alle Koeffizienten c_k verschwinden. Durch Multiplikation beider Seiten dieser Gleichung von links mit $\mathbf{A}$ folgt

$$c_1\lambda_1\mathbf{r}_1 + c_2\lambda_2\mathbf{r}_2 + \cdots + c_m\lambda_m\mathbf{r}_m = \mathbf{o}. \tag{7.13}$$

Multiplizieren wir nun Gleichung (7.12) mit λ_1 und subtrahieren sie dann von (7.13), so erhalten wir

$$c_2(\lambda_2 - \lambda_1)\mathbf{r}_2 + c_3(\lambda_3 - \lambda_1)\mathbf{r}_3 + \cdots + c_m(\lambda_m - \lambda_1)\mathbf{r}_m = \mathbf{o}. \tag{7.14}$$

Die gleichen Operationen, die wir mit Gleichung (7.12) vorgenommen haben, wiederholen wir nun mit Gleichung (7.14), nur mit dem Unterschied, dass wir zur zweiten Multiplikation nicht λ_1, sondern λ_2 verwenden. Es ergibt sich dann

$$c_3(\lambda_3 - \lambda_1)(\lambda_3 - \lambda_2)\mathbf{r}_3 + \cdots + c_m(\lambda_m - \lambda_1)(\lambda_m - \lambda_2)\mathbf{r}_m = \mathbf{o}.$$

Diese Operationen können wir offenbar fortsetzen, bis zuletzt

$$c_m(\lambda_m - \lambda_1)(\lambda_m - \lambda_2)\cdots(\lambda_m - \lambda_{m-1})\mathbf{r}_m = \mathbf{o}$$

entsteht. Da alle λ_k voneinander verschieden sind und $\mathbf{r}_m \neq \mathbf{o}$ ist, lässt diese Gleichung nur den Schluss $c_m = 0$ zu. Durch Umnummerierung in (7.12) und gleiches Vorgehen können wir auch das Verschwinden jedes anderen Koeffizienten c_k zeigen. Es gilt also

$$c_1 = c_2 = \cdots = c_m = 0.$$

□

Tritt ein komplexer Eigenwert bei einer Matrix auf, die nur reelle Elemente hat, muss auch der zugehörige Eigenvektor komplexe Koordinaten enthalten. Das folgt unmittelbar aus (7.2), denn wäre λ komplex und $\mathbf{r}$ nicht, wäre $\mathbf{Ar}$ reell aber $\lambda\mathbf{r}$ komplex, was ein Widerspruch wäre. Das folgende Beispiel zeigt, wie komplexwertige Eigenvektoren zu berechnen sind.

Beispiel 7.2.14. Wir berechnen die Eigenvektoren der Matrix **A** aus Beispiel 7.2.4. Der zum Eigenwert $\lambda_1 = 5 - 4\mathrm{i}$ gehörige Eigenvektor $\mathbf{r}_1 = (r_1, r_2)^\top$ ist nichttriviale Lösung des homogenen linearen Gleichungssystems

$$\begin{aligned} 4\mathrm{i}r_1 + 4r_2 &= 0 \\ -4r_1 + 4\mathrm{i}r_2 &= 0\,. \end{aligned}$$

Die zweite Gleichung ist offenbar das i–fache der ersten und damit ohne Interesse. Lösung der ersten Gleichung ist z.B. $r_1 = 1$, $r_2 = -\mathrm{i}$. Damit ist

$$\mathbf{r}_1 = \begin{pmatrix} 1 \\ -\mathrm{i} \end{pmatrix}$$

ein Eigenvektor zu $\lambda_1 = 5 - 4\mathrm{i}$. Für den zweiten Eigenwert $\lambda_2 = 5 + 4\mathrm{i}$ erhält man analog das Gleichungssystem

$$\begin{aligned} -4\mathrm{i}r_1 + 4r_2 &= 0 \\ -4r_1 - 4\mathrm{i}r_2 &= 0\,. \end{aligned}$$

Eine seiner nichttrivialen Lösungen ist $r_1 = 1$, $r_2 = \mathrm{i}$, also erhält man als Eigenvektor zum Eigenwert λ_2

$$\mathbf{r}_2 = \begin{pmatrix} 1 \\ \mathrm{i} \end{pmatrix}.$$

◁

Eine weitere wichtige Eigenschaft der Eigenvektoren enthält

Satz 7.2.15. *Zu verschiedenen Eigenwerten gehörige Eigenvektoren der Matrizen* **A** *und* $\mathbf{A}^\top$ *sind zueinander orthogonal.*

Beweis. Seien λ ein Eigenwert von **A** mit zugehörigem Eigenvektor **r** und μ ein Eigenwert von $\mathbf{A}^\top$ mit zugehörigem Eigenvektor **s**, wobei $\mu \neq \lambda$ gelten soll. Dann gilt

$$\mathbf{A}\mathbf{r} = \lambda\mathbf{r} \qquad \text{und} \qquad \mathbf{A}^\top\mathbf{s} = \mu\mathbf{s}.$$

Nach Multiplikation der ersten Gleichung mit $\mathbf{s}^\top$ und der zweiten mit $\mathbf{r}^\top$ entsteht

$$\mathbf{s}^\top\mathbf{A}\mathbf{r} = \lambda\mathbf{s}^\top\mathbf{r} \qquad \text{und} \qquad \mathbf{r}^\top\mathbf{A}^\top\mathbf{s} = \mu\mathbf{r}^\top\mathbf{s}. \tag{7.15}$$

Aus der Umformung $\mathbf{s}^\top\mathbf{A}\mathbf{r} = (\mathbf{s}^\top\mathbf{A}\mathbf{r})^\top = \mathbf{r}^\top\mathbf{A}^\top\mathbf{s}$ geht hervor, dass die in beiden Gleichungen von (7.15) links stehenden Ausdrücke gleich sind. Die Subtraktion beider Gleichungen ergibt damit $0 = (\lambda - \mu)\mathbf{s}^\top\mathbf{r}$, wegen $\lambda \neq \mu$ also $\mathbf{s}^\top\mathbf{r} = 0$. □

Ist **A** eine symmetrische Matrix, also $\mathbf{A} = \mathbf{A}^\top$, so sind die Eigenvektoren von **A** gleichzeitig die Eigenvektoren von $\mathbf{A}^\top$. Es ergibt sich dann aus Satz 7.2.15 unmittelbar

Folgerung 7.2.16. *Zu verschiedenen Eigenwerten einer symmetrischen Matrix gehörige Eigenvektoren sind zueinander orthogonal.*

Eine weitere Besonderheit bei reellen symmetrischen Matrizen ist

Satz 7.2.17. *Die Eigenwerte einer reellen symmetrischen Matrix sind stets reell.*

Beweis. Es seien λ ein Eigenwert und $\mathbf{r}$ ein zugehöriger Eigenvektor der reellen symmetrischen Matrix $\mathbf{A}$, es gilt also $\mathbf{Ar} = \lambda\mathbf{r}$ mit $\mathbf{r} \neq \mathbf{o}$. Durch Transponieren beider Seiten von $\mathbf{Ar} = \lambda\mathbf{r}$ entsteht

$$(\mathbf{Ar})^\top = \lambda\mathbf{r}^\top, \qquad \mathbf{r}^\top\mathbf{A}^\top = \lambda\mathbf{r}^\top$$

und daraus wegen der Symmetrie von $\mathbf{A}$ die Gleichung $\mathbf{r}^\top\mathbf{A} = \lambda\mathbf{r}^\top$. Zu den auf beiden Seiten stehenden Vektoren bilden wir nun die konjugiert komplexen Vektoren

$$\overline{(\mathbf{r}^\top\mathbf{A})} = \overline{(\lambda\mathbf{r}^\top)}, \qquad \overline{\mathbf{r}}^\top\,\overline{\mathbf{A}} = \overline{\lambda}\,\overline{\mathbf{r}}^\top.$$

Da $\mathbf{A}$ nur reelle Elemente hat, gilt $\overline{\mathbf{A}} = \mathbf{A}$ und demnach $\overline{\mathbf{r}}^\top\mathbf{A} = \overline{\lambda}\,\overline{\mathbf{r}}^\top$. Auf beiden Seiten wird nun das Skalarprodukt mit $\mathbf{r}$ gebildet:

$$\overline{\mathbf{r}}^\top\mathbf{Ar} = \overline{\lambda}\,\overline{\mathbf{r}}^\top\mathbf{r}.$$

Andererseits erhält man direkt aus $\mathbf{Ar} = \lambda\mathbf{r}$ durch Skalarproduktbildung von links mit $\overline{\mathbf{r}}$

$$\overline{\mathbf{r}}^\top\mathbf{Ar} = \lambda\,\overline{\mathbf{r}}^\top\mathbf{r}.$$

Aus den letzten beiden Gleichungen folgt

$$(\overline{\lambda} - \lambda)\overline{\mathbf{r}}^\top\mathbf{r} = 0. \tag{7.16}$$

Nun ist aber $\overline{\mathbf{r}}^\top\mathbf{r} \neq 0$, denn es gilt

$$\overline{\mathbf{r}}^\top\mathbf{r} = \overline{r}_1 r_1 + \cdots + \overline{r}_n r_n = |r_1|^2 + \cdots + |r_n|^2 > 0$$

(weil $\mathbf{r} \neq \mathbf{o}$). Aus (7.16) folgt also $\overline{\lambda} - \lambda = 0$, d.h. $\overline{\lambda} = \lambda$. Die konjugiert komplexe Zahl von λ stimmt also mit λ überein. Das kann aber nur sein, wenn λ reellwertig ist. □

Für die Eigenvektoren einer reellen symmetrischen Matrix erhält man ein ähnliches Ergebnis, wenn man das Gleichungssystem $(\mathbf{A} - \lambda\mathbf{E})\mathbf{r} = \mathbf{o}$ zur Berechnung der Eigenvektoren genauer betrachtet. Da die Eigenwerte λ_k, wie gerade bewiesen, reell sind, sind alle Koeffizienten dieses Gleichungssystems reell, und man erhält als Lösungen zunächst nur reelle Vektoren. Trotzdem wäre es falsch zu sagen, alle Eigenvektoren von $\mathbf{A}$ seien reell. Denn wenn man einen reellwertigen Eigenvektor mit einer beliebigen komplexen Zahl multipliziert, entsteht wieder ein Eigenvektor, dessen Koordinaten aber nun komplexe Zahlen sind. Da wir uns immer auf den komplexen Vektorraum $\mathbb{C}$ beziehen, dürfen wir an dieser Stelle die komplexen Eigenvektoren nicht vernachlässigen. Man kann diesen Sachverhalt aber wie folgt formulieren:

Folgerung 7.2.18. *Jeder Eigenvektor einer reellen symmetrischen Matrix kann in reeller Form dargestellt werden.*

Berechnung von Eigenwerten und Eigenvektoren mit Standard–Software

Für die Berechnung der Eigenwerte einer Matrix $\mathbf{A}$ gibt es im Paket *LinearAlgebra* von MAPLE die Anweisung *Eigenvalues*. Wenn die Elemente von $\mathbf{A}$ Kommazahlen sind, werden die Eigenwerte durch numerische Methoden auf die standardmäßige Mantissenlänge genau bestimmt, während sonst die Eigenwerte als Nullstellen des charakteristischen Polynoms in algebraischer Form berechnet werden. Das charakteristische Polynom selbst kann durch die Anweisung *CharacteristicPolynomial* berechnet werden. Für die Berechnung der Eigenvektoren steht die Anweisung *Eigenvectors* zur Verfügung. Sie berechnet die Eigenwerte (erste Komponente des Ergebnisses) und die zugehörigen Eigenvektoren als Spalten einer Matrix (zweite Komponente des Ergebnisses). Es empfiehlt sich, diese Anweisung noch mit der Anweisung *simplify* zu koppeln, um die im Ergebnis auftretenden Brüche zu vereinfachen.

Beispiel 7.2.19. Wir betrachten die Matrix

$$\mathbf{A} = \begin{pmatrix} 3 & 1 & -1 \\ 1 & 1 & -1 \\ -1 & -1 & 3 \end{pmatrix}$$

Ihre Eigenwerte erhalten wir durch die Anweisungen

```
> with(LinearAlgebra):
> A:=Matrix(3,3,[[3,1,-1],[1,1,-1],[-1,-1,3]]):
> Eigenvalues(A);
```

$$\begin{bmatrix} 2 \\ \frac{5}{2} + \frac{1}{2}\sqrt{17} \\ \frac{5}{2} - \frac{1}{2}\sqrt{17} \end{bmatrix}$$

Das charakteristische Polynom von $\mathbf{A}$ entsteht durch

```
> CharacteristicPolynomial(A,lambda);
```

$$\lambda^3 - 7\lambda^2 + 12\lambda - 4$$

und die die Eigenvektoren erhält man mittels

```
> simplify(Eigenvectors(A)[2]);
```

$$\begin{bmatrix} 1 & -1 & -1 \\ 0 & -\frac{9+\sqrt{17}}{11+3\sqrt{17}} & -\frac{-9+\sqrt{17}}{-11+3\sqrt{17}} \\ 1 & 1 & 1 \end{bmatrix}$$

Wenn die Matrix **A** in der Form

```
> A:=Matrix(3,3,[[3.0,1.0,-1.0],[1.0,1.0,-1.0], [-1.0,-1.0,3.0]]):
```

eingegeben wird, erhält man die Eigenwerte als Festkommazahlen mit der Mantissenlänge *Digits*, die standardmäßig auf $Digits := 18$ eingestellt ist:

```
> Eigenvalues(A);
```

$$\begin{bmatrix} 4.56155281280882896 + 0.I \\ 1.99999999999999934 + 0.I \\ 0.438447187191169318 + 0.I \end{bmatrix}$$

◁

Ein Beispiel, in dem ein 2–facher Eigenwert mit 2 linear unabhängigen Eigenvektoren vorkommt, liefert die Matrix von Beispiel 7.2.10:

```
> A:=Matrix(3,3,[[-4,-3,3],[2,3,-6],[-1,-3,0]]):
> Eigenvectors(A);
```

$$\begin{bmatrix} 5 \\ -3 \\ -3 \end{bmatrix}, \begin{bmatrix} 1 & 3 & -3 \\ -2 & 0 & 1 \\ 1 & 1 & 0 \end{bmatrix}$$

7.3 Ähnlichkeitstransformation

In Abschnitt 4.7 wurde gezeigt, wie sich die Abbildungsmatrix **A** einer linearen Abbildung L ändert, wenn man die Basis des Raumes $\mathbb{K}^n$ ändert: Nach Basiswechsel von $\{\mathbf{e}_1, \ldots, \mathbf{e}_n\}$ zu $\{\mathbf{d}_1, \ldots, \mathbf{d}_n\}$ ändert sich die Abbildungsmatrix von **A** zu

$$\tilde{\mathbf{A}} = \mathbf{T}^{-1}\mathbf{A}\mathbf{T}, \tag{7.17}$$

wobei **T** die aus den neuen Basisvektoren $\mathbf{d}_i$ spaltenweise gebildete Matrix ist. Matrizen **A** und $\tilde{\mathbf{A}}$ haben wir *ähnlich* genannt, wenn eine invertierbare Matrix **T** existiert, so dass $\tilde{\mathbf{A}} = \mathbf{T}^{-1}\mathbf{A}\mathbf{T}$ gilt; mit $\mathbf{S} := \mathbf{T}^{-1}$ gilt dann auch $\mathbf{A} = \mathbf{S}^{-1}\tilde{\mathbf{A}}\mathbf{S}$.

Für ähnliche Matrizen stellen wir zunächst fest:

Satz 7.3.1. *Ähnliche Matrizen haben die gleichen Eigenwerte.*

Beweis. Im Beweis zu Satz 7.2.11 wurde mit der Gleichungskette (7.11) gezeigt, dass die Matrizen **A** und $\mathbf{T}^{-1}\mathbf{A}\mathbf{T}$ die gleichen charakteristischen Polynome haben. Sie haben also auch die gleichen Eigenwerte. □

Satz 7.3.2. *Ähnliche Matrizen haben zu gleichen Eigenwerten die gleiche maximale Anzahl linear unabhängiger Eigenvektoren.*

Beweis. Es sei λ ein Eigenwert von $\mathbf{A}$ mit zugehörigem Eigenvektor $\mathbf{r}$, und die Matrix $\tilde{\mathbf{A}}$ sei durch die Ähnlichkeitstransformation (7.17) aus $\mathbf{A}$ hervorgegangen. Dann gelten für den Vektor $\mathbf{s} := \mathbf{T}^{-1}\mathbf{r}$ die Beziehungen

$$\tilde{\mathbf{A}}\mathbf{s} = \mathbf{T}^{-1}\mathbf{A}\mathbf{T}\mathbf{T}^{-1}\mathbf{r} = \mathbf{T}^{-1}\mathbf{A}\mathbf{r} = \mathbf{T}^{-1}(\lambda\mathbf{r}) = \lambda\mathbf{T}^{-1}\mathbf{r}$$

und folglich $\tilde{\mathbf{A}}\mathbf{s} = \lambda\mathbf{s}$. Ferner gilt $\mathbf{s} \neq \mathbf{o}$, denn aus $\mathbf{s} = \mathbf{o}$ würde $\mathbf{r} = \mathbf{T}\mathbf{s} = \mathbf{o}$ folgen, was im Widerspruch dazu steht, dass $\mathbf{r}$ ein Eigenvektor ist. Der Vektor $\mathbf{s}$ ist also ein Eigenvektor von $\tilde{\mathbf{A}}$ und λ der zugehörige Eigenwert.
Es sei nun $\{\mathbf{r}_1, \ldots, \mathbf{r}_m\}$ ein maximales System linear unabhängiger Eigenvektoren von $\mathbf{A}$ zum Eigenwert λ. Wir betrachten das durch $\mathbf{s}_k := \mathbf{T}^{-1}\mathbf{r}_k$ zugeordnete System $\{\mathbf{s}_1, \ldots, \mathbf{s}_m\}$ von Eigenvektoren der Matrix $\tilde{\mathbf{A}}$ und wollen zeigen, dass dieses linear unabhängig ist. Es ist also nachzuweisen, dass in der Vektorgleichung

$$\alpha_1\mathbf{s}_1 + \cdots + \alpha_m\mathbf{s}_m = \mathbf{o} \tag{7.18}$$

alle Koeffizienten α_k verschwinden. Dazu ersetzen wir in (7.18) die Eigenvektoren $\mathbf{s}_k$ gemäß $\mathbf{s}_k = \mathbf{T}^{-1}\mathbf{r}_k$ und erhalten

$$\alpha_1\mathbf{T}^{-1}\mathbf{r}_1 + \cdots + \alpha_m\mathbf{T}^{-1}\mathbf{r}_m = \mathbf{o}.$$

Aus dieser Gleichung entsteht nach Multiplikation mit der Matrix $\mathbf{T}$ von links

$$\alpha_1\mathbf{r}_1 + \cdots + \alpha_m\mathbf{r}_m = \mathbf{o},$$

woraus wegen der linearen Unabhängigkeit von $\{\mathbf{r}_1, \ldots, \mathbf{r}_m\}$ folgt, dass $\alpha_k = 0$ für $k = 1, \ldots, m$ gilt. Also ist auch das System $\{\mathbf{s}_1, \ldots, \mathbf{s}_m\}$ linear unabhängig.
Weil $\mathbf{A}$ auch ähnlich zu $\tilde{\mathbf{A}}$ ist, entsteht umgekehrt aus einem System linear unabhängiger Eigenvektoren $\{\mathbf{s}_1, \ldots, \mathbf{s}_p\}$ von $\tilde{\mathbf{A}}$ zum Eigenwert λ durch $\mathbf{r}_k := \mathbf{T}\mathbf{s}_k$ ein System $\{\mathbf{r}_1, \ldots, \mathbf{r}_p\}$ linear unabhängiger Eigenvektoren von $\mathbf{A}$ zum Eigenwert λ. Da m die maximale Zahl solcher Eigenvektoren war, muss $p \leq m$ gelten. Analog folgert man umgekehrt, dass $m \leq p$ gilt. Daraus folgt schließlich $m = p$. □

Wie bereits betont wurde, kann man mit linearen Abbildungen besonders einfach umgehen, wenn die zugehörige Abbildungsmatrix Diagonalgestalt hat. Also wird man versuchen, dies durch Wechsel des Koordinatensystems von der Standardbasis $\{\mathbf{e}_1, \ldots, \mathbf{e}_n\}$ zu einer neuen Basis $\{\mathbf{d}_1, \ldots, \mathbf{d}_n\}$ zu erreichen. Da sich herausstellt, dass dies nicht für alle linearen Abbildungen möglich ist, definiert man:

Definition. Eine Matrix $\mathbf{A}$ heißt **diagonalisierbar**, wenn sie durch eine Ähnlichkeitstransformation auf Diagonalgestalt transformiert werden kann.

Wenn die (n, n)–Matrix $\mathbf{A}$ ein System $\{\mathbf{r}_1, \ldots, \mathbf{r}_n\}$ von n linear unabhängigen Eigenvektoren besitzt, kann die Matrix $\mathbf{T}$ für die Ähnlichkeitstransformation spaltenweise aus den Eigenvektoren gebildet werden:

$$\mathbf{T} := (\,\mathbf{r}_1 \mid \cdots \mid \mathbf{r}_n\,).$$

Es folgt dann

$$\mathbf{AT} = (\,\mathbf{Ar}_1 \mid \cdots \mid \mathbf{Ar}_n\,) = (\,\lambda_1\mathbf{r}_1 \mid \cdots \mid \lambda_n\mathbf{r}_n\,)$$

$$\mathbf{T}^{-1}\mathbf{AT} = (\,\lambda_1\mathbf{T}^{-1}\mathbf{r}_1 \mid \cdots \mid \lambda_n\mathbf{T}^{-1}\mathbf{r}_n\,) = (\,\lambda_1\mathbf{e}_1 \mid \cdots \mid \lambda_n\mathbf{e}_n\,) = \begin{pmatrix} \lambda_1 & & 0 \\ & \ddots & \\ 0 & & \lambda_n \end{pmatrix}$$

Beispiel 7.3.3. Wir betrachten die Matrix **A** aus Beispiel 7.2.10 und bestimmen zuerst noch den Eigenvektor zum Eigenwert $\lambda_3 = 5$. Wir erhalten

$$\mathbf{r}_3 = \begin{pmatrix} 1 \\ -2 \\ 1 \end{pmatrix}.$$

Alle drei Eigenvektoren bilden spaltenweise die Matrix

$$\mathbf{T} = \begin{pmatrix} -3 & 3 & 1 \\ 1 & 0 & -2 \\ 0 & 1 & 1 \end{pmatrix}.$$

Mit dem Gaußschen Algorithmus wird $\mathbf{T}^{-1}$ berechnet zu

$$\mathbf{T}^{-1} = \frac{1}{8}\begin{pmatrix} -2 & 2 & 6 \\ 1 & 3 & 5 \\ -1 & -3 & 3 \end{pmatrix}.$$

Damit erhält man schließlich

$$\mathbf{AT} = \begin{pmatrix} 9 & -9 & 5 \\ -3 & 0 & -10 \\ 0 & -3 & 5 \end{pmatrix} \quad \text{und} \quad \mathbf{T}^{-1}\mathbf{AT} = \begin{pmatrix} -3 & 0 & 0 \\ 0 & -3 & 0 \\ 0 & 0 & 5 \end{pmatrix}.$$

◁

Satz 7.3.4. *Eine (n,n)-Matrix* **A** *ist genau dann diagonalisierbar, wenn sie ein System $\{\mathbf{r}_1, \ldots, \mathbf{r}_n\}$ von n linear unabhängigen Eigenvektoren besitzt.*

Beweis. Für die eine Richtung dieser Aussage wurde vor dem Beispiel 7.3.3 schon alles bewiesen. Es ist noch die Umkehrung zu zeigen. Wenn die Matrix **A** diagonalisierbar ist, gibt es eine Matrix **T** mit

$$\mathbf{T}^{-1}\mathbf{AT} = \begin{pmatrix} \alpha_1 & & 0 \\ & \ddots & \\ 0 & & \alpha_n \end{pmatrix} = (\,\alpha_1\mathbf{e}_1 \mid \cdots \mid \alpha_n\mathbf{e}_n\,).$$

Daraus folgt durch Multiplikation von links mit $\mathbf{T}$

$$\mathbf{AT} = \mathbf{T}\left(\alpha_1\mathbf{e}_1 \mid \cdots \mid \alpha_n\mathbf{e}_n \right) = \left(\alpha_1\mathbf{Te}_1 \mid \cdots \mid \alpha_n\mathbf{Te}_n \right) \tag{7.19}$$

und andererseits

$$\mathbf{AT} = \mathbf{ATE} = \mathbf{A}\left(\mathbf{Te}_1 \mid \cdots \mid \mathbf{Te}_n \right) = \left(\mathbf{A}(\mathbf{Te}_1) \mid \cdots \mid \mathbf{A}(\mathbf{Te}_n) \right). \tag{7.20}$$

Der Vergleich von (7.19) und (7.20) ergibt für $k = 1, \ldots, n$

$$\mathbf{A}(\mathbf{Te}_k) = \alpha_k(\mathbf{Te}_k), \tag{7.21}$$

die n Spaltenvektoren $\mathbf{Te}_k$ von $\mathbf{T}$ sind also Eigenvektoren von $\mathbf{A}$, und sie sind linear unabhängig, weil die Matrix $\mathbf{T}$ invertierbar ist. □

Satz 7.3.5. *Symmetrische Matrizen sind durch eine Ähnlichkeitstransformation mit einer orthogonalen Matrix* $\mathbf{T}$ *diagonalisierbar.*

Beweis. Wir führen den Beweis durch vollständige Induktion über die Matrixdimension n.

Induktionsverankerung: Für $n = 1$ ist die Aussage sicher richtig, denn jede $(1,1)$–Matrix ist symmetrisch und eine Diagonalmatrix. Die Matrix $\mathbf{T}$ ist also die $(1,1)$–Einheitsmatrix, die trivialerweise wegen $(1)^{-1} = (1) = (1)^{\mathsf{T}}$ auch orthogonal ist.

Induktionsannahme: Zu jeder symmetrischen (n,n)–Matrix $\mathbf{B}$ gibt es eine orthogonale Matrix $\mathbf{S}$ (orthogonal heißt, es gilt $\mathbf{S}^{-1} = \mathbf{S}^{\mathsf{T}}$), so dass $\tilde{\mathbf{B}} = \mathbf{S}^{-1}\mathbf{BS}$ eine Diagonalmatrix ist.

Induktionsschluss: Es sei $\mathbf{A}$ eine symmetrische $(n+1, n+1)$–Matrix. Nach Satz 7.2.17 und Folgerung 7.2.18 hat $\mathbf{A}$ einen reellen Eigenwert λ_1 mit einem zugehörigen Eigenvektor $\mathbf{r}_1$, der ebenfalls reell ist. Da $\mathbf{r}_1$ noch um einen Faktor abgeändert werden darf, können wir $\mathbf{r}_1$ normieren, also $\mathbf{r}_1^{\mathsf{T}}\mathbf{r}_1 = 1$ voraussetzen. Durch Hinzunahme weiterer n Vektoren $\mathbf{s}_2, \ldots, \mathbf{s}_{n+1}$ können wir eine Orthonormalbasis $\{\mathbf{r}_1, \mathbf{s}_2, \ldots, \mathbf{s}_{n+1}\}$ des $\mathbb{R}^{n+1}$ bilden. Es sei nun L die lineare Abbildung, die in der Standardbasis $\{\mathbf{e}_1, \ldots, \mathbf{e}_{n+1}\}$ durch $\mathbf{y} = \mathbf{Ax}$ beschrieben wird, d.h. bezüglich der Standardbasis die Abbildungsmatrix $\mathbf{A}$ hat, und $\tilde{\mathbf{A}}$ die Abbildungsmatrix von L bezüglich der Basis $\{\mathbf{r}_1, \mathbf{s}_2, \ldots, \mathbf{s}_{n+1}\}$. Nach Satz 4.7.3 gilt dann $\tilde{\mathbf{A}} = \mathbf{T}^{-1}\mathbf{AT}$ und $\mathbf{T}$ ist orthogonal. Es folgt damit

$$\tilde{\mathbf{A}}^{\mathsf{T}} = (\mathbf{T}^{-1}\mathbf{AT})^{\mathsf{T}} = (\mathbf{T}^{\mathsf{T}}\mathbf{AT})^{\mathsf{T}} = \mathbf{T}^{\mathsf{T}}\mathbf{A}^{\mathsf{T}}\mathbf{T} = \mathbf{T}^{\mathsf{T}}\mathbf{AT} = \mathbf{T}^{-1}\mathbf{AT} = \tilde{\mathbf{A}}.$$

Die Matrix $\tilde{\mathbf{A}}$ ist also wieder symmetrisch und hat nach Satz 7.3.1 den Eigenwert λ_1. Die erste Spalte von $\tilde{\mathbf{A}}$ ist ein zugehöriger Eigenvektor (vgl. Beweis zu Satz 7.3.2). Da die lineare Abbildung L in der Basis $\{\mathbf{e}_1, \ldots, \mathbf{e}_{n+1}\}$ den Vektor $\mathbf{r}_1$ in den Vektor $\lambda_1\mathbf{r}_1$ abbildet, wird durch L in der Basis $\{\mathbf{r}_1, \mathbf{s}_2, \ldots, \mathbf{s}_{n+1}\}$ der Vektor $\mathbf{e}_1$ in den Vektor $\lambda_1\mathbf{e}_1$ abgebildet, es gilt also

$$\tilde{\mathbf{A}}\mathbf{e}_1 = \lambda_1\mathbf{e}_1.$$

Die erste Spalte von $\tilde{\mathbf{A}}$ enthält demnach in den Positionen $2, \ldots, n+1$ nur Nullen. Weil $\tilde{\mathbf{A}}$ symmetrisch ist, hat $\tilde{\mathbf{A}}$ also die Gestalt

$$\tilde{\mathbf{A}} = \begin{pmatrix} \lambda_1 & 0 & \cdots & 0 \\ 0 & & & \\ \vdots & & \mathbf{B} & \\ 0 & & & \end{pmatrix},$$

und die Teilmatrix $\mathbf{B}$ ist eine symmetrische (n, n)–Matrix. Auf $\mathbf{B}$ können wir nun die Induktionsannahme anwenden: Es gibt eine Ähnlichkeitstransformation $\tilde{\mathbf{B}} = \mathbf{S}^{-1}\mathbf{B}\mathbf{S}$ mit $\mathbf{S}^{-1} = \mathbf{S}^{\mathsf{T}}$, so dass $\tilde{\mathbf{B}}$ Diagonalgestalt hat. Die $(n+1, n+1)$–Matrix $\mathbf{TU}$ mit

$$\mathbf{U} = \begin{pmatrix} 1 & 0 & \cdots & 0 \\ 0 & & & \\ \vdots & & \mathbf{S} & \\ 0 & & & \end{pmatrix}$$

vermittelt dann die gesuchte Transformation von $\mathbf{A}$ auf Diagonalform: Die Matrix $\mathbf{U}$ ist orthogonal, denn es gilt

$$\mathbf{U}^{\mathsf{T}}\mathbf{U} = \begin{pmatrix} 1 & 0 & \cdots & 0 \\ 0 & & & \\ \vdots & & \mathbf{S}^{\mathsf{T}} & \\ 0 & & & \end{pmatrix} \begin{pmatrix} 1 & 0 & \cdots & 0 \\ 0 & & & \\ \vdots & & \mathbf{S} & \\ 0 & & & \end{pmatrix} = \begin{pmatrix} 1 & 0 & \cdots & 0 \\ 0 & & & \\ \vdots & & \mathbf{S}^{\mathsf{T}}\mathbf{S} & \\ 0 & & & \end{pmatrix} = \mathbf{E}.$$

Dann ist aber wegen

$$(\mathbf{TU})^{\mathsf{T}}\mathbf{TU} = \mathbf{U}^{\mathsf{T}}\mathbf{T}^{\mathsf{T}}\mathbf{TU} = \mathbf{U}^{\mathsf{T}}\mathbf{EU} = \mathbf{U}^{\mathsf{T}}\mathbf{U} = \mathbf{E}$$

auch $\mathbf{TU}$ eine orthogonale Matrix. Dass die Ähnlichkeitstransformation mit $\mathbf{TU}$ zur

Diagonalgestalt führt, folgt aus

$$(\mathbf{TU})^{-1}\mathbf{A}(\mathbf{TU}) = \mathbf{U}^{-1}\mathbf{T}^{-1}\mathbf{ATU} = \mathbf{U}^\top\tilde{\mathbf{A}}\mathbf{U}$$

$$= \mathbf{U}^\top \begin{pmatrix} \lambda_1 & 0 & \cdots & 0 \\ 0 & & & \\ \vdots & & \mathbf{B} & \\ 0 & & & \end{pmatrix} \begin{pmatrix} 1 & 0 & \cdots & 0 \\ 0 & & & \\ \vdots & & \mathbf{S} & \\ 0 & & & \end{pmatrix} = \mathbf{U}^\top \begin{pmatrix} \lambda_1 & 0 & \cdots & 0 \\ 0 & & & \\ \vdots & & \mathbf{BS} & \\ 0 & & & \end{pmatrix}$$

$$= \begin{pmatrix} 1 & 0 & \cdots & 0 \\ 0 & & & \\ \vdots & & \mathbf{S}^\top & \\ 0 & & & \end{pmatrix} \begin{pmatrix} \lambda_1 & 0 & \cdots & 0 \\ 0 & & & \\ \vdots & & \mathbf{BS} & \\ 0 & & & \end{pmatrix} = \begin{pmatrix} \lambda_1 & 0 & \cdots & 0 \\ 0 & & & \\ \vdots & & \mathbf{S}^\top\mathbf{BS} & \\ 0 & & & \end{pmatrix}$$

$$= \begin{pmatrix} \lambda_1 & 0 & \cdots & 0 \\ 0 & & & \\ \vdots & & \tilde{\mathbf{B}} & \\ 0 & & & \end{pmatrix},$$

weil nach Induktionsannahme $\tilde{\mathbf{B}}$ eine Diagonalmatrix ist. □

Folgerung 7.3.6. *Jede symmetrische (n, n)-Matrix $\mathbf{A}$ besitzt ein System $\{\mathbf{r}_1, \ldots, \mathbf{r}_n\}$ reeller und paarweise orthogonaler Eigenvektoren.*

Beweis. Nach Satz 7.3.5 gibt es eine reelle (n, n)–Matrix $\mathbf{T}$ mit

$$\mathbf{T}^\top\mathbf{AT} = \operatorname{diag}(\lambda_k) \qquad \text{und} \qquad \mathbf{T}^\top\mathbf{T} = \mathbf{E}.$$

Durch (7.21) wurde schon gezeigt, dass die Spaltenvektoren $\mathbf{Te}_k =: \mathbf{r}_k$ von $\mathbf{T}$ Eigenvektoren von $\mathbf{A}$ sind. Für diese gilt für $j \neq k$

$$\mathbf{r}_j^\top\mathbf{r}_k = (\mathbf{Te}_j)^\top(\mathbf{Te}_k) = \mathbf{e}_j^\top\mathbf{T}^\top\mathbf{Te}_k = \mathbf{e}_j^\top\mathbf{Ee}_k = \mathbf{e}_j^\top\mathbf{e}_k = 0\,.$$ □

Ähnlichkeitstransformation mit Standard–Software

Zu einer gegebenen diagonalisierbaren reellen (n, n)–Matrix $\mathbf{A}$ mit reellen Eigenwerten sei die Transformationsmatrix $\mathbf{T}$ zu berechnen, so dass $\mathbf{T}^{-1}\mathbf{AT}$ Diagonalgestalt hat. Wir verwenden dazu aus dem Paket *LinearAlgebra* von MAPLE die Anweisung *Eigenvectors*. Die zweite Komponente des Ergebnisses dieser Anweisung ist eine Matrix, die spaltenweise die Eigenvektoren von $\mathbf{A}$ enthält, also die gesuchte Matrix $\mathbf{T}$.

Beispiel 7.3.7. Wir führen diese Operationen am Beispiel der Matrix

$$\mathbf{A} = \begin{pmatrix} 3 & 2 & 0 \\ -3 & -2 & 0 \\ -3 & -3 & 1 \end{pmatrix}$$

durch.

```
> with(LinearAlgebra):
> A:=Matrix(3,3,[[3,2,0],[-3,-2,0],[-3,-3,1]]):
> T:=Eigenvectors(A)[2];
```

$$T := \begin{bmatrix} \frac{-2}{3} & 0 & -1 \\ 1 & 0 & 1 \\ 1 & 1 & 0 \end{bmatrix}$$

Natürlich nehmen wir uns noch die Zeit zu kontrollieren, ob damit die Transformation auf Diagonalform wirklich funktioniert. Als Zwischenergebnis wird dabei eine Matrix **S** verwendet:

```
> S:=MatrixMatrixMultiply(MatrixInverse(T),A):
> MatrixMatrixMultiply(S,T);
```

$$\begin{bmatrix} 0 & 0 & 0 \\ 0 & 1 & 0 \\ 0 & 0 & 1 \end{bmatrix}$$

◁

7.4 Hauptachsentransformation quadratischer Formen

Unter einer quadratischen Gleichung mit n Variablen versteht man eine Gleichung der Gestalt

$$\sum_{j=1}^{n}\sum_{k=1}^{n} a_{jk}x_jx_k + \sum_{k=1}^{n} b_kx_k + c_0 = 0, \tag{7.22}$$

wobei mindestens einer der Koeffizienten a_{jk} nicht null sein soll. Ferner setzen wir voraus, dass alle beteiligten Größen reelle Zahlen sind. Der quadratische Anteil dieser Gleichung besteht dabei aus einer sogenannten *quadratischen Form*. Bei dieser Schreibweise kommt das Produkt zweier verschiedener Variablen x_j, x_k zweimal vor: einmal im Summanden $a_{jk}x_jx_k$ und einmal im Summanden $a_{kj}x_kx_j$, was zunächst natürlich unzweckmäßig erscheint, da bei der Zusammenfassung beider Summanden die Form kürzer geschrieben werden könnte. Das doppelte Auftreten dieser Summanden benutzt man jedoch dazu, die Symmetriebeziehung

$$a_{kj} = a_{jk} \qquad (j \neq k)$$

herzustellen. Bildet man nun aus den Koeffizienten der Gleichung (7.22) die Matrix $\mathbf{A} = (a_{jk})$ und den Vektor $\mathbf{b} = (b_1, \ldots, b_n)^\top$, so kann (7.22) in der Gestalt

$$\mathbf{x}^\top\mathbf{A}\mathbf{x} + \mathbf{b}^\top\mathbf{x} + c_0 = 0 \tag{7.23}$$

geschrieben werden, wobei **A** dann eine *symmetrische* Matrix ist.

Definition. Die mit einer reellen (n,n)–Matrix $\mathbf{A}$ definierte Abbildung $\phi : \mathbb{R}^n \to \mathbb{R}$ mit

$$\phi(\mathbf{x}) := \mathbf{x}^\top \mathbf{A}\mathbf{x}$$

heißt **quadratische Form.**

Die Bedeutung der im vorangehenden Abschnitt 7.3 dargestellten Ähnlichkeitstransformation besteht für die quadratischen Gleichungen darin, dass durch den Übergang zu einem speziellen Koordinatensystem die Matrix $\mathbf{A}$ Diagonalform erhält und somit die quadratische Form nur noch quadratische Glieder aufweist. Fasst man diese dann noch mit den linearen Gliedern zusammen (quadratische Ergänzung!), so besteht die gesamte quadratische Gleichung nur noch aus einer Summe von Quadraten und einer Konstanten. Im einzelnen sind dabei folgende Schritte auszuführen.

Schritt 1. Berechnung der Eigenwerte λ_k und Eigenvektoren $\mathbf{r}_k$ von $\mathbf{A}$.

Schritt 2. Orthogonalisierung derjenigen Eigenvektoren, die zu einem mehrfachen Eigenwert gehören; Normierung sämtlicher Eigenvektoren. Die orthonormierten Eigenvektoren werden wie zuvor mit $\mathbf{r}_k$ bezeichnet.

Schritt 3. Koordinatentransformation ($\mathbf{y} = (y_1, \ldots, y_n)^\top$ sind die neuen Koordinaten)

$$\mathbf{x} = \mathbf{R}\mathbf{y} \qquad \text{mit} \qquad \mathbf{R} = \left(\mathbf{r}_1 \mid \cdots \mid \mathbf{r}_n \right) . \tag{7.24}$$

Ergebnis: Quadratische Gleichung der Gestalt

$$\lambda_1 y_1^2 + \cdots + \lambda_n y_n^2 + d_1 y_1 + \cdots + d_n y_n + c_0 = 0 \quad \text{mit} \quad d_k = (\mathbf{R}^\top \mathbf{b})_k . \tag{7.25}$$

Schritt 4. Gilt $\lambda_k \neq 0$, so können durch

$$\lambda_k y_k^2 + d_k y_k = \lambda_k \left(y_k + \frac{d_k}{2\lambda_k} \right)^2 - \frac{d_k^2}{4\lambda_k}$$

die linearen Glieder von (7.25) mit den quadratischen Gliedern vereinigt werden.

Will man später gewisse im y–Koordinatensystem beschriebene Vektoren wieder im ursprünglichen x–Koordinatensystem angeben, so erfolgt dies ebenfalls mit der Beziehung (7.24).

Da in (7.25) die Koeffizienten der quadratischen Terme gerade die Eigenwerte der Matrix $\mathbf{A}$ sind, lassen diese bei den quadratischen Gleichungen mit zwei Veränderlichen — den sogenannten *Kegelschnittgleichungen* — die Art des durch sie beschriebenen Kegelschnitts erkennen. Sind für $n = 2$

$$\mathbf{r}_1 = \begin{pmatrix} r_{11} \\ r_{21} \end{pmatrix}, \quad \mathbf{r}_2 = \begin{pmatrix} r_{12} \\ r_{22} \end{pmatrix}$$

die Eigenvektoren von $\mathbf{A}$, so entsteht im Ergebnis von Schritt 3 die Form

$$\lambda_1 y_1^2 + \lambda_2 y_2^2 + (r_{11} b_1 + r_{21} b_2) y_1 + (r_{12} b_1 + r_{22} b_2) y_2 + c_0 = 0.$$

Für $\lambda_1, \lambda_2 \neq 0$ lässt sich diese Gleichung gemäß Schritt 4 umformen in

$$\lambda_1 \left(y_1 + \frac{d_1}{2\lambda_1}\right)^2 + \lambda_2 \left(y_2 + \frac{d_2}{2\lambda_2}\right)^2 + C_0 = 0, \tag{7.26}$$

wobei

$$d_1 = r_{11}b_1 + r_{21}b_2, \quad d_2 = r_{12}b_1 + r_{22}b_2, \quad C_0 = c_0 - \frac{d_1^2}{4\lambda_1} - \frac{d_2^2}{4\lambda_2}$$

zu setzen ist.

Die systematische Auswertung von (7.26) für verschiedene Werte von $\lambda_1, \lambda_2, d_1, d_2$ und C_0 ergibt schließlich die folgende Übersicht der Arten von Kegelschnitten.

Klassifikation der Kegelschnitte

I. Für $\lambda_1\lambda_2 \neq 0$ und $C_0 \neq 0$:

(1) $\lambda_1 \neq \lambda_2,\ \lambda_1\lambda_2 > 0$

$\lambda_1 > 0,\ \lambda_2 > 0,\ C_0 < 0$ — (reelle) Ellipse
$\lambda_1 < 0,\ \lambda_2 < 0,\ C_0 > 0$ — (reelle) Ellipse
$\lambda_1 > 0,\ \lambda_2 > 0,\ C_0 > 0$ — imaginäre Ellipse
$\lambda_1 < 0,\ \lambda_2 < 0,\ C_0 < 0$ — imaginäre Ellipse

(2) $\lambda_1 \neq \lambda_2,\ \lambda_1\lambda_2 < 0$ — Hyperbel

(3) $\lambda_1 = \lambda_2 \neq 0$

$\lambda_1 = \lambda_2 > 0,\ C_0 < 0$ — (reeller) Kreis
$\lambda_1 = \lambda_2 < 0,\ C_0 > 0$ — (reeller) Kreis
$\lambda_1 = \lambda_2 > 0,\ C_0 > 0$ — imaginärer Kreis
$\lambda_1 = \lambda_2 < 0,\ C_0 < 0$ — imaginärer Kreis

II. Für $\lambda_1\lambda_2 \neq 0$ und $C_0 = 0$ und $\lambda_1 \neq \lambda_2$:

(4) $\lambda_1\lambda_2 < 0$ — zwei (reelle) Geraden
$\lambda_1\lambda_2 > 0$ — zwei imaginäre Geraden

III. Für $\lambda_1\lambda_2 = 0$:

(5) $\lambda_1 = 0,\ \lambda_2 \neq 0,\ d_1 \neq 0$ — Parabel
$\lambda_1 \neq 0,\ \lambda_2 = 0,\ d_2 \neq 0$ — Parabel

(6) $d_1 = d_2 = 0,\ c_0 \neq 0$

$\lambda_1 = 0,\ \lambda_2 c_0 < 0$ — zwei parallele (reelle) Geraden
$\lambda_2 = 0,\ \lambda_1 c_0 < 0$ — zwei parallele (reelle) Geraden
$\lambda_1 = 0,\ \lambda_2 c_0 > 0$ — zwei parallele imaginäre Geraden
$\lambda_2 = 0,\ \lambda_1 c_0 > 0$ — zwei parallele imaginäre Geraden

(7) $d_1 = d_2 = c_0 = 0$

$\lambda_1 = 0,\ \lambda_2 \neq 0$ — zwei zusammenfallende Geraden
$\lambda_1 \neq 0,\ \lambda_2 = 0$ — zwei zusammenfallende Geraden

Beispiel 7.4.1. Wir betrachten den durch die Gleichung

$$5x_1^2 + 2x_2^2 - 4x_1x_2 + 2x_1 - 6x_2 + 4 = 0$$

beschriebenen Kegelschnitt. Diese Gleichung erhält die Form (7.23), wenn

$$\mathbf{A} = \begin{pmatrix} 5 & -2 \\ -2 & 2 \end{pmatrix}, \quad \mathbf{b} = \begin{pmatrix} 2 \\ -6 \end{pmatrix}, \quad c_0 = 4$$

gesetzt wird. Aus der charakteristischen Gleichung

$$\begin{vmatrix} 5-\lambda & -2 \\ -2 & 2-\lambda \end{vmatrix} = \lambda^2 - 7\lambda + 6 = 0$$

ergeben sich die Eigenwerte

$$\lambda_1 = 1, \quad \lambda_2 = 6.$$

Da sie voneinander verschieden und beide positiv sind, handelt es sich um eine Ellipse. Aus den beiden Gleichungssystemen $(\mathbf{A} - \lambda_k\mathbf{E})\mathbf{r}_k = \mathbf{o}$ für $k = 1, 2$ werden die Eigenvektoren

$$\mathbf{r}_1 = \frac{1}{\sqrt{5}}\begin{pmatrix} 1 \\ 2 \end{pmatrix}, \quad \mathbf{r}_2 = \frac{1}{\sqrt{5}}\begin{pmatrix} 2 \\ -1 \end{pmatrix}$$

berechnet. Als Transformationsgleichungen erhält man gemäß (7.24)

$$\begin{aligned} x_1 &= \tfrac{1}{\sqrt{5}}(y_1 + 2y_2) \\ x_2 &= \tfrac{1}{\sqrt{5}}(2y_1 - y_2). \end{aligned} \tag{7.27}$$

Setzen wir diese Substitutionen in die gegebene Kegelschnittsgleichung ein, so entsteht

$$y_1^2 + 6y_2^2 - 2\sqrt{5}y_1 + 2\sqrt{5}y_2 + 4 = 0$$

und daraus durch quadratische Ergänzung

$$\frac{\left(y_1 - \sqrt{5}\right)^2}{\frac{11}{6}} + \frac{\left(y_2 + \frac{\sqrt{5}}{6}\right)^2}{\frac{11}{36}} = 1.$$

Aus dieser Form der Ellipsengleichung können die Koordinaten $y_1^{(m)}, y_2^{(m)}$ des Ellipsenmittelpunkts im y–Koordinatensystem und die Längen a, b der Halbachsen der Ellipse abgelesen werden:

$$y_1^{(m)} = \sqrt{5}, \qquad a = \sqrt{\frac{11}{6}},$$
$$y_2^{(m)} = -\frac{\sqrt{5}}{6}, \qquad b = \frac{\sqrt{11}}{6}.$$

Der Mittelpunkt der Ellipse kann mit Hilfe der Tranformationsformeln (7.27) auch im x–Koordinatensystem angegeben werden:

$$x_1^{(m)} = \frac{2}{3}$$
$$x_2^{(m)} = \frac{13}{6}.$$

Die Längen der Halbachsen sind auch im x–Koordinatensystem die gleichen, da die beiden Koordinatensysteme durch eine *orthogonale* Transformation (Drehung) auseinander hervorgehen. Die Richtung der Hauptachsen der Ellipse wird im x–Koordinatensystem durch die Eigenvektoren $\mathbf{r}_1, \mathbf{r}_2$ angegeben. ◁

Definite quadratische Formen

Wir betrachten jetzt erneut die mit einer reellen (n,n)–Matrix $\mathbf{A}$ gebildete quadratische Form $\mathbf{x}^\top \mathbf{A}\mathbf{x}$.

Definition. Die quadratische Form $\mathbf{x}^\top \mathbf{A}\mathbf{x}$ und die Matrix $\mathbf{A}$ selbst heißen

positiv definit	wenn	$\mathbf{x}^\top \mathbf{A}\mathbf{x} > 0$	für alle $\mathbf{x} \in \mathbb{R}^n \backslash \{\mathbf{o}\}$
negativ definit	wenn	$\mathbf{x}^\top \mathbf{A}\mathbf{x} < 0$	für alle $\mathbf{x} \in \mathbb{R}^n \backslash \{\mathbf{o}\}$
positiv semidefinit	wenn	$\mathbf{x}^\top \mathbf{A}\mathbf{x} \geq 0$	für alle $\mathbf{x} \in \mathbb{R}^n$
negativ semidefinit	wenn	$\mathbf{x}^\top \mathbf{A}\mathbf{x} \leq 0$	für alle $\mathbf{x} \in \mathbb{R}^n$

Beispiel 7.4.2. Für die Matrix

$$\begin{pmatrix} 3 & -1 \\ -1 & 3 \end{pmatrix}$$

kann die zugeordnete quadratische Form wie folgt umgeformt werden:

$$\begin{aligned} \mathbf{x}^\top \mathbf{A}\mathbf{x} &= (x_1, x_2) \begin{pmatrix} 3 & -1 \\ -1 & 3 \end{pmatrix} \begin{pmatrix} x_1 \\ x_2 \end{pmatrix} &&= (x_1, x_2) \begin{pmatrix} 3x_1 - x_2 \\ -x_1 + 3x_2 \end{pmatrix} \\ &= x_1(3x_1 - x_2) + x_2(-x_1 + 3x_2) &&= 3x_1^2 - 2x_1x_2 + 3x_2^2 \\ &= 2x_1^2 + (x_1 - x_2)^2 + 2x_2^2 \end{aligned}$$

Dieser Ausdruck ist als Summe von Quadraten stets positiv, mit Ausnahme des Falles $\mathbf{x} = \mathbf{o}$. Die Matrix $\mathbf{A}$ ist also positiv definit. ◁

Satz 7.4.3. *Die Matrix* $\mathbf{A}$ *ist genau dann negativ (positiv) definit, wenn die Matrix* $-\mathbf{A}$ *positiv (negativ) definit ist.*

Ersetzt man in diesem Satz *definit* durch *semidefinit*, so bleibt er gültig. Die Beweise dieser Aussagen sind sehr einfach und bleiben dem Leser überlassen.

Um entscheiden zu können, ob eine Matrix eine der Definitheits–Eigenschaften besitzt, ist die in Beispiel 7.4.2 angewendete direkte Methode bereits bei 3–reihigen Matrizen nicht mehr praktikabel. Dafür stehen für reelle symmetrische Matrizen andere Kriterien zur Verfügung, die in den folgenden beiden Sätzen dargestellt werden.

Satz 7.4.4. *Eine reelle symmetrische Matrix* $\mathbf{A}$ *ist genau dann positiv definit, wenn sie nur positive Eigenwerte hat.*

Beweis. Wir erinnern zunächst daran, dass nach Satz 7.2.17 alle Eigenwerte λ_i von $\mathbf{A}$ reell sind. Ferner gibt es nach Satz 7.3.5 eine orthogonale Matrix $\mathbf{T} = \left(\mathbf{r}_1 \mid \cdots \mid \mathbf{r}_n \right)$, deren Spalten Eigenvektoren $\mathbf{r}_i$ von $\mathbf{A}$ sind, mit

$$\mathbf{T}^\top\mathbf{A}\mathbf{T} = \mathbf{D} \qquad \text{und} \quad \mathbf{D} = \operatorname{diag}(\lambda_1, \ldots, \lambda_n)\,, \tag{7.28}$$

vgl. auch das Ergebnis der Ähnlichkeitstransformation (vor Beispiel 7.3.3). Aus (7.28) folgt nach Multiplikation von links mit $\mathbf{T}$ und von rechts mit $\mathbf{T}^\top$ für die Matrix $\mathbf{A}$ die Darstellung $\mathbf{A} = \mathbf{T}\mathbf{D}\mathbf{T}^\top$. Für die mit $\mathbf{A}$ gebildete quadratische Form ergibt sich damit

$$\begin{aligned} \mathbf{x}^\top\mathbf{A}\mathbf{x} &= \mathbf{x}^\top(\mathbf{T}\mathbf{D}\mathbf{T}^\top)\mathbf{x} = (\mathbf{x}^\top\mathbf{T})\mathbf{D}(\mathbf{T}^\top\mathbf{x}) \\ &= (\mathbf{T}^\top\mathbf{x})^\top\mathbf{D}(\mathbf{T}^\top\mathbf{x}) = \mathbf{y}^\top\mathbf{D}\mathbf{y} = \textstyle\sum_{i=1}^n \lambda_i y_i^2\,, \end{aligned} \tag{7.29}$$

wobei $\mathbf{y} := \mathbf{T}^\top\mathbf{x}$ gesetzt wurde.
„$\Longrightarrow$“ Die Matrix $\mathbf{A}$ sei positiv definit. Dann gilt $\mathbf{x}^\top\mathbf{A}\mathbf{x} > 0$ für $\mathbf{x} = \mathbf{r}_i = \mathbf{T}\mathbf{e}_i$, denn Eigenvektoren sind vom Nullvektor verschieden. Für $\mathbf{y} = \mathbf{T}^\top\mathbf{r}_i = \mathbf{T}^\top\mathbf{T}\mathbf{e}_i = \mathbf{e}_i$ folgt gemäß (7.29) die Ungleichung $\mathbf{e}_i^\top\mathbf{D}\mathbf{e}_i = \lambda_i > 0$ für $i = 1, \ldots, n$.
“$\Longleftarrow$„ Für die Eigenwerte λ_i von $\mathbf{A}$ gelte $\lambda_i > 0$ für $i = 1, \ldots, n$, und $\mathbf{x} \in \mathbb{R}^n$ sei ein Vektor mit $\mathbf{x} \neq \mathbf{o}$. Dann gilt $\mathbf{y} := \mathbf{T}^\top\mathbf{x} \neq \mathbf{o}$ (denn aus $\mathbf{y} = \mathbf{o}$ würde $\mathbf{x} = \mathbf{T}\mathbf{y} = \mathbf{o}$ folgen, im Widerspruch zu $\mathbf{x} \neq \mathbf{o}$) und damit $\sum_{i=1}^n \lambda_i y_i^2 > 0$. Nach Gleichung (7.29) folgt damit schließlich $\mathbf{x}^\top\mathbf{A}\mathbf{x} > 0$. □

Aus den Sätzen 7.4.3 und 7.4.4 und der Tatsache, dass die Matrix $-\mathbf{A}$ die Eigenwerte $-\lambda_i$ hat, wenn $\mathbf{A}$ die Eigenwerte λ_i hat (sehr leicht zu beweisen), folgt unmittelbar

Folgerung 7.4.5. *Eine reelle symmetrische Matrix* $\mathbf{A}$ *ist genau dann negativ definit, wenn sie nur negative Eigenwerte hat.*

Will man positiv semidefinite Matrizen mit Hilfe der Eigenwerte charakterisieren, kann man die Gleichung (7.29) nur für den Fall $\mathbf{x}\top\mathbf{A}\mathbf{x} \geq 0$ bzw. $\sum_{i=1}^n \lambda_i y_i^2 \geq 0$ verwenden. Man erhält dann den

Satz 7.4.6. *Eine reelle symmetrische Matrix* $\mathbf{A}$ *ist genau dann positiv (negativ) semidefinit, wenn sie nur nichtnegative (nichtpositive) Eigenwerte hat.*

Ohne Beweis notieren wir ein Kriterium, das auf der Berechnung von Determinanten beruht:

Satz 7.4.7. (a) *Eine reelle symmetrische* (n,n)*-Matrix* $\mathbf{A}$ *ist genau dann positiv definit, wenn jede ihrer* n *Hauptabschnitts–Determinanten positiv ist:*

$$\begin{vmatrix} a_{11} & \cdots & a_{1k} \\ \vdots & & \vdots \\ a_{k1} & \cdots & a_{kk} \end{vmatrix} > 0 \quad \textit{für} \quad k = 1, \ldots, n.$$

(b) *Eine reelle symmetrische (n,n)-Matrix* $\mathbf{A}$ *ist genau dann negativ definit, wenn die Folge ihrer Hauptabschnitts–Determinanten alternierendes Vorzeichen besitzt, beginnend mit* $\det((a_{11})) = a_{11} < 0$.

Beispiel 7.4.8. Die drei Hauptabschnitts–Determinanten der Matrix

$$\mathbf{A} = \begin{pmatrix} -3 & 1 & -3 \\ 1 & -2 & 0 \\ -3 & 0 & -4 \end{pmatrix}$$

sind

$$|-3| = -3 < 0, \qquad \begin{vmatrix} -3 & 1 \\ 1 & -2 \end{vmatrix} = 5 > 0, \qquad \begin{vmatrix} -3 & 1 & -3 \\ 1 & -2 & 0 \\ -3 & 0 & -4 \end{vmatrix} = -2 < 0\,.$$

Die Folge $\{-3, 5, -2\}$ der Hauptabschnitts–Determinanten hat alternierendes Vorzeichen, beginnend mit Minus, nach Satz 7.4.7(b) ist $\mathbf{A}$ also negativ definit. ◁

7.5 Extremaleigenschaft der Eigenwerte

In diesem Abschnitt betrachten wir nur (n,n)–Matrizen $\mathbf{A}$, die *reell und symmetrisch* sind. Die n reellen Eigenwerte von $\mathbf{A}$ seien nach ihrer Größe nummeriert, es wird also

$$\lambda_1 \leq \lambda_2 \leq \cdots \leq \lambda_n$$

angenommen. Von den zugehörigen Eigenvektoren wird vorausgesetzt, dass sie bereits orthogonalisiert sind, d.h. dass auch die zu einem mehrfachen Eigenwert gehörigen Eigenvektoren paarweise zueinander orthogonal sind. Bezüglich der Existenz solcher Eigenwerte und Eigenvektoren vgl. Satz 7.2.17 und Folgerung 7.3.6.

Definition. Der Ausdruck

$$R(\mathbf{x}) := \frac{\mathbf{x}^\top \mathbf{A}\mathbf{x}}{\mathbf{x}^\top \mathbf{x}}, \qquad \mathbf{x} \in \mathbb{R}^n, \qquad \mathbf{x} \neq \mathbf{0}\,, \tag{7.30}$$

heißt **Rayleigh–Quotient** der Matrix $\mathbf{A}$.

Für den Rayleigh–Quotienten lassen sich außerordentlich weit tragende Eigenschaften nachweisen, die vor allem bei den numerischen Methoden zur Berechnung von Eigenwerten eine wichtige Rolle spielen.

Zuerst wollen wir in den Rayleigh–Quotienten für $\mathbf{x}$ die Eigenvektoren $\mathbf{x} = \mathbf{r}_k$ von $\mathbf{A}$ einsetzen, also $R(\mathbf{r}_k)$ berechnen. Wir erhalten

$$R(\mathbf{r}_k) = \frac{\mathbf{r}_k^\top \mathbf{A}\mathbf{r}_k}{\mathbf{r}_k^\top \mathbf{r}_k} = \frac{\mathbf{r}_k^\top(\lambda_k \mathbf{r}_k)}{\mathbf{r}_k^\top \mathbf{r}_k} = \lambda_k. \tag{7.31}$$

Für die n Eigenvektoren $\mathbf{r}_k$ von $\mathbf{A}$ stimmt der Rayleigh–Quotient also mit den zugehörigen Eigenwerten λ_k überein. Zur Darstellung weiterer Eigenschaften des Rayleigh–Quotienten benutzen wir die Eigenschaft der Eigenvektoren, eine Basis $\{\mathbf{r}_1, \ldots, \mathbf{r}_n\}$ des $\mathbb{R}^n$ zu bilden. Wir können demnach einen beliebigen Vektor $\mathbf{x}$ in der Form

$$\mathbf{x} = c_1\mathbf{r}_1 + \cdots + c_n\mathbf{r}_n \tag{7.32}$$

darstellen. Durch Multiplikation von (7.32) von links mit $\mathbf{A}$ entsteht unter Beachtung der Eigenwertbeziehung (7.2)

$$\mathbf{A}\mathbf{x} = c_1\mathbf{A}\mathbf{r}_1 + \cdots + c_n\mathbf{A}\mathbf{r}_n = c_1\lambda_1\mathbf{r}_1 + \cdots + c_n\lambda_n\mathbf{r}_n\,. \tag{7.33}$$

Die so gewonnenen Darstellungen (7.32) und (7.33) von $\mathbf{x}$ und $\mathbf{Ax}$ bezüglich der Basis $\{\mathbf{r}_1, \ldots, \mathbf{r}_n\}$ setzen wir nun in den Rayleigh–Quotienten ein und beachten beim Ausmultiplizieren von $\mathbf{x}^\top(\mathbf{Ax})$ im Zähler und von $\mathbf{x}^\top\mathbf{x}$ im Nenner die Orthogonalität der Eigenvektoren:

$$\begin{aligned} R(\mathbf{x}) &= \frac{(c_1\mathbf{r}_1 + \cdots + c_n\mathbf{r}_n)^\top(c_1\lambda_1\mathbf{r}_1 + \cdots + c_n\lambda_n\mathbf{r}_n)}{(c_1\mathbf{r}_1 + \cdots + c_n\mathbf{r}_n)^\top(c_1\mathbf{r}_1 + \cdots + c_n\mathbf{r}_n)} \\ &= \frac{\lambda_1 c_1^2\mathbf{r}_1^\top\mathbf{r}_1 + \cdots + \lambda_n c_n^2\mathbf{r}_n^\top\mathbf{r}_n}{c_1^2\mathbf{r}_1^\top\mathbf{r}_1 + \cdots + c_n^2\mathbf{r}_n^\top\mathbf{r}_n}. \end{aligned} \tag{7.34}$$

Da keiner der Koeffizienten $c_k^2\mathbf{r}_k^\top\mathbf{r}_k$ negativ ist, kann dieser Ausdruck nach unten abgeschätzt werden, indem wir alle λ_k durch λ_1 ersetzen. Es entsteht so

$$R(\mathbf{x}) \geq \frac{\lambda_1 c_1^2\mathbf{r}_1^\top\mathbf{r}_1 + \cdots + \lambda_1 c_n^2\mathbf{r}_n^\top\mathbf{r}_n}{c_1^2\mathbf{r}_1^\top\mathbf{r}_1 + \cdots + c_n^2\mathbf{r}_n^\top\mathbf{r}_n} = \lambda_1.$$

Analog lässt sich $R(\mathbf{x})$ nach oben durch $R(\mathbf{x}) \leq \lambda_n$ abschätzen. Zusammen mit den Relationen (7.31) für $k = 1$ und $k = n$ haben wir damit bewiesen:

Satz 7.5.1. *Der kleinste (größte) Eigenwert einer reellen symmetrischen Matrix ist das Minimum (Maximum) des Rayleigh–Quotienten $R(\mathbf{x})$,*

$$\lambda_1 = \min_{\mathbf{x}\in\mathbb{R}^n} R(\mathbf{x}), \qquad \lambda_n = \max_{\mathbf{x}\in\mathbb{R}^n} R(\mathbf{x})\,. \tag{7.35}$$

Dieses Minimum (Maximum) nimmt der Rayleigh–Quotient für jeden zum kleinsten (größten) Eigenwert gehörigen Eigenvektor an; für alle reellen Vektoren $\mathbf{x}$ gilt

$$\lambda_1 = R(\mathbf{r}_1) \leq R(\mathbf{x}) \leq R(\mathbf{r}_n) = \lambda_n.$$

Für dieses Extremalprinzip gibt es Verallgemeinerungen, auf die hier nur hingewiesen wird:

1) Der Ausdruck (7.34) kann in gleicher Weise nach unten durch λ_2 abgeschätzt werden, wenn $c_1 = 0$ gilt. In der Darstellung (7.32) eines Vektors $\mathbf{x}$ bezüglich der aus

Eigenvektoren gebildeten Basis gilt aber $c_1 = 0$ genau dann, wenn $\mathbf{r}_1^\top \mathbf{x} = 0$ ist, d.h. wenn $\mathbf{x}$ zu $\mathbf{r}_1$ orthogonal ist. Das Minimum des Rayleigh–Quotienten bezüglich aller zu $\mathbf{r}_1$ orthogonalen Vektoren $\mathbf{x}$ ist also gleich λ_2. Dieses Verfahren läßt sich offenbar fortsetzen, so dass man jeden Eigenwert als Minimum oder — falls man die Abschätzung nach oben verwendet — als Maximum des Rayleigh–Quotienten darstellen kann.

2) Der Rayleigh–Quotient lässt sich auch für hermitesche Matrizen sinnvoll erklären, wenn man ihn in der Form

$$R(\mathbf{x}) = \frac{\overline{\mathbf{x}}^\top \mathbf{A}\mathbf{x}}{\overline{\mathbf{x}}^\top \mathbf{x}}$$

definiert. Sein Wert ist dann für alle komplexen Vektoren $\mathbf{x}$ reell.

Auf Grund der dargestellten Extremaleigenschaft besitzt der Rayleigh–Quotient große Bedeutung bei der numerischen Lösung von Eigenwertaufgaben, denn es ist dadurch möglich, ohne großen Rechenaufwand beispielsweise für den kleinsten Eigenwert eine obere Schranke anzugeben. Dazu hat man lediglich einen beliebigen Vektor $\mathbf{x}$ auszuwählen und den zugehörigen Rayleigh–Quotienten $R(\mathbf{x})$ auszurechnen. Ebenfalls mit Hilfe von (7.34) kann unter gewissen Voraussetzungen an die gegenseitige Lage der Eigenwerte gezeigt werden, dass die so erhaltenen Schranken für λ_k auch ausgezeichnet gute Näherungswerte für λ_k sind, wenn $\mathbf{x}$ nur annähernd mit dem zugehörigen Eigenvektor übereinstimmt, vgl. [11].

Beispiel 7.5.2. Die Eigenschaften des Rayleigh–Quotienten sollen an der Matrix

$$\mathbf{A} = \begin{pmatrix} 3 & 1 & -1 \\ 1 & 1 & -1 \\ -1 & -1 & 3 \end{pmatrix}$$

gezeigt werden. Zum Vergleich: Die Eigenwerte von $\mathbf{A}$ sind

$$\lambda_1 = \frac{1}{2}(5 - \sqrt{17}) = 0.44, \quad \lambda_2 = 2, \quad \lambda_3 = \frac{1}{2}(5 + \sqrt{17}) = 4.56.$$

a) Wir setzen $\mathbf{x} = (-1, 0, 1)^\top$ in $R(\mathbf{x})$ ein und erhalten

$$\mathbf{x}^\top \mathbf{A} = (-4, -2, 4), \quad \mathbf{x}^\top \mathbf{A}\mathbf{x} = 8, \quad \mathbf{x}^\top \mathbf{x} = 2,$$
$$R(\mathbf{x}) = \frac{8}{2} = 4.$$

In gleicher Weise wird für $\mathbf{x} = (1, -2, 0)^\top$ der Rayleigh–Quotient

$$R(\mathbf{x}) = \frac{3}{5} = 0.6$$

berechnet. Aus beiden Ergebnissen folgt, dass der kleinste Eigenwert von $\mathbf{A}$ nicht größer als 0.6 und der größte Eigenwert nicht kleiner als 4 ist.

b) Es werden jetzt einige Vektoren $\mathbf{x}_k$, die bereits gute Näherungen für den zum Eigenwert $\lambda_2 = 2$ gehörigen Eigenvektor $\mathbf{r}_2$ sind, in den Rayleigh–Quotienten eingesetzt. Der Leser stelle sich dabei vor, dass diese Vektoren $\mathbf{x}_k$ durch ein Verfahren zur näherungsweisen Berechnung von Eigenvektoren entstanden sind und der Eigenvektor $\mathbf{r}_2$ selbst einschließlich des Eigenwerts λ_2 noch unbekannt ist.

$$\begin{aligned}
\mathbf{x}_1 &= (2,1,1)^\top &&\to R(\mathbf{x}_1) = 2.3333\\
\mathbf{x}_2 &= (4,1,3)^\top &&\to R(\mathbf{x}_2) = 2.0769\\
\mathbf{x}_3 &= (10,1,9)^\top &&\to R(\mathbf{x}_3) = 2.0110\\
\mathbf{x}_4 &= (100,1,99)^\top &&\to R(\mathbf{x}_4) = 2.0001
\end{aligned}$$

Zum Vergleich:

$$\mathbf{r}_2 = (1,0,1)^\top \quad \to R(\mathbf{r}_2) = \lambda_2 = 2.$$

◁

8 Geometrie in euklidischen Vektorräumen

8.1 Darstellung affiner Unterräume

Es seien V ein $\mathbb{R}$–Vektorraum und $\mathcal{A}$ ein affiner Raum bezüglich V. Zu jedem Untervektorraum U von V und jedem $p \in \mathcal{A}$ heißt (nach Satz und Definition 3.4.3) die Punktmenge

$$p \oplus U := \{p \oplus \mathbf{v} \mid \mathbf{v} \in U\}$$

affiner Unterraum von $\mathcal{A}$. Da wir insbesondere den Abstand zwischen affinen Unterräumen mit Hilfe eines in V bereitzustellenden Skalarproduktes untersuchen wollen, wird in diesem Kapitel der affine Raum $\mathcal{A}$ mit V identifiziert und als Operation $\oplus : \mathcal{A} \times V \to \mathcal{A}$ die im Vektorraum V gegebene Addition $+ : V \times V \to V$ verwendet (vgl. auch Satz 3.4.1). Damit verstehen wir unter einem **affinen Unterraum des Vektorraumes** V nunmehr jede Menge, die durch

$$A := \mathbf{a} + U := \{\mathbf{a} + \mathbf{v} \mid \mathbf{v} \in U\}$$

mit einem $\mathbf{a} \in V$ und einem Untervektorraum U von V beschrieben werden kann. U heißt auch *Richtungsraum* von A. Ist $k := \dim U < \infty$ und $\mathbf{v}_1, \ldots, \mathbf{v}_k$ eine Basis von U, so gilt offenbar

$$A = \mathbf{a} + U = \{\mathbf{a} + \lambda_1 \mathbf{v}_1 + \cdots + \lambda_k \mathbf{v}_k \mid \lambda_1, \ldots, \lambda_k \in \mathbb{R}\}.$$

Die rechte Seite wird auch als **Parameterdarstellung** des affinen Unterraumes A bezeichnet. Manchmal verwendet man für U die Schreibweise

$$U = \mathbb{R}\mathbf{v}_1 + \cdots + \mathbb{R}\mathbf{v}_k.$$

Wir kommen nun auf die bereits in Abschnitt 3.4 eingeführten Begriffe Gerade, Ebene und Hyperebene zurück. Dazu sei $(V, \langle\cdot,\cdot\rangle)$ ein euklidischer Vektorraum, U ein Untervektorraum von V und $\mathbf{a} \in V$. Dann heißt der affine Unterraum $\mathbf{a} + U$

- **Gerade**, falls U eindimensional ist,
- **Ebene**, falls U zweidimensional ist und
- **Hyperebene**, falls V endlichdimensional ist und $\dim U = \dim V - 1$ gilt.

Im Folgenden werden wir auf Zusammenhänge zwischen affinen Unterräumen und linearen Gleichungen eingehen.

Satz 8.1.1. *Es seien* $L : V \to W$ *eine lineare Abbildung zwischen den* $\mathbb{R}$*–Vektorräumen* V *und* W *sowie* $\mathbf{b} \in \mathrm{Bild}(L)$. *Dann ist*

$$A := \{\mathbf{v} \in V \mid L(\mathbf{v}) = \mathbf{b}\} \tag{8.1}$$

ein affiner Unterraum von V *mit dem Richtungsraum* $U := \mathrm{Kern}(L)$. *Für jedes* $\mathbf{a} \in V$ *mit* $L(\mathbf{a}) = \mathbf{b}$ *gilt*

$$A = \mathbf{a} + U = \mathbf{a} + \mathrm{Kern}(L).$$

Beweis. Wegen $L(\mathbf{u}) = \mathbf{o}$ für alle $\mathbf{u} \in U = \mathrm{Kern}(L)$ und der Linearität von L folgt

$$L(\mathbf{u} + \mathbf{a}) = L(\mathbf{u}) + L(\mathbf{a}) = \mathbf{o} + \mathbf{b} = \mathbf{b}, \qquad \mathbf{u} \in U.$$

Somit hat man $\mathbf{a}+U \subseteq A$. Sei umgekehrt $\mathbf{v} \in A$. Dann gilt $L(\mathbf{v}) = \mathbf{b}$. Da $\mathbf{b} \in \mathrm{Bild}(L)$, muss es mindestens ein $\mathbf{a} \in V$ mit $L(\mathbf{a}) = \mathbf{b}$ geben. Für jedes derartige $\mathbf{a}$ gilt

$$L(\mathbf{v} - \mathbf{a}) = L(\mathbf{v}) - L(\mathbf{a}) = \mathbf{b} - \mathbf{b} = \mathbf{o}.$$

Also ist $\mathbf{v}-\mathbf{a} \in \mathrm{Kern}(L) = U$ und $\mathbf{v} \in \mathbf{a}+U$. Damit hat man $A \subseteq \mathbf{a}+U$ und insgesamt $A = \mathbf{a} + U$ gezeigt. Also ist A ein affiner Unterraum von V. □

Die in (8.1) zur Definition von A verwendete lineare Gleichung $L(\mathbf{v}) = \mathbf{b}$ wird auch **parameterfreie Darstellung** des affinen Unterraumes A genannt. Für einen endlichdimensionalen affinen Unterraum $\mathbf{a} + U$ eines euklidischen Vektorraumes geben wir nun an, wie man zu einer parameterfreien Darstellung gelangt.

Satz 8.1.2. *Es seien* $(V, \langle\cdot,\cdot\rangle)$ *ein euklidischer Vektorraum,* U *ein endlichdimensionaler Untervektorraum von* V *und* $\mathbf{a} \in V$. *Dann ist* $L : V \to V$ *mit*

$$L(\mathbf{v}) := \mathrm{proj}_{U^\perp}(\mathbf{v}), \qquad \mathbf{v} \in V$$

eine lineare Abbildung mit $\mathrm{Kern}(L) = U$. *Für den affinen Unterraum* $\mathbf{a} + U$ *gilt*

$$\mathbf{a} + U = \mathbf{a} + \{\mathbf{v} \in V \mid L(\mathbf{v}) = \mathbf{o}\} = \{\mathbf{v} \in V \mid L(\mathbf{v}) = \mathrm{proj}_{U^\perp}(\mathbf{a})\}.$$

Beweis. Da U ein Untervektorraum ist, muss $L : V \to V$ nach Folgerung 6.5.8 linear sein. Außerdem liefert Satz 6.5.7

$$\mathbf{v} = \mathrm{proj}_U(\mathbf{v}) + \mathrm{proj}_{U^\perp}(\mathbf{v}), \qquad \mathbf{v} \in V. \tag{8.2}$$

Damit und wegen (6.20) hat man für alle $\mathbf{v} \in V$

$$\mathrm{proj}_{U^\perp}(\mathbf{v}) = \mathbf{o} \iff \mathbf{v} - \mathrm{proj}_U(\mathbf{v}) = \mathbf{o} \iff \mathbf{v} \in U,$$

d.h., $\mathrm{Kern}(L) = U$. Damit folgt

$$\begin{aligned} \mathbf{a}+U &= \mathbf{a}+\{\mathbf{v}\in V \mid L(\mathbf{v})=\mathbf{o}\} \\ &= \{\mathbf{a}+\mathbf{v} \mid L(\mathbf{v})=\mathbf{o},\ \mathbf{v}\in V\} \\ &= \{\mathbf{a}+\mathbf{v} \mid L(\mathbf{v}+\mathbf{a})=L(\mathbf{a}),\ \mathbf{v}\in V\} \\ &= \{\mathbf{v}\in V \mid L(\mathbf{v})=\mathrm{proj}_{U^\perp}(\mathbf{a})\}. \end{aligned}$$

□

Beispiel 8.1.3. Wir betrachten $V := \mathbb{R}^n$ mit dem Standardskalarprodukt, einen $(n-1)$–dimensionalen Untervektorraum U von V und $\mathbf{a}\in\mathbb{R}^n$. Entsprechend den Ausführungen vor Satz 8.1.1 bezeichnet man dann $\mathbf{a}+U$ als Hyperebene.
Da die in Satz 8.1.2 definierte Abbildung $L: V\to V$ linear ist, muss es nach Satz 4.3.1 eine Abbildungsmatrix $\mathbf{A}\in\mathbb{R}^{n\times n}$ geben, so dass $L(\mathbf{x}) = \mathbf{A}\mathbf{x}$ für alle $\mathbf{x}\in\mathbb{R}^n$. Entsprechend Satz 8.1.2 gilt zudem $\mathrm{Kern}(L) = U$, also folgt für alle $\mathbf{x}\in\mathbb{R}^n$

$$\mathbf{x}\in U \iff \mathbf{x}\in\mathrm{Kern}(L) \iff L(\mathbf{x})=\mathbf{o} \iff \mathbf{A}\mathbf{x}=\mathbf{o}.$$

Bezeichnet man die Zeilenvektoren von $\mathbf{A}$ mit $\mathbf{a}_1^\top,\dots,\mathbf{a}_n^\top$, so müssen $\mathbf{a}_1,\dots,\mathbf{a}_n$ orthogonal zu den Vektoren in U sein, d.h. $\mathbf{a}_1,\dots,\mathbf{a}_n\in U^\perp$. Wegen Folgerung 6.5.8 gilt

$$\dim U^\perp = \dim V - \dim U = 1. \tag{8.3}$$

Deshalb sind $\mathbf{a}_1,\dots,\mathbf{a}_n$ Vielfache eines Vektors $\mathbf{n}\in U^\perp\setminus\{\mathbf{o}\}$. Folglich muss das homogene lineare Gleichungssystem $\mathbf{A}\mathbf{x}=\mathbf{o}$ dieselbe Lösungsmenge wie die Gleichung $\mathbf{n}^\top\mathbf{x} = 0$ besitzen. Also gilt $\mathbf{x}\in U$ genau dann, wenn $\mathbf{n}^\top\mathbf{x} = 0$. Für den affinen Unterraum $\mathbf{a}+U$ folgt damit für alle $\mathbf{x}\in V$

$$\mathbf{x}\in\mathbf{a}+U \iff \mathbf{x}-\mathbf{a}\in U \iff \mathbf{n}^\top(\mathbf{x}-\mathbf{a})=0.$$

Die zur Hyperebene $\mathbf{a}+U$ gehörenden Vektoren können also als Lösungsmenge einer linearen Gleichung beschrieben werden.
Umgekehrt ist die Lösungsmenge einer linearen Gleichung eine Hyperebene. Das sieht man leicht mit Satz 8.1.1, wenn dort $V := \mathbb{R}^n$ und $W := \mathbb{R}$ gesetzt wird. Wir wollen diese Erkenntnis nun allgemein für endlichdimensionale euklidische Vektorräume formulieren. ◁

Satz 8.1.4. *Es seien $(V,\langle\cdot,\cdot\rangle)$ ein endlichdimensionaler euklidischer Vektorraum, U ein Untervektorraum von V mit $\dim U = \dim V - 1$ und $\mathbf{a}\in V$. Weiter sei $\mathbf{n}\in U^\perp\setminus\{\mathbf{o}\}$ beliebig gewählt. Für die Hyperebene $H := \mathbf{a}+U$ gilt dann*

$$H = \{\mathbf{v}\in V \mid \langle\mathbf{n},\mathbf{v}-\mathbf{a}\rangle = 0\}.$$

Jeder Vektor $\mathbf{n}\in U^\perp\setminus\{\mathbf{o}\}$ heißt **Normalenvektor** der Hyperebene H. Weiter nennt man $\langle\mathbf{n},\mathbf{v}-\mathbf{a}\rangle = 0$ *Gleichung der Hyperebene H.*

8.2 Abstand und Lage affiner Unterräume

Um einen Begriff des Abstandes zwischen Teilmengen eines euklidischen Vektorraumes $(V, \langle\cdot,\cdot\rangle)$ einzuführen, sei zunächst durch

$$d(\mathbf{a}, \mathbf{b}) := \|\mathbf{a} - \mathbf{b}\|, \qquad \mathbf{a}, \mathbf{b} \in V, \tag{8.4}$$

der *Abstand zwischen Vektoren* definiert. An Hand der Eigenschaften einer Norm macht man sich leicht klar, dass die Funktion $d : V \to [0, \infty)$ für alle $\mathbf{a}, \mathbf{b}, \mathbf{c} \in V$ folgenden Bedingungen genügt:

(M1) $d(\mathbf{a}, \mathbf{b}) = 0 \iff \mathbf{a} = \mathbf{b}$,

(M2) $d(\mathbf{a}, \mathbf{b}) = d(\mathbf{b}, \mathbf{a})$ (Symmetrie),

(M3) $d(\mathbf{a}, \mathbf{c}) \le d(\mathbf{a}, \mathbf{b}) + d(\mathbf{b}, \mathbf{c})$ (Dreiecksungleichung).

Eine Abbildung $d : X \to [0, \infty)$ mit diesen drei Eigenschaften nennt man *Metrik* und (X, d) einen *metrischen Raum.* Dabei muss X nicht unbedingt ein Vektorraum, sondern kann eine beliebige Menge sein. Ist X ein Vektorraum mit einer Norm, so erzeugt diese mittels (8.4) auch eine Metrik in X. Wie üblich wollen wir davon ausgehen, dass die Norm und die damit durch (8.4) erklärte Metrik durch das in V gegebene Skalarprodukt erzeugt ist, so dass also

$$d(\mathbf{a}, \mathbf{b}) = \|\mathbf{a} - \mathbf{b}\| = \sqrt{\langle \mathbf{a} - \mathbf{b}, \mathbf{a} - \mathbf{b}\rangle}, \qquad \mathbf{a}, \mathbf{b} \in V,$$

gilt und wir die Eigenschaften des Skalarprodukts ausnutzen können.

Definition. Es seien $(V, \langle\cdot,\cdot\rangle)$ ein euklidischer Vektorraum und A, B nichtleere Teilmengen von V. Dann heißt die reelle Zahl

$$d(A, B) := \inf\{d(\mathbf{a}, \mathbf{b}) \mid \mathbf{a} \in A,\ \mathbf{b} \in B\}$$

Abstand der Mengen A und B.

Hierbei bezeichnet $\inf M$ das *Infimum* der nichtleeren Menge $M \subseteq \mathbb{R}$, das ist die größte untere Schranke dieser Menge. So ist 0 das Infimum der Menge $\{1, \frac{1}{2}, \frac{1}{3}, \frac{1}{4}, \ldots\}$. Besteht eine Menge nur aus einem Element, etwa $A = \{\mathbf{a}\}$, so schreiben wir $d(\mathbf{a}, B)$ anstelle von $d(\{\mathbf{a}\}, B)$.

Satz 8.2.1. *Es seien $(V, \langle\cdot,\cdot\rangle)$ ein euklidischer Vektorraum, U_1 und U_2 Untervektorräume von V sowie $\mathbf{a}_1, \mathbf{a}_2 \in V$. Dann haben die affinen Unterräume $A_1 := \mathbf{a}_1 + U_1$ und $A_2 := \mathbf{a}_2 + U_2$ den Abstand*

$$d(A_1, A_2) = d(\mathbf{a}_1 - \mathbf{a}_2, U_1 + U_2).$$

Beweis. Da U_1 ein Untervektorraum ist, gilt $\mathbf{u}_1 \in U_1$ genau dann, wenn $-\mathbf{u}_1 \in U_1$. Damit und wegen $U_1 + U_2 := \{\mathbf{u}_1 + \mathbf{u}_2 \,|\, \mathbf{u}_1 \in U_1,\ \mathbf{u}_2 \in U_2\}$ erhält man

$$\begin{aligned} \mathrm{d}(A_1, A_2) &= \inf\{\mathrm{d}(\mathbf{a}_1 + \mathbf{u}_1, \mathbf{a}_2 + \mathbf{u}_2) \,|\, \mathbf{u}_1 \in U_1,\ \mathbf{u}_2 \in U_2\} \\ &= \inf\{\|\mathbf{a}_1 - \mathbf{a}_2 + \mathbf{u}_1 - \mathbf{u}_2\| \,|\, \mathbf{u}_1 \in U_1,\ \mathbf{u}_2 \in U_2\} \\ &= \inf\{\|\mathbf{a}_1 - \mathbf{a}_2 - \mathbf{u}_1 - \mathbf{u}_2\| \,|\, \mathbf{u}_1 \in U_1,\ \mathbf{u}_2 \in U_2\} \\ &= \inf\{\|\mathbf{a}_1 - \mathbf{a}_2 - \mathbf{u}\| \,|\, \mathbf{u} \in U_1 + U_2\} \\ &= \mathrm{d}(\mathbf{a}_1 - \mathbf{a}_2, U_1 + U_2). \end{aligned}$$

□

Da $U_1 + U_2$ wieder ein Untervektorraum von V ist, reduziert sich die Bestimmung des Abstandes zwischen zwei affinen Unterräumen auf die Bestimmung des Abstandes zwischen einem Vektor und einem Untervektorraum.

Satz 8.2.2. *Es seien $(V, \langle\cdot,\cdot\rangle)$ ein euklidischer Vektorraum und U ein endlichdimensionaler Untervektorraum von V. Zu jedem $\mathbf{v} \in V$ gibt es dann genau ein $\mathbf{v}' \in U$, so dass*

$$\mathrm{d}(\mathbf{v}, U) = \|\mathbf{v} - \mathbf{v}'\|. \tag{8.5}$$

Insbesondere gilt $\mathbf{v}' = \mathrm{proj}_U(\mathbf{v})$ und

$$\mathrm{d}(\mathbf{v}, U) = \|\mathbf{v} - \mathrm{proj}_U(\mathbf{v})\| = \sqrt{\|\mathbf{v}\|^2 - \|\,\mathrm{proj}_U(\mathbf{v})\|^2} = \|\,\mathrm{proj}_{U^\perp}(\mathbf{v})\| \tag{8.6}$$

sowie

$$\langle \mathbf{v} - \mathrm{proj}_U(\mathbf{v}), \mathbf{u}\rangle = 0, \qquad \mathbf{u} \in U. \tag{8.7}$$

Dieser Satz verallgemeinert Folgerung 6.7.2 von $\mathbb{R}^n$ auf einen beliebigen euklidischen Vektorraum, vgl. auch Bild 6.9.

Beweis zu Satz 8.2.2. Die Existenz genau eines Vektors $\mathbf{v}' \in U$ mit (8.5) folgt aus der Minimaleigenschaft der Projektion in Satz 6.5.10, ebenso hat man damit $\mathbf{v}' = \mathrm{proj}_U(\mathbf{v})$ sowie (8.6). Satz 6.5.7 liefert

$$\mathbf{v} = \mathrm{proj}_U(\mathbf{v}) + \mathrm{proj}_{U^\perp}(\mathbf{v}).$$

Daher ergibt sich

$$\langle \mathbf{v} - \mathrm{proj}_U(\mathbf{v}), \mathbf{u}\rangle = \langle \mathrm{proj}_{U^\perp}(\mathbf{v}), \mathbf{u}\rangle = 0, \qquad \mathbf{u} \in U.$$

□

Folgerung 8.2.3. *Es seien $(V, \langle\cdot,\cdot\rangle)$ ein euklidischer Vektorraum, U ein endlichdimensionaler Untervektorraum von V und $\mathbf{a} \in V$. Zu jedem $\mathbf{v} \in V$ gibt es dann genau ein $\tilde{\mathbf{v}} \in A := \mathbf{a} + U$, so dass*

$$\mathrm{d}(\mathbf{v}, A) = \|\mathbf{v} - \tilde{\mathbf{v}}\|.$$

Insbesondere gilt $\tilde{\mathbf{v}} = \mathbf{a} + \mathrm{proj}_U(\mathbf{v} - \mathbf{a})$ und

$$\begin{aligned} \mathrm{d}(\mathbf{v}, A) &= \mathrm{d}(\mathbf{v} - \mathbf{a}, U) \\ &= \|\mathbf{v} - \mathbf{a} - \mathrm{proj}_U(\mathbf{v} - \mathbf{a})\| \\ &= \sqrt{\|\mathbf{v} - \mathbf{a}\|^2 - \|\,\mathrm{proj}_U(\mathbf{v} - \mathbf{a})\|^2} \\ &= \|\,\mathrm{proj}_{U^\perp}(\mathbf{v} - \mathbf{a})\| \end{aligned}$$

sowie

$$\langle \mathbf{v} - \tilde{\mathbf{v}}, \mathbf{u} \rangle = 0, \qquad \mathbf{u} \in U. \tag{8.8}$$

Beweis. Satz 8.2.1 angewandt auf die affinen Unterräume $A_1 := \mathbf{v} + \{\mathbf{o}\}$ und $A_2 := \mathbf{a} + U$ ergibt

$$\mathrm{d}(\mathbf{v}, A) = \mathrm{d}(\mathbf{v} - \mathbf{a}, U).$$

Wendet man Satz 8.2.2 nicht auf $\mathbf{v}$ sondern auf $\mathbf{w} = \mathbf{v} - \mathbf{a}$ an, so folgt der Rest. □

Der in Satz 8.2.2 ausgezeichnete Vektor $\mathbf{v}' := \mathrm{proj}_U(\mathbf{v})$ wird geometrisch als *Fußpunkt* des Lotes (kurz: *Lotfußpunkt*) von $\mathbf{v}$ auf den Untervektorraum U bezeichnet (und in Abschnitt 6.7 auch *Bestapproximation* von $\mathbf{v}$ bezüglich U genannt). Analog heißt $\tilde{\mathbf{v}} := \mathbf{a} + \mathrm{proj}_U(\mathbf{v} - \mathbf{a})$ in Folgerung 8.2.3 Fußpunkt des Lotes von $\mathbf{v}$ auf den affinen Unterraum $A := \mathbf{a} + U$. Unter dem *Lot* versteht man dabei die durch $\mathbf{v}$ und den Fußpunkt festgelegte Gerade. Entsprechend (8.7) bzw. (8.8) ist jeder Richtungsvektor dieser Gerade orthogonal zu U bzw. zu A.

Beispiel 8.2.4. Es sei $V := \mathbb{R}^n$ ausgestattet mit dem Standardskalarprodukt. Weiter seien $\mathbf{a} \in V$ und $\mathbf{u} \in V \setminus \{\mathbf{o}\}$ gegeben. Um den *Abstand des Punktes* $\mathbf{v} \in V$ *von der Gerade*

$$G := \mathbf{a} + U \qquad \text{mit} \qquad U := \mathbb{R}\mathbf{u}$$

zu ermitteln, verwenden wir Folgerung 8.2.3 und erhalten

$$\mathrm{d}(\mathbf{v}, G) = \|\mathbf{v} - \mathbf{a} - \mathrm{proj}_U(\mathbf{v} - \mathbf{a})\|.$$

Der *Fußpunkt* $\mathrm{proj}_U(\mathbf{v} - \mathbf{a})$ *des Lotes* von $\mathbf{v}$ auf G lässt sich mit Satz 6.5.7 leicht ermitteln. Da $\mathbf{u}/\|\mathbf{u}\|$ eine ON–Basis in U bildet, folgt nämlich

$$\mathrm{proj}_U(\mathbf{v} - \mathbf{a}) = \langle \mathbf{v} - \mathbf{a}, \mathbf{u} \rangle \frac{\mathbf{u}}{\|\mathbf{u}\|^2}.$$

Somit ergibt sich noch

$$\mathrm{d}(\mathbf{v}, G)^2 = \|\mathbf{v} - \mathbf{a} - \langle \mathbf{v} - \mathbf{a}, \mathbf{u} \rangle \frac{\mathbf{u}}{\|\mathbf{u}\|^2}\|^2 = \|\mathbf{v} - \mathbf{a}\|^2 - \frac{1}{\|\mathbf{u}\|^2}(\mathbf{u}^\top(\mathbf{v} - \mathbf{a}))^2. \tag{8.9}$$

◁

Mit dem *Fußpunkt des Lotes von einem Punkt auf eine Hyperebene* und dem zugehörigen *Abstand des Punktes von der Hyperebene* in einem n–dimensionalen euklidischen Vektorraum V wollen wir nun einen besonders wichtigen Spezialfall mit Hilfe der bisher erreichten Ergebnisse behandeln. Wir verwenden dazu die in Satz 8.1.4 angegebene Darstellung einer Hyperebene

$$H := \mathbf{a} + U = \{\mathbf{v} \in V \mid \langle \mathbf{n}, \mathbf{v} - \mathbf{a} \rangle = 0\},$$

wobei der $(n-1)$–dimensionale Untervektorraum $U \subset V$ und $\mathbf{a} \in V$ gegeben seien und der Normalenvektor $\mathbf{n}$ beliebig aus $U^\perp \setminus \{\mathbf{o}\}$ gewählt ist. Folgerung 8.2.3 liefert dann

$$\mathrm{d}(\mathbf{a}, H) = \mathrm{d}(\mathbf{v}-\mathbf{a}, U) = \|\operatorname{proj}_{U^\perp}(\mathbf{v}-\mathbf{a})\|.$$

Der gesuchte Abstand lässt sich also mit Hilfe der Projektion auf den nach (8.3) eindimensionalen Untervektorraum $U^\perp$ bestimmen. Offenbar bildet dann $\mathbf{n}/\|\mathbf{n}\|$ eine ON–Basis von $U^\perp$. Analog zu Beispiel 8.2.4 (mit $\mathbf{n}$ anstelle von $\mathbf{u}$) liefert Satz 6.5.7 den Lotfußpunkt

$$\operatorname{proj}_{U^\perp}(\mathbf{v}-\mathbf{a}) = \frac{\langle \mathbf{n}, \mathbf{v}-\mathbf{a}\rangle}{\|\mathbf{n}\|^2}\mathbf{n}.$$

Dies legt es nahe, den normierten Normalenvektor

$$\bar{\mathbf{n}} := \frac{\mathbf{n}}{\|\mathbf{n}\|}$$

einzuführen. Damit ist $\|\bar{\mathbf{n}}\| = 1$ und man erhält unter Beachtung von Folgerung 8.2.3

$$\mathrm{d}(\mathbf{v}, H) = \|\operatorname{proj}_{U^\perp}(\mathbf{v}-\mathbf{a})\| = \Big|\Big\langle \frac{\mathbf{n}}{\|\mathbf{n}\|}, \mathbf{v}-\mathbf{a}\Big\rangle \frac{\mathbf{n}}{\|\mathbf{n}\|}\Big| = |\langle \bar{\mathbf{n}}, \mathbf{v}-\mathbf{a}\rangle|.$$

Dieses Ergebnis wird nochmals herausgestellt:

Satz und Definition 8.2.5. *Es seien $(V, \langle\cdot,\rangle)$ ein endlichdimensionaler euklidischer Vektorraum, U ein Untervektorraum von V mit $\dim U = \dim V - 1$ und $\mathbf{a} \in V$. Für jeden Normalenvektor $\mathbf{n} \in U^\perp$ der Hyperebene $H := \mathbf{a} + U$ heißt*

$$\boxed{\Big\langle \frac{\mathbf{n}}{\|\mathbf{n}\|}, \mathbf{v}-\mathbf{a}\Big\rangle = 0}$$

Hessesche Normalform *der Gleichung der Hyperebene H. Es gilt*

$$\mathrm{d}(\mathbf{v}, H) = \Big|\Big\langle \frac{\mathbf{n}}{\|\mathbf{n}\|}, \mathbf{v}-\mathbf{a}\Big\rangle\Big|, \qquad \mathbf{v} \in V.$$

Der Fußpunkt des Lotes von $\mathbf{v}$ auf die Hyperebene H ist

$$\operatorname{proj}_{U^\perp}(\mathbf{v}-\mathbf{a}) = \frac{\langle \mathbf{n}, \mathbf{v}-\mathbf{a}\rangle}{\|\mathbf{n}\|^2}\mathbf{n}.$$

Oft benötigt man nicht nur den Abstand von affinen Unterräumen A_1 und A_2, sondern will auch Punkte $\mathbf{p}_1 \in A_1$ und $\mathbf{p}_2 \in A_2$ ermitteln, deren Abstand $\mathrm{d}(\mathbf{p}_1, \mathbf{p}_2)$ gleich dem Abstand $\mathrm{d}(A_1, A_2)$ der affinen Unterräume ist. Bisher können wir diese Aufgabe für den Fall lösen, dass einer der beiden affinen Unterräume einelementig ist. Ist also beispielsweise $A_1 := \{\mathbf{v}\}$ und $A_2 := \mathbf{a} + U$ ein beliebiger affiner Unterraum von V, so wissen wir aus Folgerung 8.2.3, dass $\mathbf{p}_1 := \mathbf{v}$ und $\mathbf{p}_2 := \mathbf{a} + \operatorname{proj}_U(\mathbf{v}-\mathbf{a})$ Punkte mit $\mathrm{d}(\mathbf{p}_1, \mathbf{p}_2) = \mathrm{d}(A_1, A_2)$ sind. Der folgende Satz charakterisiert nun derartige Punkte $\mathbf{p}_1 \in A_1$ und $\mathbf{p}_2 \in A_2$ für zwei beliebige affine Unterräume.

Satz 8.2.6. *Es seien $(V, \langle\cdot,\rangle)$ ein euklidischer Vektorraum, U_1, U_2 endlichdimensionale Untervektorräume von V und $\mathbf{a}_1, \mathbf{a}_2 \in V$. Dann gilt*

$$\mathrm{d}(\mathbf{p}_1, \mathbf{p}_2) = \mathrm{d}(A_1, A_2) \quad \Longleftrightarrow \quad (\mathbf{p}_1 - \mathbf{p}_2) \perp U_1 \quad \textit{und} \quad (\mathbf{p}_1 - \mathbf{p}_2) \perp U_2$$

für alle $\mathbf{p}_1 \in A_1 := \mathbf{a}_1 + U_1$ und alle $\mathbf{p}_2 \in A_2 := \mathbf{a}_2 + U_2$.

Beweis. Es seien $\mathbf{p}_1 \in A_1$ und $\mathbf{p}_2 \in A_2$ beliebig gewählt. Da U_1, U_2 Untervektorräume sind, gilt

$$A_1 = \mathbf{a}_1 + U_1 = \mathbf{p}_1 + U_1 \quad \text{und} \quad A_2 = \mathbf{a}_2 + U_2 = \mathbf{p}_2 + U_2.$$

Aus $\mathrm{d}(\mathbf{p}_1, \mathbf{p}_2) = \mathrm{d}(A_1, A_2)$ erhält man damit sowie mit Satz 8.2.1 und Satz 8.2.2

$$\|\mathbf{p}_1 - \mathbf{p}_2\| = \mathrm{d}(\mathbf{p}_1, \mathbf{p}_2) = \mathrm{d}(\mathbf{p}_1 - \mathbf{p}_2, U_1 + U_2) = \|(\mathbf{p}_1 - \mathbf{p}_2) - \mathrm{proj}_{U_1+U_2}(\mathbf{p}_1 - \mathbf{p}_2)\|.$$

Da $\mathbf{o} \in U_1 + U_2$, folgt mit Satz 8.2.2 außerdem

$$\mathrm{proj}_{U_1+U_2}(\mathbf{p}_1 - \mathbf{p}_2) = \mathbf{o}.$$

Weiter ergibt sich aus (8.7) in Satz 8.2.2 deshalb

$$0 = \langle(\mathbf{p}_1 - \mathbf{p}_2) - \mathrm{proj}_{U_1+U_2}(\mathbf{p}_1 - \mathbf{p}_2), \mathbf{u}\rangle = \langle\mathbf{p}_1 - \mathbf{p}_2, \mathbf{u}\rangle, \qquad \mathbf{u} \in U_1 + U_2.$$

Also gilt $(\mathbf{p}_1 - \mathbf{p}_2) \perp U_1$ und $(\mathbf{p}_1 - \mathbf{p}_2) \perp U_2$.
Umgekehrt erhält man daraus $(\mathbf{p}_1 - \mathbf{p}_2) \perp (U_1 + U_2)$. Wieder mit (8.7) folgt

$$\langle \mathrm{proj}_{U_1+U_2}(\mathbf{p}_1 - \mathbf{p}_2), \mathbf{u}\rangle = 0, \qquad \mathbf{u} \in U_1 + U_2.$$

Dies bedeutet $\mathrm{proj}_{U_1+U_2}(\mathbf{p}_1 - \mathbf{p}_2) = \mathbf{o}$. Wegen Satz 8.2.2 und Satz 8.2.1 zieht dies

$$\|\mathbf{p}_1 - \mathbf{p}_2\| = \|(\mathbf{p}_1 - \mathbf{p}_2) - \mathrm{proj}_{U_1+U_2}(\mathbf{p}_1 - \mathbf{p}_2)\| = \mathrm{d}(\mathbf{p}_1 - \mathbf{p}_2, U_1 + U_2) = \mathrm{d}(A_1, A_2),$$

also $\mathrm{d}(\mathbf{p}_1, \mathbf{p}_2) = \mathrm{d}(A_1, A_2)$, nach sich. □

Wir wollen nun als Beispiel für die Anwendung von Satz 8.2.6 zwei Geraden untersuchen. Dazu ist es zunächst erforderlich, die unterschiedlichen Möglichkeiten der Lage zweier Geraden zueinander zu beschreiben.

Beispiel 8.2.7. Der Vektorraum $V := \mathbb{R}^n$ sei mit dem Standardskalarprodukt ausgestattet. Weiter seien $\mathbf{a}_1, \mathbf{a}_2 \in V$ sowie $\mathbf{u}_1, \mathbf{u}_2 \in V$ gegeben. Wir betrachten die Geraden

$$G_1 := \{\mathbf{a}_1 + \lambda\mathbf{u}_1 \mid \lambda \in \mathbb{R}\} \quad \text{und} \quad G_2 := \{\mathbf{a}_2 + \mu\mathbf{u}_2 \mid \mu \in \mathbb{R}\}$$

und können folgende Fälle unterscheiden:

(a) Die Vektoren $\mathbf{u}_1, \mathbf{u}_2$ sind linear abhängig. Dann heißen die Geraden **parallel**.
Falls $G_1 \cap G_2 \neq \emptyset$, so gilt $G_1 = G_2$, d.h. die Geraden sind identisch.
Wegen Satz 8.2.1, der linearen Abhängigkeit von $\mathbf{u}_1, \mathbf{u}_2$ und der Formel (8.9) in Beispiel 8.2.4 erhalten wir

$$\mathrm{d}(G_1, G_2)^2 = \mathrm{d}(\mathbf{a}_1 - \mathbf{a}_2, \mathbb{R}\mathbf{u}_1)^2 = \|\mathbf{a}_1 - \mathbf{a}_2\|^2 - \frac{1}{\|\mathbf{u}_1\|^2}(\mathbf{u}_1^\top(\mathbf{a}_1 - \mathbf{a}_2))^2.$$

Derselbe Abstand ergibt sich als Abstand eines beliebigen Punktes aus G_1 zur Geraden G_2 (bzw. umgekehrt als Abstand eines Punktes aus G_2 zu G_1).

(b) Die Vektoren $\mathbf{u}_1, \mathbf{u}_2$ sind linear unabhängig und $G_1 \cap G_2 \neq \emptyset$.
Dann besteht die Schnittmenge $G_1 \cap G_2$ genau aus dem Punkt

$$\mathbf{g}^* := \mathbf{a}_1 + \lambda_* \mathbf{u}_1 = \mathbf{a}_2 + \mu_* \mathbf{u}_2,$$

wobei die Werte von $\lambda_*, \mu_* \in \mathbb{R}$ aus dieser vektoriellen Gleichung bestimmt werden können. Beispielsweise folgt für $V := \mathbb{R}^3$ und

$$\begin{pmatrix} 1 \\ 0 \\ 2 \end{pmatrix} + \lambda_* \begin{pmatrix} -1 \\ 1 \\ 3 \end{pmatrix} = \begin{pmatrix} 2 \\ 1 \\ 0 \end{pmatrix} + \mu_* \begin{pmatrix} 0 \\ -2 \\ -1 \end{pmatrix}$$

durch einfaches Umstellen der drei skalaren Gleichungen $\lambda_* = -1$ und $\mu_* = 1$. Offenbar sind hier die Vektoren $\mathbf{u}_1 := (-1, 1, 3)^\top$, $\mathbf{u}_2 := (0, -2, -1)^\top$ linear unabhängig. Da die drei skalaren Gleichungen mit den zwei Unbekannten λ_*, μ_* lösbar sind, schneiden beide Geraden sich tatsächlich.

(c) Die Vektoren $\mathbf{u}_1, \mathbf{u}_2$ sind linear unabhängig und $G_1 \cap G_2 = \emptyset$. Dann heißen die Geraden G_1 und G_2 **windschief**.
Wegen Satz 8.2.1 und der linearen Unabhängigkeit von $\mathbf{u}_1, \mathbf{u}_2$ erhalten wir jetzt

$$\mathrm{d}(G_1, G_2) = \mathrm{d}(\mathbf{a}_1 - \mathbf{a}_2, \mathbb{R}\mathbf{u}_1 + \mathbb{R}\mathbf{u}_2).$$

Also ist der Abstand $\mathrm{d}(G_1, G_2)$ gleich dem Abstand von $\mathbf{a}_1 - \mathbf{a}_2$ von der Ebene $U := \mathbb{R}\mathbf{u}_1 + \mathbb{R}\mathbf{u}_2$. Mit Hilfe von Folgerung 8.2.3 erhält man dafür

$$\mathrm{d}(G_1, G_2) = \mathrm{d}(\mathbf{a}_1 - \mathbf{a}_2, \mathbb{R}\mathbf{u}_1 + \mathbb{R}\mathbf{u}_2) = \|\mathbf{a}_1 - \mathbf{a}_2 - \mathrm{proj}_U(\mathbf{a}_1 - \mathbf{a}_2)\|.$$

Sucht man jedoch nicht nur den Abstand der windschiefen Geraden sondern auch Punkte $\hat{\mathbf{p}}_1 \in G_1$ und $\hat{\mathbf{p}}_2 \in G_2$ auf diesen Geraden, die genau den Abstand $\mathrm{d}(G_1, G_2)$ zueinander besitzen, so liefert Satz 8.2.6 die Charakterisierung

$$\mathrm{d}(\mathbf{p}_1, \mathbf{p}_2) = \mathrm{d}(G_1, G_2) \quad \Longleftrightarrow \quad (\mathbf{p}_1 - \mathbf{p}_2) \perp \mathbf{u}_1 \quad \text{und} \quad (\mathbf{p}_1 - \mathbf{p}_2) \perp \mathbf{u}_2$$

für alle $(\mathbf{p}_1, \mathbf{p}_2) \in G_1 \times G_2$. Alle Punkte

$$\mathbf{p}_1 = \mathbf{a}_1 + \lambda \mathbf{u}_1 \in G_1, \qquad \mathbf{p}_2 = \mathbf{a}_2 + \mu \mathbf{u}_2 \in G_2$$

mit $\|\mathbf{p}_1 - \mathbf{p}_2\| = \mathrm{d}(G_1, G_2)$ müssen demzufolge den Bedingungen

$$\langle \mathbf{p}_1 - \mathbf{p}_2, \mathbf{u}_i \rangle = \langle \mathbf{a}_1 - \mathbf{a}_2 + \lambda \mathbf{u}_1 - \mu \mathbf{u}_2, \mathbf{u}_i \rangle = 0, \qquad i = 1, 2,$$

bzw. der äquivalenten Forderung

$$\mathbf{p}_1 - \mathbf{p}_2 \in U^{\perp} \tag{8.10}$$

genügen. Die Bedingungen sind wiederum äquivalent zum linearen Gleichungssystem $\mathbf{A}\mathbf{x} = \mathbf{b}$ mit

$$\mathbf{A} := \begin{pmatrix} \|\mathbf{u}_1\|^2 & -\langle \mathbf{u}_1, \mathbf{u}_2 \rangle \\ -\langle \mathbf{u}_1, \mathbf{u}_2 \rangle & \|\mathbf{u}_2\|^2 \end{pmatrix}, \qquad \mathbf{b} := \begin{pmatrix} \langle \mathbf{a}_2 - \mathbf{a}_1, \mathbf{u}_1 \rangle \\ \langle \mathbf{a}_1 - \mathbf{a}_2, \mathbf{u}_2 \rangle \end{pmatrix}$$

und dem Variablenvektor $\mathbf{x} := (\lambda, \mu)^{\top}$. Da $\mathbf{u}_1, \mathbf{u}_2$ nach Voraussetzung linear unabhängig sind, ist der Ausdruck

$$\det \mathbf{A} = \|\mathbf{u}_1\|^2 \|\mathbf{u}_2\|^2 - \langle \mathbf{u}_1, \mathbf{u}_2 \rangle^2$$

wegen der Cauchy–Schwarzschen Ungleichung 6.3.5 stets positiv. Also ist $\mathbf{A}$ invertierbar (vgl. Satz 5.3.4 (c)) und das Gleichungssystem $\mathbf{A}\mathbf{x} = \mathbf{b}$ besitzt eine eindeutige Lösung $\hat{\mathbf{x}} = (\hat{\lambda}, \hat{\mu})^{\top}$. Diese Lösung könnte man mit Hilfe der Cramerschen Regel 5.3.9 in Abhängigkeit von $\mathbf{a}_1, \mathbf{a}_2, \mathbf{u}_1, \mathbf{u}_2$ explizit angeben oder aber durch ein numerisches Verfahren zur Lösung linearer Gleichungssysteme (z.B. den Gaußschen Algorithmus) oder entsprechende Software ermitteln, vgl. Abschnitt 2.4. Sind $\hat{\lambda}$ und $\hat{\mu}$ bekannt, so hat man mit

$$\hat{\mathbf{p}}_1 := \mathbf{a}_1 + \hat{\lambda} \mathbf{u}_1 \in G_1, \qquad \hat{\mathbf{p}}_2 := \mathbf{a}_2 + \hat{\mu} \mathbf{u}_2 \in G_2$$

diejenigen Punkte auf den beiden Geraden, die den kleinsten Abstand voneinander besitzen. Sie werden als *Fußpunkte* des *Gemeinlotes* (das ist die Gerade durch $\hat{\mathbf{p}}_1$ und $\hat{\mathbf{p}}_2$) zwischen den windschiefen Geraden G_1 und G_2 bezeichnet. Da, wie bereits gezeigt, das lineare Gleichungssystem $\mathbf{A}\mathbf{x} = \mathbf{b}$ genau eine Lösung besitzt, sind die Lotfußpunkte $\hat{\mathbf{p}}_1$ und $\hat{\mathbf{p}}_2$ auf den Geraden G_1 und G_2 eindeutig festgelegt. Für den Abstand der windschiefen Geraden gilt also

$$\mathrm{d}(G_1, G_2) = \mathrm{d}(\hat{\mathbf{p}}_1, \hat{\mathbf{p}}_2) = \|\hat{\mathbf{p}}_1 - \hat{\mathbf{p}}_2\|.$$

Im Sonderfall $V = \mathbb{R}^3$ zieht die lineare Unabhängigkeit von $\mathbf{u}_1, \mathbf{u}_2$ wegen Folgerung 6.5.8 sofort $\dim U = 2$ und $\dim U^{\perp} = 1$ nach sich. Das in Abschnitt 8.4 noch einzuführende Vektorprodukt $\mathbf{u}_1 \times \mathbf{u}_2$ liegt entsprechend Teil (d) von Satz

8.4.2 stets in $U^\perp$; wegen Teil (c) desselben Satzes gilt $\mathbf{u}_1 \times \mathbf{u}_2 \neq \mathbf{o}$, da $\mathbf{u}_1, \mathbf{u}_2$ linear unabhängig sind. Also ist $U^\perp = \mathbb{R}(\mathbf{u}_1 \times \mathbf{u}_2)$. Da es nach den obigen Ausführungen für den allgemeinen Fall eindeutig bestimmte Lotfußpunkte $\hat{\mathbf{p}}_1 \in G_1$ und $\hat{\mathbf{p}}_2 \in G_2$ mit der Eigenschaft $\mathrm{d}(\hat{\mathbf{p}}_1, \hat{\mathbf{p}}_2) = \mathrm{d}(G_1, G_2)$ gibt und diese Punkte Forderung (8.10) erfüllen, folgt

$$\hat{\mathbf{p}}_1 - \hat{\mathbf{p}}_2 \in \mathbb{R}(\mathbf{u}_1 \times \mathbf{u}_2), \qquad \|\hat{\mathbf{p}}_1 - \hat{\mathbf{p}}_2\| = \mathrm{d}(G_1, G_2)$$

und damit

$$\mathbf{a}_1 - \mathbf{a}_2 + \hat{\lambda}\mathbf{u}_1 - \hat{\mu}\mathbf{u}_2 = \mathrm{d}(G_1, G_2)\frac{\mathbf{u}_1 \times \mathbf{u}_2}{\|\mathbf{u}_1 \times \mathbf{u}_2\|}.$$

Multipliziert man beide Seite der Gleichung mit $(\mathbf{u}_1 \times \mathbf{u}_2)^\top$, so ergibt sich aus der Orthogonalität von $\mathbf{u}_1 \times \mathbf{u}_2$ zu $\mathbf{u}_1$ und zu $\mathbf{u}_2$ (vgl. Satz 8.4.2 (d)) der Abstand der windschiefen Geraden zu

$$\mathrm{d}(G_1, G_2) = \frac{(\mathbf{u}_1 \times \mathbf{u}_2)^\top (\mathbf{a}_1 - \mathbf{a}_2)}{\|\mathbf{u}_1 \times \mathbf{u}_2\|}.$$

Die Bestimmung von $\hat{\lambda}$ und $\hat{\mu}$ (und damit der Lotfußpunkte $\hat{\mathbf{p}}_1$ und $\hat{\mathbf{p}}_2$) kann wie im Fall $V = \mathbb{R}^n$ mit Hilfe des linearen Gleichungssystems $\mathbf{Ax} = \mathbf{b}$ erfolgen. ◁

In diesem Beispiel wurde bereits an Hand von zwei Geraden deutlich, dass man zwei affine Unterräume hinsichtlich ihrer gegenseitigen Lage charakterisieren kann. Wir wollen diese Charakterisierung jetzt allgemein vornehmen.

Definition. Es seien V ein $\mathbb{R}$–Vektorraum, U_1, U_2 Untervektorräume von V und $\mathbf{a}_1, \mathbf{a}_2 \in V$. Dann heißen die affinen Unterräume $A_1 := \mathbf{a}_1 + U_1$ und $A_2 := \mathbf{a}_2 + U_2$

(a) **parallel**, wenn $U_1 \subseteq U_2$ oder $U_2 \subseteq U_1$ und

(b) **windschief**, wenn sie nicht parallel sind und $A_1 \cap A_2 = \emptyset$.

In dem verbleibenden Fall, dass die Unterräume A_1, A_2 nicht parallel sind und ihr Durchschnitt nichtleer ist, gilt $A_1 \cap A_2 \subset A_1$ und $A_1 \cap A_2 \subset A_2$. Man sagt dann, die Unterräume A_1 und A_2 *schneiden sich*. Falls V endlichdimensional, A_1 eine Gerade und A_2 eine Hyperebene in V ist, kann man zeigen, dass sich beide Unterräume genau dann schneiden (und zwar in genau einem Punkt), wenn sie nicht parallel sind.

Zur Berechnung des Abstandes eines Punktes von einem affinen Unterraum (und damit auch zur Berechnung des Abstandes affiner Unterräume) ist es, wie in diesem Abschnitt gezeigt, i. Allg. erforderlich, die Projektion eines Punktes auf einen Untervektorraum zu ermittteln. In Fällen eindimensionaler Untervektorräume ist das sehr einfach, vgl. Beispiel 8.2.4 und die Herleitung von Satz und Definition 8.2.5.
Wir zeigen nun in Satz 8.2.9, wie man die Projektion auf beliebige endlichdimensionale Untervektorräume mit Hilfe der *Gramschen Matrix* ermitteln kann, um dann daraus eine Vorschrift für die Abstandsberechnung zu gewinnen (siehe Folgerung 8.2.10).

Definition. Es seien $(V, \langle\cdot,\cdot\rangle)$ ein euklidischer Vektorraum und $B_k = (\mathbf{b}_1, \ldots, \mathbf{b}_k)$ ein k–tupel von Vektoren aus V. Dann heißt

$$\mathbf{G}(B_k) := (\langle\mathbf{b}_i, \mathbf{b}_j\rangle) \in \mathbb{R}^{k\times k}$$

Gramsche Matrix von B_k und $\det \mathbf{G}(B_k)$ **Gramsche Determinante** zu B_k.

Satz 8.2.8. *Es sei $(V, \langle\cdot,\cdot\rangle)$ ein euklidischer Vektorraum. Für jedes beliebige k–tupel B_k von Vektoren aus V ist die Gramsche Matrix $\mathbf{G}(B_k)$ symmetrisch und positiv semidefinit. Die Gramsche Matrix $\mathbf{G}(B_k)$ ist genau dann positiv definit, wenn die Vektoren des k–tupels B_k linear unabhängig sind. Die Gramsche Determinante ist stets nichtnegativ.*

Beweis. Es sei $B_k = (\mathbf{b}_1, \ldots, \mathbf{b}_k)$ ein beliebiges k–tupel von Vektoren aus V. Ohne Beschränkung der Allgemeinheit können wir davon ausgehen, dass $\mathbf{x}_i \in \mathbb{R}^\ell$ ($i = 1, \ldots, \ell$ und $\ell \leq k$) der Koordinatenvektor des Vektors $\mathbf{b}_i \in V$ ($i = 1, \ldots, k$) bezüglich einer ON–Basis des Untervektorraums $\mathrm{lin}(\mathbf{b}_1, \ldots, \mathbf{b}_k)$ ist. Damit folgt $\langle\mathbf{b}_i, \mathbf{b}_j\rangle = \mathbf{x}_i^\top\mathbf{x}_j$ für alle Paare (i, j) mit $i, j = 1, \ldots, k$ und

$$\mathbf{G}(B_k) = (\langle\mathbf{b}_i, \mathbf{b}_j\rangle) = (\mathbf{x}_i^\top\mathbf{x}_j) = \mathbf{X}^\top\mathbf{X} \quad \text{mit} \quad \mathbf{X} := (\mathbf{x}_1|\cdots|\mathbf{x}_k).$$

Dies liefert einerseits

$$\det \mathbf{G}(B_k) = \det(\mathbf{X}^\top\mathbf{X}) = (\det \mathbf{X})^2 \geq 0.$$

Andererseits folgt

$$\mathbf{x}^\top\mathbf{G}(B_k)\mathbf{x} = \mathbf{x}^\top\mathbf{X}^\top\mathbf{X}\mathbf{x} = (\mathbf{X}\mathbf{x})^\top(\mathbf{X}\mathbf{x}) \geq 0, \qquad \mathbf{x} \in \mathbb{R}^k,$$

d.h., $\mathbf{G}(B_k)$ ist positiv semidefinit. Falls die Vektoren von B_k linear unabhängig sind, gilt $\mathbf{X}\mathbf{x} = \mathbf{o}$ genau dann, wenn $\mathbf{x} = \mathbf{o}$. Damit ist $\mathbf{x}^\top\mathbf{G}(B_k)\mathbf{x}$ genau dann positiv, wenn $\mathbf{x} \neq \mathbf{o}$. Falls die Vektoren von B_k linear unabhängig sind, ist die Matrix $\mathbf{G}(B_k)$ daher sogar positiv definit. □

Satz 8.2.9. *Es seien $(V, \langle\cdot,\cdot\rangle)$ ein euklidischer Vektorraum, U ein endlichdimensionaler Untervektorraum von V und $B_k = (\mathbf{b}_1, \ldots, \mathbf{b}_k)$ eine Basis von U. Dann ist $\mathbf{G}(B_k)$ invertierbar. Mit*

$$\mathbf{s}(\mathbf{v}) := (\langle\mathbf{b}_1, \mathbf{v}\rangle, \ldots, \langle\mathbf{b}_k, \mathbf{v}\rangle)^\top$$

gilt außerdem für jedes $\mathbf{v} \in V$:

$$\mathrm{proj}_U(\mathbf{v}) = \sum_{i=1}^{k} \lambda_i^*\mathbf{b}_i \qquad \text{mit} \qquad (\lambda_1^*, \ldots, \lambda_k^*)^\top := \boldsymbol{\lambda}^* := \mathbf{G}(B_k)^{-1}\mathbf{s}(\mathbf{v}).$$

Beweis. Da B_k eine Basis von U ist, muss $\mathbf{G}(B_k)$ nach Satz 8.2.8 positiv definit und damit invertierbar sein.
Wegen Satz 6.5.10 nimmt die Funktion $f : U \to [0, \infty)$ mit $f(\mathbf{u}) := \|\mathbf{v} - \mathbf{u}\|$ ihren kleinsten Wert genau im Punkt $\mathbf{u}^* := \operatorname{proj}_U(\mathbf{v})$ an. Sei

$$\mathbf{u}(\boldsymbol{\lambda}) := \sum_{i=1}^{k} \lambda_i \mathbf{b}_i, \qquad \boldsymbol{\lambda} := (\lambda_1, \ldots, \lambda_k) \in \mathbb{R}^k,$$

eine Parameterdarstellung für den Untervektorraum U. Mit $\mathbf{s} := \mathbf{s}(\mathbf{v})$ und $\mathbf{G} := \mathbf{G}(B_k)$ ergibt sich deshalb

$$\begin{aligned} f(\mathbf{u}(\boldsymbol{\lambda})) = \|\mathbf{v} - \mathbf{u}(\boldsymbol{\lambda})\|^2 &= \|\mathbf{v} - \sum_{i=1}^{k} \lambda_i \mathbf{b}_i\|^2 \\ &= \|\mathbf{v}\|^2 - 2\sum_{i=1}^{k} \lambda_i \langle \mathbf{b}_i, \mathbf{v}\rangle + \sum_{i=1}^{k}\sum_{j=1}^{k} \lambda_i\lambda_j \langle \mathbf{b}_i, \mathbf{b}_j\rangle \\ &= \|\mathbf{v}\|^2 - 2\boldsymbol{\lambda}^\mathsf{T}\mathbf{s} + \boldsymbol{\lambda}^\mathsf{T}\mathbf{G}\boldsymbol{\lambda} \\ &= \|\mathbf{v}\|^2 - \mathbf{s}^\mathsf{T}\mathbf{G}^{-1}\mathbf{s} + \mathbf{s}^\mathsf{T}\mathbf{G}^{-1}\mathbf{s} - 2\boldsymbol{\lambda}^\mathsf{T}\mathbf{s} + \boldsymbol{\lambda}^\mathsf{T}\mathbf{G}\boldsymbol{\lambda} \\ &= \|\mathbf{v}\|^2 - \mathbf{s}^\mathsf{T}\mathbf{G}^{-1}\mathbf{s} + \left(\boldsymbol{\lambda} - \mathbf{G}^{-1}\mathbf{s}\right)^\mathsf{T}\mathbf{G}\left(\boldsymbol{\lambda} - \mathbf{G}^{-1}\mathbf{s}\right). \end{aligned}$$

Die bereits gezeigte positive Definitheit der Matrix $\mathbf{G} = \mathbf{G}(B_k)$ sichert, dass der Ausdruck $\left(\boldsymbol{\lambda} - \mathbf{G}^{-1}\mathbf{s}\right)^\mathsf{T}\mathbf{G}\left(\boldsymbol{\lambda} - \mathbf{G}^{-1}\mathbf{s}\right)$ stets nichtnegativ und genau dann gleich Null ist, wenn

$$\boldsymbol{\lambda} = \boldsymbol{\lambda}^* := \mathbf{G}^{-1}\mathbf{s}.$$

Also gilt $f(\mathbf{u}(\boldsymbol{\lambda}^*)) < f(\mathbf{u}(\boldsymbol{\lambda}))$ für alle $\boldsymbol{\lambda} \neq \boldsymbol{\lambda}^*$, d.h. $\mathbf{u}^* = \operatorname{proj}_U(\mathbf{v}) = \mathbf{u}(\boldsymbol{\lambda}^*)$. □

Folgerung 8.2.10. *Unter den Voraussetzungen von Satz 8.2.9 sowie mit* $\mathbf{a} \in V$ *und* $A := \mathbf{a} + U$ *gilt für jedes* $\mathbf{v} \in V$

$$\mathrm{d}(\mathbf{v}, U)^2 = \|\mathbf{v} - \operatorname{proj}_U(\mathbf{v})\|^2 = \|\mathbf{v}\|^2 - \mathbf{s}(\mathbf{v})^\mathsf{T}\mathbf{G}(B_k)^{-1}\mathbf{s}(\mathbf{v}) \tag{8.11}$$

und

$$\begin{aligned} \mathrm{d}(\mathbf{v}, A)^2 &= \mathrm{d}(\mathbf{v} - \mathbf{a}, U)^2 \\ &= \|\mathbf{v} - \mathbf{a} - \operatorname{proj}_U(\mathbf{v} - \mathbf{a})\|^2 \\ &= \|\mathbf{v} - \mathbf{a}\|^2 - \mathbf{s}(\mathbf{v} - \mathbf{a})^\mathsf{T}\mathbf{G}(B_k)^{-1}\mathbf{s}(\mathbf{v} - \mathbf{a}). \end{aligned}$$

Beweis. Die erste Gleichung in Formel (8.11) stammt aus Satz 8.2.2. Weiter folgt mit Satz 8.2.9 (analog zu dessen Beweis) durch Nachrechnen

$$\|\mathbf{v} - \operatorname{proj}_U(\mathbf{v})\|^2 = \|\mathbf{v} - \sum_{i=1}^{k} \lambda_i^* \mathbf{b}_i\|^2 = \|\mathbf{v}\|^2 - \mathbf{s}(\mathbf{v})\mathbf{G}(B_k)^{-1}\mathbf{s}(\mathbf{v}).$$

Die Richtigkeit der Formel für $\mathrm{d}(\mathbf{v}, A)^2$ ergibt sich schließlich mit Folgerung 8.2.3, indem $\mathbf{v}$ in (8.11) durch $\mathbf{v} - \mathbf{a}$ ersetzt wird. □

8.3 Volumen von Parallelotopen

In Abschnitt 5.2 wurde gezeigt, dass man für gegebene Vektoren $\mathbf{a}_1, \ldots, \mathbf{a}_n \in \mathbb{K}^n$ die nichtnegative Zahl

$$|\det(\mathbf{a}_1 \cdots \mathbf{a}_n)|$$

als Volumen des Parallelotops $P(\mathbf{a}_1, \ldots, \mathbf{a}_n)$ ansehen kann. Betrachten wir nun $\mathbb{K} := \mathbb{R}$, statten wir den $\mathbb{R}^n$ mit dem Standardskalarprodukt aus und setzen wir

$$\mathbf{A} := (\mathbf{a}_1 | \cdots | \mathbf{a}_n), \qquad A_n := (\mathbf{a}_1, \ldots, \mathbf{a}_n),$$

dann ergibt sich unter Beachtung von Satz 5.3.6 und der Definition der Gramschen Matrix $\mathbf{G}(A_n)$

$$|\det(\mathbf{a}_1 \cdots \mathbf{a}_n)|^2 = |\det \mathbf{A}|^2 = \det \mathbf{A} \cdot \det \mathbf{A} = \det(\mathbf{A}^\top \mathbf{A}) = \det \mathbf{G}(A_n), \tag{8.12}$$

wobei (wegen des Standardskalarproduktes in $\mathbb{R}^n$) die Elemente der Gramschen Matrix durch

$$\mathbf{G}(A_n)_{ij} = \langle \mathbf{a}_i, \mathbf{a}_j \rangle = \mathbf{a}_i^\top \mathbf{a}_j, \qquad i, j \in \{1, \ldots, n\},$$

gegeben sind. Es bietet sich daher an, das Volumen eines Parallelotops in einem euklidischen Vektorraum (an Stelle des speziellen Raumes $\mathbb{R}^n$) wie folgt einzuführen.

Definition. Es seien $(V, \langle \cdot, \cdot \rangle)$ ein n–dimensionaler euklidischer Vektorraum und $A_n = (\mathbf{a}_1, \ldots, \mathbf{a}_n) \in V^n$ ein n–tupel von Elementen aus V. Dann heißt

$$\mathrm{Vol}(A_n) := \sqrt{\det \mathbf{G}(A_n)} \tag{8.13}$$

(nicht orientiertes) Volumen des Parallelotops $P(A_n)$. Speziell nennt man $\mathrm{Vol}(A_n)$ *Länge* für $n = 1$, *Flächeninhalt* für $n = 2$ und *Rauminhalt* für $n = 3$.

Für den Flächeninhalt des von den Vektoren $\mathbf{a}_1, \mathbf{a}_2 \in \mathbb{R}^2$ aufgespannten *Parallelogramms* $P(\mathbf{a}_1, \mathbf{a}_2)$ ergibt sich

$$\mathrm{Vol}(\mathbf{a}_1, \mathbf{a}_2) = \sqrt{\|\mathbf{a}_1\|^2 \|\mathbf{a}_2\|^2 - \langle \mathbf{a}_1, \mathbf{a}_2 \rangle^2}. \tag{8.14}$$

Wegen (8.12) sehen wir, dass die durch (8.13) festgelegte Abbildung $\mathrm{Vol} : V^n \to [0, \infty)$ eine Verallgemeinerung der Abbildung $|\det| : \mathbb{R}^{n \times n} \to [0, \infty)$ ist. Es entsteht daher die Frage, ob auch die Abbildung $\det : \mathbb{R}^{n \times n} \to \mathbb{R}$ (ohne Betrag) in entsprechender Weise verallgemeinert werden kann. Eine Idee besteht darin, vom Vektor $\mathbf{a} \in V$ zu seinem Koordinatenvektor $\mathbf{x} := \Phi_{\mathcal{B}}^{-1}(\mathbf{a}) \in \mathbb{R}^n$ bezüglich einer ON–Basis $\mathcal{B} := (\mathbf{b}_1, \ldots, \mathbf{b}_n)$ von V überzugehen. Die Abbildung $\Phi_{\mathcal{B}} : \mathbb{R}^n \to V$ wurde in Abschnitt 4.1 als kanonischer Isomorphismus eingeführt. Damit lässt sich nun die Zuordnung

$$(\mathbf{a}_1, \ldots, \mathbf{a}_n) \longmapsto \det\left(\Phi_{\mathcal{B}}^{-1}(\mathbf{a}_1) \cdots \Phi_{\mathcal{B}}^{-1}(\mathbf{a}_n)\right)$$

untersuchen. Da hier $\mathcal{B} = (\mathbf{b}_1, \ldots, \mathbf{b}_n)$ als ON–Basis vorausgesetzt ist, erhält man durch Anwendung von Satz 6.5.2

$$\mathbf{a}_j = \sum_{i=1}^{n} \langle \mathbf{a}_j, \mathbf{b}_i \rangle \mathbf{b}_i \qquad \text{und} \qquad \Phi_{\mathcal{B}}^{-1}(\mathbf{a}_j) = (\langle \mathbf{a}_j, \mathbf{b}_1 \rangle, \ldots, \langle \mathbf{a}_j, \mathbf{b}_n \rangle)^\top \in \mathbb{R}^n.$$

Somit betrachten wir nun die Abbildung

$$(\mathbf{a}_1, \ldots, \mathbf{a}_n) \longmapsto \det\left(\Phi_{\mathcal{B}}^{-1}(\mathbf{a}_1) \cdots \Phi_{\mathcal{B}}^{-1}(\mathbf{a}_n)\right) = \det(\langle \mathbf{b}_i, \mathbf{a}_j \rangle) \in \mathbb{R}^{n \times n}.$$

Dies gibt Anlass zu folgender

Definition. Es seien $(V, \omega, \langle \cdot, \cdot \rangle)$ ein n–dimensionaler orientierter euklidischer Vektorraum, $A_n = (\mathbf{a}_1, \ldots, \mathbf{a}_n) \in V^n$ und $\mathcal{B} = (\mathbf{b}_1, \ldots, \mathbf{b}_n) \in \omega$ eine ON–Basis von V. Dann heißt

$$\mathrm{Vol}^\omega(A_n) := \det(\langle \mathbf{b}_i, \mathbf{a}_j \rangle)$$

orientiertes Volumen des Parallelotops $P(A_n)$.

Diese Definition ist sinnvoll, da $\det(\langle \mathbf{b}_i, \mathbf{a}_j \rangle)$ nicht von der aus ω gewählten ON–Basis $\mathcal{B}$ abhängt. Wir untersuchen dies für den Fall $V := \mathbb{R}^n$. Setzt man

$$\mathbf{A} := (\mathbf{a}_1 | \cdots | \mathbf{a}_n) \qquad \text{und} \qquad \mathbf{B} := (\mathbf{b}_1 | \cdots | \mathbf{b}_n),$$

so folgt $(\langle \mathbf{b}_i, \mathbf{a}_j \rangle) = \mathbf{B}^\top \mathbf{A}$ und damit

$$\mathrm{Vol}^\omega(A_n) = \det(\mathbf{B}^\top \mathbf{A}) = \det \mathbf{A} \det \mathbf{B}.$$

Die Orthonormalität der Basis $\mathcal{B}$ zieht

$$|\det \mathbf{B}|^2 = \det(\mathbf{B}^\top \mathbf{B}) = \det(\langle \mathbf{b}_i, \mathbf{b}_j \rangle) = \det \mathbf{E} = 1,$$

also $|\det \mathbf{B}| = 1$ nach sich. Somit gilt gleichzeitig für alle ON–Basen $\mathcal{B} \in \omega$ entweder $\det \mathbf{B} = 1$ oder $\det \mathbf{B} = -1$. Folglich hängt $\mathrm{Vol}^\omega(A_n)$ nicht von der aus der Orientierung ω gewählten ON–Basis $\mathcal{B}$ ab. Außerdem ergibt sich

$$|\mathrm{Vol}^\omega(A_n)| = |\det \mathbf{A}| = \mathrm{Vol}(A_n).$$

Demzufolge unterscheidet sich das orientierte Volumen $\mathrm{Vol}^\omega(A_n)$ ggf. im Vorzeichen vom nicht orientierten Volumen $\mathrm{Vol}(A_n)$. Ob $\mathrm{Vol}^\omega(A_n)$ negativ ist, hängt offenbar vom Vorzeichen der Determinanten $\det \mathbf{B}$ und $\det \mathbf{A}$ ab. Es sei A_n eine Basis des $\mathbb{R}^n$. Der Isomorphismus L, der dann jedem Basisvektor $\mathbf{b}_i$ der ON–Basis $\mathcal{B}$ den Basisvektor $\mathbf{a}_i$ $(i = 1, \ldots, n)$ zuordnet, hat die Abbildungsmatrix $\mathbf{A}\mathbf{B}^\top$, denn $(\mathbf{A}\mathbf{B}^\top)\mathbf{B} = \mathbf{A}$. Entsprechend ist $\det(L) = \det(\mathbf{A}\mathbf{B}^\top) = \det \mathbf{A} \det \mathbf{B}$. Nach Satz und Definition 5.5.3 gilt dann

$$A_n \in \omega \quad \Longleftrightarrow \quad \det \mathbf{A} \det \mathbf{B} > 0 \quad \Longleftrightarrow \quad \mathrm{Vol}^\omega(A_n) = \mathrm{Vol}(A_n).$$

Also ist $\text{Vol}^\omega(A_n) = -\text{Vol}(A_n)$ genau dann, wenn $A_n \notin \omega$, also wenn das Paar $(A_n, \mathcal{B})$ von Basen verschieden orientiert ist. Falls A_n keine Basis von V ist, so sind die Spalten der Matrix $\mathbf{A}$ linear abhängig, so dass $\det \mathbf{A} = \text{Vol}^\omega(A_n) = \text{Vol}(A_n) = 0$ mit Satz 5.3.4 (b) folgt.

Der folgende Satz gibt wichtige Eigenschaften des orientierten und des nicht orientierten Volumens an, insbesondere fasst er auch bereits hergeleitete Aussagen zusammen.

Satz 8.3.1. *Es seien $(V, \omega, \langle\cdot,\cdot\rangle)$ ein n–dimensionaler orientierter euklidischer Vektorraum, $A_n = (\mathbf{a}_1, \ldots, \mathbf{a}_n) \in V^n$ und $\mathcal{B} = (\mathbf{b}_1, \ldots, \mathbf{b}_n)$ eine Basis von V. Dann gelten folgende Aussagen:*

(a) (Multilinearität *der Abbildung* $\text{Vol}^\omega : V^n \to \mathbb{R}$)
Für alle $i \in \{1, \ldots, n\}$, alle $\mathbf{a} \in V$ und alle $\lambda \in \mathbb{R}$ gilt

$$\text{Vol}^\omega(\mathbf{a}_1, \ldots, \mathbf{a}_{i-1}, \lambda\mathbf{a}_i, \mathbf{a}_{i+1}, \ldots, \mathbf{a}_n) = \lambda \,\text{Vol}^\omega(A_n),$$

$$\begin{aligned}&\text{Vol}^\omega(\mathbf{a}_1, \ldots, \mathbf{a}_{i-1}, \mathbf{a}_i + \mathbf{a}, \mathbf{a}_{i+1}, \ldots, \mathbf{a}_n)\\ &\quad = \text{Vol}^\omega(A_n) + \text{Vol}^\omega(\mathbf{a}_1, \ldots, \mathbf{a}_{i-1}, \mathbf{a}, \mathbf{a}_{i+1}, \ldots, \mathbf{a}_n).\end{aligned}$$

(b) $\text{Vol}^\omega(A_n) = 0 \iff \text{Vol}(A_n) = 0 \iff$ *A_n ist linear abhängig.*

(c) (Hadamardsche Ungleichung)

$$\text{Vol}(A_n) \leq \|\mathbf{a}_1\| \cdot \|\mathbf{a}_2\| \cdots \|\mathbf{a}_n\|.$$

Gleichheit gilt genau dann, wenn $\mathbf{a}_1, \ldots, \mathbf{a}_n$ paarweise orthogonal sind.

(d) $\text{Vol}^\omega(A_n) = \det(\langle \mathbf{b}_i, \mathbf{a}_j\rangle) = \det\left(\Phi_{\mathcal{B}}^{-1}(\mathbf{a}_1) \cdots \Phi_{\mathcal{B}}^{-1}(\mathbf{a}_n)\right).$

(e) *Für eine beliebige Permutation $\tau \in S_n$ gilt*

$$\text{Vol}^\omega(\mathbf{a}_{\tau(1)}, \ldots, \mathbf{a}_{\tau(n)}) = \text{sign}(\tau)\,\text{Vol}^\omega(A_n).$$

(f) $\text{Vol}(A_n) \geq 0$ *und* $\text{Vol}^\omega(A_n) = \begin{cases} \text{Vol}(A_n), & \text{wenn } A_n \in \omega,\\ -\text{Vol}(A_n), & \text{wenn } A_n \notin \omega.\end{cases}$

(g) *Ist A_n eine Basis von V, $L : V \to V$ ein Endomorphismus und $L(A_n) := (L(\mathbf{a}_1), \ldots, L(\mathbf{a}_n))$, dann gilt*

$$\text{Vol}^\omega(L(A_n)) = \det(L)\,\text{Vol}^\omega(A_n).$$

Einige Erläuterungen und Hinweise zu einzelnen Teilen des Satzes sind angebracht.

Bemerkung. Die Abbildung $\mathrm{Vol}^\omega : V^n \to \mathbb{R}$ fällt für den Fall $V = \mathbb{R}^n$ genau dann mit der Abbildung $\det : \mathbb{R}^{n\times n} \to \mathbb{R}$ zusammen, wenn die Standardbasis $(\mathbf{e}_1, \ldots, \mathbf{e}_n)$ des $\mathbb{R}^n$ zur Orientierung ω gehört. Andernfalls sind $\mathrm{Vol}^\omega(A_n)$ und $\det(A_n)$ dem Betrage nach gleich, haben aber unterschiedliche Vorzeichen.
Falls V ein beliebiger n–dimensionaler orientierter euklidischer Vektorraum ist, so besitzt die Abbildung Vol^ω wegen der Aussagen (a) und (b) von Satz 8.3.1 Eigenschaften, die zu den eine Determinante definierenden Bedingungen (D1) und (D2) ganz analog sind. Falls etwa A_n zwei gleiche Vektoren enthält, so zieht Aussage (a) die Gültigkeit von $\mathrm{Vol}^\omega(A_n) = 0$ nach sich. An Stelle von $\det(\mathbf{E}) = 1$ in Bedingung (D3), gilt jetzt $|\,\mathrm{Vol}^\omega(\mathcal{B})| = 1$ für jede beliebige ON–Basis $\mathcal{B} = (\mathbf{b}_1, \ldots, \mathbf{b}_n)$ von V. Das folgt sofort aus Aussage (c), wenn man beachtet, dass $\|\mathbf{b}_i\| = 1$ und $\langle \mathbf{b}_i, \mathbf{b}_j\rangle = 0$ für beliebige i, j mit $i \neq j$.

Bemerkung. Die Hadamardsche Ungleichung in Aussage (c) besagt anschaulich, dass das Volumen eines Parallelotops mit den Seitenlängen $\|\mathbf{a}_1\|, \ldots, \|\mathbf{a}_n\|$ am größten ist, wenn die Seiten (Vektoren) paarweise orthogonal sind. Im $\mathbb{R}^3$ bezeichnet man ein solches Parallelotop mit maximalem Volumen als *Quader* und bei gleich langen Seiten als *Würfel*. Die Hadamardsche Ungleichung kann leicht durch wiederholte Ausnutzung des nachfolgenden Satzes 8.3.2 bewiesen werden.

Bemerkung. Aussage (g) von Satz 8.3.1 beschreibt die *Volumenänderung unter der linearen Abbildung* L. Falls L ein Isomorphismus ist, so gilt $\det(L) \neq 0$ (vgl. Satz 5.5.1) und Aussage (f) ergibt den *Volumenänderungsfaktor*

$$|\det(L)| = \frac{\mathrm{Vol}(L(A_n))}{\mathrm{Vol}(A_n)}$$

zwischen den Volumina des Parallelotops $P(A_n)$ und des unter der Abbildung L daraus entstandenen Parallelotops $P(L(A_n))$, wobei $L(A_n) := (L(\mathbf{a}_1), \ldots, L(\mathbf{a}_n))$. Der Änderungsfaktor ist somit gleich dem Betrag der Determinante des Endomorphismus L (also gleich dem Betrag der Determinante irgendeiner Abbildungsmatrix von L).
Wir wollen jetzt Aussage (g) nachweisen und üben damit gleichzeitig den Umgang mit dem kanonischen Isomorphismus $\Phi_{\mathcal{B}} : \mathbb{R}^n \to V$ und seiner Inversen $\Phi_{\mathcal{B}}^{-1} : V \to \mathbb{R}^n$. Es sei $\mathbf{\Lambda} := (\lambda_{ij}) \in \mathbb{R}^{n\times n}$ die Abbildungsmatrix des Endomorphismus $L : V \to V$ bezüglich der Basis A_n in Urbild– und Bildraum. Dann gilt

$$L(\mathbf{a}_j) = \sum_{i=1}^{n} \lambda_{ij}\mathbf{a}_i$$

für $j = 1, \ldots, n$. Mit Hilfe des inversen kanonischen Isomorphismus $\Phi_{\mathcal{B}}^{-1} : V \to \mathbb{R}^n$ ordnen wir nun den Vektoren $L(\mathbf{a}_j) \in V$ ihre Koordinatenvektoren

$$\Phi_{\mathcal{B}}^{-1}(L(\mathbf{a}_j)) = \Phi_{\mathcal{B}}^{-1}\Big(\sum_{i=1}^{n} \lambda_{ij}\mathbf{a}_i\Big) = \sum_{i=1}^{n} \lambda_{ij}\Phi_{\mathcal{B}}^{-1}(\mathbf{a}_i)$$

für $j = 1, \dots, n$ zu. Hier wurde beachtet, dass die Inverse eines Isomorphismus wieder ein Isomorphismus und damit linear ist. Mit

$$\mathbf{D} := (\Phi_{\mathcal{B}}^{-1}(\mathbf{a}_1) \mid \cdots \mid \Phi_{\mathcal{B}}^{-1}(\mathbf{a}_n)) \in \mathbb{R}^{n \times n}$$

folgt

$$(\Phi_{\mathcal{B}}^{-1}(L(\mathbf{a}_1)) \mid \cdots \mid \Phi_{\mathcal{B}}^{-1}(L(\mathbf{a}_n))) = \mathbf{D}\mathbf{\Lambda}.$$

Wendet man Aussage (d) auf $L(A_n)$ an Stelle von A_n an, ergibt sich

$$\mathrm{Vol}^{\omega}(L(A_n)) = \det\left(\Phi_{\mathcal{B}}^{-1}(L(\mathbf{a}_1)) \cdots \Phi_{\mathcal{B}}^{-1}(L(\mathbf{a}_n))\right) = \det(\mathbf{D}\mathbf{\Lambda}) = \det \mathbf{\Lambda} \det \mathbf{D}$$

Wegen $\det(L) = \det \mathbf{\Lambda}$ (nach Definition der Determinante eines Endomorphismus) und Aussage (d) erhält man schließlich

$$\mathrm{Vol}^{\omega}(L(A_n)) = \det(L)\,\mathrm{Vol}^{\omega}(A_n).$$

Abschließend wollen wir noch eine wichtige aus der Anschauung bekannte Eigenschaft des Volumens herausstellen. Dabei handelt es sich um das *Cavalierische Prinzip*. Es besagt, dass zwei räumliche Körper den gleichen Rauminhalt haben, wenn in gleicher Höhe geführte Schnitte gleiche Flächeninhalte ergeben.

Satz 8.3.2. *Es seien* $(V, \langle\cdot,\cdot\rangle)$ *ein euklidischer Vektorraum mit* $n := \dim V < \infty$ *und* $A_n = (\mathbf{a}_1, \dots, \mathbf{a}_n) \in V^n$. *Weiter sei* $\hat{\mathbf{a}} \in V$ *ein Vektor mit*

$$\hat{\mathbf{a}} \perp \mathrm{lin}(\mathbf{a}_1, \dots, \mathbf{a}_{n-1}) \qquad \textit{und} \qquad \|\hat{\mathbf{a}}\| = 1.$$

Dann gilt

$$\mathrm{Vol}(A_n) = \mathrm{d}(\mathbf{a}_n, \mathrm{lin}(\mathbf{a}_1, \dots, \mathbf{a}_{n-1})) \cdot \mathrm{Vol}(\mathbf{a}_1, \dots, \mathbf{a}_{n-1}, \hat{\mathbf{a}}).$$

Auf einen Beweis wird hier verzichtet. Zur Erläuterung bemerken wir, dass das Volumen $\mathrm{Vol}(\mathbf{a}_1, \dots, \mathbf{a}_{n-1}, \hat{\mathbf{a}})$ gleich dem Volumen des Parallelotops $P(\mathbf{a}_1, \dots, \mathbf{a}_{n-1})$ im $(n-1)$–dimensionalen Vektorraum $\mathrm{lin}(\mathbf{a}_1, \dots, \mathbf{a}_{n-1})$ ist.

In einem dreidimensionalen Vektorraum wird ein Parallelotop $P(\mathbf{a}, \mathbf{b}, \mathbf{c})$ auch als **Spat** bezeichnet, wenn $\mathbf{a}, \mathbf{b}, \mathbf{c}$ linear unabhängig sind. Dann gibt Satz 8.3.2 speziell an, dass das Volumen des Spates $P(\mathbf{a}, \mathbf{b}, \mathbf{c})$ gleich dem Produkt aus dem Flächeninhalt des von $\mathbf{a}, \mathbf{b}$ aufgespannten Parallelogramms $P(\mathbf{a}, \mathbf{b})$ mit dem Abstand $h := \mathrm{d}(\mathbf{c}, \mathrm{lin}(\mathbf{a}, \mathbf{b}))$ zwischen $\mathbf{c}$ und der (in Bild 8.1 schattierten) Ebene $\mathrm{lin}(\mathbf{a}, \mathbf{b})$ ist.

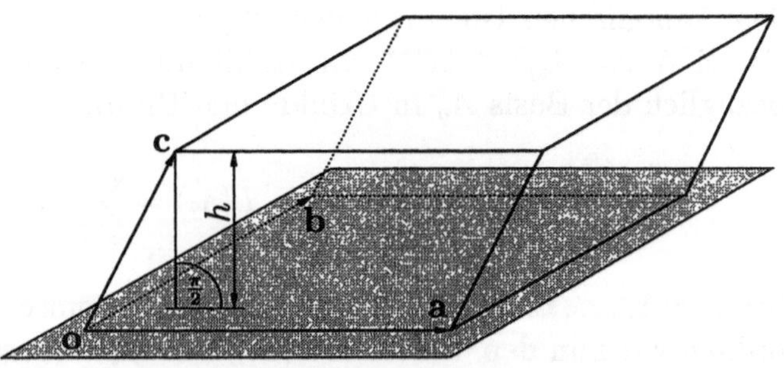

Bild 8.1: Volumen eines Spats

8.4 Das Vektorprodukt

Einem Paar $(\mathbf{a}, \mathbf{b})$ von Vektoren des $\mathbb{R}^3$ wird in der folgenden Definition das Vektorprodukt $\mathbf{a}\times\mathbf{b} \in \mathbb{R}^3$ zugeordnet. Wir werden sehen, dass $\mathbf{a}\times\mathbf{b}$ ein zu $\mathbf{a}$ und $\mathbf{b}$ orthogonaler Vektor ist, dessen Norm den Flächeninhalt des von $\mathbf{a}$ und $\mathbf{b}$ aufgespannten Parallelogramms $P(\mathbf{a}, \mathbf{b})$ angibt. Es wird außerdem der enge Zusammenhang des Vektorprodukts zum Spatprodukt, dem orientierten Volumen eines Parallelotops $P(\mathbf{a}, \mathbf{b}, \mathbf{c})$, deutlich.

Definition.

(a) Die durch die Vorschrift

$$\mathbf{a}\times\mathbf{b} := \begin{pmatrix} a_2b_3 - a_3b_2 \\ a_3b_1 - a_1b_3 \\ a_1b_2 - a_2b_1 \end{pmatrix}$$

für alle Paare $(\mathbf{a}, \mathbf{b}) \in \mathbb{R}^3 \times \mathbb{R}^3$ mit $\mathbf{a} = (a_1, a_2, a_3)^\top$ und $\mathbf{b} = (b_1, b_2, b_3)^\top$ definierte Abbildung $\times : \mathbb{R}^3 \times \mathbb{R}^3 \to \mathbb{R}^3$ heißt **Vektorprodukt** oder **äußeres Produkt**.

(b) Ist allgemeiner $(V, \omega, \langle\cdot,\cdot\rangle)$ ein dreidimensionaler orientierter euklidischer Vektorraum und $(\mathbf{b}_1, \mathbf{b}_2, \mathbf{b}_3) \in \omega$ eine ON–Basis, dann heißt die für alle $(\mathbf{a}, \mathbf{b}) \in V \times V$ durch

$$\mathbf{a}\times\mathbf{b} := (\alpha_2\beta_3 - \alpha_3\beta_2)\mathbf{b}_1 + (\alpha_3\beta_1 - \alpha_1\beta_3)\mathbf{b}_2 + (\alpha_1\beta_2 - \alpha_2\beta_1)\mathbf{b}_3 \qquad (8.15)$$

definierte Abbildung $\times : V \times V \to V$ ebenfalls **Vektorprodukt** oder **äußeres Produkt**, wobei $(\alpha_1, \alpha_2, \alpha_3)^\top \in \mathbb{R}^3$ und $(\beta_1, \beta_2, \beta_3)^\top \in \mathbb{R}^3$ jeweils die Koordinatenvektoren der Vektoren $\mathbf{a}$ und $\mathbf{b}$ bezüglich der Basis $(\mathbf{b}_1, \mathbf{b}_2, \mathbf{b}_3)$ bezeichnen.

Im Unterschied zum Skalarprodukt, das auch inneres Produkt genannt wird und das zwei Vektoren eine Zahl (Skalar) aus $\mathbb{R}$ oder $\mathbb{C}$ zuordnet, ist das Ergebnis des Vektorprodukts ein Vektor.
Das in Teil (a) der obigen Definition für den $\mathbb{R}^3$ eingeführte Vektorprodukt ergibt sich aus der allgemeineren Definition in Teil (b), wenn man dort $V := \mathbb{R}^3$ setzt und $\mathbb{R}^3$ mit der kanonischen Orientierung sowie dem Standardskalarprodukt ausstattet.
Wie wir später mit Satz und Definition 8.4.4 und der anschließenden Bemerkung sehen werden, ist das in Teil (b) der letzten Definition eingeführte Vektorprodukt unabhängig von der Wahl der ON–Basis $(\mathbf{b}_1, \mathbf{b}_2, \mathbf{b}_3) \in \omega$.

Bemerkung. Will man sich die Bildungsvorschrift des Vektorproduktes im $\mathbb{R}^3$ leichter merken, kann man

$$\mathbf{a}\times\mathbf{b} = \det \begin{pmatrix} \mathbf{e}_1 & \mathbf{e}_2 & \mathbf{e}_3 \\ a_1 & a_2 & a_3 \\ b_1 & b_2 & b_3 \end{pmatrix}$$

nutzen, wobei die vorkommende „Determinante“ formal nach der ersten Zeile zu entwickeln ist, vgl. den Laplaceschen Entwicklungssatz 5.4.1. Für das Vektorprodukt in einem beliebigen orientierten euklidischen Vektorraum $(V, \omega, \langle\cdot,\cdot\rangle)$ sind die kanonischen Basisvektoren $\mathbf{e}_1, \mathbf{e}_2, \mathbf{e}_3$ durch die Vektoren einer ON–Basis $(\mathbf{b}_1, \mathbf{b}_2, \mathbf{b}_3) \in \omega$ zu ersetzen.

Beispiel 8.4.1. Bildet man das Vektorprodukt von zwei Vektoren der kanonischen Basis des $\mathbb{R}^3$, so ergibt sich

$$\begin{array}{lllllllll} \mathbf{e}_1\times\mathbf{e}_2 & = & \mathbf{e}_3, & \mathbf{e}_2\times\mathbf{e}_3 & = & \mathbf{e}_1, & \mathbf{e}_3\times\mathbf{e}_1 & = & \mathbf{e}_2, \\ \mathbf{e}_2\times\mathbf{e}_1 & = & -\mathbf{e}_3, & \mathbf{e}_3\times\mathbf{e}_2 & = & -\mathbf{e}_1, & \mathbf{e}_1\times\mathbf{e}_3 & = & -\mathbf{e}_2 \end{array}$$

und

$$\mathbf{e}_1\times\mathbf{e}_1 = \mathbf{e}_2\times\mathbf{e}_2 = \mathbf{e}_3\times\mathbf{e}_3 = \mathbf{o}.$$

Analoges rechnet man mit Teil (b) der obigen Definition leicht für eine beliebige ON–Basis $(\mathbf{b}_1, \mathbf{b}_2, \mathbf{b}_3) \in \omega$ nach. Hat man zum Beispiel

$$\mathbf{a} := 5\mathbf{b}_1 + 3\mathbf{b}_2 \qquad \text{und} \qquad \mathbf{b} := 2\mathbf{b}_1 - 7\mathbf{b}_2 + \mathbf{b}_3,$$

so ergibt sich durch Ausmultiplizieren

$$\begin{aligned} \mathbf{a}\times\mathbf{b} &= (5\mathbf{b}_1 + 3\mathbf{b}_2)\times(2\mathbf{b}_1 - 7\mathbf{b}_2 + 2\mathbf{b}_3) \\ &= 10(\mathbf{b}_1\times\mathbf{b}_1) - 35(\mathbf{b}_1\times\mathbf{b}_2) + 10(\mathbf{b}_1\times\mathbf{b}_3) + 6(\mathbf{b}_2\times\mathbf{b}_1) - 21(\mathbf{b}_2\times\mathbf{b}_2) + 6(\mathbf{b}_2\times\mathbf{b}_3) \\ &= 10\mathbf{o} - 35\mathbf{b}_3 - 10\mathbf{b}_2 - 6\mathbf{b}_3 - 21\mathbf{o} + 6\mathbf{b}_1 \\ &= 6\mathbf{b}_1 - 10\mathbf{b}_2 - 41\mathbf{b}_3. \end{aligned}$$

Die Berechtigung für dieses Ausmultiplizieren wird in Teil (a) des folgenden Satzes nachgeliefert. Dieser Satz enthält grundlegende Eigenschaften und Rechenregeln für den Umgang mit dem Vektorprodukt. Sie lassen sich im Wesentlichen leicht an Hand der Teile (a) bzw. (b) der Definition des Vektorproduktes nachprüfen. ◁

Satz 8.4.2. *Es sei $(V, \omega, \langle\cdot,\cdot\rangle)$ ein dreidimensionaler orientierter euklidischer Vektorraum. Weiter seien $\mathbf{a}, \mathbf{b}, \mathbf{c} \in V$ und $\lambda \in \mathbb{R}$ beliebig gewählt. Dann gilt:*

(a) (Bilinearität des Vektorproduktes)

$$\begin{array}{llllll} (\mathbf{a}+\mathbf{b})\times\mathbf{c} & = & \mathbf{a}\times\mathbf{c}+\mathbf{b}\times\mathbf{c}, & \mathbf{a}\times(\mathbf{b}+\mathbf{c}) & = & \mathbf{a}\times\mathbf{b}+\mathbf{a}\times\mathbf{c}, \\ (\lambda\mathbf{a})\times\mathbf{b} & = & \lambda(\mathbf{a}\times\mathbf{b}), & \mathbf{a}\times(\lambda\mathbf{b}) & = & \lambda(\mathbf{a}\times\mathbf{b}). \end{array}$$

(b) (Anti–Kommutativ–Gesetz)

$\mathbf{b} \times \mathbf{a} = -(\mathbf{a} \times \mathbf{b})$.

(c) $\mathbf{a}\times\mathbf{b} = \mathbf{o} \quad \Longleftrightarrow \quad \mathbf{a}, \mathbf{b}$ *sind linear abhängig.*

(d) $(\mathbf{a}\times\mathbf{b})\perp\mathbf{a}, \qquad (\mathbf{a}\times\mathbf{b})\perp\mathbf{b}.$

(e) *Sind* $\mathbf{a}, \mathbf{b}$ *linear unabhängig, dann gilt* $(\mathbf{a}, \mathbf{b}, \mathbf{a}\times\mathbf{b}) \in \omega$.

(f) (Grassmann–Identität)
$$\mathbf{a}\times(\mathbf{b}\times\mathbf{c}) = \langle\mathbf{a}, \mathbf{c}\rangle\mathbf{b} - \langle\mathbf{a}, \mathbf{b}\rangle\mathbf{c}.$$

(g) (Jacobi–Identität)
$$\mathbf{a}\times(\mathbf{b}\times\mathbf{c}) + \mathbf{b}\times(\mathbf{c}\times\mathbf{a}) + \mathbf{c}\times(\mathbf{a}\times\mathbf{b}) = \mathbf{o}.$$

Aussage (b) teilt uns mit, dass das Vektorprodukt sein Vorzeichen ändert, wenn die Faktoren vertauscht werden. Aussage (d) gestattet die einfache Berechnung eines zu $\mathbf{a}$ und $\mathbf{b}$ orthogonalen Vektors. Dies nutzt man beispielsweise, um aus zwei linear unabhängigen Richtungsvektoren $\mathbf{a}, \mathbf{b}$ einer Ebene in V einen Normalenvektor dieser Ebene, nämlich $\mathbf{a}\times\mathbf{b}$, zu bestimmen, vgl. dazu auch Beispiel 8.2.7 (c) zur Bestimmung des Abstandes windschiefer Geraden.

Beispiel 8.4.3. Gegeben sei die Ebene

$$H := \mathbf{a} + \mathbb{R}\mathbf{u}_1 + \mathbb{R}\mathbf{u}_2 \qquad \text{mit} \qquad \mathbf{u}_1 := \begin{pmatrix} 2 \\ 3 \\ 1 \end{pmatrix}, \quad \mathbf{u}_2 := \begin{pmatrix} -4 \\ 1 \\ 7 \end{pmatrix}$$

und einem nicht weiter bestimmten $\mathbf{a} \in \mathbb{R}^3$. Dann liefert MAPLE

```
> with(LinearAlgebra):
> u1:=<2,3,1>:
> u2:=<-4,1,7>:
> cp:=CrossProduct(u1,u2);
```

$$cp := \begin{bmatrix} 20 \\ -18 \\ 14 \end{bmatrix}$$

bzw. eigene Rechnung

$$\mathbf{u}_1\times\mathbf{u}_2 = \begin{pmatrix} 3\cdot 7 & - & 1\cdot 1 \\ 1\cdot(-4) & - & 2\cdot 7 \\ 2\cdot 1 & - & 3\cdot(-4) \end{pmatrix} = \begin{pmatrix} 20 \\ -18 \\ 14 \end{pmatrix}$$

einen Normalenvektor der Ebene H, d.h. $(\mathbf{u}_1\times\mathbf{u}_2) \in U^{\perp}$. Entsprechend Satz 8.1.4 ist damit

$$H = \{\mathbf{v} \in \mathbb{R}^3 \mid (\mathbf{u}_1\times\mathbf{u}_2)^{\mathsf{T}}(\mathbf{v} - \mathbf{a}) = 0\}. \qquad \triangleleft$$

Aussage (e) von Satz 8.4.2 zusammen mit Aussage (d) zeigt, dass bei linearer Unabhängigkeit der Vektoren $\mathbf{a}$ und $\mathbf{b}$ das Tripel $(\mathbf{a}, \mathbf{b}, \mathbf{a}\times\mathbf{b})$ eine Basis von V ist, die zur Orientierung ω gehört. Dies bedeutet im $\mathbb{R}^3$, dass $(\mathbf{a}, \mathbf{b}, \mathbf{a}\times\mathbf{b})$ die kanonische Orientierung besitzt, d.h., dass die Basis $(\mathbf{a}, \mathbf{b}, \mathbf{a}\times\mathbf{b})$ und die kanonische Basis $(\mathbf{e}_1, \mathbf{e}_2, \mathbf{e}_3)$

gleich orientiert sind. Anschaulich kann man sich vorstellen, dass jede zur kanonischen Orientierung gehörende Basis der *Rechtehandregel* genügt, d.h., die Basisvektoren stehen unter Beachtung ihrer Reihenfolge so zueinander wie Daumen, Zeigefinger und Mittelfinger der rechten Hand.
Wir wollen nun den Zusammenhang des Vektorproduktes zum orientierten Volumen eines Parallelotops aufzeigen.

Satz und Definition 8.4.4. *Es sei $(V, \omega, \langle\cdot,\cdot\rangle)$ ein dreidimensionaler orientierter euklidischer Vektorraum. Dann gilt*

$$\mathrm{Vol}^{\omega}(\mathbf{a}, \mathbf{b}, \mathbf{c}) = \langle \mathbf{a}\times\mathbf{b}, \mathbf{c}\rangle \tag{8.16}$$

für alle $\mathbf{a}, \mathbf{b}, \mathbf{c} \in V$. *Die Zahl* $\langle \mathbf{a}\times\mathbf{b}, \mathbf{c}\rangle$ *wird auch* **Spatprodukt** *genannt.*

Beweis. Wegen Satz 8.3.1 (d) gilt

$$\mathrm{Vol}^{\omega}(\mathbf{a}, \mathbf{b}, \mathbf{c}) = \det\begin{pmatrix} \langle \mathbf{b}_1, \mathbf{a}\rangle & \langle \mathbf{b}_1, \mathbf{b}\rangle & \langle \mathbf{b}_1, \mathbf{c}\rangle \\ \langle \mathbf{b}_2, \mathbf{a}\rangle & \langle \mathbf{b}_2, \mathbf{b}\rangle & \langle \mathbf{b}_2, \mathbf{c}\rangle \\ \langle \mathbf{b}_3, \mathbf{a}\rangle & \langle \mathbf{b}_3, \mathbf{b}\rangle & \langle \mathbf{b}_3, \mathbf{c}\rangle \end{pmatrix} = \det\begin{pmatrix} \alpha_1 & \alpha_2 & \alpha_3 \\ \beta_1 & \beta_2 & \beta_3 \\ \zeta_1 & \zeta_2 & \zeta_3 \end{pmatrix},$$

wobei $(\alpha_1, \alpha_2, \alpha_3)^\top \in \mathbb{R}^3$, $(\beta_1, \beta_2, \beta_3)^\top \in \mathbb{R}^3$ bzw. $(\zeta_1, \zeta_2, \zeta_3)^\top \in \mathbb{R}^3$ den Koordinatenvektor des Vektors $\mathbf{a}$, $\mathbf{b}$ bzw. $\mathbf{c}$ bezüglich der ON–Basis $(\mathbf{b}_1, \mathbf{b}_2, \mathbf{b}_3) \in \omega$ aus Teil (b) der Definition des Vektorproduktes bezeichnet. Durch Entwicklung der rechten Determinante nach der letzten Zeile (mit Hilfe des Laplaceschen Entwicklungssatzes 5.4.1) erhalten wir

$$\mathrm{Vol}^{\omega}(\mathbf{a}, \mathbf{b}, \mathbf{c}) = \zeta_1(\alpha_2\beta_3 - \alpha_3\beta_2) - \zeta_2(\alpha_1\beta_3 - \alpha_3\beta_1) + \zeta_3(\alpha_1\beta_2 - \alpha_2\beta_1).$$

Mit (8.15) und

$$\mathbf{c} = \zeta_1\mathbf{b}_1 + \zeta_2\mathbf{b}_2 + \zeta_3\mathbf{b}_3$$

folgt aus der Orthonormalität der Basis $(\mathbf{b}_1, \mathbf{b}_2, \mathbf{b}_3)$ durch Nachrechnen (8.16). □

Bemerkung. Halten wir die Vektoren $\mathbf{a}$ und $\mathbf{b}$ fest, so ist der Vektor $\mathbf{a}\times\mathbf{b}$ eindeutig durch die für alle $\mathbf{c} \in V$ gültige Gleichung (8.16) bestimmt und zwar unabhängig davon, welche ON–Basis $(\mathbf{b}_1, \mathbf{b}_2, \mathbf{b}_2) \in \omega$ in Teil (b) der Definition des Vektorproduktes gewählt wird.
Aus der Multilinearität der Abbildung $\mathrm{Vol}^{\omega} : V^3 \to \mathbb{R}$ (vgl. Satz 8.3.1 (a)) folgt mit festen Vektoren $\mathbf{a}$ und $\mathbf{b}$, dass die Abbildung

$$\mathrm{Vol}^{\omega}(\mathbf{a}, \mathbf{b}, \cdot) : V \to \mathbb{R}$$

linear ist. Nach dem Rieszschen Darstellungssatz 6.5.11 gibt es deshalb genau einen Vektor $\mathbf{x} := \mathbf{x}(\mathbf{a}, \mathbf{b}) \in V$, so dass

$$\mathrm{Vol}^{\omega}(\mathbf{a}, \mathbf{b}, \mathbf{c}) = \langle \mathbf{c}, \mathbf{x}\rangle = \langle \mathbf{x}, \mathbf{c}\rangle, \qquad \mathbf{c} \in V,$$

wobei sich das zweite Gleichheitszeichen aus der Symmetrie des Skalarproduktes in euklidischen Vektorräumen ergibt. Dieser in Abhängigkeit von $\mathbf{a}, \mathbf{b} \in V$ eindeutig bestimmte Vektor $\mathbf{x} := \mathbf{x}(\mathbf{a}, \mathbf{b})$ ist wegen (8.16) gleich $\mathbf{a} \times \mathbf{b}$. Man kann daher das Vektorprodukt auch mit Hilfe des orientierten Volumens durch

$$\mathbf{a} \times \mathbf{b} := \mathbf{x}(\mathbf{a}, \mathbf{b})$$

einführen. Damit ist es außerdem möglich, das Vektorprodukt auf euklidische Vektorräume höherer Dimensionen zu verallgemeinern. Zu beliebig gewählten Vektoren $\mathbf{a}_1, \ldots, \mathbf{a}_{n-1}$ eines n–dimensionalen orientierten euklidischen Vektorraumes $(V, \omega, \langle\cdot,\cdot\rangle)$ gibt es nach dem Rieszschen Darstellungssatz wegen der Multilinearität der Abbildung $\mathrm{Vol}^\omega : V^n \to \mathbb{R}$ (siehe Satz 8.3.1 (a)) einen Vektor $\mathbf{x} := \mathbf{x}(\mathbf{a}_1, \ldots, \mathbf{a}_{n-1}) \in V$, so dass

$$\mathrm{Vol}^\omega(\mathbf{a}_1, \ldots, \mathbf{a}_{n-1}, \mathbf{c}) = \langle \mathbf{c}, \mathbf{x}\rangle = \langle \mathbf{x}, \mathbf{c}\rangle, \qquad \mathbf{c} \in V.$$

Der Vektor $\mathbf{x} \in V$ wird dann als *Vektorprodukt* oder *äußeres Produkt* der Vektoren $\mathbf{a}_1, \ldots, \mathbf{a}_{n-1}$ bezeichnet und man schreibt für diesen Vektor kurz $\mathbf{a}_1 \times \mathbf{a}_2 \times \cdots \times \mathbf{a}_{n-1}$ oder $\mathbf{a}_1 \wedge \mathbf{a}_2 \wedge \cdots \wedge \mathbf{a}_{n-1}$. Im Unterschied zum Vektorprodukt in dreidimensionalen Vektorräumen wird dieses verallgemeinerte Vektorprodukt nicht aus 2 sondern aus $n-1$ Vektoren bestimmt.

Aus Satz und Definition 8.4.4 geht hervor, dass das Spatprodukt $\langle \mathbf{a} \times \mathbf{b}, \mathbf{c}\rangle$ gleich dem orientierten Volumen des von $\mathbf{a}, \mathbf{b}, \mathbf{c}$ aufgespannten Parallelotops (Spates) $P(\mathbf{a}, \mathbf{b}, \mathbf{c})$ ist. Wählt man speziell $\mathbf{c} := \mathbf{a} \times \mathbf{b}$, so folgt mit Hilfe von Satz 8.3.1 (f)

$$\|\mathbf{a} \times \mathbf{b}\|^2 = \langle \mathbf{a} \times \mathbf{b}, \mathbf{a} \times \mathbf{b}\rangle = \mathrm{Vol}^\omega(\mathbf{a}, \mathbf{b}, \mathbf{a} \times \mathbf{b}) = \mathrm{Vol}(\mathbf{a}, \mathbf{b}, \mathbf{a} \times \mathbf{b}) = \mathrm{Vol}(\mathbf{b}, \mathbf{a} \times \mathbf{b}, \mathbf{a}).$$

Andererseits liefern (8.16) und die Grassmann–Identität aus Satz 8.4.2 (f)

$$\begin{aligned} \mathrm{Vol}(\mathbf{b}, \mathbf{a} \times \mathbf{b}, \mathbf{a}) &= |\mathrm{Vol}^\omega(\mathbf{b}, \mathbf{a} \times \mathbf{b}, \mathbf{a})| \\ &= |\langle \mathbf{b} \times (\mathbf{a} \times \mathbf{b}), \mathbf{a}\rangle| \\ &= |\langle \langle \mathbf{b}, \mathbf{b}\rangle \mathbf{a} - \langle \mathbf{b}, \mathbf{a}\rangle \mathbf{b}, \mathbf{a}\rangle| \\ &= \langle \mathbf{b}, \mathbf{b}\rangle \langle \mathbf{a}, \mathbf{a}\rangle - \langle \mathbf{b}, \mathbf{a}\rangle^2 \\ &= \|\mathbf{a}\|^2 \|\mathbf{b}\|^2 - \langle \mathbf{a}, \mathbf{b}\rangle^2, \end{aligned}$$

wobei die Betragsstriche bei Beachtung der Cauchy–Schwarzschen Ungleichung (6.11) entfallen konnten. Damit und bei Beachtung der Definition des Winkels durch (6.14) ergibt sich die sogenannte *Lagrange–Identität*

$$\|\mathbf{a} \times \mathbf{b}\|^2 = \|\mathbf{a}\|^2 \|\mathbf{b}\|^2 - \langle \mathbf{a}, \mathbf{b}\rangle^2 = \|\mathbf{a}\|^2 \|\mathbf{b}\|^2 - \cos^2 \angle(\mathbf{a}, \mathbf{b}) \|\mathbf{a}\|^2 \mathbf{b}\|^2.$$

Wegen $\sin^2 \alpha + \cos^2 \alpha = 1$ folgt damit durch Ausklammern von $\|\mathbf{a}\|^2 \|\mathbf{b}\|^2$ der

Satz 8.4.5. *Es sei $(V, \omega, \langle\cdot,\cdot\rangle)$ ein dreidimensionaler orientierter euklidischer Vektorraum. Dann gilt*

$$\|\mathbf{a} \times \mathbf{b}\| = \sqrt{\|\mathbf{a}\|^2 \|\mathbf{b}\|^2 - \langle \mathbf{a}, \mathbf{b}\rangle^2} = \|\mathbf{a}\| \|\mathbf{b}\| \sin \angle(\mathbf{a}, \mathbf{b}), \qquad \mathbf{a}, \mathbf{b} \in V.$$

Wegen (8.14) ist die Norm des Vektorprodukts $\mathbf{a} \times \mathbf{b}$ also gleich dem Flächeninhalt des von $\mathbf{a}$ und $\mathbf{b}$ aufgespannten Parallelogramms $P(\mathbf{a}, \mathbf{b})$.

8.5 Spiegelungen und Drehungen

Wir beschränken uns in diesem Abschnitt auf den $\mathbb{R}^n$ mit dem Standardskalarprodukt und erklären zunächst den Begriff einer Spiegelung. Die Rolle des dazu nötigen „Spiegels" übernimmt ein Untervektorraum der Dimension $n-1$, also eine Hyperebene, die den Nullvektor enthält. Jede solche Hyperebene lässt sich eindeutig durch

$$H_{\mathbf{n}} := \{\mathbf{x} \in \mathbb{R}^n \mid \mathbf{n}^\top \mathbf{x} = 0\}$$

beschreiben, wobei $\mathbf{n} \in \mathbb{R}^n \setminus \{\mathbf{o}\}$ der Normalenvektor der jeweiligen Hyperebene ist.

Definition. Es sei $\mathbf{n} \in \mathbb{R}^n \setminus \{\mathbf{o}\}$ gegeben. Dann heißt die Abbildung $s_{\mathbf{n}} : \mathbb{R}^n \to \mathbb{R}^n$ mit

$$s_{\mathbf{n}}(\mathbf{x}) := \mathrm{proj}_{H_{\mathbf{n}}}(\mathbf{x}) + (\mathrm{proj}_{H_{\mathbf{n}}}(\mathbf{x}) - \mathbf{x}), \qquad \mathbf{x} \in \mathbb{R}^n, \tag{8.17}$$

Spiegelung *an der Hyperebene* $H_{\mathbf{n}}$.

Die konkrete Bestimmung der Spiegelung eines Punktes $\mathbf{x} \in \mathbb{R}^n$ ist nun sehr einfach durch Anwendung von Satz 6.5.7 möglich. Man erhält daraus

$$\mathbf{x} = \mathrm{proj}_{H_{\mathbf{n}}}(\mathbf{x}) + \mathrm{proj}_{H_{\mathbf{n}}^\perp}(\mathbf{x}), \qquad \mathrm{proj}_{H_{\mathbf{n}}^\perp}(\mathbf{x}) = \frac{\mathbf{x}^\top \mathbf{n}}{|\mathbf{n}|^2}\mathbf{n}.$$

Damit ist

$$s_{\mathbf{n}}(\mathbf{x}) = \mathrm{proj}_{H_{\mathbf{n}}}(\mathbf{x}) - \mathrm{proj}_{H_{\mathbf{n}}^\perp}(\mathbf{x}) = \mathbf{x} - 2\,\mathrm{proj}_{H_{\mathbf{n}}^\perp}(\mathbf{x}) = \mathbf{x} - 2\frac{\mathbf{x}^\top \mathbf{n}}{|\mathbf{n}|^2}\mathbf{n}.$$

Die Abbildung $s_{\mathbf{n}}$ lässt sich mit Hilfe der **Spiegelmatrix**

$$\mathbf{S}_{\mathbf{n}} := \mathbf{E} - \frac{2}{|\mathbf{n}|^2}\mathbf{n}\mathbf{n}^\top \tag{8.18}$$

beschreiben, denn für alle $\mathbf{x} \in \mathbb{R}^n$ gilt

$$s_{\mathbf{n}}(\mathbf{x}) = \mathbf{x} - 2\frac{\mathbf{x}^\top \mathbf{n}}{|\mathbf{n}|^2}\mathbf{n} = \mathbf{S}_{\mathbf{n}}\mathbf{x}.$$

Also ist $s_{\mathbf{n}} : \mathbb{R}^n \to \mathbb{R}^n$ eine lineare Abbildung. In Bild 8.2 ist $\mathbf{x}$ an Geraden mit den Normalenvektoren $\mathbf{a}$ und $\mathbf{b}$ gespiegelt.

Man rechnet leicht nach, dass

$$\mathbf{S}_{\mathbf{n}}\mathbf{S}_{\mathbf{n}} = (\mathbf{E} - \frac{2}{|\mathbf{n}|^2}\mathbf{n}\mathbf{n}^\top)(\mathbf{E} - \frac{2}{|\mathbf{n}|^2}\mathbf{n}\mathbf{n}^\top) = \mathbf{E}.$$

Hieraus folgt

$$(s_{\mathbf{n}} \circ s_{\mathbf{n}})(\mathbf{x}) = s_{\mathbf{n}}(s_{\mathbf{n}}(\mathbf{x})) = \mathbf{S}_{\mathbf{n}}(\mathbf{S}_{\mathbf{n}}\mathbf{x}) = \mathbf{x}, \qquad \mathbf{x} \in \mathbb{R}^n,$$

d.h., die zweimalige Spiegelung eines Punktes an der Hyperebene $H_{\mathbf{n}}$ ergibt wieder den ursprünglichen Punkt. Außerdem folgt für die Spiegelmatrix

$$\mathbf{S_n} = \mathbf{S_n^{-1}} = \mathbf{S_n^\top} \tag{8.19}$$

und damit $\mathbf{S}_n^\top \mathbf{S}_n = \mathbf{E}$. Die Abbildungsmatrix $\mathbf{S_n}$ ist also orthogonal und wegen Satz 6.6.3 ist $s_{\mathbf{n}} : \mathbb{R}^n \to \mathbb{R}^n$ ein orthogonaler Endomorphismus.

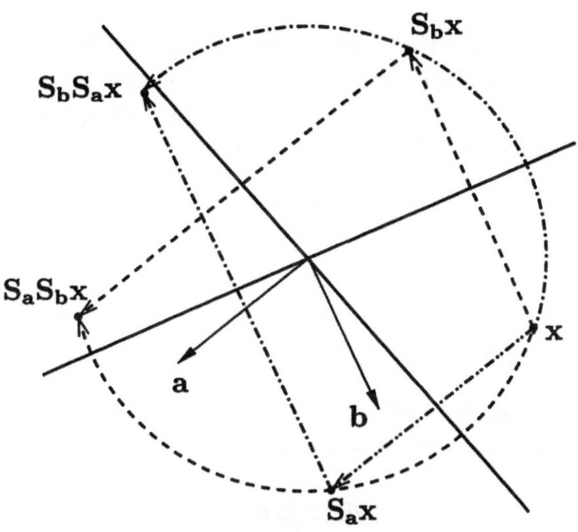

Bild 8.2: Spiegelungen und Drehungen

Wir fassen die Ergebnisse in folgendem Satz zusammen. Dazu bezeichne id : $\mathbb{R}^n \to \mathbb{R}^n$ die *identische Abbildung*, für die $\mathrm{id}(\mathbf{x}) = \mathbf{x}$ für alle $\mathbf{x} \in \mathbb{R}^n$ gilt.

Satz 8.5.1. *Es sei* $\mathbf{n} \in \mathbb{R}^n \setminus \{\mathbf{o}\}$ *gegeben. Dann ist die durch (8.17) gegebene Abbildung* $s_{\mathbf{n}} : \mathbb{R}^n \to \mathbb{R}^n$ *ein orthogonaler Endomorphismus und es gilt*

$$s_{\mathbf{n}} \circ s_{\mathbf{n}} = \mathrm{id}$$

sowie

$$s_{\mathbf{n}}(\mathbf{x}) = \mathrm{proj}_{H_{\mathbf{n}}}(\mathbf{x}) - \mathrm{proj}_{H_{\mathbf{n}}^\perp}(\mathbf{x}) = \mathbf{x} - 2\frac{\mathbf{x}^\top \mathbf{n}}{|\mathbf{n}|^2}\mathbf{n} = \mathbf{S_n x}, \qquad \mathbf{x} \in V.$$

Das nächste Ergebnis besagt anschaulich, dass man zwei Punkte auf der Oberfläche einer Kugel mit dem Mittelpunkt **o** durch eine Spiegelung an einer passenden Hyperebene ineinander überführen kann.

Satz 8.5.2. *Es seien* $\mathbf{u}, \mathbf{v} \in \mathbb{R}^n$ *mit* $\mathbf{u} \neq \mathbf{v}$ *und* $|\mathbf{u}| = |\mathbf{v}|$. *Weiter sei* $\mathbf{n} := \mathbf{u} - \mathbf{v}$. *Dann gilt*

$$\mathbf{S_n u} = \mathbf{v} \qquad \textit{und} \qquad \mathbf{S_n v} = \mathbf{u}.$$

Beweis. Wegen $|\mathbf{u}|^2 = \mathbf{u}^\top\mathbf{u} = \mathbf{v}^\top\mathbf{v} = |\mathbf{v}|^2$ gilt

$$\mathbf{n}^\top\mathbf{n} = (\mathbf{u}-\mathbf{v})^\top(\mathbf{u}-\mathbf{v}) = \mathbf{u}^\top\mathbf{u} + \mathbf{v}^\top\mathbf{v} - 2\mathbf{v}^\top\mathbf{u} = 2(\mathbf{u}^\top\mathbf{u} - \mathbf{v}^\top\mathbf{u}) = 2\mathbf{n}^\top\mathbf{u}.$$

Damit ergibt sich

$$\mathbf{S_n u} = \mathbf{u} - \frac{2\mathbf{n}^\top\mathbf{u}}{|\mathbf{n}|^2}\mathbf{n} = \mathbf{u} - \mathbf{n} = \mathbf{v}$$

und analog $\mathbf{S_n v} = \mathbf{u}$. □

Mit Hilfe dieses einfachen Zusammenhangs lässt sich eine für verschiedene praktische Anwendungen besonders wichtige Aussage herleiten. Sie ermöglicht die Darstellung jeder Matrix $\mathbf{A} \in \mathbb{R}^{n\times p}$ $(1 \le p \le n)$ als Produkt aus einer orthogonalen Matrix $\mathbf{Q} \in \mathbb{R}^{n\times n}$ und einer Matrix $\mathbf{R} \in \mathbb{R}^{n\times p}$ mit der Gestalt

$$\mathbf{R} = \begin{pmatrix} \mathbf{R}_1 \\ \mathbf{0} \end{pmatrix}, \tag{8.20}$$

wobei $\mathbf{R}_1 \in \mathbb{R}^{p\times p}$ eine rechte obere Dreiecksmatrix und $\mathbf{0} \in \mathbb{R}^{(n-p)\times p}$ eine Nullmatrix ist. Die Darstellung $\mathbf{A} = \mathbf{QR}$ wird als *QR-Faktorisierung* der Matrix $\mathbf{A}$ bezeichnet.

Satz 8.5.3. *Zu jeder Matrix* $\mathbf{A} \in \mathbb{R}^{n\times p}$ *mit* $1 \le p \le n$ *gibt es eine orthogonale Matrix* $\mathbf{Q} \in \mathbb{R}^{n\times n}$ *und eine Matrix* $\mathbf{R} \in \mathbb{R}^{n\times p}$ *entsprechend (8.20), so dass*

$$\mathbf{A} = \mathbf{QR}.$$

Beweis. Es bezeichne $\mathbf{u} \in \mathbb{R}^n$ die erste Spalte von $\mathbf{A}$ und $\mathbf{e}_1 \in \mathbb{R}^n$ den ersten kanonischen Basisvektor. Falls $\mathbf{u} = \mathbf{o}$, so wird $\mathbf{S}_1 := \mathbf{E} \in \mathbb{R}^{n\times n}$ gesetzt. Andernfalls sei

$$\mathbf{v} := \begin{cases} |\mathbf{u}|\mathbf{e}_1, & \text{falls } \mathbf{u}^\top\mathbf{e}_1 \le 0, \\ -|\mathbf{u}|\mathbf{e}_1, & \text{sonst.} \end{cases} \tag{8.21}$$

Dann gilt stets $\mathbf{n} := \mathbf{u} - \mathbf{v} \ne \mathbf{o}$, $|\mathbf{u}| = |\mathbf{v}|$ sowie entsprechend Satz 8.5.2

$$\mathbf{S}_1\mathbf{u} = \mathbf{v} \qquad \text{mit} \qquad \mathbf{S}_1 := \mathbf{S_n}.$$

Damit folgt in jedem Fall

$$\mathbf{S}_1\mathbf{A} = \begin{pmatrix} \pm|\mathbf{u}| & \mathbf{b}^\top \\ 0 & \mathbf{C} \end{pmatrix} \qquad \text{mit} \qquad \mathbf{b} \in \mathbb{R}^{p-1}, \quad \mathbf{C} \in \mathbb{R}^{(n-1)\times(p-1)}.$$

Das gleiche Vorgehen kann man nun anwenden, um in der ersten Spalte der Restmatrix $\mathbf{C}$ unterhalb der ersten Zeile Nullen zu erzeugen. Durch Wiederholung des Vorgehens erhält man insgesamt Matrizen $\tilde{\mathbf{S}}_1 := \mathbf{S}_1$ und

$$\tilde{\mathbf{S}}_i := \begin{pmatrix} \mathbf{E}_{i-1} & 0 \\ 0 & \mathbf{S}_i \end{pmatrix} \in \mathbb{R}^{n\times n}, \qquad i = 2, \ldots, p-1, \tag{8.22}$$

mit $\mathbf{S}_i \in \mathbb{R}^{(n-i+1)\times(n-i+1)}$ entsprechend Satz 8.5.2 und Einheitsmatrizen $\mathbf{E}_{i-1}$ passender Dimension, so dass

$$\mathbf{R} := \begin{pmatrix} \mathbf{R}_1 \\ \mathbf{0} \end{pmatrix} := \tilde{\mathbf{S}}_{p-1} \cdots \tilde{\mathbf{S}}_2 \tilde{\mathbf{S}}_1 \mathbf{A} \tag{8.23}$$

mit einer rechten oberen Dreiecksmatrix $\mathbf{R}_1 \in \mathbb{R}^{p\times p}$. Für $i = 1, \ldots, p-1$ gilt wegen (8.19)

$$\mathbf{S}_i = \mathbf{S}_i^\top = \mathbf{S}_i^{-1} \qquad \text{und damit} \qquad \tilde{\mathbf{S}}_i = \tilde{\mathbf{S}}_i^\top = \tilde{\mathbf{S}}_i^{-1}.$$

Also ist

$$\mathbf{Q} := (\tilde{\mathbf{S}}_{p-1} \cdots \tilde{\mathbf{S}}_2 \tilde{\mathbf{S}}_1)^{-1} = \tilde{\mathbf{S}}_1^{-1} \tilde{\mathbf{S}}_2^{-1} \cdots \tilde{\mathbf{S}}_{p-1}^{-1} = \tilde{\mathbf{S}}_1 \tilde{\mathbf{S}}_2 \cdots \tilde{\mathbf{S}}_{p-1} \tag{8.24}$$

eine orthogonale Matrix und es gilt $\mathbf{QR} = \mathbf{A}$. □

Das im Beweis beschriebene Vorgehen wird auch als *Orthonormalisierungsverfahren nach Householder* bezeichnet. In einer Computerrealisierung der Householder–Orthonormalisierung würde man an Stelle der Matrix $\mathbf{S}_1$ (und analog für die Matrizen $\mathbf{S}_i$) im wesentlichen nur den Vektor $\mathbf{u}$ speichern. Bei der sukzessiven Multiplikation mit den Matrizen $\tilde{\mathbf{S}}_i$ von links in (8.23) ist aus Aufwandsgründen unbedingt die Struktur von $\tilde{\mathbf{S}}_i$ und die Definition der Spiegelmatrizen $\mathbf{S}_i$ auszunutzen. So sollte der Ausdruck $(\mathbf{E} - \mathbf{a}\mathbf{b}^\top)\mathbf{x}$ mit Vektoren $\mathbf{a}, \mathbf{b}, \mathbf{x} \in \mathbb{R}^n$ in MATLAB durch

`>> x-a*(b'*x)` aber nicht durch `>> (E-a*b')*x`

codiert werden. Der Rechenaufwand bei der Auswertung der rechten Codierung ist etwa um den Faktor n höher als bei der linken.

Die Unterscheidung der zwei Fälle in (8.21) ist nicht zwingend, sondern erfolgte zur Erreichung numerischer Stabilität des im Beweis von Satz 8.5.3 angegebenen konstruktiven Verfahrens für die QR–Faktorisierung.
Für theoretische Zwecke kann man in (8.21) stets $\mathbf{v} := |\mathbf{u}|\mathbf{e}_1$ setzen, sofern man $\mathbf{S}_1 := \mathbf{E}$ für den Fall $|\mathbf{u}| = \mathbf{u}^\top \mathbf{e}_1$ vereinbart (und analog für $\mathbf{S}_i$). Wenn wir dies so tun, dann ist das linke obere Element in der Matrix $\mathbf{S}_1\mathbf{A}$ nichtnegativ und analog sind alle Diagonalelemente der Matrix $\mathbf{R}_1$ nichtnegativ. Ist nun $\mathbf{A}$ speziell eine Orthogonalmatrix, so folgt (wegen $\mathbf{R} = \mathbf{R}_1$) aus der QR–Faktorisierung für $\mathbf{A}$

$$\mathbf{A} = \mathbf{QR}, \qquad \mathbf{A}^\top = \mathbf{R}^\top \mathbf{Q}^\top, \qquad \mathbf{A}^\top \mathbf{A} = \mathbf{R}^\top \mathbf{Q}^\top \mathbf{Q} \mathbf{R} = \mathbf{R}^\top \mathbf{R} = \mathbf{E},$$

da ja $\mathbf{Q}$ orthogonal ist. Aus der Gleichung $\mathbf{R}^\top \mathbf{R} = \mathbf{E}$ und der Nichtnegativität der Hauptdiagonale von $\mathbf{R} = \mathbf{R}_1$ lässt sich leicht $\mathbf{R} = \mathbf{E}$ und damit $\mathbf{A} = \mathbf{Q}$ ableiten. Demzufolge liefert die in diesem Absatz betrachtete spezielle (theoretische) Variante der QR–Faktorisierung der orthogonalen Matrix $\mathbf{A}$ die Faktoren $\mathbf{Q} = \mathbf{A}$ und $\mathbf{R} = \mathbf{E}$. Somit kann $\mathbf{A}$ wegen (8.24) als Produkt der Matrizen $\tilde{\mathbf{S}}_i$ $(i = 1, \ldots, p)$ geschrieben werden. Man überlegt sich mit (8.22) nun, dass jede dieser Matrizen $\tilde{\mathbf{S}}_i$ entweder eine Spiegelmatrix oder gleich der Einheitsmatrix $\mathbf{E} \in \mathbb{R}^{n\times n}$ ist. Folglich gilt unter Beachtung von (8.19) der

Satz 8.5.4. *Jede orthogonale Matrix* $\mathbf{A} \in \mathbb{R}^{n\times n}$ *mit* $\mathbf{A} \neq \mathbf{E}$ *kann als Produkt von höchstens* n *Spiegelmatrizen dargestellt werden. Das Produkt von endlich vielen Spiegelmatrizen ergibt eine orthogonale Matrix.*

Bereits in den Beispielen 4.3.3 bzw. 4.3.4 wurden Drehungen im $\mathbb{R}^2$ bzw. Drehungen im $\mathbb{R}^3$ um eine spezielle Drehachse sowie zugehörige Drehmatrizen eingeführt. Wir wollen dies nun auf Drehungen in beliebigen Ebenen im $\mathbb{R}^n$ verallgemeinern.

Definition. Es sei $E \subseteq \mathbb{R}^n$ ein zweidimensionaler Untervektorraum. Eine lineare Abbildung $D : \mathbb{R}^n \to \mathbb{R}^n$ heißt **Drehung** *in der Drehebene* E *um den (nicht orientierten) Winkel* $\varphi \in [0, \pi]$, wenn

$$D(\mathbf{x}) = \mathbf{x}, \qquad \mathbf{x} \in E^{\perp}, \tag{8.25}$$

und

$$\frac{\mathbf{x}^{\mathsf{T}} D(\mathbf{x})}{|\mathbf{x}||D(\mathbf{x})|} = \cos\varphi, \qquad \mathbf{x} \in E \setminus \{\mathbf{o}\}. \tag{8.26}$$

Alle Vektoren, die orthogonal zu E sind, werden durch eine Drehung also nicht verändert, vgl. Forderung (8.25). Außerdem besitzt das Bild $D(\mathbf{x})$ zum Urbild $\mathbf{x}$ den nicht orientierten Winkel φ für jeden Vektor $\mathbf{x} \neq \mathbf{o}$ aus der Drehebene E, vgl. Forderung (8.26). Für beliebige $\mathbf{x} \in \mathbb{R}^n$ folgt dann wegen $\mathbf{x} = \mathrm{proj}_E(\mathbf{x}) + \mathrm{proj}_{E^{\perp}}(\mathbf{x})$ und der Linearität von D die Beziehung

$$D(\mathbf{x}) = D(\mathrm{proj}_E(\mathbf{x}) + \mathrm{proj}_{E^{\perp}}(\mathbf{x})) = D(\mathrm{proj}_E(\mathbf{x})) + \mathrm{proj}_{E^{\perp}}(\mathbf{x}).$$

Allerdings wissen wir bisher nicht, ob überhaupt solche durch obige Definition eingeführte Drehungen um nicht orientierte Winkel $\varphi \neq 0$ existieren. Diese Frage wird nun beantwortet.

Satz 8.5.5. *Es seien* $\mathbf{a}, \mathbf{b} \in \mathbb{R}^n$ *linear unabhängig. Dann definiert sowohl*

$$D(\mathbf{x}) := \mathbf{S_b S_a x}, \qquad \mathbf{x} \in \mathbb{R}^n,$$

als auch

$$D(\mathbf{x}) := \mathbf{S_a S_b x}, \qquad \mathbf{x} \in \mathbb{R}^n,$$

eine Drehung $D : \mathbb{R}^n \to \mathbb{R}^n$ *in der Drehebene* $E := \mathbb{R}\mathbf{a} + \mathbb{R}\mathbf{b}$ *um den Winkel* $\varphi \in [0, \pi]$ *mit*

$$\cos\varphi = 2\frac{(\mathbf{a}^{\mathsf{T}}\mathbf{b})^2}{|\mathbf{a}|^2|\mathbf{b}|^2} - 1. \tag{8.27}$$

Dieser Satz, auf dessen Beweis wir hier verzichten, zeigt, dass die Hintereinanderausführung zweier gegebener Spiegelungen $\mathbf{S_a}$ und $\mathbf{S_b}$ eine Drehung ergibt und zwar in der durch $\mathbf{a}$ und $\mathbf{b}$ aufgespannten Ebene E um einen von $\mathbf{a}, \mathbf{b}$ abhängigen nicht orientierten Winkel $\varphi \in [0, \pi]$.

Gibt man umgekehrt eine Drehebene E und einen Winkel $\varphi \in [0, \pi]$ vor, dann existieren $\mathbf{a}, \mathbf{b} \in E$, so dass $D(\mathbf{x}) := \mathbf{S_b S_a x}$ eine Drehung in E um φ definiert. Das erkennt man leicht mit Formel (8.27). Also kann jede Drehung in einer Ebene E um einen Winkel $\varphi \in [0, \pi]$ durch die Hintereinanderausführung zweier geeigneter Spiegelungen realisiert werden.

Für $\mathbf{a}, \mathbf{b} \in E$ sind wegen Satz 8.5.5

$$\mathbf{S_b S_a} \qquad \text{und} \qquad \mathbf{S_a S_b}$$

Abbildungsmatrizen, sogenannte *Drehmatrizen*, zu jeweils einer Drehung in E um den *gleichen* nicht orientierten Winkel $\varphi \in [0, \pi]$. Falls $\mathbf{a} \neq \mathbf{b}$, dann gilt jedoch, vgl. Bild 8.2,

$$\mathbf{S_b S_a} = \mathbf{E} - 2(\mathbf{a}\mathbf{a}^\top + \mathbf{b}\mathbf{b}^\top) + 4\mathbf{a}^\top\mathbf{b}\,\mathbf{b}\mathbf{a}^\top \neq \mathbf{E} - 2(\mathbf{a}\mathbf{a}^\top + \mathbf{b}\mathbf{b}^\top) + 4\mathbf{a}^\top\mathbf{b}\,\mathbf{a}\mathbf{b}^\top = \mathbf{S_a S_b}.$$

Die Drehmatrizen $\mathbf{S_b S_a}$ und $\mathbf{S_a S_b}$ sind also verschieden, ebenso stellen die durch sie definierten Drehungen verschiedene lineare Abbildungen dar. Zur Unterscheidung dieser Drehungen ist es sinnvoll, neben dem nicht orientierten Winkel, orientierte Winkel einzuführen.

Satz und Definition 8.5.6. *Es sei $(V, \omega, \langle\cdot,\cdot\rangle)$ ein zweidimensionaler orientierter euklidischer Vektorraum. Zu jedem Paar $(\mathbf{a}, \mathbf{b}) \in V \times V$ gibt es dann genau eine Zahl $\measuredangle(\mathbf{a}, \mathbf{b}) \in (-\pi, \pi]$ mit*

$$\cos \measuredangle(\mathbf{a}, \mathbf{b}) = \frac{\langle \mathbf{a}, \mathbf{b} \rangle}{\|\mathbf{a}\|\|\mathbf{b}\|} \qquad \textit{und} \qquad \sin \measuredangle(\mathbf{a}, \mathbf{b}) = \frac{\mathrm{Vol}^\omega(\mathbf{a}, \mathbf{b})}{\|\mathbf{a}\|\|\mathbf{b}\|}. \tag{8.28}$$

Diese Zahl heißt **orientierter Winkel** *zwischen* $\mathbf{a}$ *und* $\mathbf{b}$ *(in dieser Reihenfolge!) und es gilt*

$$|\measuredangle(\mathbf{a}, \mathbf{b})| = \angle(\mathbf{a}, \mathbf{b}) \qquad \textit{und} \qquad \measuredangle(\mathbf{b}, \mathbf{a}) = -\measuredangle(\mathbf{a}, \mathbf{b}).$$

Beweis. Mit Satz 8.3.1 (f) und den Definitionen des nicht orientierten Volumens und der Gramschen Matrix erhält man

$$\mathrm{Vol}^\omega(\mathbf{a}, \mathbf{b})^2 = \mathrm{Vol}(\mathbf{a}, \mathbf{b})^2 = \det \mathbf{G}(\mathbf{a}, \mathbf{b}) = \langle \mathbf{a}, \mathbf{a} \rangle \langle \mathbf{b}, \mathbf{b} \rangle - \langle \mathbf{a}, \mathbf{b} \rangle^2$$

und damit

$$\frac{\langle \mathbf{a}, \mathbf{b} \rangle^2}{\|\mathbf{a}\|^2\|\mathbf{b}\|^2} + \frac{\mathrm{Vol}^\omega(\mathbf{a}, \mathbf{b})^2}{\|\mathbf{a}\|^2\|\mathbf{b}\|^2} = 1.$$

Da zu zwei Zahlen $\mu, \gamma \in \mathbb{R}$ mit $\mu^2 + \gamma^2 = 1$ genau eine Zahl $\alpha \in (-\pi, \pi]$ existiert, so dass $\mu = \cos \alpha$ und $\gamma = \sin \alpha$, folgt (8.28). Weiter ergibt sich $|\measuredangle(\mathbf{a}, \mathbf{b})| = \angle(\mathbf{a}, \mathbf{b})$ aus $\cos(-\alpha) = \cos \alpha$ für alle $\alpha \in \mathbb{R}$. Die letzte Gleichung folgt aus Satz 8.3.1 (e). □

Da eine Drehebene E ein zweidimensionaler Untervektorraum des $\mathbb{R}^n$ ist, lässt sich also bei Vorgabe einer Orientierung und eines Skalarproduktes in E jeder Drehung genau ein orientierter Winkel zuordnen und umgekehrt jedem Winkel aus $(-\pi, \pi]$ eindeutig eine Drehung. In diesem Zusammenhang nennen wir den orientierten Winkel auch *Drehwinkel*.

Es wird nun der Fall betrachtet, dass für die Drehebene E speziell $E = \mathbb{R}^2$ gilt. Dann verwendet man als Orientierung i. Allg. die kanonische Orientierung des $\mathbb{R}^2$ und als Skalarprodukt das Standardskalarprodukt. Damit ergibt sich

$$\mathrm{Vol}^{\omega}(\mathbf{a}, \mathbf{b}) = \det \begin{pmatrix} \mathbf{e}_1^\top \mathbf{a} & \mathbf{e}_1^\top \mathbf{b} \\ \mathbf{e}_2^\top \mathbf{a} & \mathbf{e}_2^\top \mathbf{b} \end{pmatrix} = \det \begin{pmatrix} a_1 & b_1 \\ a_2 & b_2 \end{pmatrix} = a_1 b_2 - b_1 a_2.$$

Falls nun $\mathrm{Vol}^{\omega}(\mathbf{a}, \mathbf{b}) > 0$, so wird das Paar $(\mathbf{a}, \mathbf{b})$ *positiv (oder entgegen dem Uhrzeigersinn) orientiert* genannt. Wegen (8.28) ist $\mathrm{Vol}^{\omega}(\mathbf{a}, \mathbf{b}) > 0$ äquivalent zu $\sin \measuredangle(\mathbf{a}, \mathbf{b}) > 0$ und zu $\measuredangle(\mathbf{a}, \mathbf{b}) > 0$. Wenn $\mathrm{Vol}^{\omega}(\mathbf{a}, \mathbf{b}) < 0$, so heißt $(\mathbf{a}, \mathbf{b})$ entsprechend *negativ (oder mit dem Uhrzeigersinn) orientiert.*

Für den Fall $\mathbb{R}^n = \mathbb{R}^2$ leiten wir nun eine oft genutzte winkelabhängige Darstellung von Spiegel- und Drehmatrizen her. Dazu erinnern wir daran, dass sich jeder Vektor $\mathbf{x} = (x_1, x_2)^\top \in \mathbb{R}^2 \setminus \{\mathbf{o}\}$ eindeutig durch Polarkoordinaten $(r, \varphi) \in (0, \infty) \times (-\pi, \pi]$ darstellen lässt. Diese Darstellung ist durch

$$x_1 = r \cos \varphi, \qquad x_2 = r \sin \varphi$$

gegeben und es gilt

$$r = \sqrt{x_1^2 + x_2^2} = |\mathbf{x}|.$$

Für $\mathbf{a} = (a_1, a_2)^\top \in \mathbb{R}^2 \setminus \{\mathbf{o}\}$ und $\mathbf{b} = (b_1, b_2)^\top \in \mathbb{R}^2 \setminus \{\mathbf{o}\}$ gibt es eindeutig bestimmte $\alpha, \beta \in (-\pi, \pi]$, so dass

$$\mathbf{a} = |\mathbf{a}| \begin{pmatrix} \cos \alpha \\ \sin \alpha \end{pmatrix} \qquad \text{und} \qquad \mathbf{b} = |\mathbf{b}| \begin{pmatrix} \cos \beta \\ \sin \beta \end{pmatrix}.$$

Für die Spiegelmatrix $\mathbf{S_a} \in \mathbb{R}^{2 \times 2}$ liefert die Anwendung passender Additionstheoreme

$$\begin{aligned} \mathbf{S}_a &= \mathbf{E} - \frac{2}{|\mathbf{a}|^2} \mathbf{a}\mathbf{a}^\top \\ &= \mathbf{E} - 2 \begin{pmatrix} \cos^2 \alpha & \cos \alpha \sin \alpha \\ \cos \alpha \sin \alpha & \sin^2 \alpha \end{pmatrix} \\ &= \begin{pmatrix} \sin^2 \alpha - \cos^2 \alpha & -2 \cos \alpha \sin \alpha \\ -2 \cos \alpha \sin \alpha & \cos^2 \alpha - \sin^2 \alpha \end{pmatrix} \\ &= \begin{pmatrix} -\cos(2\alpha) & -\sin(2\alpha) \\ -\sin(2\alpha) & \cos(2\alpha) \end{pmatrix}. \end{aligned}$$

Analog erhält man

$$\mathbf{S_b} = \begin{pmatrix} -\cos(2\beta) & -\sin(2\beta) \\ -\sin(2\beta) & \cos(2\beta) \end{pmatrix}$$

und damit

$$\mathbf{S_a}\mathbf{S_b} = \begin{pmatrix} -\cos(2\alpha) & -\sin(2\alpha) \\ -\sin(2\alpha) & \cos(2\alpha) \end{pmatrix} \begin{pmatrix} -\cos(2\beta) & -\sin(2\beta) \\ -\sin(2\beta) & \cos(2\beta) \end{pmatrix}.$$

Weiter folgt durch Anwendung von Additionstheoremen

$$\mathbf{S_a}\mathbf{S_b} = \begin{pmatrix} \cos\varphi & -\sin\varphi \\ \sin\varphi & \cos\varphi \end{pmatrix} =: \mathbf{D}_\varphi,$$

wobei $\varphi := 2(\alpha - \beta) \in (-\pi, \pi]$ den Drehwinkel der durch

$$D_\varphi(\mathbf{x}) := \mathbf{D}_\varphi \mathbf{x}, \qquad \mathbf{x} \in \mathbb{R}^2,$$

definierten Drehung bezeichnet. Entsprechend ist die Abbildung $D_\psi : \mathbb{R}^n \to \mathbb{R}^n$ mit

$$D_\psi(\mathbf{x}) := \mathbf{S_b}\mathbf{S_a}\mathbf{x}, \qquad \mathbf{x} \in \mathbb{R}^2,$$

eine Drehung um den orientierten Winkel $\psi = -\varphi$ für $\varphi \in (-\pi, \pi)$ und $\psi = \pi$ für $\varphi = \pi$.

Analog zur speziellen Beschreibung von Drehungen im $\mathbb{R}^2$ kann man Drehungen im $\mathbb{R}^n$ beschreiben, wenn die Drehebene E von zwei kanonischen Basisvektoren aufgespannt wird, d.h., wenn $E = \text{lin}(\mathbf{e}_i, \mathbf{e}_j)$ für $i \neq j$ gilt. Die Abbildung $D_\varphi : \mathbb{R}^n \to \mathbb{R}^n$ ist eine Drehung in der Drehebene $\text{lin}(\mathbf{e}_i, \mathbf{e}_j)$ um den Drehwinkel $\varphi \in (-\pi, \pi]$, wenn

$$D_\varphi(\mathbf{x}) := \mathbf{D}_\varphi \mathbf{x}, \qquad \mathbf{x} \in \mathbb{R}^n,$$

wobei

$$\mathbf{D}_\varphi := \begin{pmatrix} 1 & & \vdots & & \vdots & \\ \cdots & & \cos\varphi & \cdots & -\sin\varphi & \cdots \\ & & \vdots & & \vdots & \\ \cdots & & \sin\varphi & \cdots & \cos\varphi & \cdots \\ & & \vdots & & \vdots & 1 \end{pmatrix} \begin{matrix} \\ \text{Zeile } i \\ \\ \text{Zeile } j \\ \\ \end{matrix}$$

$$\text{Spalte } i \qquad \text{Spalte } j$$

Die Matrix $\mathbf{D}_\varphi$ unterscheidet sich von der Einheitsmatrix $\mathbf{E}$ nur durch die Einträge in den Elementen mit den Indizes (i,i), (i,j), (j,i) und (j,j). Derartige Drehmatrizen (mit der speziellen Drehebene $\text{lin}(\mathbf{e}_i, \mathbf{e}_j)$) heißen auch *Givens*-Matrizen und spielen in numerischen Verfahren für lineare Gleichungssysteme, Quadratmittelprobleme und Eigenwertaufgaben eine wichtige Rolle, vgl. [3, 11].

Bemerkung. Wie wir gesehen haben, gehört zu jeder Spiegelung an einer Hyperebene eine orthogonale Spiegelmatrix. Die Hintereinanderausführung zweier Spiegelungen $\mathbf{S_b}$ und $\mathbf{S_a}$, also eine Drehung in einer bestimmten Drehebene, wird durch das Produkt von zwei Spiegelmatrizen, einer Drehmatrix $\mathbf{D} := \mathbf{S_a S_b}$, beschrieben. Die Drehmatrix ist daher wieder orthogonal, so dass wegen Eigenschaft (D3) der Determinante

$$\det \mathbf{S_n^{\mathsf{T}} S_n} = \det \mathbf{E} = 1, \qquad \mathbf{n} \in \mathbb{R}^n \setminus \{\mathbf{o}\},$$

folgt. Dies zieht

$$\det \mathbf{D} = \det(\mathbf{S_a S_b}) = \det \mathbf{S_a} \det \mathbf{S_b} = 1, \qquad \mathbf{a}, \mathbf{b} \in \mathbb{R}^n \setminus \{\mathbf{o}\},$$

nach sich. Also besitzt jede Drehmatrix die Determinante 1. Ohne Beweis sei bemerkt, dass Spiegelmatrizen im Unterschied dazu stets die Determinante -1 aufweisen. Natürlich können auch mehrere Drehungen (mit verschiedenen Drehebenen) hintereinander ausgeführt werden. Die Abbildungsmatrix einer solchen aus mehreren Drehungen zusammengesetzten linearen Abbildung ist wieder orthogonal und hat die Determinante 1. Umgekehrt lässt sich jede orthogonale Matrix mit Determinante 1 als Produkt einer *geraden* Anzahl von Spiegelmatrizen darstellen. Dies folgt aus Satz 8.5.4 und der schon erwähnten Tatsache, dass Spiegelmatrizen die Determinante -1 besitzen. Damit kann also jede orthogonale Matrix mit Determinante 1 als Produkt von Drehmatrizen aufgefasst werden und umgekehrt. Allgemeiner bezeichnet man daher auch jede orthogonale Matrix mit Determinante 1 als **Drehmatrix** und die zugehörige lineare Abbildung als **Drehung**.

Literaturverzeichnis

[1] Burg, K., Haf, H., Wille, F.: Höhere Mathematik für Ingenieure. Band III. Teubner, 2002

[2] Fischer, G.: Lineare Algebra. Eine Einführung für Studienanfänger. Vieweg, 2002

[3] Golub, G. H., Van Loan, C. F.: Matrix Computations. Johns Hopkins University Press, 1996

[4] Großmann, C., Terno. J.: Numerik der Optimierung. Teubner Studienbücher Mathematik. Teubner, 1997

[5] Harbarth, K., Riedrich, T., Schirotzek, W.: Differentialrechnung für Funktionen mit mehreren Veränderlichen. Teubner, 1993

[6] Heck, A.: Introduction to Maple. Springer, 2003

[7] Koecher, M.: Lineare Algebra und analytische Geometrie. Springer, 1997

[8] Meyberg, K., Vachenauer, P.: Höhere Mathematik 1. Springer, 2001

[9] Mohr, R.: Numerische Methoden in der Technik. Ein Lehrbuch mit Matlab-Routinen. Vieweg, 1998

[10] Pforr, E.–A., Oehlschlaegel, L., Seltmann, G.: Übungsaufgaben zur linearen Algebra und linearen Optimierung Ü3. Teubner, 1998

[11] Roos, H.–G., Schwetlick, H.: Numerische Mathematik. Das Grundwissen für jedermann. Teubner, 1999

[12] Sigmon, K., Davis, T. A.: MATLAB Primer. Chapman & Hall, 2001

[13] Stoppel, H., Griese, B.: Übungsbuch zur Linearen Algebra. Vieweg, 2001

[14] Strampp, W.: Lineare Algebra mit Mathematica und Maple. Repetitorium mit Aufgaben und Lösungen. Vieweg, 1999

[15] Walter, R.: Einführung in die lineare Algebra. Vieweg, 1996

[16] Zieschang, H.: Lineare Algebra und Geometrie. Teubner, 1997

Literaturverzeichnis

[1] Burg, K., Haf, H., Wille, F.: Höhere Mathematik für Ingenieure, Band III. Teubner, 2002

[2] Fischer, G.: Lineare Algebra. Eine Einführung für Studienanfänger. Vieweg, 2005

[3] Golub, G. H., Van Loan, C. F.: Matrix Computations. Johns Hopkins University Press, 1996

[4] Großmann, C., Terno, J.: Numerik der Optimierung. Teubner Studienbücher Mathematik. Teubner, 1997

[5] [illegible], W.: Differentialrechnung für Funktionen mit mehreren Veränderlichen. Teubner, 1993

[6] Heck, A.: Introduction to Maple. Springer, 2003

[7] Koecher, M.: Lineare Algebra und analytische Geometrie. Springer, 1997

[8] Meyberg, K., Vachenauer, P.: Höhere Mathematik 1. Springer, 2001

[9] Mohr, R.: Numerische Methoden in der Technik. Ein Lehrbuch mit MATLAB-Routinen. Vieweg, 1998

[10] Pforr, E. A., Oehlschlaegel, L., Seltmann, G.: Übungsaufgaben zur linearen Algebra und linearen Optimierung. Teubner, 1996

[11] Roos, H.-G., Schwetlick, H.: Numerische Mathematik. Das Grundwissen für jedermann. Teubner, 1999

[12] Sigmon, K., Davis, T.: A MATLAB Primer. Chapman & Hall, 2001

[13] Stoppel, H., Griese, B.: Übungsbuch zur Linearen Algebra. Vieweg, 2001

[14] Strampp, W.: Lineare Algebra mit Mathematica und Maple. Repetitorium mit Aufgaben und Lösungen. Vieweg, 1998

[15] Walter, R.: Einführung in die lineare Algebra. Vieweg, 1996

[16] Zieschang, H.: Lineare Algebra und Geometrie. Teubner, 1997

Bezeichnungen

$x \in M$	x ist Element der Menge M
$A \subseteq B$	A ist Teilmenge der Menge B, $A = B$ ist zugelassen
$A \subset B$	A ist echte Teilmenge von B, d. h. $A = B$ ist nicht zugelassen
$A \setminus B$	Menge aller Elemente von A, die nicht zu B gehören
$\{x \mid E(x)\}$	Menge aller Elemente x mit der Eigenschaft $E(x)$
$\mathbb{R}$	Menge der reellen Zahlen
$\mathbb{R}_+$	Menge der nichtnegativen reellen Zahlen
$\mathbb{R}_-$	Menge der nichtpositiven reellen Zahlen
$\mathbb{C}$	Menge der komplexen Zahlen
$\mathbb{K}$	$\mathbb{R}$ oder $\mathbb{C}$
i	imaginäre Einheit
$\mathrm{Re}(z)$	Realteil der komplexen Zahl z
$\mathrm{Im}(z)$	Imaginärteil der komplexen Zahl z
$\bar{z}$	zu $z \in \mathbb{C}$ konjugiert komplexe Zahl
$\mathbb{K}^n$	Menge der Spaltenvektoren $(a_1, \ldots, a_n)^\top$, wobei $a_1, \ldots, a_n \in \mathbb{K}$
$\mathbb{K}_n$	Menge der Zeilenvektoren $(a_1, \ldots, a_n)$, wobei $a_1, \ldots, a_n \in \mathbb{K}$
$\mathbb{K}^{m \times n}$	Menge der (m, n)–Matrizen mit Elementen aus $\mathbb{K}$
$A := B$	A ist definitionsgemäß gleich B (z. B. $a^0 := 1$, falls $a \in \mathbb{R}$)
$\lhd$	Ende eines Beispiels
$\square$	Ende eines Beweises
$F : X \to Y$	F ist eine Abbildung der Menge X in die Menge Y
$F : x \mapsto y, x \in X$	F ordnet dem Element $x \in X$ das Element y zu
id	identische Abbildung
$F \circ G$	Komposition der Abbildungen F und G, $F \circ G(x) := F\big(G(x)\big)$
$\mathrm{Abb}(X, Y)$	Menge der Abbildungen von X nach Y
$\mathrm{Kern}(L)$	Kern der linearen Abbildung L
$\mathrm{Bild}(L)$	Bild der linearen Abbildung L
$\mathrm{Rang}(L)$	Rang der linearen Abbildung L

L^*	zu L duale Abbildung
$\mathbf{a}, \mathbf{b}, \ldots$	Spaltenvektoren, auch Elemente eines Vektorraumes
$\mathbf{o}$	Nullvektor
$\mathbf{A}, \mathbf{B}, \ldots$	Matrizen
$\mathbf{E}$, $\mathbf{0}$	Einheitsmatrix bzw. Nullmatrix
$\mathbf{A} = (a_{ij})$	Matrix $\mathbf{A}$ mit den Elementen a_{ij}
$(\mathbf{A})_{ij} = a_{ij}$	Element a_{ij} der Matrix $\mathbf{A}$
$\mathbf{A}_{ij}$	Matrix $\mathbf{A}$ ohne i–te Zeile und j–te Spalte
$\mathrm{diag}(d_i)$	Diagonalmatrix mit den Diagonalelementen d_i
$(\mathbf{a}_1 \mid \ldots \mid \mathbf{a}_n)$	Matrix mit den Spalten $\mathbf{a}_1, \cdots, \mathbf{a}_n$
$\mathbf{A}^\top$	zu $\mathbf{A}$ transponierte Matrix
$\mathbf{A}^{-1}$	zu $\mathbf{A}$ inverse Matrix
$\mathrm{GL}(n, \mathbb{K})$	Menge der invertierbaren Matrizen $\mathbf{A} \in \mathbb{K}^{n \times n}$
$V, W, \ldots$	Vektorräume
$\mathrm{lin}(M)$	lineare Hülle der Menge M
$\bigcap_{i=1}^{n} A_i$	Durchschnitt der Mengen A_i
$\sum_{i=1}^{n} U_i$	Summe der Untervektorräume $U_1, \ldots, U_n$
$\bigoplus_{i=1}^{n} U_i$	direkte Summe der Untervektorräume $U_1, \ldots, U_n$
V/U	Quotientenraum von V nach U
$\mathcal{B}, \mathcal{C}, \ldots$	Basen eines Vektorraumes
$\mathfrak{B}$	Menge aller Basen eines Vektorraumes
$(\mathbf{v})_{\mathcal{B}}$	Koordinatenvektor von $\mathbf{v}$ bezüglich der Basis $\mathcal{B}$
$\Phi_{\mathcal{B}}$	kanonischer Isomorphismus bezüglich der Basis $\mathcal{B}$
$(\mathbf{e}_1, \ldots, \mathbf{e}_n)$	Standardbasis von $\mathbb{K}^n$
$\dim V$	Dimension des Vektorraumes V
V^*	Dualraum des Vektorraumes V
$(\mathbf{v}_1^*, \ldots, \mathbf{v}_n^*)$	zu $(\mathbf{v}_1, \ldots, \mathbf{v}_n)$ duale Basis
U°	Orthogonalraum von $U \subseteq V$ in V^*
$[\mathbf{x}, \mathbf{y}]$	Strecke mit den Randpunkten $\mathbf{x}$ und $\mathbf{y}$
proj_K, proj_U	Projektion auf konvexe Menge K, auf Untervektorraum U
$\mathcal{A}$	affiner Raum
$p, q, \ldots$	Elemente eines affinen Raumes (Punkte)
$p \oplus \mathbf{v}$	Translation längs $\mathbf{v}$ in einem affinen Raum
$\overrightarrow{pp'}$	derjenige Vektor $\mathbf{v}$, für den $p \oplus \mathbf{v} = p'$ gilt

$p \oplus U$	affiner Unterraum eines affinen Raumes
$\mathrm{aff}(M)$	affine Hülle der Menge M
$\|\mathbf{x}\|$	Länge (oder Betrag) des Vektors $\mathbf{x} \in \mathbb{R}^n$
$P(A_n)$	von $A_n = (\mathbf{a}_1, \ldots, \mathbf{a}_n)$ aufgespanntes Parallelotop
S_n	Menge aller Permutationen der Zahlen von 1 bis n
$\mathrm{sign}(\tau)$	Signum der Permutation τ
$\det \mathbf{A}$, $\det(L)$	Determinante der Matrix $\mathbf{A}$ bzw. des Endomorphismus L
$\|\mathbf{A}\|$	anderes Symbol für $\det \mathbf{A}$
$n!$	n–Fakultät
(V, ω)	endlichdimensionaler $\mathbb{R}$–Vektorraum V mit Orientierung ω
$(V, \omega, \langle \cdot, \cdot \rangle)$	orientierter euklidischer Vektorraum
$\angle(\mathbf{x}, \mathbf{y})$	nichtorientierter Winkel zwischen $\mathbf{x}$ und $\mathbf{y}$, $0 \leq \angle(\mathbf{x}, \mathbf{y}) \leq \pi$
$\measuredangle(\mathbf{x}, \mathbf{y})$	orientierter Winkel zwischen $\mathbf{x}$ und $\mathbf{y}$, $-\pi < \measuredangle(\mathbf{x}, \mathbf{y}) \leq \pi$
$\mathbf{x}^\top \mathbf{y}$, $\mathbf{x}^\top \overline{\mathbf{y}}$	Standardskalarprodukt der Vektoren $\mathbf{x}, \mathbf{y} \in \mathbb{R}^n$ bzw. $\mathbf{x}, \mathbf{y} \in \mathbb{C}^n$
$\langle \mathbf{x}, \mathbf{y} \rangle$	Skalarprodukt der Vektoren $\mathbf{x}, \mathbf{y}$
$(V, \langle \cdot, \cdot \rangle)$	euklidischer oder unitärer Vektorraum
$\mathbf{x} \perp \mathbf{y}$	$\mathbf{x}$ und $\mathbf{y}$ sind orthogonal
$\mathbf{x} \perp U$	$\mathbf{x}$ und der Untervektorraum U sind orthogonal
$U \perp W$	die Untervektorräume U und W sind orthogonal
$U^\perp$	Orthogonalraum von $U \subseteq V$ in $(V, \langle \cdot, \cdot \rangle)$
K^0	zu $K \subseteq \mathbb{R}^n$ polarer Kegel im euklidischen Raum $\mathbb{R}^n$
$\\|\mathbf{x}\\|$, $\\|\mathbf{x}\\|_V$	Norm des Vektors $\mathbf{x}$ (im Vektorraum V)
$\\|\mathbf{x}\\|_2$, $\\|\mathbf{x}\\|_1$	euklidische Norm bzw. Summennorm von $\mathbf{x} \in \mathbb{K}^n$
$(V, \\| \cdot \\|)$	normierter Vektorraum
$\mathbf{a} + U$	affiner Unterraum eines Vektorraumes
$\mathrm{d}(\mathbf{a}, \mathbf{b})$	Abstand von $\mathbf{a}$ und $\mathbf{b}$, $\mathrm{d}(\mathbf{a}, \mathbf{b}) = \\|\mathbf{a} - \mathbf{b}\\|$
$\mathrm{d}(A, B)$, $\mathrm{d}(\mathbf{a}, B)$	Abstand der Mengen A und B, Abstand von $\mathbf{a}$ zu B
$\mathbf{a} \times \mathbf{b}$	Vektorprodukt
$\langle \mathbf{a} \times \mathbf{b}, \mathbf{c} \rangle$	Spatprodukt
$\mathbf{G}(A_n)$	Gramsche Matrix zum n–tupel $A_n = (\mathbf{a}_1, \ldots, \mathbf{a}_n)$
$\det \mathbf{G}(A_n)$	Gramsche Determinante
$\mathrm{Vol}(A_n)$	nichtorientiertes Volumen des Parallelotops $P(A_n)$
$\mathrm{Vol}^\omega(A, n)$	orientiertes Volumen des Parallelotops $P(A_n)$

Index

Teubner